U1005856

高等学校教材

岩土工程勘察

主　编　王贵荣
副主编　唐亦川
编　者　王念秦　张志沛　叶万军
　　　　王贵荣　唐亦川

西北工业大学出版社

【内容简介】 本书分为“通论”和“各论”两篇。“通论”中系统论述了岩土工程勘察等级划分、勘察阶段划分及各种勘察技术方法，是岩土工程勘察的理论基础；“各论”中，分章论述了不良地质作用、特殊性岩土场地、房屋建筑和构筑物、地下洞室、道路工程、水利水电工程等主要建筑类型的主要岩土工程问题、岩土工程勘察要点，是岩土工程勘察实践的指南。

本书是为地质工程、勘察技术与工程、土木工程（岩土工程、地下工程、道路工程）等专业本科生学习完工程地质基础知识后，开设岩土工程勘察课程而编写的教材，也可作为相关专业硕士研究生的自学教材，还可作为从事工程地质、岩土工程实际工作的工程技术人员的参考用书。

图书在版编目（CIP）数据

岩土工程勘察/王贵荣主编．—西安：西北工业大学出版社，2007.8(2020.1 重印)
ISBN 978-7-5612-2294-2

Ⅰ.岩… Ⅱ.王… Ⅲ.岩土工程—地质勘探 Ⅳ.TU412

中国版本图书馆 CIP 数据核字（2007)第 137168 号

出版发行：西北工业大学出版社
通信地址：西安市友谊西路 127 号 **邮编**：710072
电　　话：(029)88493844　　88491757
网　　址：www.nwpup.com
印 刷 者：兴平市博闻印务有限公司
开　　本：787 mm×1 092 mm　1/16
印　　张：22
字　　数：537 千字
版　　次：2007 年 8 月第 1 版　　2020 年 1 月第 7 次印刷
定　　价：55.00 元

前　言

世界上任何建(构)筑物都是修建在地表或地表下一定深度范围的岩土体中,作为建筑结构、建筑材料和建筑环境的工程岩土体的物理力学性质及其稳定性,会直接影响建(构)筑物的安全、稳定和正常使用。因此,在建筑物设计和施工前,必须对建筑场地进行岩土工程勘察,查明建筑场地的工程地质条件,分析和论证有关的岩土工程问题,对场地的稳定性、适宜性做出正确评价,为岩土体的整治、改造和工程的设计、施工提供详细、具体、可靠的地质资料。本书正是担负着这种任务应运而生的。

本书以我国现行的国家标准《岩土工程勘察规范》(GB 50021－2001)、《建筑地基基础设计规范》(GB50007－2002)以及其他相关规范、规程及行业标准为依据编写而成。全书分为“通论”和“各论”两篇。“通论”中系统论述了岩土工程勘察的基本原理与各种勘察技术方法,适当介绍了近年来岩土工程勘察的新技术和新方法,是岩土工程勘察的理论基础;“各论”中,分章论述了不良地质作用、特殊岩土场地及主要类型建筑的岩土工程问题、岩土工程勘察任务、阶段划分以及勘察方法的选择和工作量的布置等,是岩土工程勘察实践的指南。本书通篇贯穿着以工程地质条件研究为基础、以岩土工程问题分析为核心、以建筑场地岩土工程评价为目的、以岩土工程勘察为主线的思想,体现了岩土工程勘察服务于工程建设全过程的宗旨,力求做到概念清晰、结构严谨、系统全面、内容精练,以方便学生学习。鉴于岩土工程勘察实践性强,而学生缺乏实践经验的实际情况,教材中对勘察设计的思路、勘察方法、工作步骤及具体要求等进行了系统阐述,一些章节后还附有工程实例供学生学习时参考。由于建筑类型繁多,且不同院校或不同专业学生从事岩土工程勘察的侧重点不同,为满足不同专业的教学要求,在本教材的“各论”中尽可能多地对不同类型建筑物的岩土工程勘察进行论述,但在具体教学过程中,可根据各专业的特点和要求对教学内容进行取舍。

本书由王贵荣担任主编,唐亦川任副主编。编写分工如下:绪论、第1,2,8(部分),11章及第13章(部分)由王贵荣编写;第3,13章(部分)由王念秦编写;第4,12章由叶万军编写;第5,8(部分),9章由张志沛编写;第6,7,10章由唐亦川编写。全书由王贵荣、王念秦统编定稿。

在本书编写过程中,参考了已出版的相关教材、专著和规范的内容,在此对上述资料的作者表示衷心感谢!最后向所有支持和帮助本书编写的有关领导、专家及同行表示诚挚的感谢!对西安科技大学教务处教材科和西北工业大学出版社为本书出版付出的艰辛劳动表示感谢!

由于编者能力和水平有限,加之时间仓促,不妥之处在所难免,欢迎广大师生批评指正。

编　者

2007年5月

目 录

绪　论

0.1　岩土工程与岩土工程勘察

岩土工程是以工程地质学、土力学、岩体力学和基础工程学为理论基础，解决工程建设中出现的与工程岩土体有关的工程技术问题的一门学科。它既是地质与工程紧密结合的新兴学科，又是介于土木工程和工程地质学两门学科间的边缘学科，总体看属于土木工程范畴。岩土工程以工程岩土体作为研究对象，把岩土体既作为建筑材料，又作为建筑结构。它的研究内容是岩土体的整治、改造和利用，工作方法包括调查、勘察、测试、分析计算、论证、方案选择、监测（或长期观测）、反演分析、再论证、方案认定等。

岩土工程是一门服务于工程建设的综合性和应用性都很强的技术学科，在房屋、道路、航运、能源、矿山和国防等建设工程中占有重要的地位；在保证工程质量、降低工程造价、缩短工程周期以及提高工程经济效益、环境效益和社会效益方面具有十分重要的作用。

工程建（构）筑物与岩土体之间处于相互依存，又相互制约的矛盾中。研究两者之间的关系，促使矛盾的转化和解决，是岩土工程的基本任务。

岩土工程包括岩土工程勘察、岩土工程设计、岩土工程施工和岩土工程监测四个方面。岩土工程勘察是岩土工程技术体制中的一个重要环节，是工程建设前期要开展的基础性工作。岩土工程勘察不仅要查明建筑场地的工程地质条件，为规划、设计、施工提供地质资料，而且更多地涉及场地地基岩土体的整治、改造和利用的分析论证，进行定量的岩土工程分析和预测，提供岩土工程设计的有关参数，提出解决岩土工程问题的决策性具体建议和岩土工程施工的指导性意见，服务于工程建设全过程。

0.2　岩土工程勘察的目的和任务

岩土工程勘察工作就是综合运用各种勘察手段和技术方法，有效查明建筑场地的工程地质条件，分析评价建筑场地可能出现的岩土工程问题，对场地地基的稳定性和适宜性做出评价，为工程建设规划、设计、施工和正常使用提供可靠的地质依据，其目的是充分利用有利的自然地质条件，避开或改造不利的地质因素，保证工程建筑物的安全稳定、经济合理和使用正常。

岩土工程勘察的基本任务是按照建筑物或构筑物不同勘察阶段的要求，为工程的设计、施工以及岩土体治理加固、开挖支护和降水等工程提供地质资料和必要的技术参数，对有关的岩土工程问题做出论证和评价，其具体任务归纳如下：

（1）查明建筑场地的工程地质条件，指出场地内不良地质作用的发育情况及其对工程建设的影响，对场地稳定性和适宜性做出评价。

（2）查明工程范围内岩土体的分布、性状和地下水活动条件，提供设计、施工和整治所需的地质资料和岩土技术参数。

(3)分析研究与工程建筑有关的岩土工程问题，并做出确切的评价结论。

(4)对场地内建筑总平面布置、各类岩土工程设计、岩土体加固处理、不良地质作用整治等具体方案做出论证和建议。

(5)预测工程施工和运行过程中对地质环境和周围建筑物的影响，并提出保护措施的建议。

岩土工程勘察的基本特点是在研究岩土工程问题时，必须考虑它们与工程建设的关系及相互影响，预测工程建设活动与地质环境间可能产生的工程地质作用的性质和规模及将来发展的趋势。在具体勘察过程中，必须用地质分析的方法详细研究建筑场地或周围一定范围的地形地貌、地层岩性、地质构造、水文地质条件、不良地质作用等。除用地质分析方法对地质条件进行定性评价外，还要用室内和现场原位测试的理论和计算方法进行定量的评价，提供结论性意见和可靠的设计参数，供设计者和施工者直接应用。另外，还要在分析评价的基础上，提出岩土工程问题处理的措施和意见，提出如何充分利用有利的工程地质条件，切合工程实际改造不利的工程地质条件的具体方案和施工方法，使工程建设更符合经济合理、运行安全的原则。

0.3 本课程的主要内容和学习要求

“岩土工程勘察”是为地质工程、勘察技术与工程、土木工程(岩土工程、道路工程、地下工程)等专业学生学习完工程地质基础课程后开设的专业课程。本教材的目的是把学生所学基础课和专业基础课的理论知识和技术方法应用到工程实际中去，从而使学生牢固掌握各种勘察手段的理论原则，有效地解决实际工程问题，为学生毕业后尽快胜任岩土工程勘察技术工作打下坚实的基础。教材中对所涉及的广泛而丰富的理论原则和技术方法均作了详细阐述，力求达到理论指导实践的目的。

本教材分为“通论”和“各论”两篇。在“通论”中首先阐述了勘察的基本问题，然后分别论述了工程地质测绘和调查、勘探与取样、原位测试、现场检测与监测等各种勘察技术方法的基本原理、适用条件、工作内容、技术要求及成果应用，介绍了岩土工程勘察成果报告的基本内容和具体要求。在“各论”中分章论述了不良地质作用、特殊性岩土场地、房屋建筑和构筑物、地下洞室、道路工程、水利水电工程的主要岩土工程问题和勘察要点。

由于岩土工程勘察是一门实践性很强的课程，学生在学习过程中要力求做到以下几点：

(1)要把规范原则和工程实际结合起来，实现原则性和灵活性的统一。本书着重帮助学生建立正确的勘察思想，强调勘察工作必须在保证建筑物安全稳定的前提下，做到经济合理、技术可行。要加强实践，在条件允许的情况下，尽可能多地组织学生到生产现场进行参观实习，增强学生感性认识，激发学生的学习兴趣。

(2)加强对岩土工程勘察基本问题的认识。岩土工程勘察的首要任务就是查明建筑场地的工程地质条件，如何正确理解工程地质条件的内涵，对勘察工作非常重要。岩土工程问题的分析论证是勘察工作的核心任务。“各论”中对每一类建筑岩土工程勘察的内容安排，都以岩土工程问题分析为重点，除论述其重要意义外，对各类建筑的岩土工程问题有一个全面的认识也是十分必要的。

(3)每一勘察阶段中勘察手段的选择和工作量的安排，既决定于该阶段的勘察任务，也决定于岩土工程问题的性质和复杂程度。各阶段对岩土工程问题的解决深度也是不同的，因而需要对工程地质条件查明的详细程度也不同，这就必然影响到勘察工作的布置，应据此制定勘察计划。要善于综合运用各种勘察手段，及时而有步骤地取得准确资料和合乎质量的成果。

(4)加强自学，独立思考。建筑类型很多，新的类型还在不断出现，对勘察的要求也各不相同，但也有许多共同之处。“通论”正是对这些共性的问题加以理论阐述，因此只要能够较好地掌握“通论”，并以房屋建筑和构筑物、地下洞室、水利水电工程的勘察作为例证，说明其特点，其他工程建筑物的勘察不必一一讲述。另外，学生在学习本课程时，可根据自己将来的就业方向，选学一些相关工程建筑类型的勘察知识，多阅读一些参考书籍，这对毕业后从事岩土工程勘察工作和相关研究工作都是非常有用的。

第1篇　岩土工程勘察通论

第1章　岩土工程勘察基本问题

1.1　工程地质条件与岩土工程问题

1.1.1　工程地质条件

工程地质条件是指与工程建筑有关的地质要素的综合，包括地形地貌、岩土类型及其工程地质性质、地质结构与地应力、水文地质条件、不良地质作用以及天然建筑材料等6个要素。工程地质条件是一个综合概念，在提到工程地质条件一词时，实际上是指上述6个要素的总体，而不是指任何单一要素。单独一两个要素不能称之为工程地质条件，而只能按本身应有的术语称之。

工程地质条件是客观存在的，是自然地质历史的产物，而不是人为造成的。一个地区的工程地质条件反映了该地区地质发展过程及其后生变化，即内外动力地质作用的性质和强度。工程地质条件的形成受大地构造、地形地貌、气候、水文、植被等自然因素的控制。

由于各地的自然因素和地质发展过程不同，其工程地质条件随之不同，表现为其6个要素的组合情况的不同，以及要素的性质、主次关系的差异。工程地质条件各要素之间既是相互联系，又是相互制约的，这是因为它们受着同一地质发展历史的控制，形成一定的组合模式。例如，平原区必然是碎屑物质的堆积场所，土层较厚，基岩出露较少，地质结构比较简单，物理地质作用也不很发育，地下水以孔隙水为主，天然建筑材料中土料丰富而石料缺乏。不同的模式对建筑的适宜性相差甚远，存在的岩土工程问题也不一致。

人类的工程——经济活动——会引起工程地质条件变化，但这毕竟是次要的、局部的，而且与原有工程地质条件融合为一个整体，对后来的建筑成为新的因素。

由上述可知，认识工程地质条件必须从基础地质入手，了解地区的地质发展历史、各要素的特征及其组合的规律性，这对于解决实际问题是很有帮助的。工程地质条件是在自然地质历史发展演化过程中客观形成的，因此必须依据地质学的基本理论，采用自然历史分析方法去研究它。

工程地质条件的优劣在于其各个要素是否对工程有利。首先是岩土类型及其性质的好坏对工程地质条件的影响。坚硬完整的岩石，如花岗岩、厚层石英砂岩、花岗片麻岩等，强度高，性质良好；页岩、黏土岩、碳质岩及泥质胶结的砂砾岩，以及遇水膨胀、易溶解的岩类，软弱易变，性质不良，断层岩和构造破碎岩更软弱，这类岩石都是不利于地基稳定的，成为岩体研究中的重点。松软土中的特殊土，如黄土、膨胀土、淤泥等也是不利因素，需要特别注意。岩土性质的优劣对建筑物的安全和经济具有重要意义，大型建筑物一般要建在性质优良的岩土上，软弱不良的岩土体工程事故不断、地质灾害多发，常需避开。

第二，地形地貌条件对建筑场地的选择，特别是对线性建筑如铁路、公路、运河渠道等的线路方案选择意义最为重大。如能合理利用地形地貌条件，不但能大量节省挖填方量，节约大量投资，而且对建筑物群体的合理布局、结构型式、规模以及施工条件等也有直接影响。例如，施工场地是否足够宽阔、材料运输道路是否方便等都决定于地形地貌条件。

第三，地质结构和地应力包含了地质构造、岩体结构、土体结构及地应力等方面，含义较广，是一项具有控制性意义的要素，对岩体尤为重要。地质构造确定了一个地区的构造格架、地貌特征和岩土分布。断层，尤其是活断层，对工程建筑的危害最大，也是工程人员最为担心的。在选择建筑物场地时，必须注意断层的规模、产状及其活动情况。土体结构主要是指不同土层的组合关系、厚度及其空间变化。岩体结构除岩层构造外，更主要的是各种结构面的类型、特征和分布规律。不同结构类型的岩体其力学性质和变形破坏的力学机制是不同的。结构面愈发育，特别是含有软弱结构面的岩体，其性质愈差。

地应力是地质环境和地壳稳定性评价的重要基础资料，对地下工程设计和施工具有重要意义。地应力在地下分布可分为三个带，即卸荷带、应力集中带、地应力稳定带。这三个带内岩体质量差别很大，工程上最关心的是卸荷带和地应力集中带。卸荷带内岩体呈松动状态，岩体质量很差。应力集中带有的很浅，几乎接近地表；有的很深，深达 200～300m。地应力稳定区有的很浅，甚至从地表开始，这种地区多为地质建造后未遭受过剥蚀的地区。遭受过剥蚀的地区都具有卸荷带、应力集中带、稳定地应力带的三带型特征，其工程地质环境也比较复杂，应引起重视。

第四，水文地质条件是决定工程地质条件优劣的重要因素。地下水位较高一般对工程不利，地基土含水量大，黏性土处于塑态甚至流态，地基承载力降低，道路易发生冻害，水库常造成浸没，隧洞及基坑开挖需进行排水。滑坡、地下建筑事故、水库渗漏、坝基渗透变形以及许多地质灾害的发生都与地下水的参与有关，甚至起着主导作用。

第五，不良地质作用泛指由地球外动力作用引起的，对工程建设不利或有不良影响的各种地质作用和现象，如崩塌、滑坡、泥石流、岩溶、土洞、河流冲刷以及渗透变形等。它们既影响场地稳定性，又对地基基础、边坡工程、地下洞室等具体工程的安全、经济和正常使用造成不利。所以，在复杂地质条件进行岩土工程勘察时，必须查清不良地质作用的分布、规模、形成条件、形成机制、发展演化的规律和特点，预测其对工程建设的影响或危害程度，并提出防治对策和措施。

第六，天然建筑材料是指供建筑用的土料和石料。土坝、路堤需用大量土料，海堤、石桥、堆石坝等需用大量石料，拌合混凝土需用砂、砾石作为骨料。为了节省运输费用，应该遵循“就地取材”的原则，用料量大的工程尤其应该如此，所以天然建筑材料的有无，对工程的造价有较大的影响，其类型、质量、数量以及开采运输条件，往往成为选择场地，拟定工程结构类型的重要条件。

从以上对 6 个要素的单独分析说明工程地质条件的优劣，在实际工作中要从整体着眼，结合建筑物的特点，对存在的岩土工程问题加以综合分析论证。

工程地质条件直接影响到工程建筑物的安全、经济和正常运行，所以，任何类型的工程建设，进行勘察时必须查明建筑场地的工程地质条件，并把它作为岩土工程勘察的基本任务。

1.1.2　岩土工程问题

岩土工程问题是指工程建筑与岩土体之间相互作用所产生的对建筑本身的顺利施工和正常运行或对周围环境可能产生影响的矛盾或问题。在岩土工程施工以及工程建筑物建成使用过程中，工程部位的岩土体和地下水与建筑物发生作用，导致岩土工程问题的出现。由于建筑物的类型、结构和规模不同，其工作条件和工程作用力的大小方向各异，与地质环境相互作用的特点各不相同，因此，所产生的岩土工程问题也有差异，这就造成岩土工程问题的复杂性和多样性。例如，工业与民用建筑主要的岩土工程问题是地基承载力和沉降问题，建于地下则有围岩（土）稳定性问题，建于山坡上则有斜坡稳定性问题。高层建筑物深基开挖和支护、施工降水、基坑底回弹隆起及基坑外地面移动变形等各种岩土工程问题较多。道路工程岩土工程问题有路基稳定性问题、道路冻害问题、边坡稳定性问题、隧道围岩稳定性问题、桥墩台地基稳定性问题等。水利水电岩土工程问题有水库渗漏问题、库岸稳定性问题、水库浸没问题、水库淤积问题、水库诱发地震问题、坝基抗滑稳定问题、坝基渗漏问题、坝基渗透稳定性问题、坝肩稳定性问题、船闸高边坡稳定性问题、输水隧洞围岩稳定性问题等。除此之外，还有洞门边坡稳定、地面变形和施工涌水等问题。

岩土工程问题分析就是分析工程建筑物与工程地质条件之间的相互作用的影响因素、作用机制与过程、边界条件，做出定性评价，并在此基础上进一步利用各种参数和计算公式进行计算，做出定量评价，明确两者之间作用的强度或岩土工程问题的严重程度、发生发展的进程，预测工程施工过程和建成以后这种作用会产生的影响，做出确切的评价和结论，提供设计和施工时参考，共同制定防治措施方案，以便保证建筑物的安全并消除对周围环境的危害。

岩土工程问题的分析、评价是岩土工程勘察的核心任务和中心环节，每一项工程在进行岩土工程勘察时，对主要的岩土工程问题必须做出确切的评价和结论。岩土工程问题的分析要“吃透两头”：一头是工程地质条件，要明确哪些因素是有利的，哪些是不利的，深刻认识客观情况；另一头是“工程意图”，即工程设计人员对建筑物的结构和规模的构想，以便了解工程的要求。岩土工程问题分析的关键在于对工程地质条件的深入了解和认识，同时又要密切结合工程建筑的自身特点予以论证。查明工程地质条件只是了解自然，只有通过岩土工程问题分析才能深刻理解自然，理解其在工程上的意义，使其得到充分应用。同时，对岩土工程问题的分析研究，还能够起到指导勘察的作用，为合理选用勘察手段、布置勘察工作量提供依据。

1.2　岩土工程勘察等级

不同建筑场地的工程地质条件不同，不同规模和特征的建筑物对工程地质条件的要求也不尽相同，所要解决的岩土工程问题也有差异，因此，工程建设所采取的地基基础、上部结构设计方案，以及岩土工程勘察所采用的方法、所投入的勘察工作量的大小也可能不同。岩土工程勘察等级划分对确定勘察工作内容、选择勘察方法及确定勘察工作量投入多少具有重要的指导意义。工程规模较大或较重要、场地地质条件以及岩土体分布和性状较复杂者，所投入的勘察工作量就较大，反之则较小。岩土工程勘察分级的目的是突出重点、区别对待、利于管理。

按《岩土工程勘察规范》(GB 50021—2001)规定，岩土工程勘察等级应根据工程重要性等级、场地复杂程度等级和地基复杂程度等级三项因素综合确定。

1.2.1 工程重要性等级

工程重要性等级，是根据工程的规模、特征以及由于岩土问题造成破坏或影响正常使用的后果的严重性进行划分的，可划分为三个等级(表 1.1)。

表 1.1 工程重要性等级划分

重要性等级	工程类型	破坏后果
一级工程	重要工程	很严重
二级工程	一般工程	严　重
三级工程	次要工程	不严重

工程重要性等级划分，由于涉及各行各业(房屋建筑、地下洞室、电厂及其他工业建筑、废弃物处理等工程)，很难做出统一的划分标准。以住宅和一般公用建筑为例，30 层以上的建筑工程，其重要性等级可定为一级，7 ～30 层的可定为二级，6 层及 6 层以下的可定为三级。目前，地下洞室、深基坑开挖、大面积岩土处理等尚无重要性等级的具体规定，可根据实际情况划分。对大型沉井和沉箱、超长桩基和墩基、有特殊要求的精密设备和超高压设备、有特殊要求的深基坑开挖和支护工程、大型竖井和平硐、大型基础托换和补强工程以及其他难度大、破坏后果严重的工程，其工程重要性等级列为一级为宜。

1.2.2 场地复杂程度等级

场地复杂程度等级根据建筑抗震稳定性、不良地质作用发育情况、地质环境破坏程度、地形地貌和地下水等 5 个方面综合考虑。

1. 建筑抗震稳定性

根据国家标准《建筑抗震设计规范》(GB 50011—2001)规定，选择建筑场地时，应根据地质、地形、地貌条件划分为对建筑抗震有利、不利和危险的地段。

(1)危险地段。地震时可能发生滑坡、崩塌、地陷、地裂、泥石流及发震断裂带上可能发生地表位错的部位。

(2)不利地段。软弱土和液化土，条状突出的山嘴，高耸孤立的山丘，非岩质的陡坡、河岸和斜坡边缘，平面分布上成因、岩性和性状明显不均匀的土层(如古河道、疏松的断层破碎带、暗埋的塘浜沟谷及半填半挖地基)等。

(3)有利地段。岩石和坚硬土或开阔平坦、密实均匀的中硬土等。

上述规定中，场地土的类型按表 1.2 划分。

表 1.2　场地土的类型划分

场地土类型	土层剪切波速范围/(m·s^{-1})	岩土名称和性状
坚硬场地土	$v_s>500$	稳定的岩石，密实的碎石土
中硬场地土	$500\geqslant v_s>250$	中密、稍密的碎石土，密实、中密的砾、粗、中砂，$f_{ak}>200$ kPa 的黏性土和粉土
中软场地土	$250\geqslant v_s>140$	稍密的砾、粗、中砂，除松散外的细、粉砂，$f_{ak}\leqslant$ 200 kPa 的黏性土和粉土，$f_{ak}>130$ kPa 的填土
软弱场地土	$v_s\leqslant 140$	淤泥和淤泥质土，松散的砂，新近代沉积的黏性土和粉土，$f_{ak}<130$ kPa 的填土

注：f_{ak}为根据《建筑地基基础设计规范》(GB 50007－2002)有关规定确定的地基承载力特征值(kPa)；v_s为岩土剪切波速。

2. 不良地质作用发育情况

不良地质作用分布于场地内及其附近地段，主要影响场地稳定性，也对地基基础、边坡和地下洞室等具体的岩土工程有不利影响。

“强烈发育”是指泥石流沟谷、崩塌、滑坡、土洞、塌陷、岸边冲刷、地下水强烈潜蚀等极不稳定场地，这些不良地质作用直接威胁工程的安全。例如，山区泥石流的发生，会酿成地质灾害，破坏甚至摧毁整个工程建筑物。岩溶地区溶洞和土洞的存在，所造成的地面变形甚至塌陷，对工程设施的安全也会构成直接威胁。“一般发育”是指虽有不良地质作用，但并不十分强烈，对工程安全的影响不严重，或者说对工程安全可能有潜在的威胁。

3. 地质环境破坏程度

地质环境破坏是指人为因素和自然因素引起的地下采空、地面沉降、地裂缝、化学污染、水位上升等。地质环境的“强烈破坏”，是指由于地质环境的破坏，已对工程的安全构成直接威胁。“一般破坏”是指已有或将有上述现象发生，但并不强烈，对工程安全的影响不严重。

4. 地形地貌条件

地形地貌主要指的是地形起伏和地貌单元(尤其是微地貌单元)的变化情况。一般地说，山区和丘陵区场地地形起伏大，工程布局较困难，挖填土石方量较大，土层分布较薄且下伏基岩面高低不平，地貌单元分布较复杂，一个建筑场地可能跨越多个地貌单元，因此地形地貌条件复杂或较复杂；平原场地地形平坦，地貌单元均一，土层厚度大且结构简单，因此地形地貌条件简单。

5. 地下水条件

地下水是影响场地稳定性的重要因素。地下水的埋藏条件、类型和地下水水位等直接影响工程及其建设。

综合考虑上述影响因素，场地复杂程度可划分为三个等级(表 1.3)。

表 1.3 场地复杂程度等级

场地等级 场地条件	一 级	二 级	三 级
建筑抗震稳定性	危 险	不 利	有利(或地震设防烈度≤6度)
不良地质作用发育情况	强烈发育	一般发育	不发育
地质环境破坏程度	已经或可能强烈破坏	已经或可能受到一般破坏	基本未受破坏
地形地貌条件	复 杂	较复杂	简 单
地下水条件	有影响工程的多层地下水或岩溶裂隙水存在，其他水文地质条件复杂，需专门研究	基础位于地下水位以下	对工程无影响

1.2.3 地基复杂程度等级

根据地基复杂程度，可划分为三个地基等级。

1. 一级地基

符合下列条件之一者即为一级地基(复杂地基)：

(1)岩土种类多，很不均匀，性质变化大，需特殊处理。

(2)严重湿陷、膨胀、盐渍、污染的特殊性岩土以及其他情况复杂、需作专门处理的岩土。

2. 二级地基

符合下列条件之一者即为二级地基(中等复杂地基)：

(1)岩土种类较多，不均匀，性质变化较大。

(2)除上述规定之外的特殊性岩土。

3. 三级地基

符合下列条件者为三级地基(简单地基)：

(1)岩土种类单一，均匀，性质变化不大。

(2)无特殊性岩土。

场地等级、地基等级具体划分时，应从一级开始，向二级、三级推定，以最先满足为准。

1.2.4 岩土工程勘察等级

综合考虑工程重要性、场地复杂程度和地基复杂程度三项因素，将岩土工程勘察等级划分为甲、乙、丙三个级别。

(1) 甲级岩土工程勘察。在工程重要性、场地复杂程度和地基复杂程度等级中，有一项或多项为一级。

(2) 乙级岩土工程勘察。除勘察等级为甲级和丙级以外的勘察项目。

(3) 丙级岩土工程勘察。工程重要性、场地复杂程度和地基复杂程度等级均为三级。

一般情况下，勘察等级可在勘察工作展开前，通过收集已有资料确定。但随着勘察工作的展开以及对自然认识的深入，勘察等级也可能发生改变。

对于岩质地基，场地地质条件复杂程度是控制因素。建造在岩质地基上的一级工程，如果场地和地基条件比较简单，勘察工作难度不大，场地复杂程度等级和地基复杂程度等级均为三级时，岩土工程勘察等级也可定为乙级。

1.3　岩土工程勘察方法

岩土工程勘察的方法或技术手段有工程地质测绘和调查、勘探与取样、原位测试与室内试验、现场检验与监测、勘察资料的室内整理等。

1.3.1　工程地质测绘和调查

工程地质测绘和调查是岩土工程勘察的基础工作，一般在勘察的初期阶段进行。在可行性研究勘察阶段和初步勘察阶段，工程地质测绘和调查能发挥其重要的作用。在详细勘察阶段，可通过工程地质测绘和调查对某些专门地质问题(如滑坡、断裂等)做补充调查。

工程地质测绘和调查实质上是运用地质学、工程地质学的理论和方法，对地面地质体和地质现象进行观察和描述，根据野外调查和测绘结果，在地形图上填绘测区工程地质条件的主要内容，并绘制工程地质图，据此分析区内工程地质条件的特征和规律，借以推断地下地质情况。高质量的工程地质测绘工作可以取得对工程地质条件相当深入的认识，是认识场地工程地质条件最经济、最有效的方法；工程地质测绘和调查是率先进行的勘察工作，具有有效指导勘探、测试等其他勘察方法的作用。在地形地貌及其他地质条件较为复杂的场地，必须进行工程地质测绘，但对地形平坦、地质条件简单且较狭小的场地，则可采用调查代替工程地质测绘。但单靠工程地质测绘和调查，无论在认识的深度和定量评价的要求上都是不够的，还必须实施其他勘察方法，特别是需要通过勘探工作加以验证而使认识深化。

1.3.2　勘探与取样

勘探工作包括物探、钻探和坑探等方法，主要用来查明地下岩土的性质、分布及地下水等条件，并可利用勘探工程取样和进行原位测试及监测。勘察工作中具体勘察手段的选择应符合勘察的目的、要求及岩土体的特点，力求以合理的工作量达到应有的技术效果。

物探是一种间接的勘探手段，它的优点是较之钻探和坑探轻便、经济而迅速，能够及时解决工程地质测绘中难于推断而又急待了解的地下地质情况；在工程地质测绘过程中常要求物探的适当配合，对查明覆盖层厚度、基岩风化层厚度及基岩起伏变化，效果显著；物探可为钻探和坑探布置提供有效指导，作为其先行或辅助手段。但是，物探使用又受地形条件等的限制，且其成果判释往往具有多解性，因此物探应以测绘为指导，并用勘探工程加以验证。

钻探和坑探也称勘探工程，是查明地下地质情况最直接、最可靠的勘察手段，在岩土工程勘察中必不可少。其中钻探工作使用最为广泛，可根据地层类别和勘察要求选用不同的钻探方法。当钻探方法难以查明地下地质情况时，可采用坑探方法。坑探工程的类型较多，应根据勘察要求选用。勘探工作起着验证测绘和物探工作中所做推断的作用，并为试验工作创造条件。勘探工程布置要以工程地质测绘和物探成果为指导，以避免盲目性和随意性。

勘探工程一般都需要动用机械和动力设备，耗费人力、物力较多，有些勘探工程施工周期又较长，而且受到许多条件的限制。因此，在使用这些方法时要有经济观念，勘探工程布置要力求做到目的明确、经济合理，加强观测编录工作，尽可能用较少的工作量取得较多的成果。

工程地质测绘、物探、勘探三者关系密切，配合必须得当。工程地质测绘是物探和勘探的基础，必须领先进行。那种轻测绘、重勘探的观念是错误的，抛开测绘而去布置物探、勘探的做法更是盲目的，往往会造成浪费。

1.3.3 原位测试与室内试验

原位测试与室内试验的主要目的是为岩土工程问题分析评价提供所需的技术参数，包括岩土的物性指标、强度参数、固结变形特性参数、渗透性参数和应力、应变时间关系参数等。各项试验工作在岩土工程勘察中占有重要的地位。原位测试与室内试验相比，各有优缺点。

原位测试的优点是：①试样不脱离原来的环境，基本上在原位应力条件下进行试验；②所测定的岩土体尺寸大，能反映宏观结构对岩土性质的影响，代表性好；③试验周期较短，效率高；④尤其对难以采样的岩土层仍能通过试验评定其工程性质。原位测试的缺点是：①试验时的应力路径难以控制；②边界条件也较复杂；③有些试验耗费人力、物力较多，不可能大量进行。

室内试验的优点是：①试验条件比较容易控制（边界条件明确，应力应变条件可以控制等）；②可以大量取样。其主要的缺点是：①试样尺寸小，不能反映宏观结构和非均质性对岩土性质的影响，代表性差；②试样不可能真正保持原状，而且有些岩土也很难取得原状试样。可见两者的优缺点是互补的，应相辅相成，配合使用，以便经济有效地取得所需的技术参数。

原位测试一般都借助于勘探工程进行，是详细勘察阶段主要采用的勘察方法。

试验工作要以工程地质测绘和勘探工作为基础，在为设计提供指标时，更需综合考虑测绘和勘探的成果。

1.3.4 现场检验与监测

现场检验与监测是构成岩土工程系统的一个重要环节，大量工作在施工和运营期间进行。但是这项工作一般需在高级勘察阶段开始实施，因此又被列为一种勘察方法。它的主要目的在于保证工程质量和安全，提高工程效益。现场检验包括施工阶段对先前岩土工程勘察成果的验证核查，以及岩土工程施工监理和质量控制。现场监测则主要包含施工作用和各类荷载对岩土反应性状的监测、施工和运营中的结构物监测和对环境影响的监测等方面。检验与监测所获取的资料，可以反求出某些工程技术参数，并以此为依据及时修正设计，使之在技术和经济方面优化。此项工作主要是在施工期间内进行，但对有特殊要求的工程以及一些对工程有重要影响的不良地质作用，应在建筑物竣工运营期间继续进行。

1.3.5 勘察资料室内整理

勘察资料室内整理内容包括岩土物理力学性质指标的整理、图件的编制、反演分析、岩土工程分析评价及编写报告书等。各种勘察方法所取得的资料仅是原始数据、单项成果，还缺乏相互印证和综合分析，只有通过对图件编制和报告编写，对存在的岩土工程问题做出定性和定量评价，才能为工程的设计和施工提供资料和地质依据。

图件的编制是利用已收集的和现场勘察的资料，经整理分析后，绘制成工程地质图。常用的工程地质图有综合工程地质图、工程地质分区图、工程地质剖面图、钻孔柱状图及探槽或探井展视图等。

岩土物理力学性质指标的整理，就是对大量岩土物理力学性质指标数据加以整理，取得有代表性的数据，用于岩土工程的设计计算中。

反演分析是以岩土工程实体作为分析对象，通过系统的原型观测，检验岩土体在工程施工和使用期间的表现是否与预期的设计效果相符，借以反求岩土体的特性指标，或验证设计、计算方法的准确性、代表性，或查验工程效果及事故的技术原因。反演分析、室内试验、原位测试是求取岩土特性参数的三种主要方法。

岩土工程勘察报告书是岩土工程勘察成果的文字说明。该报告书的内容应根据任务要求、勘察阶段、工程地质条件、工程规模和性质等具体情况确定。岩土工程勘察的最终成果是提出勘察报告书和必要的附件。

各种勘察方法的选择和应用、工作的布置和工作量大小需根据建筑物的类型、岩土工程勘察等级以及勘察阶段来确定，将在本书以后各章中详细论述。

1.4　岩土工程勘察阶段的划分

岩土工程勘察的基本任务就是为工程的规划、设计、施工以及岩土体治理加固等提供地质资料和必要的技术参数，并对有关的岩土工程问题做出论证和评价，以保证设计和施工工作的顺利进行。为体现岩土工程勘察为设计服务的宗旨，勘察阶段划分应与设计阶段相适应。

人类认识自然是一个逐步发展、不断深化的过程。岩土工程勘察既是认识自然的过程，又是利用和改造自然的过程。一项建设工程，尤其是重大工程，从设想到建成运营，不是一下就能完成的，需要经过反复研究，多次论证，不断深化，才能由概略到具体，完成规划、设计和施工的全过程。这种反复，符合认识不断深化的规律性，也是人的主观意图（工程规划与设计）与客观存在（工程地质条件）相适应的需要。因此，岩土工程设计必须与岩土工程勘察密切配合，协调一致，以达到保证工程安全可靠、经济合理的目的。

由于岩土工程设计划分为由低级到高级的不同阶段，因此，岩土工程勘察也应划分为由低级到高级的不同阶段，以适应相应设计阶段对工程地质条件研究深度的不同要求。

在我国，不同行业勘察阶段的划分并不完全一致（表1.4）。在具体的勘察工程中，应根据工程建设的类型，参考相应行业规范划分勘察阶段。

表1.4　各建筑类型岩土工程勘察阶段划分的对应关系

<table>
<tr><th>房屋建筑与构筑物</th><th>水利水电工　程</th><th>铁路工程</th><th>公路工程</th><th>边坡工程地下洞室</th><th>管道工程</th><th>架空线路工　程</th></tr>
<tr><td>可行性研究勘察</td><td>规划勘察</td><td>草测</td><td>可行性研究勘察</td><td></td><td>选线勘察</td><td rowspan="2">初步设计勘察</td></tr>
<tr><td>初步勘察</td><td>可行性研究勘察</td><td>初测</td><td>初步勘察</td><td>初步勘察</td><td>初步勘察</td></tr>
<tr><td>详细勘察</td><td>初步设计勘察</td><td>定测</td><td>详细勘察</td><td>详细勘察</td><td>详细勘察</td><td rowspan="2">施工图设计勘察</td></tr>
<tr><td>施工勘察</td><td>技施设计勘察</td><td>补充定测</td><td></td><td>施工勘察</td><td></td></tr>
</table>

根据《岩土工程勘察规范》(GB 50021—2001),房屋建筑物和构筑物岩土工程勘察可划分为可行性研究勘察、初步勘察、详细勘察三个阶段。施工勘察不作为一个固定阶段,现以此为例论述如下。

1.4.1 可行性研究勘察阶段

可行性研究勘察也称为选址勘察,对中小型建设项目、一般民用建筑进行得并不多,但对于重大建设项目,如对大型水利水电工程、特大型桥梁工程、地下铁道工程、军事国防工程等进行选址勘察还是十分必要的。选择一个适宜的场址是工程建设工作所遇到的第一重大问题。场址选择工作一般可分为两个阶段,第一个阶段是选择工程项目的建设地区;第二个阶段是在此基础上选择具体的建设地点和位置。

选址勘察阶段的主要任务是通过搜集、分析已有资料,进行现场踏勘、工程地质测绘和少量勘探工作,对拟选场址的稳定性和适宜性做出岩土工程评价,进行技术经济论证和方案比较,满足确定场地方案的要求。这一阶段一般有若干个可供选择的场址方案,对各方案场地都要进行勘察(工程地质条件的了解程度应该是相近的),并对主要的岩土工程问题做初步分析和评价,以此比较各方案的优劣,选取最优的建筑场址。

本阶段的勘察方法,主要是在搜集、分析已有资料的基础上,通过进行现场踏勘了解场地的工程地质条件。如果场地工程地质条件比较复杂,已有资料不足以说明问题时,应进行工程地质测绘和必要的勘探工作。

1.4.2 初步勘察阶段

初步勘察是在可行性研究勘察的基础上、在建设场址确定后进行的。该阶段要对场地内建筑地段的稳定性做出岩土工程评价,并为确定建筑总平面布置,主要建筑物地基基础方案及对不良地质作用的防治工程方案进行论证,满足初步设计或扩大初步设计的要求。

初步勘察的目的是根据工程初步设计的要求,提出岩土工程方案设计和论证,其主要任务是在可行性研究勘察的基础上,对场地内建筑地段的稳定性做出岩土工程评价,并为确定建筑总平面布置,对主要建筑物的岩土工程方案和不良地质作用的防治工程方案等进行论证,以满足初步设计或扩大初步设计的要求。此阶段是设计的重要阶段,既要对场地稳定性做出确切的评价结论,又要确定建筑物的具体位置、结构型式、规模和各相关建筑物的布置方式,并提出主要建筑物的地基基础、边坡工程等方案。如果场地内存在不良地质作用,影响场地和建筑物稳定性时,还要提出防治工程方案,因而岩土工程勘察工作是繁重的。但是,由于建筑场地已经选定,勘察工作范围一般限定于建筑地段内,相对比较集中。

本阶段的勘察方法,在分析已有资料基础上,根据需要进行工程地质测绘,并以勘探、物探和原位测试为主。应根据具体的地形地貌、地层岩性和地质构造条件,布置勘探点、线、网,其密度和孔(坑)深度按不同的工程类型和岩土工程勘察等级确定。原则上每一岩土层应取样或进行原位测试,取样和原位测试坑的数量应占相当大的比重。

工作前要掌握选址报告书内容,还要了解建设项目的类型、规模、建筑面积、建筑物名称、建筑物最大高度和最大荷重,基础的一般与最大埋深、主要仪器设备情况,要取得比例尺1∶1 000～1∶5 000并带有坐标的地形图,图上应标明建筑物预计分布范围和初步勘察边界线。

1.4.3　详细勘察阶段

详细勘察的目的是对岩土工程设计、岩土体处理与加固、不良地质作用的防治工程进行计算与评价，以满足施工图设计的要求。此阶段应按不同建筑物或建筑群提出详细的岩土工程资料和设计所需的岩土技术参数。显然，该阶段勘察范围仅局限于建筑物所在的地段内，所要求的成果资料精细可靠，而且许多是计算参数。例如，工业与民用建筑需评价和计算地基稳定性和承载力；提供地基变形计算参数，预测建筑物的沉降、差异沉降或整体倾斜；判定高烈度地震区场地饱和砂土(或粉土)的地震液化，计算液化指数；深基坑开挖的稳定计算和支护设计所需参数，基坑降水设计所需参数，以及基坑开挖、降水对邻近工程的影响；桩基设计所需参数，单桩承载力等。

本阶段勘察方法以勘探和原位测试为主。勘探点一般应按建筑物轮廓线布置，其间距根据岩土工程勘察等级确定，较之初步勘察阶段密度更大。勘探坑孔深度一般应以工程基础底面为准算起。采取岩土试样和进行原位测试的坑孔数量，也较初勘阶段要大。为了与后续的施工监理衔接，此阶段应适当布置监测工作。

1.4.4　施工勘察阶段

施工勘察不作为一个固定阶段，而是视工程的实际需要而定。当工程地质条件复杂或有特殊施工要求的重大工程地基，就需要进行施工勘察。施工勘察包括施工阶段和竣工运营过程中一些必要的勘察工作(如检验地基加固效果等)，主要是检验与监测工作、施工超前地质预报、施工和运营过程中突发岩土工程问题的勘察。它可以起到核对已取得的地质资料和所做评价结论准确性的作用，以此可修改、补充原来的勘察成果。同时，对突发的岩土工程问题取得详细的地质资料，并以此为依据进行防治工程设计。施工勘察包括施工阶段的勘察和竣工后一些必要的勘察工作，因此，施工勘察并不是专指施工阶段的勘察。

此外，对一些规模不大且工程地质条件简单的场地或有建筑经验的地区，可以简化勘察阶段。目前国内许多城市一般房屋建筑进行的一次性勘察，完全可以满足工程设计、施工的要求。

1.5　岩土工程勘察纲要

岩土工程勘察在于查明建筑场地的工程地质条件，评价场地和地基的稳定性及适宜性，提供地基基础设计和施工所需的计算指标，提供地基处理方案与建议。岩土工程勘察资料准确与否直接关系到建筑物的安全和正常运营，因此，可以说岩土工程勘察是工程建筑成败的关键一环。

勘察工作的基本程序包括编制勘察纲要，编制经费预算，签订勘察合同，实施工程地质测绘和调查，勘探工作，长期观测，编写岩土工程勘察报告等几个方面。

岩土工程勘察纲要是勘察单位工作的设计书，是开展勘察工作的计划和指导性文件。在勘察开始之前，由建设单位会同设计人员填写“岩土工程勘察任务委托书”。委托书中应说明工程的意图和设计阶段，还应提供进行勘察工作所必需的各种图件、资料和文件，即带有建筑物平面布置的地形图、建筑物结构类型与荷载情况表、工程建设的有关批准文件。勘察单位以此为根据，搜集场地附近的已有地质、地震、水文、气象及当地建筑经验等资料，由该项目勘察工作的负责人编写勘察纲要，并经必要的审核批准程序之后进行正式勘察工作。

1. 岩土工程勘察任务委托书

在接受勘察任务时，必须获得填写好的“岩土工程勘察任务委托书”，其内容随设计阶段不同而有差别。委托书中技术要求表的格式如表 1.5 所示。

表 1.5 岩土工程勘察技术要求

<table>
<tr><td colspan="18">建设项目名称及地点：</td><td colspan="4">设计阶段：</td></tr>
<tr><td rowspan="3">建筑物名称</td><td rowspan="3">建筑物面积—m²</td><td rowspan="3">室内地坪设计标高—m</td><td rowspan="3">高度—m</td><td rowspan="3">层数</td><td rowspan="3">结构类型</td><td rowspan="3">吊车起重量—kN</td><td rowspan="3">地面荷载—kPa</td><td rowspan="3">地基类型</td><td rowspan="3">柱距—m</td><td rowspan="3">基础埋深—m</td><td colspan="4">建筑物基础</td><td colspan="5" rowspan="2">主要设备基础</td><td>地下室</td><td rowspan="3">备注</td></tr>
<tr><td colspan="2">条形基础</td><td colspan="2">单独柱基</td><td rowspan="2">埋深—m</td></tr>
<tr><td>宽度—m</td><td>荷重 kN/m</td><td>长×宽—m²</td><td>总荷重—kN</td><td>名称</td><td>尺寸—m²</td><td>埋深—m</td><td>荷重 kN/m²</td><td>对差异沉降的要求</td></tr>
<tr><td></td><td></td><td></td><td></td><td></td><td></td><td></td><td></td><td></td><td></td><td></td><td></td><td></td><td></td><td></td><td></td><td></td><td></td><td></td><td></td><td></td><td></td></tr>
<tr><td></td><td></td><td></td><td></td><td></td><td></td><td></td><td></td><td></td><td></td><td></td><td></td><td></td><td></td><td></td><td></td><td></td><td></td><td></td><td></td><td></td><td></td></tr>
<tr><td></td><td></td><td></td><td></td><td></td><td></td><td></td><td></td><td></td><td></td><td></td><td></td><td></td><td></td><td></td><td></td><td></td><td></td><td></td><td></td><td></td><td></td></tr>
<tr><td colspan="22">特殊要求：</td></tr>
</table>

设计单位__________； 项目负责人__________； 建设单位__________； 联系人__________

2. 岩土工程勘察纲要的基本内容

勘察纲要的基本内容取决于勘察阶段、工程的重要性和场地及其土质条件，其基本内容有以下几个方面，实际编写时可以增减。

(1)工程名称及建设地点。

(2)勘察阶段及技术要求。

(3)制订勘察纲要的依据。

(4)建筑场地的自然条件及研究程度。

(5)勘察工作的内容、方法及要求：

1)尚需继续搜集的各种资料文献。

2)工程地质测绘。

3)钻探。

4)原位测试。

5)土、水的试验分析。

6)各种长期观测。

7)资料整理及报告书中的内容及要求。

(6)勘察工作进行中可能遇到的问题及处理措施。

(7)附件：

1)岩土工程勘察任务委托书。

2)勘察试验点平面布置图。

3)勘察工作进展计划表。

1.6　地理信息系统(GIS)在岩土工程勘察中的应用

随着信息产业的快速发展,那种单一简单的数据信息已难以满足各个领域的技术要求,人们越来越热衷于具有多层数据结构、多功能综合分析能力的时空型数据信息。地理信息系统(GIS)是能对与地理位置有关的各种特征的时空信息进行输入、存储、检索、分析及输出等多重处理的计算机辅助决策技术系统。

在岩土工程勘察领域,多种勘察技术方法获取了不同区域的大量的与地理坐标有关的数据信息,因此,应用GIS系统就可以从更深层上、更大范围内对数据信息进行综合开发利用,这对于分析评价一些宏观的岩土工程问题,提高宏观决策能力,增强勘察市场竞争能力,真正实现资源共享,低耗高效完成勘察任务均有重要意义。

目前,各城市(或地区)岩土工程勘察地理信息系统主要是采用国产地理信息系统平台MAPGIS,其主要包括图形数据库的建立与管理、属性数据库的建立与管理、图形显示与制图输出、图形(地理空间)分析、查询、定制、实用性等功能。详细的应用功能归纳起来有以下几方面。

1.6.1　自动生成和编辑图形功能

自动生成和编辑的图形主要包括以下几种:

(1)勘探点平面布置图。建立新建工程,输入工程名称、工程编号、勘探孔地理坐标、勘探孔编号与类型(钻孔、探井、探槽)、孔口高程等信息,按一定比例尺自动生成勘探点平面布置图。

(2)钻孔柱状图。输入钻孔信息和地层描述,如钻孔号、钻孔坐标、土层名称、土层埋深、土层编号、土层年代、土层成因、水位埋深、孔深等信息,按一定垂直比例尺生成钻孔柱状图。

(3)工程地质剖面图。在输入各钻孔资料,完成钻孔柱状图后,可按勘探点平面布置图,选取工程地质剖面线,点击选中的钻孔编号,确定纵横比例尺,就可自动生成工程地质剖面图。

由于勘察点平面布置图和工程地质剖面图相对于钻孔柱状图,计算机的数据处理、自动生成和编辑过程要复杂得多,面临的实际问题也比较多,故在这种图形的制作过程中,除CAD系统自动生成和编辑外,还要有人工干预功能。

1.6.2　土工试验数据处理功能

土工试验数据处理包括室内的固结试验、三轴压缩试验等力学试验和现场的原位测试两大部分,主要是通过计算机辅助完成试验数据整理与成果应用,具有实时性。例如,对于平板载荷试验,首先进入土工试验模块系统,选择平板载荷试验,再输入试验点现场测试的资料(测试点编号、试验位置或深度、荷载压力与对应的沉降变形量、记录时间等),就可按一定操作步骤计算和自动生成平板载荷试验的 $p-S$ 曲线,并确定出曲线上特征点,得到比例界限压力和极限压力,求出地基土承载力和变形模量,最后以图表形式输出。

1.6.3 （岩）土参数统计分析功能

在合理划分土层的基础上，按每一土层、每一种（岩）土物理力学性质参数（如 $G,\gamma,\omega,e,\cdots$）进行统计计算得出每一土层每一种（岩）土参数的统计样本数、平均值、变异系数、标准值，最后输出各（岩）土层物理力学性质指标统计表。

1.6.4 稳定性分析评价功能

该功能相对比较独立，可以含于工程勘察CAD系统内，也有进行二次开发后独立成一部分的，按一定理论计算后，输出计算结果，主要包括地基下卧层稳定性验算、边坡稳定性验算、基坑支护分析验算、地震液化评判、桩基设计计算等。

以岩（土）体稳定性评价为例，目前多数通过基于现有GIS软件或工程CAD软件进行二次开发或独立开发后与GIS软件相结合进行，其主要思路是利用已有的属性数据、实验数据或在这些数据的基础上通过空间分析和计算得出的属性数据来进行岩（土）体的稳定性评价，也可以由属性数据自动生成的图纸数据进行稳定性计算和变形破坏演示。这一功能目前能够解决的主要问题有地基与基础稳定性验算、边坡稳定性验算、基坑支护分析验算、砂土液化评判等。利用这一功能，可为工程设计与决策提供一个科学的依据，以体现岩土工程勘察的真正目的和意义。

1.6.5 文字处理及编辑报告功能

对于一般的岩土工程勘察和简单的岩土工程勘察项目，其岩土工程勘察报告可以通过计算机进行文字编撰、处理，最终编辑成正式报告。

GIS的研究和应用已经遍及人类社会生活的各个领域，相信随着岩土工程勘察手段和技术的不断提升、数据处理精度要求的提高，GIS会在岩土工程勘察领域发挥愈来愈重要的作用。

思　考　题

1. 简述工程地质条件的概念及各要素的内涵。
2. 不同类型建筑物常见的岩土工程问题有哪些？
3. 岩土工程问题分析的基本思路是什么？
4. 岩土工程勘察的方法有哪些？
5. 影响岩土工程勘察方法选择的因素有哪些？在具体勘察工作中，如何实现不同勘察方法的合理配置和有效使用？
6. 岩土工程勘察阶段是如何划分的？各阶段所采用的勘察方法有何不同？

第2章 工程地质测绘和调查

2.1 概　　述

如前所述，工程地质测绘和调查是岩土工程勘察的基础工作，在诸项勘察方法中最先进行。按一般勘察程序，主要是在可行性研究和初步勘察阶段安排此项工作。但在详细勘察阶段，为了对某些专门的工程地质问题作补充调查，也进行工程地质测绘。

工程地质测绘是运用地质、工程地质理论，对与工程建设有关的各种地质现象和作用进行详细的观察和描述，初步查明拟建场地或各建筑地段的工程地质条件，将工程地质条件诸要素采用不同的颜色、符号，按照精度要求标绘在一定比例尺的地形图上，并结合勘探、测试和其他勘察工作的资料，编制成工程地质图，作为岩土工程勘察的重要成果提供给建筑物规划、设计和施工部门使用。这一重要的勘察成果可对场地或各建筑地段的稳定性和适宜性做出评价。

工程地质测绘所需仪器设备简单，耗费资金较少，工作周期短，所以岩土工程师应力图通过它获取尽可能多的地质信息，对建筑场地或各建筑地段的地面地质情况有深入的了解，并对地下地质情况有较准确的判断，为布置勘探、测试等其他勘察工作提供依据。高质量的工程地质测绘还可以节省其他勘察方法的工作量，提高勘察工作的效率。

根据研究内容的不同，工程地质测绘可分为综合性测绘和专门性测绘两种。综合性工程地质测绘是对场地或建筑地段工程地质条件诸要素的空间分布以及各要素之间的内在联系进行全面综合的研究，为编制综合工程地质图提供资料。在测绘地区如果从未进行过相同的或更大比例尺的地质或水文地质测绘，那就必须进行综合性工程地质测绘。专门性工程地质测绘是对工程地质条件的某一要素进行专门研究，如第四纪地质、地貌、斜坡变形破坏等，是研究它们的分布、成因、发展演化规律等，所以专门性测绘是为编制专用工程地质图或工程地质分析图提供资料的。无论何种工程地质测绘，都是为工程的设计、施工服务的，都有其特定的研究目的。

工程地质测绘具有如下特点：

(1)工程地质测绘对地质现象和作用的研究，应围绕建筑物的要求而进行。对建筑物安全、经济和正常使用有影响的不良地质作用，应详细研究其分布、规模、形成机制、影响因素，定性和定量分析其对建筑物的影响(危害)程度，并预测其发展演化趋势，提出防治对策和措施。而对那些与建筑物无关的地质现象则可以粗略一些，甚至不予关注。这是工程地质测绘与一般地质测绘的重要区别。

(2)工程地质测绘要求的精度较高。对一些地质现象的观察描述，除了定性阐明其成因和性质外，还要测定必要的定量指标。例如，岩土物理力学参数，节理裂隙的产状、隙宽和密度等。所以应在测绘工作期间，配合一定的勘探、取样和试验工作，携带简易的勘探和测试器具。

(3)为了满足工程设计和施工的要求，工程地质测绘经常采用大比例尺专门性测绘。各种地质现象的观测点须借助于经纬仪、水准仪等精密仪器测定其位置和高程，并标测于地形图上，以保证必要的准确度。

2.2 工程地质测绘和调查的范围、比例尺和精度

在工程地质测绘与调查之前，必须先确定范围，选择合理的比例尺，这是保证测绘精度的基础。

2.2.1 工程地质测绘及调查的范围

工程地质测绘不像一般的区域地质或区域水文地质测绘那样，严格按比例尺大小由地理坐标确定测绘范围，而是根据拟建建筑物的需要在与该项工程活动有关的范围内进行。原则上要求工程地质测绘和调查的范围应以能解决工程实际问题为前提，测绘范围应包括场地及其邻近的地段。对于大、中比例尺的工程地质测绘，多以建筑物为中心，其区域往往为一方形或矩形。如果是线形建筑（如公路、铁路路基和坝基等），则其范围应为一带状，其宽度应包含建筑物的所有影响范围。

适宜的测绘范围，既能较好地查明场地的工程地质条件，又不至于浪费勘察工作量。对于确定测绘范围来说，最为重要的还要看划定的测区范围是否能够满足查清测区内对工程可能产生重要影响的地质结构条件的要求。如某一工程正处于山区山洪泥石流的堆积区，此时如仅以建筑物为核心划定测绘调查范围则很有可能搞不清山洪泥石流的发育规律。因此，在这种条件下，即使补给区再远也要将其纳入测绘范围。根据实践经验，由以下三方面确定测绘范围，即以拟建建筑物的类型和规模、设计阶段以及工程地质条件的复杂程度和研究程度来确定。

建筑物的类型、规模不同，与自然地质环境相互作用的程度和强度也就不同，确定测绘范围时首先应考虑到这一点。例如，大型水利枢纽工程的兴建，由于水位和水文地质条件急剧改变，往往引起大范围自然地理和地质条件的变化，这一变化甚至会导致生态环境的破坏和影响水利工程本身的效益及稳定性。此类建筑物的测绘范围必然很大，应包括水库上、下游的一定范围，甚至上游的分水岭地段和下游的河口地段都需要进行调查。房屋建筑和构筑物一般仅在小范围内与自然地质环境发生作用，通常不需要进行大面积的工程地质测绘。

工程地质测绘范围是随着设计阶段（即岩土工程勘察阶段）的提高而缩小的。在工程处于初期设计阶段时，为了选择建筑场地一般都有若干个比较方案，它们相互之间有一定的距离。为了进行技术经济论证和方案比较，应把这些方案所涉及的场地包括在同一测绘范围内，测绘范围显然是比较大的。但在建筑场地选定之后，尤其是在设计的后期阶段，各建筑物的具体位置和尺寸均已确定，就只需在建筑地段的较小范围内进行大比例尺的工程地质测绘。

工程地质条件愈复杂，研究程度愈低，工程地质测绘范围就愈大。工程地质条件复杂程度包含两种情况：一种情况是在场地内工程地质条件非常复杂。例如，构造变动强烈，有活动断裂分布；不良地质作用强烈发育；地质环境遭到严重破坏；地形地貌条件十分复杂。另一种情况是场地内工程地质条件比较简单，但场地附近有危及建筑物安全的不良地质作用存在。如山区的城镇和厂矿企业往往兴建于地形比较平坦开阔的洪积扇上，对场地本身来说工程地质条件并不复杂，但一旦泥石流暴发则有可能摧毁建筑物。此时工程地质测绘范围应将泥石流

形成区包括在内。又如位于河流、湖泊、水库岸边的房屋建筑，场地附近若有大型滑坡存在，当其突然失稳滑落所激起的涌浪可能会导致灭顶之灾。显然，工程地质测绘时，应详细调查该滑坡的情况。这两种情况都必须适当扩大工程地质测绘的范围。

布置测区的测绘范围时，必须充分考虑测区主要构造线的影响，如对于隧道工程，其测绘和调查范围应当随地质构造线（如断层、破碎带、软弱岩层界面等）的不同而采取不同的布置，在包括隧道建筑区的前提下，测区应保证沿构造线有一定范围的延伸，如果不这样做，就可能对测区内许多重要地质问题了解不清，从而给工程安全带来隐患。

此外，在拟建场地或其邻近地段内如果已有其他地质研究成果，应充分运用它们，在经过分析、验证后做一些必要的专门问题研究，此时工程地质测绘的范围和相应的工作量应酌情减小。

2.2.2　工程地质测绘和调查的比例尺

工程地质测绘和调查应紧密结合工程建设规划、设计要求进行，工程地质测绘比例尺的选择主要取决于建筑物类型、设计阶段和工程建筑所在地区工程地质条件的复杂程度以及研究程度。建筑物设计的初期阶段属选址性质的，一般往往有若干个比较场地，测绘范围较大，而对工程地质条件研究的详细程度并不高，所以采用的比例尺较小。但是，随着设计阶段的提高，建筑场地的位置越来越具体，范围越来越缩小，而对地质条件的详细程度的要求越来越高，所以，所采用的测绘比例尺就需要逐步加大。当进入到设计后期阶段时，为了解决与施工、运行有关的专门工程地质问题，所选用的测绘比例尺可以很大。在同一设计阶段内，比例尺的选择则取决于场地工程地质条件的复杂程度以及建筑物的类型、规模及其重要性。工程地质条件复杂、建筑物规模巨大而又重要者，就需采用较大的测绘比例尺。总之，各设计阶段所采用的测绘比例尺都限定于一定的范围之内。

工程地质测绘的比例尺一般分为以下三种：

（1）小比例尺 1∶50 000～1∶5 000，一般用于可行性研究勘察阶段，目的是了解区域性的工程地质条件和为更详细的工程地质勘测工作制定方向。

（2）中比例尺 1∶10 000～1∶2 000，一般用于初步勘察阶段，主要用于新兴城市的总体规划、大型工矿企业的布置、水工建筑物选址、铁路及公路工程的选线阶段。

（3）大比例尺 1∶2 000～1∶500，一般用于详细勘察阶段，目的在于为最后确定建筑物结构或基础的形式以及选择合理的施工方式服务。

需要说明的是，上述比例尺的规定不是一成不变的，在具体确定测绘比例尺时，一般应综合考虑以下三个方面的因素：岩土工程勘察阶段、建筑物的规模及类型、工程地质条件的复杂程度及区域研究程度。对勘察阶段高、建筑规模大、工程地质条件复杂的测区内，若存在对拟建工程有重要影响的地质单元（如滑坡、断层、软弱夹层、洞穴等）时，应适当加大测绘比例尺，反之则可以适当减小测绘比例。

2.2.3　工程地质测绘和调查的精度

工程地质测绘和调查的精度包括野外观察、调查、描述各种工程地质条件的详细程度和各种地质条件，如岩层、地貌单元、自然地质现象、工程地质现象等在地形底图上表示的详细程度与精确程度。显然，这些精度必须与图的比例尺相适应。

野外观察、调查、描述各种地质条件的详细程度在传统意义上用单位测试面积上观测点数目和观测路线长度来控制。不论其比例尺多大，都以图上每 1cm^2 内一个点来控制平均观测点数目。当然其布置不是均布的，而应是复杂地段多些，简单地段少些，且都应布置在关键点上。例如各种单元的界线点、泉点、自然地质现象或工程地质现象点等。测绘比例尺增大、观测点数目增多而天然露头不足，则必须以人工露头来补充，所以测绘时须进行剥土、探槽、试坑等小型勘探工程。地质观测点的数量以能控制重要的地质界线并能说明工程地质条件为原则，以利于岩土工程评价。为此，要求将地质观测点布置在地质构造线、地层接触线、岩性分界线、不同地貌单元及微地貌单元的分界线、地下水露头以及各种不良地质作用分布的地段。观测点的密度应根据测绘区的地质和地貌条件、成图比例尺及工程特点等确定。一般控制在图上的距离为 2～5 cm。例如在 1∶5 000 的图上，地质观测点实际距离应控制在 100 ～250 m 之间。此控制距离可根据测绘区内工程地质条件复杂程度的差异并结合对具体工程的影响而适当加密或放宽。在该距离内应做沿途观察，将点、线观察结合起来，以克服只孤立地做点上观察而忽视沿途观察的偏向。当测绘区的地层岩性、地质构造和地貌条件较简单时，可适当布置“岩性控制点”，以备检验。

地质观测点布置是否合理，是否具有代表性对于成图的质量及岩土工程评价具有至关重要的影响。《岩土工程勘察规范》(GB 50021—2001)中对地质观测点的布置、密度和定位要求如下：

(1)在地质构造线、地层接触线、岩性分界线、标准层位和每个地质单元体应有地质观测点。

(2)地质观测点的密度应根据场地的地貌、地质条件、成图比例尺和工程要求等确定，并应具有代表性。

(3)地质观测点应充分利用天然和已有的人工露头，当露头少时，应根据具体情况布置一定数量的探坑或探槽。

(4)地质观测点的定位应根据精度要求选用适当方法；地质构造线、地层接触线、岩性分界线、软弱夹层、地下水露头和不良地质作用等特殊地质观测点，宜用仪器定位。

为了保证各种地质现象在图上表示的准确程度，《岩土工程勘察规范》(GB 50021 —2001)要求地质界线和地质观测点的测绘精度在图上应小于 3 mm；水利、水电、铁路等系统要求小于 2 mm 。

此外，地质观测点的定位标测，对成图的质量影响很大。所以，应根据不同比例尺的精度要求和工程地质条件的复杂程度而采用不同的方法。

目测法适合于小比例尺的工程地质测绘，通常在可行性研究勘察阶段采用，该法系根据地形、地物以目估或步测距离标测；半仪器法适合于中等比例尺的工程地质测绘，多在初步勘察阶段采用，它是借助于罗盘仪、气压计等简单的仪器测定方位和高度，使用步测或测绳量测距离；仪器法则适合于大比例尺的工程地质测绘，常用于详细勘察阶段，它是借助于经纬仪、水准仪等较精密的仪器测定地质观测点的位置和高程。另外，对于有特殊意义的地质观测点，如地质构造线、不同时代地层接触线、不同岩性分界线、软弱夹层、地下水露头以及有不良地质作用等，均宜采用仪器法。

此外，充分利用天然露头(各种地层、地质单元在地表的天然出露)和人工露头(如采石场、路堑、水井等)不仅可以更加准确了解测区的地质情况，而且可以降低勘察工作的成本。卫星定位系统(GPS)在满足精度条件下均可应用。

为了达到上述规定的精度要求,通常野外测绘填图中采用比提交成图比例尺大一级的地形图作为填图的底图。例如,进行比例尺为 1 ∶10 000 的工程地质测绘时,常采用 1∶5 000 的地形图作为野外作业填图底图,外业填图完成后再缩成 1∶10 000 的成图作为正式成果。

2.3　工程地质测绘和调查的内容

在工程地质测绘过程中,应自始至终以查明场地及其附近地段的工程地质条件和预测建筑物与地质环境相互作用为目的。因此,工程地质测绘研究的主要内容是工程地质条件的诸要素;此外,还应搜集调查自然地理和已建建筑物的有关资料。下面将分别论述各项研究内容的研究意义、要求和方法。

2.3.1　地形地貌

查明地形、地貌特征及其与地层、构造、不良地质作用的关系,划分地貌单元。地形、地貌与岩性、地质构造、第四纪地质、新构造运动、水文地质以及各种不良地质作用的关系密切。研究地貌可借以判断岩性、地质构造及新构造运动的性质和规模,弄清第四纪沉积物的成因类型和结构,了解各种不良地质作用的分布和发展演化历史、河流发育史等。需要指出的是,由于第四纪地质与地貌的关系密切,因此在平原区、山麓地带、山间盆地以及有松散沉积物覆盖的丘陵区进行工程地质测绘时,应着重于地貌研究,并以地貌作为工程地质分区的基础。

工程地质测绘中地貌研究的内容包括:①地貌形态特征、分布和成因;②划分地貌单元,分析地貌单元形成与岩性、地质构造及不良地质作用等的关系;③各种地貌形态和地貌单元的发展演化历史。上述各项研究内容大多是在小、中比例尺测绘中进行。在大比例尺工程地质测绘中,则应侧重于微地貌与工程建筑物布置以及岩土工程设计、施工关系等方面的研究。

洪积地貌和冲积地貌这两种地貌形态与岩土工程实践关系密切,下面分别讨论它们的工程地质研究内容。

在山前地段和山间盆地边缘广泛发育洪积扇地貌。大型洪积扇面积可达几十甚至上百平方公里,自山边至平原明显划分为上部、中部和下部三个区段,每一区段的地质结构和水文地质条件不同,因此建筑适宜性和可能产生的岩土工程问题也各异。洪积扇的上部由碎石土(砾石、卵石和漂石)组成,强度高而压缩性小,是房屋建筑和构筑物的良好地基,但由于渗透性强,对水工建筑物则会产生严重渗漏;中部以砂土为主,且夹有粉土和黏性土的透镜体,开挖基坑时需注意细砂的渗透变形问题;中部与下部过渡地段由于岩性变细,地下水埋深浅,往往有溢出泉和沼泽分布,形成泥炭层,强度低而压缩性大,作为一般房屋地基的条件较差;下部主要分布黏性土和粉土,且有河流相的砂土透镜体,地形平缓,地下水埋深较浅,若土体形成时代较早,是房屋建筑较理想的地基。

平原地区的冲积地貌,应区分出河床、河漫滩、牛轭湖和阶地等各种地貌形态。不同地貌形态的冲积物分布和工程性质不同,其建筑适宜性也各异。河床相沉积物主要为砂砾土,将其作为房屋地基是良好的,但作为水工建筑物地基时将会产生渗漏和渗透变形问题。河漫滩相一般为黏性土,有时有粉土和粉、细砂夹层,土层厚度较大,也较稳定,一般适宜作各种建筑物的地基,但须注意粉土和粉、细砂层的渗透变形问题。牛轭湖相是由含有大量有机质的黏性土和粉、细砂组成的，并常有泥炭层分布，土层的工程性质较差，也较复杂。对阶地的研究，应划分出阶地的级数，各级阶地的高程、相对高差、形态特征以及土层的物质组成、厚度和性状等；并进一步研究其建筑适宜性和可能产生的岩土工程问题。例如，成都市位于岷江支流府河的阶地上，一级阶地表层粉土厚为 0.7～0.4m，其下为 Q_4 早期的砂砾石层，厚为 28～100m，地下水埋深为 1～3m，是高层建筑良好的天然地基，但基坑开挖和地下设施必须采取降水和防水措施；二级阶地表层黏性土厚为 5～9m，下为砂砾石层，地下水埋深为 5～8m，黏性土可作一般房屋建筑的地基；三级阶地地面起伏不平，上部为厚达 10 余米的成都黏土和网纹状红黏土，下部为粉质黏土充填的砾石层。成都黏土为膨胀土，一般低层建筑的基础和墙体易开裂，渠道和道路路堑边坡往往产生滑坡。

2.3.2 地层岩性

地层岩性是工程地质条件最基本的要素和研究各种地质现象的基础，所以是工程地质测绘的主要研究内容。

工程地质测绘对地层岩性研究的内容包括：①确定地层的时代和填图单位；②各类岩土层的分布、岩性、岩相及成因类型；③岩土层的正常层序、接触关系、厚度及其变化规律；④岩土的工程性质等。

不同比例尺的工程地质测绘中，地层时代的确定可直接利用已有的成果。若无地层时代资料，应寻找标准化石、做孢子花粉分析确定。填图单位应按比例尺大小来确定。小比例尺工程地质测绘的填图单位与一般地质测绘是相同的。但是中、大比例尺小面积测绘时，测绘区出露的地层往往只有一个“组”、“段”，甚至一个“带”的地层单位，按一般地层学方法划分填图单位不能满足岩土工程评价的需要，应按岩性和工程性质的差异等作进一步划分。例如，砂岩、灰岩中的泥岩、页岩夹层，硬塑黏性土中的淤泥质土，它们的岩性和工程性质迥异，必须单独划分出来。确定填图单位时，应注意标志层的寻找。所谓“标志层”，是指岩性、岩相、层位和厚度都较稳定，且颜色、成分和结构等具特征标志，地面出露又较好的岩土层。

工程地质测绘中对各类岩土层还应着重以下内容的研究：

(1)沉积岩类。软弱岩层和次生夹泥层的分布、厚度、接触关系和性状等；泥质岩类的泥化和崩解特性；碳酸盐岩及其他可溶盐岩类的岩溶现象。

(2)岩浆岩类。侵入岩的边缘接触面，风化壳的分布、厚度及分带情况，软弱矿物富集带等；喷出岩的喷发间断面，凝灰岩分布及其泥化情况，玄武岩中的柱状节理、气孔等。

(3)变质岩类。片麻岩类的风化，其中软弱变质岩带或夹层以及岩脉的特性；软弱矿物及泥质片岩类、千枚岩、板岩的风化、软化和泥化情况等。

(4)第四纪土层。成因类型和沉积相，所处的地貌单元，土层间接触关系以及与下伏基岩的关系；建筑地段特殊土的分布、厚度、延续变化情况、工程特性以及与某些不良地质作用形成的关系，已有建筑物受影响情况及当地建筑经验等。建筑地段不同成因类型和沉积相土层之间的接触关系，可以利用微地貌研究以及配合简便勘探工程来确定。

在采用自然历史分析法研究的基础上，还应根据野外观察和运用现场简易测试方法所取得的物理力学性质指标，初步判定岩土层与建筑物相互作用时的性能。

2.3.3　地质构造与地应力

1. 地质构造

地质构造是影响工程建设的区域地壳稳定性、建筑场地稳定性和工程岩土体稳定性极其重要的因素，而且它又控制着地形地貌、水文地质条件和不良地质作用的发育和分布。所以，地质构造常常是工程地质测绘研究的重要内容。

工程地质测绘对地质构造研究的内容包括：①岩层的产状及各种构造型式的分布、形态和规模；③软弱结构面(带)的产状及其性质，包括断层的位置、类型、产状、断距、破碎带宽度及充填胶结情况；③岩土层各种接触面及各类构造岩的工程特性；④挽近期构造活动的形迹、特点及与地震活动的关系等。

在工程地质测绘中研究地质构造时，要运用地质历史分析和地质力学的原理和方法，以查明各种构造结构面(带)的历史组合和力学组合规律。既要对褶曲、断裂等大的构造形迹进行研究，又要重视节理、裂隙等小构造的研究。尤其在大比例尺工程地质测绘中，小构造研究具有重要的实际意义。因为小构造直接控制着岩土体的完整性、强度和透水性，是岩土工程评价的重要依据。

在工程地质研究中，节理、裂隙泛指普遍、大量地发育于岩土体内各种成因的、延展性较差的结构面，其空间展布数米至二三十米，无明显宽度。构造节理、劈理、原生节理、层间错动面、卸荷裂隙、次生剪切裂隙等均属之。

对节理、裂隙应重点研究以下三个方面：①节理、裂隙的产状、延展性、穿切性和张开性；②节理、裂隙面的形态、起伏差、粗糙度、充填胶结物的成分和性质等；⑨节理、裂隙的密度或频度。

由于节理、裂隙研究对岩体工程尤为重要，所以在工程地质测绘中必须进行专门的测量统计，以搞清它们的展布规律和特性，尤其要深入研究建筑地段内占主导地位的节理、裂隙及其组合特点，分析它们与工程作用力的关系。

目前，国内在工程地质测绘中，节理、裂隙测量统计结果一般用图解法表示，常用的有玫瑰图(图 2 .1)、极点图(图 2 .2)和等密度图(图 2.3)三种。近年来，基于节理、裂隙测量统计的岩体结构面网络计算机模拟，在岩体工程勘察、设计中已得到较广泛的应用。

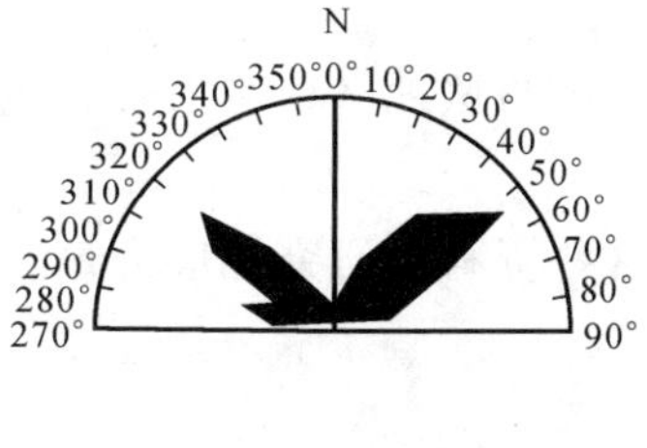

图 2.1　裂隙玫瑰图

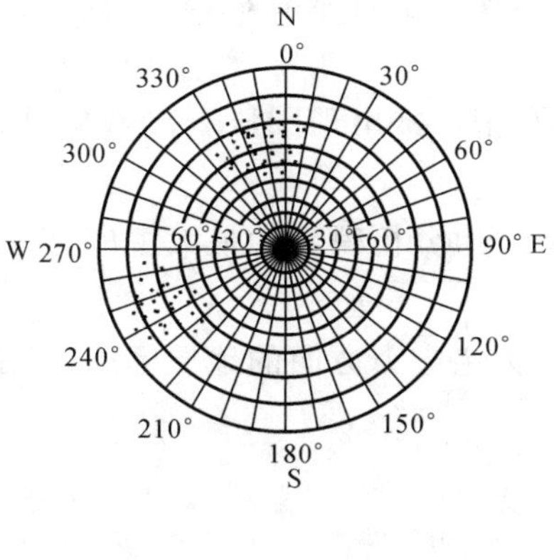

图 2.2　裂隙极点图

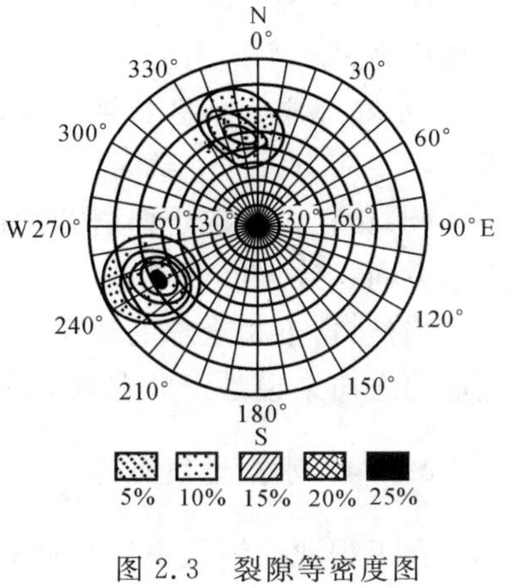

图 2.3　裂隙等密度图

在强震区重大工程场地可行性研究勘察阶段进行工程地质测绘时，应研究挽近期的构造活动，特别是全新世地质时期内有过活动或近期正在活动的“全新活动断裂”，应通过地形地貌、地质、历史地震和地表错动、地形变以及微震测震等标志，查明其活动性质和展布规律，并评价其对工程建设可能产生的影响。有必要时，应根据工程需要和任务要求，配合地震部门进行地震地质和宏观灾害调查。

2. 地应力

地应力对地壳稳定性评价和地下工程设计和施工具有重要意义。地应力在地下分布可分为三个带，即卸荷带、应力集中带、地应力稳定带。一个地区的地应力高低在地质上是有征兆的，即存在有高地应力地区和低地应力地区的地质标志(表 2.1)。

表 2.1　高地应力地区和低地应力地区的地质标志

高地应力地区地质标志	低地应力地区地质标志
1. 围岩产生岩爆、剥离	1. 围岩松动、塌方、掉块
2. 收敛变形大	2. 围岩渗水
3. 软弱夹层挤出	3. 节理面内有夹泥
4. 饼状岩芯	4. 岩脉内岩块松动，强风化
5. 水下开挖无渗水	5. 断层或节理面内有次生矿物呈晶簇、孔洞等
6. 开挖过程有瓦斯突出	

在岩土工程勘察工作中，应注意收集地应力的地质标志，分析工作区地应力最大主应力的方向。孙广忠(1993 年)根据经验提出了 8 条地应力最大主应力方向的地质标志：

(1)一个地区现存的地应力最大主应力方向大体上与该地区最强烈的一期构造作用方向一致。

(2)如果一个地区泉水出露方向是有规律的话，泉水逸出的断裂方向与地应力最大主应力方向一致。

(3)岩体内夹泥节理方向大体上与地应力最大主应力方向一致。

(4)探洞或隧洞渗漏水出水节理方向多与地应力最大主应力方向一致。

(5)探洞或隧洞顶渗漏滴水线排列方向与地应力最大主应力方向基本一致。

(6)开挖竖井时，竖井内有时出现井壁岩体沿着岩体内软弱结构面错动，其错动方向平行于地应力最小主应力方向。

(7)高地应力地区打钻孔时，孔壁常常出现围压剥离现象，两壁围压剥离联线方向与地应力最小主应力方向一致。

(8)钻孔内采取定向岩芯进行岩组分析得到的最大主应力方向，多与该地区地应力最大主应力方向一致。

当然，这不是全部的地应力最大主应力方向的地质标志，但是这些资料对研究地应力最大主应力方向来说是十分有意义的。

2.3.4　水文地质条件

在工程地质测绘中研究水文地质的主要目的，是为研究与地下水活动有关的岩土工程问题和不良地质作用提供资料。例如，兴建房屋建筑和构筑物时，应研究岩土的渗透性、地下水的埋深和腐蚀性，以判明对基础砌置深度和基坑开挖等的影响。进行尾矿坝与贮灰坝勘察时，应研究坝基、库区和尾矿(灰碴)堆积体的渗透性和地下水浸润曲线，以判明坝体的渗透稳定性、坝基与库区的渗漏及其对环境的影响。在滑坡地段研究地下水的埋藏条件、出露情况、水位、形成条件以及动态变化，以判定其与滑坡形成的关系。因此水文地质条件也是一项重要的研究内容。

在工程地质测绘过程中对水文地质条件的研究，应从地层岩性、地质构造、地貌特征和地下水露头的分布、类型、水量、水质等入手，并结合必要的勘探、测试工作，查明测区内地下水的类型、分布情况和埋藏条件；含水层、透水层和隔水层(相对隔水层)的分布，各含水层的富水性和它们之间的水力联系；地下水的补给、径流、排泄条件及动态变化；地下水与地表水之间的补、排关系；地下水的物理性质和化学成分等。在此基础上分析水文地质条件对岩土工程实践的影响。

泉、井等地下水的天然和人工露头以及地表水体的调查，有利于阐明测区的水文地质条件。故应对测区内各种水点进行普查，并将它们标测于地形底图上。对其中有代表性的以及与岩土工程有密切关系的水点，还应进行详细研究，布置适当的监测工作，以掌握地下水动态和孔隙水压力变化等。泉、井调查内容参阅水文地质学教程的有关内容。

2.3.5　不良地质作用

研究不良地质作用的目的，是为了评价建筑场地的稳定性，并预测其对各类岩土工程的不良影响。由于不良地质作用直接影响建筑物的安全、经济和正常使用，所以工程地质测绘时对测区内影响工程建设的各种不良地质作用必须详加研究。

研究不良地质作用要以地层岩性、地质构造、地貌和水文地质条件的研究为基础，并搜集气象、水文等自然地理因素资料。研究内容包括各种不良地质作用(岩溶、滑坡、崩塌、泥石流、冲沟、河流冲刷、岩石风化等)的分布、形态、规模、类型和发育程度，分析它们的形成机制和发展演化趋势，并预测其对工程建设的影响。

2.3.6　人类工程活动

测区内或测区附近人类的某些工程——经济活动，往往影响建筑场地的稳定性。例如人工洞穴、地下采空、大挖大填、抽(排)水和水库蓄水引起的地面沉降、地表塌陷、诱发地震、渠道渗漏引起的斜坡失稳等，都会对场地稳定性带来不利影响，对它们的调查应予以重视。此外，场地内如有古文化遗迹和古文物，应妥为保护发掘，并向有关部门报告。

2.3.7　已有建筑物

测区内或测区附近已有建筑物与地质环境关系的调查研究，是工程地质测绘中特殊的研究内容。因为某一地质环境内已兴建的任何建筑物对拟建建筑物来说，应看做是一项重要的原型试验，往往可以获取很多在理论和实践两方面都极有价值的资料，甚至较之用勘探、测试手段所取得的资料更为宝贵。应选择不同的地质环境(良好的、不良的)中不同类型、结构的建筑物，调查其有无变形、破坏的标志，并详细分析其原因，以判明建筑物对地质环境的适应性。通过详细的调查分析后，就可以具体地评价建筑场地的工程地质条件，对拟建建筑物可能变形、破坏情况做出正确预测，并采取相应的防治对策和措施。特别须要强调指出的是，在不良地质环境或特殊性岩土的建筑场地，应充分调查、了解当地的建筑经验，包括建筑结构、基础方案、地基处理和场地整治等方面的经验。

2.4 工程地质测绘和调查的方法及程序

2.4.1 工程地质测绘和调查的方法

工程地质测绘和调查的方法与一般地质测绘相近，主要是沿一定观察路线作沿途观察和在关键地点(或露头点)上进行详细观察描述。选择的观察路线应当以最短的线路观测到最多的工程地质条件和现象为标准。在进行区域较大的中比例尺工程地质测绘时，一般穿越岩层走向或横穿地貌、自然地质现象单元来布置观测路线。大比例尺工程地质测绘路线以穿越走向为主布置，但须配合以部分追索界线的路线，以圈定重要单元的边界。在大比例尺详细测绘时，应追索走向和追索单元边界来布置路线。

在工程地质测绘和调查过程中最重要的是要把点与点、线与线之间观察到的现象联系起来，克服孤立地在各个点上观察现象、沿途不连续观察和不及时对现象进行综合分析的偏向。也要将工程地质条件与拟进行的工程活动的特点联系起来，以便能确切预测两者之间相互作用的特点。此外，还应在路线测绘过程中就将实际资料、各种界线反映在外业图上，并逐日清绘在室内底图上，及时整理，及时发现问题和进行必要的补充观测。

相片成图法是利用地面摄影或航空(卫星)摄影相片，在室内根据判读标志，结合所掌握的区域地质资料，将判明的地层岩性、地质构造、地貌、水系和不良地质作用，调绘在单张相片上，并在相片上选择若干地点和路线，去实地进行校对和修正，绘成底图，最后再转绘成图。由于航测照片、卫星照片能在大范围内反映地形地貌、地层岩性及地质构造等物理地质现象，可以迅速给人对测区的一个较全面整体的认识，因此与实地测绘工作相结合，能起到减少工作量、提高精度和速度的作用。特别是在人烟稀少、交通不便的偏远山区，充分利用航片及卫星照片更具有特殊重要的意义。这一方法在大型工程的初级勘察阶段(选址勘察和初步勘察)效果较为显著，尤其是对铁路、高速公路的选线，大型水利工程的规划选址阶段，其作用更为明显。

工程地质实地测绘和调查的基本方法如下：

(1)路线穿越法。沿着一定的路线(应尽量使路线与岩层走向、构造线方向及地貌单元相垂直，并应尽量使路线的起点具有较明显的地形、地物标志；此外，应尽量使路线穿越露头较多、覆盖层较薄的地段)，穿越测绘场地，把走过的路线正确地填绘在地形图上，并沿途详细观察和记录各种地质现象和标志，如地层界线、构造线、岩层产状、地下水露头、各种不良地质作用，将它们绘制在地形图上。路线法一般适合于中、小比例尺测绘。

(2)布点法。布点法是工程地质测绘的基本方法，也就是根据不同比例尺预先在地形图上布置一定数量的观测路线和观测点。观测点一般布置在观测路线上，但观测点的布置必须有具体的目的，如为了研究地质构造线、不良地质作用、地下水露头等。观测线的长度必须能满足具体观测目的的需要。布点法适合于大、中比例尺的测绘工作。

(3)追索法。它是沿着地层走向、地质构造线的延伸方向或不良地质作用的边界线进行布点追索，其主要目的是查明某一局部的岩土工程问题。追索法是在路线穿越法和布点法的基础上进行的，它属于一种辅助测绘方法。

2.4.2　地质点标测方法

地质点标测方法详见表 2.2。

表 2.2　地质点标测方法

<table>
<tr><th colspan="2">方　法</th><th>仪器设备</th><th>说　　明</th><th>适用比例尺</th></tr>
<tr><td colspan="2">目测法</td><td></td><td>利用地形图上地形地物的特点估测地质点位置</td><td>≤1∶25 000</td></tr>
<tr><td rowspan="2">半仪器法</td><td>交汇法</td><td>罗盘仪</td><td>选择 3 个明显地形地物点，用罗盘仪测出地质点相应的 3 个方位角，在地形图上画出上述方位角，这三条线之交点即为地质点</td><td rowspan="2">1∶25 000～1∶5 000</td></tr>
<tr><td>导线法</td><td>罗盘仪
测　绳</td><td>选择与地质点相邻的三角点、水准点、地物点为基点，罗盘仪测方位，测绳量距离，对地质点进行位置标测</td></tr>
<tr><td colspan="2">仪器法</td><td>经纬仪
水准仪</td><td>用经纬仪、水准仪等测定地质点位置和高程</td><td>≥1∶5 000</td></tr>
</table>

2.4.3　工程地质测绘和调查的程序

(1)阅读已有的地质资料，明确工程地质测绘和调查中需要重点解决的问题，编制工作计划。

(2)利用已有遥感影像资料，如对卫星照片、航测照片进行解译，对区域工程地质条件做出初步的总体评价，以判明不同地貌单元各种工程地质条件的标志。

(3)现场踏勘。选定观测路线，选定测制标准剖面的位置。

(4)正式测绘开始。测绘中随时总结整理资料，及时发现问题，及时解决，使整个工程地质测绘和调查工作目的更明确，测绘质量更高，工作效率更高。

2.5　工程地质测绘前的准备工作

在正式开始工程地质测绘之前，还应当做好收集资料、踏勘和编制测绘纲要等准备工作，以保证测绘工作的正常有序进行。

2.5.1　资料收集和研究

应收集的资料包括如下几个方面：

(1)区域地质资料：如区域地质图、地貌图、地质构造图、地质剖面图。

(2)遥感资料：地面摄影和航空(卫星)摄影相片。

(3)气象资料：区域内各主要气象要素，如年平均气温、降水量、蒸发量，对冻土分布地区，还要了解冻结深度。

(4)水文资料：测区内水系分布图、水位、流量等资料。

(5)地震资料：测区及附近地区地震发生的次数、时间、震级和造成破坏的情况。

(6)水文及工程地质资料：地下水的主要类型、赋存条件和补给条件、地下水位及变化情况、岩土透水性及水质分析资料、岩土的工程性质和特征等。

(7)建筑经验:已有建筑物的结构、基础类型及埋深、采用的地基承载力、建筑物的变形及沉降观测资料。

2.5.2 踏勘

现场踏勘是在收集研究资料的基础上进行的,目的在于了解测区的地形地貌及其他地质情况和问题,以便于合理布置观测点和观测路线,正确选择实测地质剖面位置,拟订野外工作方法。

踏勘的内容和要求如下:

(1)根据地形图,在测区范围内按固定路线进行踏勘,一般采用“之”字形曲折迂回而不重复的路线,穿越地形、地貌、地层、构造、不良地质作用有代表性的地段。

(2)踏勘时,应选择露头良好、岩层完整有代表性的地段做出野外地质剖面,以便熟悉和掌握测区岩层的分布特征。

(3)寻找地形控制点的位置,并抄录坐标、标高等资料。

(4)访问和收集洪水及其淹没范围等情况。

(5)了解测区的供应、经济、气候、住宿、交通运输等条件。

2.5.3 编制测绘纲要

测绘纲要是进行测绘的依据,其内容应尽量符合实际情况。测绘纲要一般包含在勘察纲要内,在特殊情况下可单独编制。测绘纲要应包括如下几方面内容:

(1)工作任务情况(目的、要求、测绘面积、比例尺等)。

(2)测区自然地理条件(位置、交通、水文、气象、地形地貌特征等)。

(3)测区地质概况(地层、岩性、地下水、不良地质作用)。

(4)工作量、工作方法及精度要求,其中工作量包括观测点、勘探点的布置、室内及野外测试工作。

(5)人员组织及经费预算。

(6)材料、物资、器材及机具的准备和调度计划。

(7)工作计划及工作步骤。

(8)拟提供的各种成果资料、图件。

2.6 资料整理及成果

2.6.1 检查外业资料

(1)检查各种外业记录所描述的内容是否齐全。

(2)详细核对各种原始图件所划分的地层、岩性、构造、地形地貌、地质成因界线是否符合野外实际情况,在不同图件中相互间的界线是否吻合。

(3)野外所填的各种地质现象是否正确。

(4)核对收集的资料与本次测绘资料是否一致,如出现矛盾,应分析其原因。

(5)整理核对野外采集的各种标本。

2.6.2　成果资料

工程地质测绘和调查的成果资料一般包括工程地质测绘实际材料图、综合工程地质图或工程地质分区图、综合地质柱状图、工程地质剖面图及各种素描图、照片和文字说明。

2.7　不同岩土分布区工程地质测绘和调查要点

2.7.1　基岩分布区

在山区或丘陵地区进行大、中比例尺测绘时，其重要内容是对岩性和地质构造方面进行研究。岩石的分层可以按地质年代划分为标准，但由于测区面积常常较小，在测区范围内往往只出露一个“统”或一个“组”的地层，单纯按地质年代来分层就可能满足不了工程勘察的要求。这时就需要按岩性及工程地质岩组来划分。测绘时应重点对岩体不同结构面及其组合关系进行研究，特别要注意连续性强、延伸范围较大、力学性质软弱的结构面，因为这是评价基岩岩体稳定的关键。

1. 不同岩类分布区应重点研究的问题

(1)侵入岩及深变质岩分布区。这类地区岩石以花岗岩、闪长岩、片麻岩、石英岩为代表，在这些区域应着重研究的内容包括：①侵入岩的形态、产状及其与围岩的接触关系，特别应注意接触带的情况，因为接触带常常是软弱的结构面；②侵入岩体的流线、捕虏体、原生节理面等原生构造情况；③岩体的各向异性特征；④岩脉与构造断裂及层面的交切关系；⑤古风化壳及现代风化壳的厚度、成分及分布规律。

(2)喷出岩分布区。这类地区岩石以玄武岩、安山岩、流纹岩、凝灰岩为主，在这些区域应着重研究的内容包括：①喷出时代、喷出旋回、喷出间隙的风化情况和沉积物性质，特别应注意易胀缩的岩石(如凝灰岩等)的分布；②岩石的孔隙性、洞穴和气孔的分布情况，气孔充填物的性质及其化学稳定性；③原生节理的方向、密度及延伸情况；④喷出岩与上下围岩的接触关系和接触带情况；⑤构造破裂性状。

(3)沉积岩及浅变质岩分布区。这类地区岩石以砾岩、砂岩、泥岩、页岩、板岩、千枚岩为主，在这些区域应着重研究的内容包括：①岩性及岩石的各向异性特征、颗粒组成、胶结物的成分和性质，特别应注意软弱夹层、泥化夹层和可溶盐(盐岩、石膏、大理岩)的分布情况；②岩层厚度、产状、层位关系、构造变动和层间错动情况以及层理层面裂隙发育情况；③泥质、石膏或钙质胶结的半坚硬岩石的强度及风化、溶蚀程度；④含水层的划分及顶、底板的强度和透水性能。

(4)岩溶发育地区。这类地区岩石以石灰岩为主，在这些区域除应研究上述沉积岩所需要研究的各项内容外，还应着重研究：①岩石成分和化学性质，可溶成分的溶解速度，相对隔水层的可靠性；②岩溶发育程度及分布特征、溶洞充填物的性质，特别要注意地下暗河的发育情况；③岩溶发育与地貌、地质构造的关系。

2. 地质构造的工程地质研究

构造条件是基岩分布区的重要工程地质条件之一，也是各类工程建筑选址的重要依据之一。因此在基岩分布区进行工程地质测绘和调查时，必须重点查清测区内的地质构造条件。

研究区域构造条件的目的是判明测绘区的构造体系、构造的发育历史及测区所处的构造部位，从而对区域稳定性和地基的稳定性做出初步评价，对施工或将来工程运行中可能出现的问题进行预测。

小比例尺的工程地质测绘多用于解决大范围的构造条件。此时应注意查明测区内主要构造线的分布、延伸情况，构造发育史和构造应力场的活动情况，构造的继承关系等。调查的方法主要是根据收集的地质资料，充分利用构造地质学、地质力学、地层学等原理，分析编制区域地质图，在此基础上，再辅以必要的野外现场工作，最后弄清区域地质的全貌。

大比例尺的工程地质测绘，主要是在了解区域构造特征的基础上，分析研究工作区的地质构造条件，如褶皱变形、断裂变位和节理裂隙等对工程建筑的影响。这种小构造的具体分析，对工程具有重要的意义。因为它是决定岩体完整程度、强度、透水性的主要因素。如当构造软弱面或破碎带的强度较低时，有可能出现滑坡、崩塌及其他地基失稳的现象，从而影响到建筑物的稳定性。构造破碎带还可能成为地下水的良好通道，从而引起渗漏、潜蚀、管涌等不利于工程稳定的现象发生。下面将主要构造对工程建筑的不利影响概括如下：

(1)褶皱：

①倒转褶皱常常对抗滑稳定不利；②背斜轴部岩层破碎、风化剧烈、强度较低，对地基强度不利；③褶皱构造中如有软弱层，则容易产生层间错动和顺层断层，形成不利于抗滑稳定的主要软弱面；④褶皱构造中存在刚性与塑性岩层互层时，刚性岩层往往裂隙比较发育而成为较好的裂隙承压含水层，而上、下顶板的塑性岩层会产生泥化现象，使岩体的整体稳定性下降；⑤较薄的塑性隔水层在倒转褶皱区易形成不连续的扁豆体，从而破坏了原隔水层的连续性，并使其力学强度不均一。由此可见褶皱单元的空间分布对建筑物和其他工程选址会有很大的影响。这一问题在水工建筑物和隧道建筑中最为明显，如选择褶皱轴部为隧道施工位置，则轴部破碎的岩层将对施工过程以及日后隧道运行的安全带来很大影响。同样破碎的岩层将会成为良好的渗漏通道，对于蓄水建筑(如水库)的建设也会带来不小的麻烦。

(2)断层：

①逆掩断层倾角平缓，上盘尤为破碎，其工程地质条件较差；②断层通过软弱岩层处，特别是多条断层接近或交接处，破碎带的宽度往往很大，岩层破碎程度加剧、风化程度较高，对岩基稳定性不利；③同一区域多条以上断层在其倾向相反或倾角不一致的情况下，特别是当倾角较缓时，往往会形成弧形软弱面或楔形体而影响岩体稳定，例如，水库大坝下游有倾向上游的缓倾角断层，而坝基又存在倾向下游的缓倾角断层时，此时就可能引起坝基的整体滑动；④断层带与相对完整的围岩之间弹性模量差别较大，可能导致不均匀沉降；⑤断层破碎带中的糜棱岩和断层泥的透水性一般较小，但断层带往往会成为集中渗漏带或岩溶发育带；在强弱透水带的交界处往往会出现管涌或潜蚀现象，而对工程产生不利影响；⑥断层带易形成河谷深槽，其两侧往往会成为地下水的排泄区，其岩层的风化程度也常常较高，应注意其对工程建筑的不利影响。由此可见断层单元的空间分布对建筑物和其他工程也会有很大的影响。测绘中应着重研究断层的新老关系、断裂带的性质(尤其是未胶结的破碎带)，要精确测量断层带的产状，调查其延伸情况，分析断层性质、构造岩性、充填物性质、胶结物性质，并对断裂的新老关系和其再活动性做出评价。

(3)裂隙：

①裂隙破坏了岩体的完整性，对岩体的整体稳定不利；②裂隙加剧了岩石风化的速度，使

其强度降低；③连通的裂隙是地下水的良好通道，对于水工建筑物和其他需要防水的建筑物会产生不利影响；④层面裂隙，特别是岩层倾角较缓时，易于形成浅层滑动面。在工程地质测绘和调查时，应注意研究以下内容：第一，裂隙的产状、宽度、填充物性质和胶结程度，裂隙的规模以及与某些动力地质作用的关系；第二，裂隙的数量统计；第三，裂隙成因分析。

2.7.2　第四纪松散沉积物(土)分布区

在平原地区、山前地带以及有松散沉积物覆盖的丘陵地区进行工程地质测绘和调查时，其重点应放在以下几个方面：

(1)阶地地貌及微地貌研究，这是工程地质调查的一项重要内容。

(2)第四纪沉积物的成因类型及可能的年代。根据现代工程地质学的基本观点，松软沉积物的成因类型是影响其工程地质性质的主要决定因素之一。沉积物的形成时代及历史反映了它的固结作用和成岩作用的发育程度，这将在很大程度上影响松散沉积物(土)的强度。因此在测绘、调查过程中，必须充分运用地貌学、第四纪地质学的基本理论，研究确定测区内第四纪沉积物的成因和年代。在进行大比例尺的测绘时，除应确定松散沉积物的成因外，还要注意土质和沉积相的影响。如对冲积成因的土，还必须划分出河床相、河漫滩相及牛轭湖相等，因为同是冲积成因的土，不同的沉积相，其工程地质性质可能有很大的差异。

(3)应对具有特殊成分、特殊状态和特殊性质的松散沉积物进行重点测绘和调查。如对软土(淤泥及淤泥质土)、湿陷性黄土、膨胀土、红土、人工填土等具有与一般土类不同的工程特点，不了解它们的特点，就容易忽视其对工程的不利影响。

(4)注意强烈透水层、隔水层和承压水层的分布和性质。对于需要进行基坑开挖的工程应当特别加以注意，因为地下水常常成为影响基坑工程安全的决定性因素。

2.8　航片和卫片在工程地质测绘中的应用

2.8.1　航空照片在工程地质测绘中的应用

1. 航空照片的适用范围

航空照片(简称航片)适合于铁路、公路的选线，地质灾害的整治，河流流域规划及水利枢纽工程选址等阶段采用。特别对于通行困难的山区、人迹罕至的边疆区域等地质资料比较缺少的地区进行工程建设时，利用航空照片解译了解工程地质条件更是具有独到的优势。即使在地质资料比较充足的地区，利用航空照片也有利于从总体上大范围了解与工程建设有关的地质条件，使得得到的测区地质资料更加宏观而全面，并有利于进行针对性更强的勘察工作。因此，在凡是有航空照片的地区进行工程地质测绘时，均应充分利用航空照片。

2. 航空照片的工程地质解译

航空照片工程地质解译一般分四个步骤进行：①现场工作区典型地段的认识，即对照片取得的地区地质条件特征的成像反应的认识；②室内相片判读，是根据已收集的资料及在野外对典型地段所取得的认识再加上工作人员的实践经验对相片进行工程地质观察，运用理论知识进行逻辑推理，把它们解释出来，然后再将已判读得到的地质构造线、地层界线、物理地质现象的发育范围、地下水露头等用一定的图例符号表示在相片上，或另行调绘在底图；③外业验证核对，对于通过室内判读一时不能正确解决的问题，就必须进行外业校核工作，通过外业校核对原来室内判读未发现和未确定的问题予以补充，对原来判读错误的地方进行修正；④室内复判及资料整理。

航空照片工程地质判读的主要方法是对比法和邻比法。所谓对比法是根据工作地区已有的样片和参考资料及工作人员的现场经验，将已证实的对象与所要研究的对象进行对比，从而解译它的内容和实质；而邻比法则主要根据相邻地物的不同而确定其界限。

航空照片工程地质解译的内容主要包括：①岩性的解译。首先要根据露头出现的界限及其他标志判别出不同类型的岩石。如沉积岩露头一般呈条带状，岩浆岩的露头一般呈块状或脉状，未胶结的松散沉积物为第四纪。然后再根据不同性质的岩石具有的不同色彩特征确定其具体的性质种类。②构造的解译。在地形切割比较强烈、中小型地貌发育、露头良好的情况下最有利于构造的判读。岩层产状的判读是以地面起伏和地质构造的一定关系为依据的。水平岩层往往形成平顶山，直立岩层的露头为直线，倾斜岩层的露头常呈波曲状。如要确定褶皱构造必须注意三角面、梯面及其他构造要素的相互位置。如果是一条线形，而且呈闭合线环，则可能是一褶皱。当三角面的顶点相同时则是背斜，反之则为向斜。一般高角度断层在地表的出露线为近似直线，地形上易形成陡崖、断裂河谷。低角度断层，其露头线常为曲线，地表多呈缓坡。③地貌的解译。可从地形上直接判读，如河谷地貌的山坡、台地、河漫滩、牛轭湖、岩溶地貌等，在相片上均有直接反映。④物理地质现象的解译。与地貌判读具有密切关系，如冲、洪积扇、滑坡等也可根据地貌直接判读。

航空照片判读的准确性取决于工作地区的地质地貌特性、工作人员经验以及区域已有资料的多少。实践证明，通过航空照片判读进行地貌研究是非常有效的。此外利用航空照片观察了解大面积地区的地质构造发育的全貌也具有独到的优势。

2.8.2 卫星照片在工程地质测绘中的应用

1. 卫星照片的特点

首先，由于一般卫星轨道的高度大约为905.5～918.0km，相对于飞机飞行高度要高得多，因此卫星照片（简称卫片）的摄影范围非常之大，这为人们宏观地研究地表各种地质现象提供了有利条件，避免了地面工作的局限性。其次，卫星照片包含的影像信息量多。一般卫星上都装有两种以上的多光谱遥感器，可以同时获得多个不同波段的光谱信息相片，这样就可以获得地面景物在不同谱带上的影像，从而可以从影像结构的差别以及不同波段光谱特性的差别来区分地形、地物，这对提高分析结果的可靠性将起到关键作用；此外，卫星照片能迅速反映各种动态变化的现象，可用来研究活动物理地质现象。卫星照片的缺陷在于，其比例尺小，不能反映更多的地面细节。

2. 卫星照片的工程地质解译

卫星照片的解译主要依据两个基本地质信息，其一是形态特征信息；其二是色调特征信息。形态特征信息是地质体反射太阳光中的可见光波段在相片上形成的现象。即使在同样岩性条件下，由于岩体各部分抵抗风化、侵蚀能力的差异，地表也表现为不同坡度、坡向的差异性。这样入射、反射的角度不同，就形成了形态特征信息。根据形态特征的不同就可以识别地质体，色调特征信息是地质体反射、吸收、透射自然光源（主要为太阳发射来的可见光电磁波）在卫星相片上形成的综合作用结果。根据电磁波地质学理论，地质体的色调分为彩色地质体和消色地质体两大类。彩色地质体是对外来可见光具有选择性吸收或反射能力的地质体。如红色砂岩，能将可见光中除红色之外的其他单色光全部吸收，而只将红色光反射出来，所以呈现红色。消色地质体没有将外来可见光分解成单色光的能力，它们只能对外来可见光作全部吸收或全部反射。当地质体对外来可见光不能进行分解且吸收很少反射很多时，地质体就呈现白色，如白云岩、石膏等。相反，如吸收很多而反射很少时，它们就呈现黑色，如碳质页岩及基性火成岩。当地质体介于上述两者的过渡状态时，就呈现不同程度的灰色（如浅灰、灰色、深灰等）。在非彩色的卫星照片上，所有地质体的色调特征均变成了消色地质体的特征，地质体的色调用灰度来表示，灰度一般可分成1～5级（也有分成10级的），凡是本色为黑色或深色调的地质体，其在卫星照片上的影像即为黑色或深灰色。而凡是本色为浅色调的地质体，其影像也是浅（灰）色的。因此绝大部分酸性火成岩、白云岩、大理岩、石英砂岩、石英岩等浅色的岩石，其影像也是浅色的。相反，基性或超基性的火成岩，其影像色调为深色。但应当说明的是，影像色调的深浅除受岩性影响外，还受到许多其他因素的干扰，如岩石湿度大时，其影像色调会加深，这些因素在具体分析时应当加以注意。

思　考　题

1. 简述工程地质测绘和调查的目的和任务。
2. 工程地质测绘研究的内容有哪些？
3. 简述工程地质测绘范围、比例尺和精度之间的关系。
4. 简述工程地质测绘法的方法及其特点。
5. 在不同岩土分布地区，工程地质测绘和调查的重点有何区别？
6. 遥感技术在工程地质测绘中有何优势？

第3章 勘探与取样

3.1 概 述

3.1.1 勘探的任务和特点

人类工程活动对地壳表层岩、土体的影响往往会达到一定的深度，且建筑物规模愈大影响深度愈深。地面下的工程地质条件难以用工程地质测绘确切查明，需要采用勘探手段。勘探是采取某种方法去揭示地下岩土体(包括与其密切相关的地下水)的空间分布和变化。勘探工作的主要任务首先是全面、确切地查明地壳表层与建筑物相互作用的范围内的工程地质条件，包括以下几方面：

(1)地质结构。确定基岩和表层沉积界限，区分性质、结构、天然状态不同的土层，划分出各种风化程度的岩层，按照岩石性质详细划分岩层并确定其产状和接触关系，详细研究断层和裂隙，研究地质结构的空间变化规律。

(2)地貌特征及不良地质作用。查明各种地形如阶地、洪积扇、平原、斜坡、峡谷、埋藏河谷的位置、结构及其成因；研究各种不良地质作用，如岩溶的规模及其发育深度，滑坡的范围、滑动面的位置、性状等。

(3)水文地质条件。查明含水层的数目、位置、地下水的水位、水头及其动态变化、地下水的化学成分等。

其次，勘探工作可以为测定岩石的物理力学性质和地下水的水质、水量准备条件。从勘探坑孔中有计划地采取岩样和水样，以备实验室分析、鉴定之用，准备钻孔和坑道以便进行野外试验工作。

有时勘探工作还应为长期观测工作准备条件，例如设置地下水长期观测孔，安装观测某些自然地质作用的装置以及埋置水准基点等。

最后，在施工时还往往需要一些特殊的坑孔，如用于灌浆的钻孔及廊道、导坑等。

由于工程勘探面临上述任务，它就必然具有以下特点：

(1)特别细致地研究地壳表层的地质结构，对其他类型勘探工作所不注意的结构和现象都要详细研究、编录。例如，除研究砂矿外，一般地质勘探都不重视表层沉积的研究，而在工程地质勘探中就研究得特别仔细；风化岩石的特性及风化岩石的分层也是如此。

(2)把建筑物影响带内的所有岩层都看做是需要查明的“目的层”，既要找到好的持力岩层，也要指出不好的、对施工及建筑稳定性可能有危害的岩层或地质结构。

(3)在勘探中，非常注意保持岩石的原状结构和天然状态，以保证岩石物理力学性质的研究。

(4)要实现地质、水文地质、岩石物理力学性质的综合研究，对勘探坑孔结构、勘探方法、实施程序都有许多特殊要求。

3.1.2　勘探手段选择

勘探的手段可分为直接的、半直接的和间接的三大类(表 3.1)。

直接的勘探指用人工或机械开挖的探井、探槽、竖井、平硐以及大口径钻孔;半直接的勘探包括各类较小口径的取样钻探;间接的勘探包括触探和物探(地球物理勘探)。它们各有其特点和适用条件,需要根据具体情况合理选择。

表 3.1　勘探手段的功能及应用

勘探手段		功能与特点	应　用	限　制
直接的	探井、探槽	可在掘进范围内直接观察地层岩性及地质构造; 可在其中采取高质量的岩土试样; 可在其中进行大型的原位测试	可用人工开挖,适用于地形陡峻的山地 应用于滑坡、断层、特殊土(如黄土)的勘探	受地下水限制,开挖深度不能太大
	竖井、平硐	同上	应用于大型岩土工程,如大坝、隧道、地下洞室的勘探	费用高,施工难度大,施工时间长
半直接的	钻探	可采取岩土芯样,根据岩土样品、钻进参数、手感等鉴别地层; 可采取岩土试样; 可进行孔内岩土测试; 可观测地下水位	普遍应用于各类工程的勘探	对地质构造、溶洞形态等只能做出推断,有时可能发生误判
间接的	触探	根据贯入指标间接划分地层,兼有原位测试功能; 可获得全断面的贯入曲线,对土层的细微变化反应灵敏	普遍应用于地基土的勘探,效率高,成本低	不能直接观察地层,有时贯入曲线具有多解性,可能发生误判
	物探	具有“透视性”,可简单快捷地获得有关地层岩性、地质构造、地下埋藏物信息; 可测得岩土层的某些物理力学性质参数	多作为辅助手段配合其他勘探方法使用,效率高,成本低	不同方法均有各自的应用条件和局限性,常具有多解性,无其他方法配合易误判

勘探手段的选择决定于一系列因素(主要指钻探和勘探),如气候因素、经济因素、技术设备因素等,但起主导作用的是工程地质条件、建筑物特征(类型、结构和规模),以及勘察阶段。

(1)工程地质条件。地形地貌条件对勘探手段的选择有明显的作用,例如河谷陡岸利用平硐要比竖井经济合理,在陡崖附近布置钻探也是不合理的,当然,如果要进行压水试验等有时可以配合少量钻孔;在地形平坦或缓坡处,则钻探和竖井就比较合适;河底深槽则只有选用钻探予以查明。岩性的意义也很明显,坚硬岩石以钻探为宜;软弱岩石钻探、坑探均可采用。砂、黏土地区,深部宜用钻探,表部可配合以坑探。漫滩阶地卵石层较厚时多采用冲击钻进,但当有黏性土层或黏粒含量较多时会糊住钻具,需用无水回转钻进;有时为了研究夹层变化及测定其渗透性，可采用浅井，但必须加强支护。岩层产状对勘探手段的选择有一定作用，所选勘探类型最好与层面垂直，以便穿越较多岩层，了解岩性及构造变化。根据这一原则，再结合地形条件，选择合适的勘探手段。例如对于岩层倾角较大的陡坡，平硐显然比较合理；而在岩层倾角很小的缓坡，则以竖井或斜井为宜。这两种情况下钻探都是可用的，但在岩层陡倾时可采用斜孔。对于断层破碎带，坑孔也最好与断层面垂直，以详细了解断层带的宽度及其糜棱带、角砾带和影响带的特征。地下水和岩层富水性的影响在于坑探的选择，当地下水丰富时，地下水位以下进行坑探，排水困难而复杂，且易发生坍塌，须谨慎考虑。一般浅井到达地下水位即停止向下掘进，所以只能了解地下水位以上的情况。

(2)建筑物特征。不同类型建筑物对勘察的要求不同，勘探手段应与之适应。例如地下建筑多沿轴线布置钻探或斜井，工业民用建筑则以钻探、探井为主。坝址应用的勘探手段比较多样，大型水利枢纽除各种钻探外，平硐也大量采用，这在其他类型建筑物中是比较少见的。而规模较小的工程则很少使用复杂的大型勘探手段。

(3)勘察阶段。不同勘察阶段，依据需要对工程地质条件了解的深度选择勘察手段十分必要。规划、可行性研究阶段主要是在较大范围对工程地质条件作概略性了解，勘探工作只在重点地段布置，以了解某些比较关键的疑难问题，采用的勘探手段多是比较轻型的，没必要采用复杂手段。相反，在场地选定以后的勘察阶段，为了取得设计需要的详细的、定量的资料，并解决有关岩土工程问题，就需要采用便于直接观察、能够进行原位测试、试验的勘探手段，同时还应辅以各种轻型勘探手段。

3.2 钻　　探

钻探是岩土工程勘察中最主要的手段之一，其主要作用有：①获得用于鉴别、分类和试验的岩芯和土样，划分地层；②了解地质构造和不良地质作用的分布；③在孔内进行岩土工程性能原位测试、水文地质试验、测井和现场监测；④获得有关地下水情况的资料等。

3.2.1　工程钻探的特点

(1)钻探工程的布置，不仅要考虑自然地质条件，还需结合工程类型和特点，如水坝一般应顺坝轴线布孔，工业与民用建筑则需要按建筑物轮廓线布孔等。

(2)钻探深度一般都不大。除了大型水利工程、深埋隧道、核电站以及为了解决专门地质问题(如探测深部岩溶)外，孔深均为十几米至数十米，所以经常采用简易钻探法和轻便型钻机。

(3)钻孔多具综合目的。一个钻孔除需查明地层岩性、地质结构和水文地质条件外，还常做各种试验(岩土力学性质试验、水文地质试验、灌浆试验等)、长期观测和取样(岩、土样和水样)。有时试验和钻进交替进行，所以钻探速度较慢。

(4)在钻进方法、钻孔结构、钻进过程中的观测编录等方面，均有特殊要求。

3.2.2　工程钻探的特殊要求

工程钻探是为工程建设服务的，具有综合目的，因此，在钻进方法、钻孔结构、钻进过程中的观测记录等方面具有特殊要求。

首先，工程钻探对岩芯采取率要求高，一般岩层不能低于 80%；对工程建筑物至关重要的较弱夹层和断层破碎带也不能低于 65%，但往往不易取得岩芯。为保证获得较高的岩芯采取率，应针对不同的勘探对象采用相应的钻进方法。如在软弱地层或断层破碎带中钻进时，要尽量减少冲洗液或用干钻，降低钻速，缩短钻程，最好采用双层岩芯管。

第二，为了保证准确地测定地下水位和水文地质试验工作的正常进行，必须按含水层的位置和试验工作的要求，确定孔身结构及钻进方法。对不同含水层要换径并分层止水，加以隔离。含水层愈多，换径和分层止水的次数就愈多。一般的工程地质钻孔终孔直径为 91cm，根据换径次数及位置，即可确定孔身结构。若在基岩面以上的卵石层中做抽水试验时，开孔口径以 325mm 为宜。为了保证取得准确的水文地质参数，必须采用清水钻进或干钻，不允许使用泥浆加固孔壁的办法。一般钻孔要直，不能发生弯曲；孔壁要求光滑、规则，同一孔径段应大小一致。

第三，在工程地质钻探中，为研究岩土的物理力学性质，经常要采取岩土样。坚硬岩石的取样可利用岩芯，但其中软弱夹层和断层破碎带取样时，须采取特殊措施（如采用套钻和化学树脂胶合办法）。为了取得质量可靠的原状土样，则必须配备专门的取土器，并应注意取样方法和操作工序，尽量使土样不受或少受扰动。

3.2.3　工程钻探的方法和设备

自然地质条件是复杂的，各种钻探方法和设备都有一定的适用条件，选择钻探方法和设备时，应视钻探的目的和地质条件而定。

1. 钻探方法的分类与选择

根据破碎岩土的方法、冲洗介质的种类及循环方式、钻探设备与机具的特点，岩土工程勘察中钻探的方法可主要分为回转、冲击、冲击回转、振动和冲洗几种类型（图 3.1）：

- 钻探方法分类
  - 回转钻进
    - 孔底全面钻进
      - 手动回转——无冲洗液钻进
      - 机械回转
        - 螺旋钻进——无冲洗液钻进
        - 牙轮钻进——有冲洗液钻进
    - 孔底环状钻进（有冲洗液钻进）
      - 硬质合金钻进
      - 钢粒钻进
      - 金刚石钻进
  - 冲击钻进
    - 钢丝绳冲击
      - 手动冲击——无冲洗液钻进
      - 机械冲击
        - 无冲洗液钻进
        - 有冲洗液钻进
    - 钻杆冲击——无冲洗液钻进
  - 冲击回转钻进
    - 风动冲击回转（空气干洗钻进）
      - 潜孔锤钻进
      - 双壁钻焊反循环连续取样潜孔锤钻进
    - 液动冲击回转（有冲洗液钻进）
      - 射流冲击回转
      - 阀式冲击回转
  - 振动钻进——无冲洗液钻进
  - 冲洗钻进——有冲洗液钻进

图 3.1　钻探方法类型

(1)回转钻探。通过钻杆将旋转矩传递至孔底钻头,同时施加一定的轴向压力实现钻进。产生旋转力矩的动力源可以是人力或机械,轴向压力则依靠钻机的加压系统以及钻具自重。

回转钻探包括硬质合金钻进、金刚石钻进、钢粒钻进、牙轮钻进、全面钻进等。但在岩土工程勘察中,土层以硬质合金钻进为主,岩层以硬质合金、金刚石钻进为主。钻进规程涉及的钻进工艺参数主要有钻压(即施加在钻头上的轴向载荷)、钻具转速、冲洗介质(清水、钻井液、压缩空气)的品质、冲洗液泵量等。若采用干式无循环钻进,则只涉及钻压与钻具转速。

回转钻探中钻头的主要类型和功能见表 3.2 和图 3.2。

表 3.2　回转钻进常用钻头

钻头类别	钻头名称	功 能 特 性
螺旋类	麻花钻头、勺形钻头	适用于黏性土层,可干法钻进,螺纹旋入土层之中,提钻时扰动土样,供肉眼鉴别及分类试验之用
	提土器	功能同上,加有中心空杆及底活塞,可通水通气,防止提钻时孔底产生真空,造成缩孔、管涌等孔底扰动破坏
环形钻进类(岩芯钻进)	合金钻头、钢粒钻头(单管及双管)	适用于土层及岩层,对孔底做环形切削研磨,用循环液清除输出岩粉,环形中心保留柱状岩芯,提取后可供鉴别、试验之用
	金钢石钻头(单管及双管)	功能同上,钻进效率高,高速回转对岩芯破坏扰动小,可获得更高的岩芯采取率
无岩芯孔底全面钻进	鱼尾钻头、三翼钻头、牙轮钻头	适用于土层及岩层,对整个孔底切削研磨,用循环液清除输出岩粉,可不提钻连续钻进,效率高,只能根据岩粉及钻进感觉判断地层变化

此外,国外使用较多的空心管连续螺旋钻也是一种回转钻头,即在空心管外壁加上连续的螺旋翼片,用大功率的钻机驱动旋入土层之中,螺旋翼片将碎屑输送至地面,提供有关地层变化的粗略信息,通过空心管则可进行取样及标准贯入试验等工作。用这种钻头可钻出直径约 150～250mm 的钻孔,深度可达 30～50m。长而连续的钻头旋入土中后实际上也起到了护壁套管的作用。

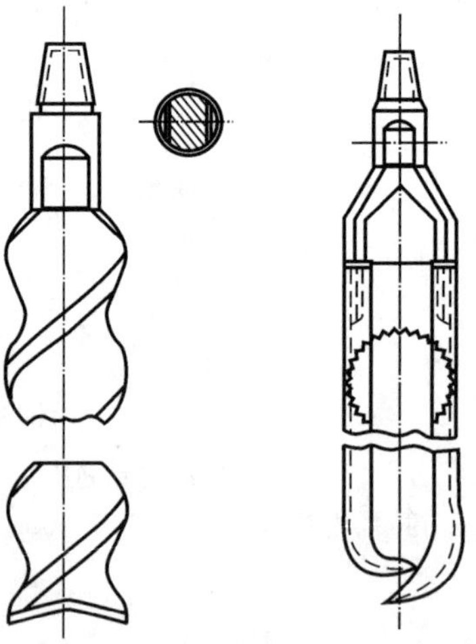

(a)　　(b)

图 3.2　回转钻探的钻头类型

(a)螺旋钻头;　(b)勺形钻头

(2)冲击钻探。利用钻具自重冲击破碎孔底实现钻进。破碎后的岩粉、岩屑由循环液冲出地面,也可以采用带活门的抽砂筒(或称掏砂筒,见图 3.3)提出地面。冲击钻头有一字形、十字形等多种(图 3.4)。可通过钻杆或钢丝绳操纵。其中,钢丝绳冲击钻进使用较为广泛。钢丝绳冲击钻进的规程如下:

钻具重量:钻具重量等于钻头、钻杆与绳卡的重量之和。不同性质岩土体应选取合适的单位刃长上的钻具重量,一般分为几下几种:

土层　　　100～200N/m;

软岩层　　　200～300N/m；

中硬岩层　　350～400N/m；

硬岩层　　　500～600N/m；

极硬岩层　　650～800N/m。

冲击高度：指钻头在冲击运动中提离孔底的高度，一般取 0.6～1.1m。

冲击次数：冲击次数和冲击高度是相互联系的，冲击次数为

$$n=20\sqrt{\frac{j}{S}}\quad(次/min) \tag{3.1}$$

式中，j 为钻具在岩粉浆中的下降加速度（m/s^2）；S 为冲击高度（m）。

岩粉密度：岩粉密度直接影响钻进效率，若岩粉密度大，影响钻具下降速度，对破岩不利；若过低，则岩屑留在孔底形成粉垫，使钻头不易接触孔底，钻进效率低。通常通过控制淘砂间隔和数量来调整岩粉密度。

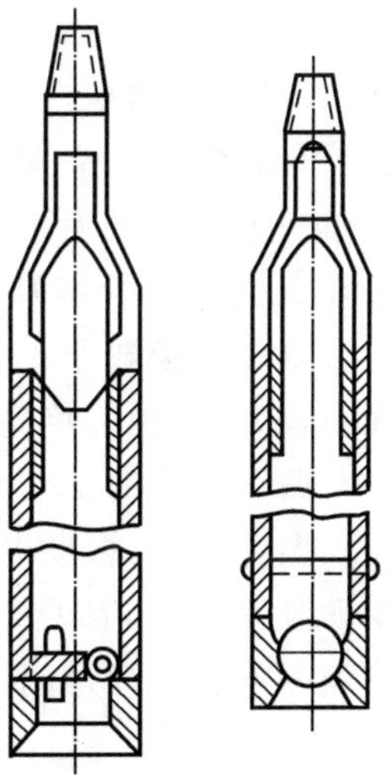

图 3.3　抽砂筒

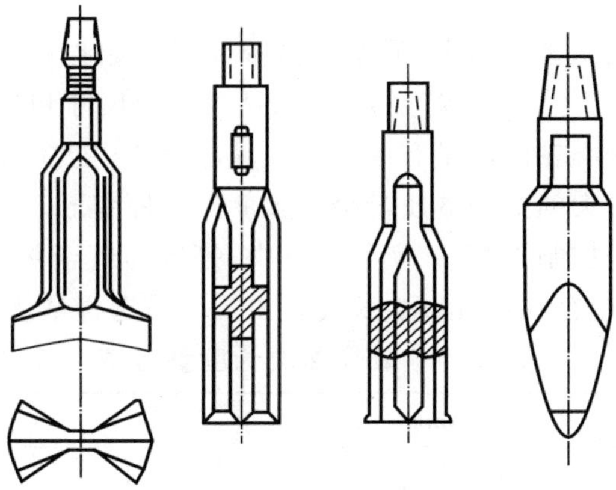

(a)　(b)　(c)　(d)

图 3.4　冲击钻探用钻头

(a)一字形钻头；(b)十字形钻头；(c)圆钻头；(d)角锥钻头

冲击钻进可应用于多种土类以至岩层，对卵石、碎石、漂石、块石尤为适合。

(3)冲击回转钻探。冲击回转钻探是在钻头承受一定荷载的基础上，以竖向冲击力和回转切削力共同破碎孔底岩土体的钻探方法。一种类型是顶驱式，即在钻杆顶部用风动、液动或电动机实现冲击，并同时回转钻杆，实现钻进；另一种是潜孔式，即用液力或气力驱动靠近孔底的冲击器产生冲击力，同时由地面机构施加轴向压力和回转扭矩，实现钻进。其中潜孔式冲击回转钻探也称为潜孔锤钻进，钻探深度不受限制，除在硬和坚硬岩石中应用（如大型水利水电岩土工程勘察）外，在砂卵石层、漂石层钻进更有优势，按使用动力的介质性质分为液动冲击回转钻（液动潜孔锤）和气动冲击回转钻（气动潜孔锤），其中气动回转钻探方法多用于无水或缺水地区。

潜孔锤钻进用钻头需承受较大的动荷载及摩擦作用，因此要求钻头体具有较高的表面硬度和较好的耐磨性及足够的冲击韧性，常用的主要有两种，刃片钻头和柱齿钻头（图 3.5）。刃

片钻头用于软岩钻进，柱齿钻头用于硬岩钻进。

(4)振动钻探。通过钻杆将振动器激发的振动力迅速传递至孔底管状钻头周围的土中，使土的抗剪阻力急剧降低，同时在一定轴向压力下使钻头贯入土层中，这种钻进方式能取得较有代表性的鉴别土样，且钻进效率高，常用于黏性土层、砂层以及粒径较小的卵石、碎石层。但这种钻进方式对孔底扰动较大，往往影响高质量土样的采取。

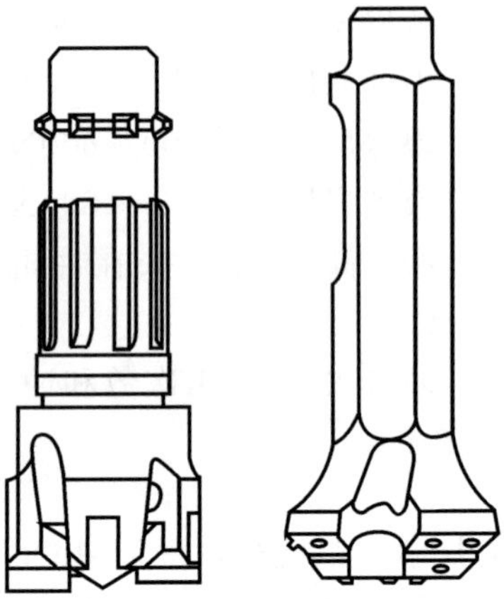

(a)　(b)

图 3.5　潜孔锤钻进用钻头

(a)刃片钻头；(b)柱齿钻头

振动钻进的工艺参数主要有以下几个：

振动频率：振动器必须有一定的振动频率才能实现钻进，振动频率越高，钻具的振幅越大，钻进的深度也就越深，但振动频率不能选择过高，这是因为有如下关系式：

$$W=\frac{M^2 f^2}{4Q} \tag{3.2}$$

式中，W 为钻机的功率；M 为偏心力矩；f 为振动频率；Q 为钻具质量。

振幅：振幅是影响钻具的重要因素，只有当振幅超过起始振幅 A_0 时，钻头才能切入岩土层。振幅 A 一般选用$(3 \sim 5)A_0$，A_0 随振动频率、钻具断面尺寸和地层条件而变化。

偏心力矩：与振动器偏心轮的质量有关。增大偏心力矩，能在密实坚硬的土层中钻进，但偏心力矩不能过大，否则过大的振动器质量会引起上部钻杆变形。

回次长度：是一个人为控制参数，在实际钻进中，等取样管全部装满才结束回次是不合理的。为了提高回次钻速必定存在最优回次长度。表 3.3 是选择最优回次长度的参考值。

表 3.3　最优回次长度参考值

孔深/m	孔径 108mm			孔径 146mm		
	Ⅰ	Ⅱ	Ⅲ	Ⅰ	Ⅱ	Ⅲ
0～4	4.0	3.6	3.0	3.0	2.5	2.0
4～10	2.5	2.0	1.5	1.5	1.5	—
10～20	2.0	1.5	1.0	2.0	1.0	0.7
20	1.5	1.0	0.7	1.5	0.7	0.4

注：Ⅰ为在软塑和流塑状黏性土、松散及饱水的细砂岩中钻进；Ⅱ为在粉砂、黏土、中细砂中钻进；Ⅲ为在硬塑状黏性土和粗砂、砾砂中钻进。

(5)冲洗钻探。通过高压射水破坏孔底土层实现钻进。土层破碎后随水流冲出地面。这是一种简单、快速、成本低廉的钻进方法，适用于砂层、粉土层和不太坚硬的黏性土层，但冲出地面的粉屑往往是各土层物质的混合物，代表性很差，给地层判断、划分带来困难。故该方法主要用来查明基岩起伏面的埋藏深度。

以上几种钻探方法适用于不同的岩土层，在岩土工程勘察中较常使用，针对具体工程及岩土层情况，应选择合适有效的钻探方法。

在岩土工程勘察中，土层的钻探一般应考虑以下要求：

1)选择符合土层特点的有效钻进方式。

2)能可靠地鉴别地层，鉴定土层名称、天然重度和湿度状态，准确判定分层深度，观测地下水位。

3)尽量避免或减轻对取样段的扰动。

根据大量工程实践经验，在岩土工程勘察中，工程钻探应优先选择回转钻探方法，其次是冲击回转钻探、冲击钻探(或锤击钻探)、冲洗钻探。在滑坡及湿陷性土层、膨胀性土层中钻进，应注意采用干式无循环钻探方法或优质泥浆的有循环钻探方法。

《岩土工程勘察规范》(GB 50021－2001)对常用几种钻探方法的适用范围做出了明确规定(表 3.4)。

表 3.4　钻探方法的适用范围

钻探方法		钻进地层					勘察要求	
		黏性土	粉土	砂土	碎石土	岩石	直观鉴别，采取不扰动土样	直观鉴别，采取扰动土样
回转	旋转钻探	++	+	+	－	－	++	++
	无岩芯钻探	++	++	++	+	++	－	－
	岩芯钻探	++	++	++	+	++	++	++
冲击	冲击钻探	－	+	++	++	－	－	－
	捶击钻探	++	++	++	+	－	++	++
振动钻探		++	++	++	+	－	+	++
冲洗钻探		+	++	++	－	－	－	－

注：++表示适用；+表示部分适用；－表示不适用。

对岩土工程钻探亦有相应规定：

1)钻探口径和钻具规格应符合现行国家标准的规定。成孔口径应满足取样、测试和钻进工艺的要求。

2)钻进深度和岩土分层深度的测量精度，不应低于±5cm。

3)应严格控制非连续取芯钻进的回次进尺，使分层进度符合要求。

4)对鉴别地层天然湿度的钻探，在地下水位以上应进行干钻，当必须加水或使用循环液时，应采用双层岩芯管钻进。

5)岩芯钻探的岩芯采取率，对完整和较完整岩体不应低于 80%，较破碎和破碎岩体不应低于 65%；对需重点查明的部位(滑动带，软弱夹层等)应采用双层岩芯管连续取芯。

6)当需确定岩石质量指标 RQD 时，应采用 75mm 口径(N 型)双层岩芯管和金刚石钻头。

7)定向钻进的钻孔应分段进行孔斜测量，倾角和方位的测量精度应分别为±0.1°和±3.0°。

8)钻探操作的具体方法，应按现行标准《建筑工程地质钻探技术标准》(JGJ 87)执行。

2. 常用钻探机械设备

岩土工程勘察中钻探的主要目的是查明或获取地下岩土的性质、分布、结构等方面的地质信息与资料，采取岩土试样或进行原位测试，与大口径的基桩工程钻探比较，岩土工程勘察钻孔具有口径小、孔深大、需采取原状岩土样等特点，因此要求钻探的专门性机械——钻机——除需要满足钻探深度、口径和钻进速度方面的要求外，还应满足以下性能要求：①能按设计钻进方式钻探，具多功能性（如冲击、回转、静压等）；②转速低，扭矩大，能按技术标准采取原状岩土样，并能满足原位测试对钻孔的要求；③能适应现场复杂的地形条件，具有较好的机动性或解体性，操作简单，便于频繁移位和拆卸安装。目前，用于岩土工程勘察的钻探设备种类很多，机械化、液压化、智能化程度也越来越高，基本已达一机多用。国内外目前使用的岩土工程勘察钻机可分为以下几类：

(1)简易人力钻。简易人力钻是带有三脚架或人力绞车或通过人力直接钻进的器具，包括带有三脚架的人力钻，用手提的小口径螺旋钻、勺形钻、洛阳铲等。带有三脚架的人力钻兼有回转、冲击功能，钻头有螺旋钻头、砸石器、抽砂筒等。简易人力钻主要适用于浅部土层和基岩强风化层钻进。因钻进效率低，劳动强度大，仅在地形复杂、机动钻机难以达到的场地或有特殊要求时使用，如基坑检验等。

(2)拖挂式（或移动式）轻型单一回转螺旋钻机、冲击钻机、冲击回转两用钻机。单一回转螺旋钻机，多以小型汽油机、柴油机为动力，带动机械或液压动力头进行回转钻进，用连续长、短螺旋钻头钻进土层，用硬质合金钻头或金刚石钻头钻进岩层。轻型冲击钻机和冲击回转两用钻机的底盘和拖动轮轴连在架腿上，牵引时以钻架腿当拉杆，移动、运输十分方便。其采用机械传动、人力或液压控制，冲击时操纵卷扬机离合器，回转则依靠悬挂动力头或落地式转盘，能根据地层情况进行金刚石钻进或螺旋钻进。如国产的 SH—30，QP—50 等型钻机。

(3)自行式轻型或中型动力头多用车装钻机。这种类型钻机型号繁多，大都是回转钻机或复合式（多功能）钻机，有机械传动、液压操纵的半液压钻机和液压传动、液压操纵的全液压钻机两种。在回转钻机中，部分采用动力头，少数采用钻柱给进或螺旋差动给进。一般能运用多种钻进方式和工艺，如回转钻进、套管跟管回转钻进、空心管长螺旋钻进等。用循环液时有冲洗液钻进、牙轮钻进、硬质合金钻进、金刚石钻进等。这类钻机机械化、液压化程度高，动力机马力大，扭矩、给进和起拔能力都很强，一般都安装在重载车上。如全液压多功能钻机，YDC—100，DPP—3 型钻机。

3.2.4 钻孔设计书的编制、钻孔观测编录及资料整理

1. 钻孔设计书的编制

钻探工作耗资较大，应尽可能使每一个钻孔都发挥综合效益，取得较多的资料。为此，工程地质人员除了编制整个工程地质勘探设计外，还应逐个编制钻孔设计书，以保证钻探工作达到预期的目的。

钻孔设计书内容要点应包括：

(1)钻孔附近的地形、地质概况及钻孔目的。钻孔目的必须充分说明，使施钻人员、观测、编录人员明确该孔的意义及钻进中应注意的问题，这对于保证钻进、观测、编录工作的质量，都是至关重要的。

(2)钻孔的类型、深度及孔身结构。应根据已掌握的资料，绘制钻孔设计柱状剖面图，说明将要遇到的地层岩性、地质构造及水文地质情况等，据以确定钻进方法、钻孔类型、孔深、开孔和终孔直径，以及换径深度、钻进速度及固壁方法等。

(3)工程地质要求。包括岩芯采取率、取样、试验、观测、止水、编录等各方面的具体要求。编录项目及应取得的成果资料有钻孔柱状剖面、岩芯素描、钻进观测、试验记录图表及水文地质日志等。

(4)说明钻探结束后对钻孔的处理意见,留作长期观测孔或封孔。

(5)投资预算。

2. 钻孔的观测与编录

为了全面、准确地反映钻探工程第一手资料,在钻进过程中必须认真、细致地做好观测与编录工作。

(1)岩芯观察、描述和编录。应对岩芯进行认真观察、鉴定,描述其颜色、矿物成分、颗粒成分、结构与构造,正确定名,必要时取样进行室内岩矿鉴定。对疏松砂砾土和黏性土,应观察其致密程度和稠度状态。对节理、裂隙的类型、延续性、蚀变、充填情况、倾角、间距等进行描述及统计工作。对风化岩石,应将岩芯按风化程度进行分带和描述。必要时编制岩芯素描及岩芯柱状图。

通过对岩芯的各种统计,可以得到岩芯采取率、岩芯获得率和岩石质量指标等定量指标。

岩芯采取率是指所取岩芯的总长度与本回次进尺的百分比。总长度包括比较完整的岩芯和破碎的碎块、碎屑及碎粉物质。

岩芯获得率是指比较完整的岩芯长度与进尺的百分比。它不计入不成形的破碎物质。

岩石质量指标 RQD(Rock Quality Designation 的缩写)由 D. U. 迪尔提出的,它应以采用75mm 口径(N 型)双层岩芯管和金刚石钻头获取的大于 10cm 的岩芯总长度占钻探总进尺长度的比例确定,岩芯的断开裂隙是岩体原有的天然裂隙面而并非钻进破坏所致。故

$$RQD=\frac{\text{大于 10cm 的岩芯累计长度}}{\text{钻探总进尺长度}}\times 100\% \tag{3.3}$$

上述三项定量指标可反映岩石的坚硬和完整程度。岩石愈坚硬、完整,数值愈高;而愈软弱、破碎的岩石,则数值愈低。它们也与钻进的工艺和技术水平有关。

每回次取出的岩芯应顺序排列,并按有关规定进行编号、装箱和保管。并应注明所取原状土样、岩样的数量及深度。

(2)钻孔水文地质观测。充分重视并记录钻进过程中冲洗液消耗量的变化。发现地下水后,应测定其初见水位和稳定水位,确定含水层顶底板标高及厚度、测量水温。按规定深度抽取水样,以进行水质分析。

(3)孔内情况观察记录。钻进过程中注意换层深度、回水颜色变化、钻具陷落、孔壁坍塌、卡钻、埋钻和涌砂现象等,结合岩芯判断孔内情况。如果孔壁坍塌及卡钻,岩芯破碎,采取率低,就表明岩石裂隙发育或处于构造破碎带中。

当钻进过程中遇到严重风化或裂隙十分发育的岩层、断层破碎带、岩溶洞穴时,岩芯采取率往往很低,甚至取不到岩芯,给判断孔内情况带来困难。钻孔摄影和钻孔电视弥补了这一缺陷,通过对孔壁的观察,可以对岩层的裂隙程度及方向、风化程度、断层破碎带、岩溶洞穴和泥化夹层等,取得较为清晰的照片或图像,给人们孔内观察的感觉。目前,我国水利水电部门使用的 SK—150 型钻孔摄影仪和 JZS—1 型钻孔电视机,为提高工程地质勘探的质量和钻孔利用率,显示了独特的优越性。

3. 钻孔资料整理

钻孔工作结束后,要进行钻孔资料整理,主要成果如下:

(1)钻孔柱状图。将孔内岩层情况,按一定比例尺编制柱状图,做出岩性描述;还应在相应位置上标明岩芯采取率、冲洗液消耗量、地下水位、岩芯风化分带、代表性的岩土物理力学性质

指标，以及取样位置。如果孔内做过试验，则应将试验成果也在相应位置上标出。

(2)钻孔操作及水文地质日志图。

(3)岩芯素描图及其说明。

3.3 坑　　探

3.3.1 坑探的特点及适用条件

坑探是查明地下地质情况的最直观有效的勘探方法。当钻探难以查明地下地层岩性、地质构造时，可采用井探、槽探进行勘探。当在大坝坝址、地下洞室、大型边坡等工程勘察中，须详细调查深部岩层性质、风化程度及构造特性时，则采用洞探方法。

探井、探槽主要适用于土层之中，可用机械或人力开挖，并以人力开挖居多。开挖深度受地下水位影响。在交通不便的丘陵、山区或场地狭窄处，大型勘探机械难以就位，用人力开挖探井、探槽方便灵活，获取地质资料翔实准确，编录直观，勘探成本低。

探井的横断面可以为圆形，也可以为矩形。圆形井壁应力状态较有利于井壁稳定，矩形则较有利于人力挖掘。为了减小开挖方量，断面尺寸不宜过大，以能容一人下井工作为度。一般圆形探井直径为0.8～1.0m，矩形探井断面尺寸为0.8m×1.2m。当施工场地许可，需要放坡或分级开挖时，探井断面尺寸可增大；探槽开挖断面为一长条形，宽度为0.5～1.2m，在场地允许和土层需要的情况下，也可分级开挖。

探井、探槽开挖过程中，应根据地层情况、开挖深度、地下水位情况采取井壁支护、排水、通风等措施，尤其是在疏松、软弱土层中或无黏性的砂、卵石层中，必须进行支护，且应有专门技术人员在场。此外，探井口部保护也十分重要，在多雨季节施工应设防雨棚，修建排水沟，防止雨水流入或浸润井壁。土石方不能随意弃置于井口边缘，以免增加井壁的主动土压力，导致井壁失稳或支撑系统失效，或者土石块坠落伤人。一般堆土区应布置在下坡方向离井口边缘不少于2m的安全距离。

探井、探槽开挖方量大，对场地的自然环境会造成一定程度的改变甚至破坏，还有可能对以后的施工造成不良影响。在制定勘探方案时，对此应有充分估计。勘探结束后，探井、探槽必须妥善回填。

洞探主要是依靠专门机械设备在岩层中掘进，通过竖井、斜井和平硐来观察描述地层岩性、构造特征，并进行现场试验以了解岩层的物理力学性质指标。所以，洞探包括竖井、斜井和平硐，是施工条件最困难、成本最高，而且最费时间的勘探方法。在掘进过程中，需要支护不稳定的围岩和排除地下水，掘进深度大时还需要有专门的出碴和通风设施，所以，洞探的应用受到一定限制，但在一些水利水电、地下洞室等岩土工程中，为了获得有关地基和围岩中准确而详尽的地质结构和地层岩性资料，追索断裂带和软弱夹层或裂隙强烈发育带、强烈岩溶带等，以及为了进行原位测试(如测定岩土体的变形性能、抗剪强度参数、地应力等)，洞探是必不可少的勘探方法，这在详细勘察阶段显得尤其重要。竖井由于不便出碴和排水，不便于观察和编录，往往用斜井代替。在地形陡峭、探测的岩层或断裂带产状较陡时，则广泛采用平硐勘探。

井探、槽探、洞探的特点和适用条件归纳为表 3.5。

表 3.5　井探、槽探、洞探的特点及适用条件

勘探种类	勘探实物工作量名称	特　　点	适用条件
井探	探井	断面有圆形和矩形两种，圆形直径为 0.8～1.2m，矩形断面尺寸为 0.8m×1.2m，深度受地下水位影响，以 5～10m 较多，通常小于 20m	常用于土层中，查明地层岩性，地质结构，采取原状土样，兼做原位测试
槽探	探槽	断面呈长条形，断面宽度为 0.5～1.2m，深度受地下水位影响，一般为 3～5m	剥除地表覆土，揭露基岩，划分土层岩性，追踪查明地裂缝、断层破碎带等地质结构线的空间分布及剖面组合情况
洞探	竖井	形状近似于探井，但口径大于探井，需进行井壁支护、排水、通风等	查明地层岩性和地质结构及覆盖土层厚度、基岩情况
	斜井	具有一定倾斜度的竖井	查明地层岩性和地质结构及覆盖土层厚度、基岩情况
	平硐	在地面有出口的水平通道，深度大，须支护	常用于地形陡峭的基岩层中，查明河谷地段地层岩性软弱夹层、破碎带、风化岩层等，并可进行原位测试

3.3.2　观察、描述、编录

1. 现场观察、描述

(1)量测探井、探槽、竖井、斜井、平硐的断面形态尺寸和掘进深度。

(2)详尽地观察和描述四壁与底(顶)的地层岩性，地层接触关系、产状、结构与构造特征、裂隙及充填情况，基岩风化情况，并绘出四壁与底(顶)的地质素描图。

(3)观察和记录开挖期间及开挖后井壁、槽壁、洞壁岩土体变形动态，如膨胀、裂隙、风化、剥落及塌落等现象，并记录开挖(掘进)速度和方法。

(4)观察和记录地下水动态，如涌水量、涌水点、涌水动态与地表水的关系等。

2. 绘制展示图

展示图是井探、槽探、洞探编录的主要成果资料。绘制展示图就是沿探井、探槽、竖井、斜井或平硐的壁、底(顶)把地层岩性、地质结构展示在一定比例尺的地质断面图上。井探、槽探、洞探类型特点不同，展示图的绘制方法和表示内容各有不同，其采用的比例尺一般为 1∶25～1∶100，其主要取决于勘察工程的规模和场地地质条件的复杂程度。

(1)探井和竖井展示图。探井和竖井的展示图有两种。一种是四壁辐射展开法，另一种是四壁平行展开法。四壁平行展开法使用较多，它避免了四壁辐射展开法因井较深存在的不足。图 3.6 为采用四壁平行展开法绘制的探井展示图，图中探井和竖井四壁的地层岩性、结构构造特征很直观地表示了出来。

(2)探槽展示图。探槽在追踪地裂缝、断层破碎带等地质界线的空间分布及查明剖面组合特征时使用很广泛。因此，在绘制探槽展示图之前，确定探槽中心线方向及其各段变化，测量水平延伸长度、槽底坡度、绘制四壁地质素描显得尤为重要。

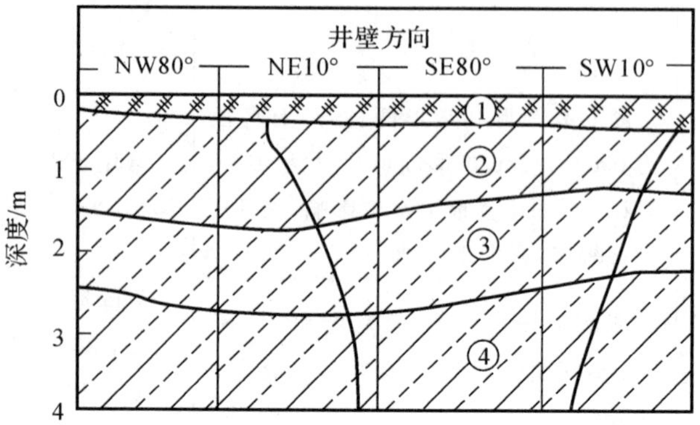

图 3.6 探井展示图

探槽展示图有以坡度展开法绘制的和以平行展开法绘制的两种。其中平行展开法使用广泛，更适用于坡度直立的探槽。

(3)平硐展示图。平硐展示图绘制从洞口开始，到掌子面结束。其具体绘制方法是：按实测数据先画出洞底的中线，然后，依次绘制洞底—洞两侧壁—洞顶—掌子面，最后按底、壁、顶和掌子面对应的地层岩性和地质构造填充岩性图例与地质界线，并应绘制洞底高程变化线，以便于分析和应用。

3.4 取样技术

3.4.1 土样的质量等级和取样技术要求

1. 土样的质量等级及取样工具和方法

根据试验目的，《岩土工程勘察规范》(GB 50021－2001)把土样的质量分为四个等级(表 3.6)。

表 3.6 土试样质量等级

等级	扰动程度	试验内容
Ⅰ	不扰动	土类定名、含水率、密度、强度试验、固结试验
Ⅱ	轻微扰动	土类定名、含水率、密度
Ⅲ	显著扰动	土类定名、含水率
Ⅳ	完全扰动	土类定名

注：①不扰动是指原位应力状态虽已改变，但土的结构、密度、含水率变化很小，能满足室内试验各项要求；②除地基基础设计等级为甲级的工程外，在工程技术要求允许的情况下可用Ⅰ级土试样进行强度和固结试验，但宜先对土试样受扰动程度做抽样检定，判定用于试验的适用性，并结合地区经验使用试验成果。

试验采取的工具和方法可按表 3.7 选择。

表 3.7　不同等级土试样的取样工具和方法

土试样质量	取样工具和方法		适用土层										
			黏性土					粉砂	砂土				砾砂、碎石土、软岩
			流塑	软塑	可塑	硬塑	坚硬		粉砂	细砂	中砂	粗砂	
Ⅰ	薄壁取土器	固定活塞	++	++	+	—	—	+	+	—	—	—	—
		水压固定活塞	++	++	+	—	—	+	+	—	—	—	—
		自由活塞	—	+	++	—	—	+	+	—	—	—	—
		敞　口	+	+	+	—	—	+	+	—	—	—	—
	回转取土器	单动三重管	—	+	++	++	+	++	++	++	—	—	—
		双动三重管	—	—	—	+	++	—	—	—	++	++	+
	探井(槽)中刻取块状土样		++	++	++	++	++	++	++	++	++	++	++
Ⅱ	薄壁取土器	水压固定活塞	++	++	+	—	—	+	+	—	—	—	—
		自由活塞	+	++	++	—	—	+	+	—	—	—	—
		敞　口	++	++	++	—	—	+	+	—	—	—	—
	回转取土器	单动三重管	—	+	++	++	+	++	++	++	—	—	—
		双动三重管	—	—	—	+	++	—	—	—	++	++	++
	厚壁敞口取土器		+	++	++	++	++	+	+	+	+	+	—
Ⅲ	厚壁敞口取土器		++	++	++	++	++	++	++	++	++	++	—
	标准管入器		++	++	++	++	++	++	++	++	++	++	—
	螺纹钻头		++	++	++	++	++	+	—	—	—	—	—
	岩芯钻头		++	++	++	++	++	++	+	+	+	+	+
Ⅳ	标准贯入器		++	++	++	++	++	++	++	++	++	++	—
	螺纹钻头		++	++	++	++	++	+	—	—	—	—	—
	岩芯钻头		++	++	++	++	++	++	++	++	++	++	++

注：①＋＋表示适用；＋表示部分适用；－表示不适用；②采取砂土试样应有防止试样失落的补充措施；③有经验时，可用束节式取土器代替薄壁取土器。

2. 取样技术要求

《岩土工程勘察规范》(GB 50021—2001)规定：

在钻孔中采取Ⅰ～Ⅱ级砂样时，可采用原状取砂器，并按相应的现行标准执行。

在钻孔中采取Ⅰ～Ⅱ级土试样时，应满足下列要求：

(1)在软土、砂土中宜采用泥浆护壁；如使用套管，应保持管内水位等于或稍高于地下水位，取样位置应低于套管底 3 倍孔径的距离。

(2)采用冲洗、冲击、振动等方式钻进时，应在预计取样位置 1 m 以上改用回转钻进。

(3)下放取土器之前应仔细清孔，清除扰动土，孔底残留浮土厚度不应大于取土器废土段长度(活塞取土器除外)。

(4)采取土试样宜用快速静力连续压入法。

(5)具体操作方法应按现行标准《原状土取样技术标准》执行。

3. 土试样封装、储存和运输

对于Ⅰ～Ⅱ级土试样的封装、储存和运输，应符合下列要求：

(1)取出土试样应及时妥善密封，以防止湿度变化，并避免暴晒或冰冻。

(2)土试样运输前妥善装箱、填塞缓冲材料，运输过程中避免颠簸。对于易振动液化、灵敏度高的试样宜就近进行试验。

(3)土试样采取后至试验前的储存时间一般规定不应超过两个星期。

3.4.2 钻孔取土器

1. 钻孔取土器的设计要求

岩土工程勘察中需采取保持原状结构的土试样。影响取土质量的因素很多，如钻进方法、取土方法、土试样的保管和运输等，但取土器的结构是主要影响因素之一，设计取土器应考虑下列要求：

(1)取土器进入土层要顺利，尽量减小摩擦阻力。

(2)取土器要有可靠的密封性能，使取土时不至于掉土。

(3)结构简单，便于加工和操作。

此外，还应考虑下列因素：

(1)土样顶端所受的压力，包括钻孔中心的水柱压力、大气压力及土样与取土筒内壁摩擦时的阻力。

(2)土样下端所受的吸力，包括真空吸力、土样本身的黏聚力和土样自重。

(3)取土器进入土层的方法和进入土层的深度。

2. 钻孔取土器类型

取土器按壁厚可分为薄壁和厚壁两类；按进入土层的方式可分为贯入(静压或锤击)及回转两类。

(1)贯入式取土器。贯入式取土器可分为敞口取土器和活塞取土器两大类型。敞口取土器按管壁厚度分为厚壁和薄壁两种；活塞取土器则分为固定活塞、水压活塞、自由活塞等几种。

敞口取土器：国外称谢尔贝管，是最简单的取土器，其主要优点是结构简单、取样操作简便，缺点是对土样质量不易控制，且易于逃土。在取样管内加装内衬管的取土器称为复壁敞口取土器(图 3.7)，其外管多采用半合管，易于卸出衬管和土样。其下接厚壁管靴，能应用于软硬变化范围很大的多种土类。由于壁厚，面积比可达 30%～40%，对土样扰动大，只能取得Ⅱ级以下的土样。薄壁取土器(图 3.8)只用一薄壁无缝管作取样管，面积比可降低至 10%以下，可作为采取Ⅰ级土样的取土器。薄壁取土器内不可能设衬管，一般是将取样管与土样一同封装运送到实验室。薄壁取土器只能用于软土或较疏松的土层取样。若土质过硬，取土器易于受损。

考虑到我国管材供应的实际问题，薄壁取土器难以完全普及，《岩土工程勘察规范》允许以束节式取土器代替薄壁取土器。这种束节式取土器(图 3.9)是综合了厚壁和薄壁取土器的优点而设计的。将厚壁取土器下端刃口段改为薄壁管(此段薄壁管的长度一般不应短于刃口直径的 3 倍)，能减轻厚壁管面积比的不利影响，取出的土样可达到或接近Ⅰ级。

活塞取土器：如果在敞口取土器的刃口部装一活塞，在下放取土器的过程中，使活塞与取样管的相对位置保持不变，即可排开孔底浮土，使取土器顺利达到预计取样位置。此后将活塞固定不动，贯入取样管，土样则相对地进入取样管，但土样顶端始终处于活塞之下，不可能产生凸起变形。回提取土器时，处于土样顶端的活塞即可隔绝上部水压、气压，也可以在土样与活塞之间保持一定的负压，防止土样失落而又不会出现过分的抽吸。依照这种原理制成的取土器称为活塞取土器。活塞取土器有以下几种：

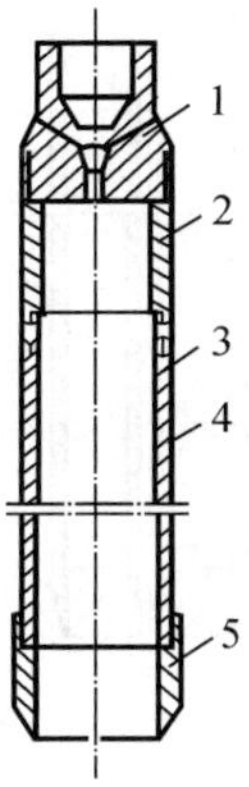

图 3.7　复壁敞口取土器

1—球阀；2—废土管；
3—半合取样管；
4—衬管；5—加厚管靴

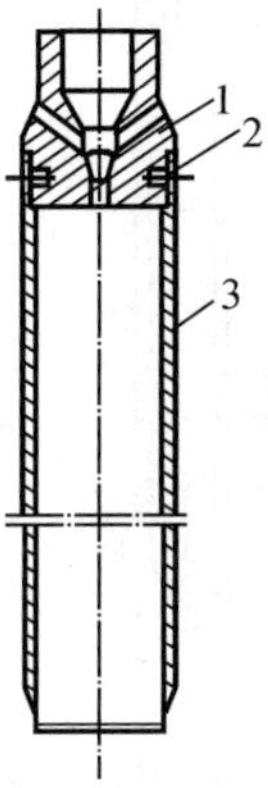

图 3.8　敞口薄壁取土器

1—球阀；2—固定螺丝；
3—薄壁取样管

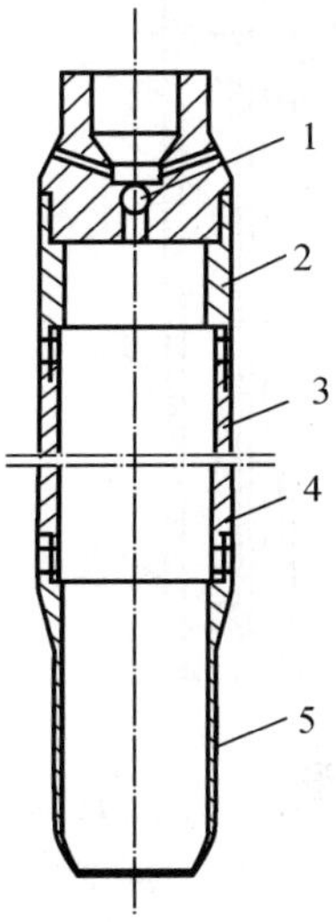

图 3.9　束节式取土器

1—球阀；2—废土管；
3—半合壁取样管；4—衬管或环刃；
5—束节取样管靴

1)固定活塞取土器。在敞口薄壁取土器内增加一个活塞以及一套与之相连接的活塞杆，活塞杆可通过取土器的头部并经由钻杆的中空延伸至地面(图 3.10)；下放取土器时，活塞处于取样管刃口端部，活塞杆与钻杆同步下放，到达取样位置后，固定活塞杆与活塞，通过钻杆压入取样管进行取样。固定活塞薄壁取土器是目前国际上公认的高质量取土器，但因需要两套杆件，操作比较费事。其代表型号有 Hvorslev 型、NGI 型等。

2)水压固定活塞取土器。是针对固定活塞式取土器的缺点而制造的改进型。国外以其发明者命名为奥斯特伯格取土器，其特点是去掉了活塞杆，将活塞连接在杆底端，取样管则与另一套在活塞缸内的可动活塞联结，取样时通过钻杆施加水压，驱动活塞缸内的可动活塞，将取样管压入土中，其取样效果与固定活塞式相同，操作较为简单，但结构仍较复杂(图 3.11)。

3)自由活塞取土器。与固定活塞取土器不同之处在于活塞杆不延伸至地面，而只穿过接头，用弹簧锥卡予以控制；取样时依靠土试样将活塞顶起，操作较为简单，但土试样上顶活塞时易受扰动，取样质量不及以上两种(图 3.12)。

(2)回转式取土器。回转式取土器有两种：

1)单动三重(二重)管取土器。类似于岩芯钻探中的双层岩芯管，取样时外管切削旋转，内管不动，故称单动。如在内管内再加衬管，则成为三重管。其代表型号为丹尼森(Denison)取土器(图 3.13)。丹尼森取土器的改进型称为皮切尔(Pitcher)取土器(图 3.14)，其特点是内管刃口的超前值可通过一个竖向弹簧按土层软硬程度自动调节。单动三重管取土器可用于中等以至较硬的土层中。

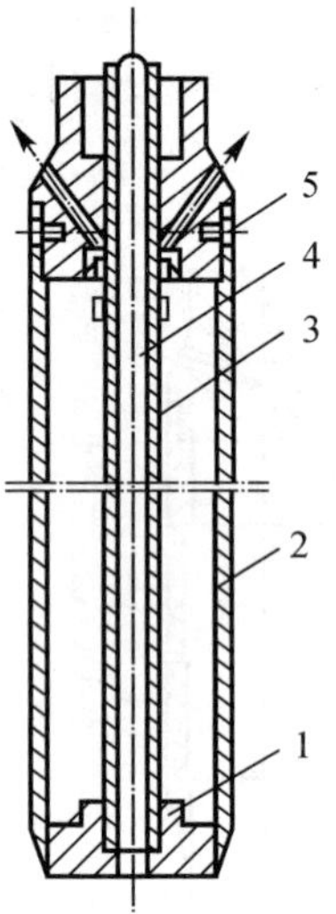

图 3.10　固定活塞薄壁取土器

1—固定活塞；　2—薄壁取样管；

3—活塞杆；　4—消除真空管；

5—固定螺钉

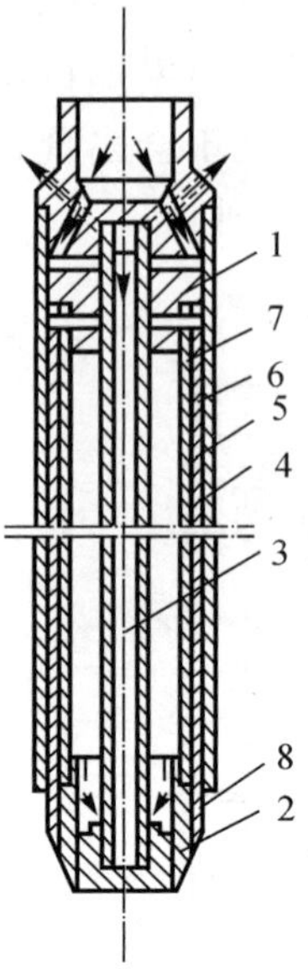

图 3.11　水压固定活塞取土器

1—可动活塞；　2—固定活塞；

3—活塞杆；　4—压力缸；

5—竖向导管；　6—取样管；

7—衬管；　8—取样管刃靴

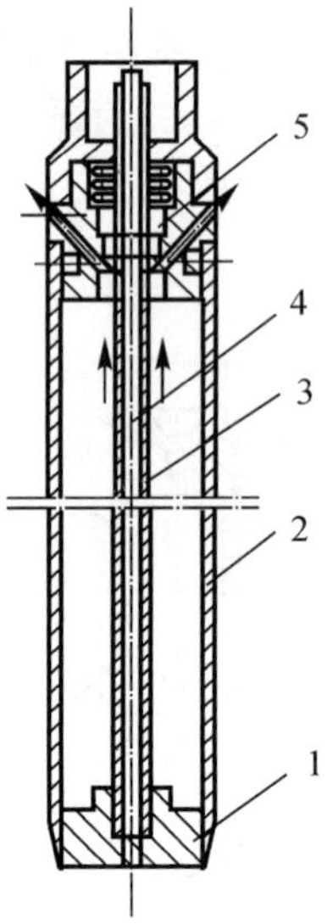

图 3.12　自由活塞取土器

1—活塞；　2—薄壁取样管；

3—活塞杆；　4—消除真空杆；

5—弹簧锥卡

2)双动三重(二重)管取土器。与单动不同之处在于取样时内管也旋转(图 3.15)，因此可切削进入坚硬的地层，一般适用于坚硬黏性土、密实砂砾以至软岩。但所取土样质量等级不及单动三重(二重)管取土器。

3.4.3　取样技术方法

1.钻孔中采取不扰动土试样的方法

(1)击入法。击入法是用人力或机械力操纵落锤，将取土器击入土中的取土方法。按锤击次数分为轻锤多击法和重锤少击法；按锤击位置又分为上击法和下击法。经过取样试验比较认为：就取样质量而言，重锤少击法优于轻锤多击法，下击法优于上击法。

(2)压入法。压入法可分为慢速压入法和快速压入法两种：

慢速压入法：是用杠杆、千斤顶、钻机手把等加压，取土器进入土层的过程是不连续的。在取样过程中对土试样有一定程度的扰动。

采用静力压入取样的条件可用下式表示：

$$F \geqslant (AR + f\pi D_t h)\alpha - q \tag{3.4}$$

式中，F 为压入取土器所需的力(kN)；A 为取土器的环状面积(m^2)；R 为土层抗压强度(kPa)；f 为取土器与土层的侧壁摩擦阻力(kPa)(表 3.8)；D_t 为取土器外径(m)；h 为取土器与孔壁的接触长度(m)；α 为尖端阻力系数(各种均质土层为 1.0，砂砾石为 1.3 ～ 2.5)；q 为钻具重量(kN)。

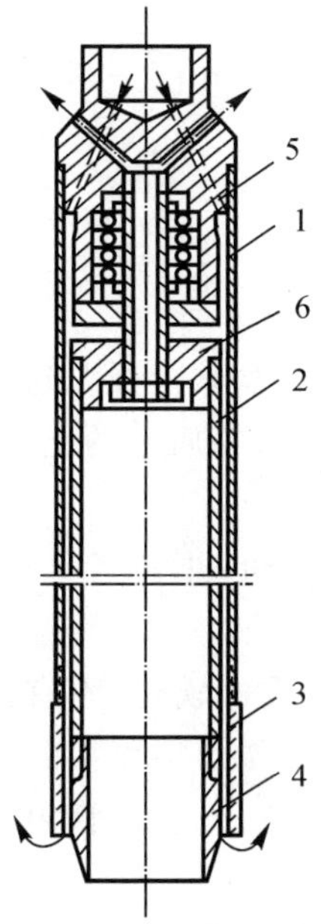

图3.13　丹尼森取土器

1—外管；2—内管(取样管及衬管)；3—外管钻头；4—内管管靴；5—轴承；6—内管头(内装逆止阀)

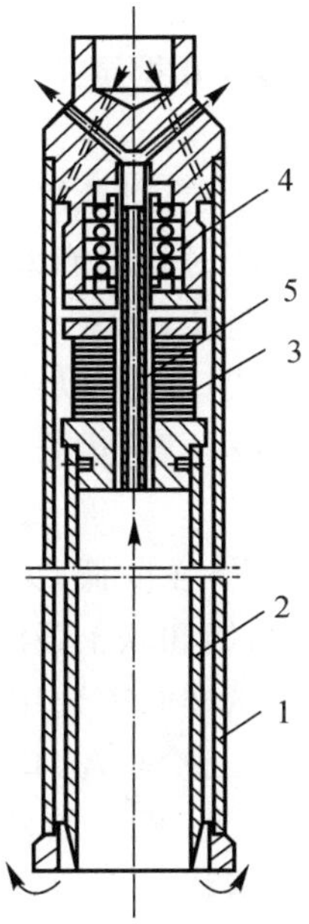

图3.14　皮切尔取土器

1—外管；2—内管(取样管及衬管)；3—调节弹簧(压缩状态)；4—轴承；5—滑动阀

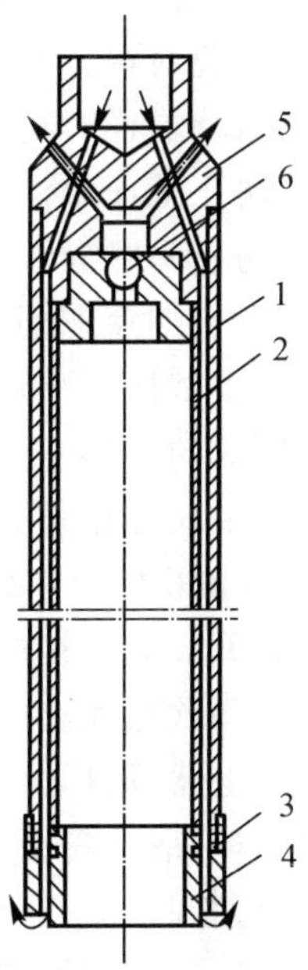

图3.15　双动二(三)重管取土器

1—外管；2—内管；3—外管钻头；4—内管钻头；5—取土器头部；6—逆止阀

表3.8　取土器与土层的侧壁摩擦阻力 f 值

土的类别	f/kPa	土的类别	f/kPa
流动性淤泥软土	1～5	饱和粉砂	30～40
流塑的粉质黏土	7.5	饱和细砂及中砂	40～50
软塑黏土及粉质黏土	10～20	密实中砂	50～60
可塑黏土及粉质黏土	30～40	粗砂及细砾	75
硬塑黏土及粉质黏土	45	坚硬黏土	60～75
松散土	10	混杂的砾土及黏土	80～90
粉土	10～30	含砂的砾石	90～100

快速压入法：是将取土器快速、均匀地压入土中，采用这种方法对土试样的扰动程度最小。目前普遍使用两种方式，一是活塞油压筒法，即采用比取土器稍长的活塞压筒以高压，强迫取土器以等速压入土中；二是钢绳、滑车组法，即借机械力量通过钢绳、滑车装置将取土器压入土中。

(3)回转法。此法系使用回转式取土器取样，取样时内管压入取样，外管回转削切的废土一般用机械钻机靠冲洗液带出孔口。这种方法可减少取样时对土试样的扰动，从而提高取样质量。

2.探井、探槽中采取不扰动土试样方法

探井、探槽中采取不扰动土试样可采用两种方式，一种是锤击敞口取土器取样，另一种是人工刻切块状土样。后一种方法使用较多，因为块状土试样的质量高。

人工采用块状土试样一般应注意以下几点：

(1)避免对取样土层的人为扰动破坏，开挖至接近预计取样深度时，应留下 20～30cm 厚的保护层，待取样时再细心铲除。

(2)防止地面水渗入，井底水应及时抽走，以免浸泡。

(3)防止暴晒导致水分蒸发，坑底暴露时间不能太长，否则会风干。

(4)尽量缩短切削土样的时间，及早封装。

块状土试样可以切成圆柱状和方块状。也可以在探井、探槽中采取“盒状土样”，这种方法是将装配式的方形土样容器放在预计取样位置，边修切、边压入，从而取得高质量的土试样。

3. 复杂或特殊岩土层取样方法

(1)饱和软黏性土取样。饱和软黏性土强度低，灵敏度高，极易受扰动，并且当受扰动后，强度会显著降低。在严重扰动的情况下，饱和软土强度可能降低 90%。

在饱和软黏性土中采取高质量等级试样必须选用薄壁取土器。土质过软时，不宜使用自由活塞取土器，取样之前应对取土器做仔细检查，刃口卷折、残缺的取土器必须更换。取样管应形状圆整，取样管上、中、下部直径的最大、最小值相差不能超过 1.5mm。取样管内壁加工粗糙度应达到▽5～▽6。饱和软黏性土取样时应注意以下几点：

1)应优先采用泥浆护壁回转钻进。这种钻进方式对地层的扰动破坏最小。泥浆柱的压力可以阻止塌孔、缩孔以及孔底的隆起变形。泥浆的另一作用是提升时对土样底都能产生一定的浮托力，掉样的可能性减小。

2)清水冲洗钻探也是可以使用的钻探方法，因为在孔内始终保持高水头也是有利的，但应注意采用侧喷式冲洗钻头，不能采用底喷式钻头，否则对孔底冲蚀剧烈，对取样不利。

3)螺旋钻头干钻虽是常用的方法，但螺旋钻头提升时难免引起孔底缩孔、隆起或管涌。因此采用螺旋钻头钻进时，钻头中间应设有水、气通道以使水、气能及时通达钻头底部，消除真空负压。

4)强制挤入的大尺寸钻具，如厚壁套管、大直径空心机械螺旋钻、冲击、振动均不利于取样。如果采用这类方法钻进，必须在预计取样位置以上一定距离停止钻进，改用对土层扰动小的钻进方法，以利于取样。

在饱和软黏性土中取样应采用快速、连续的静压方法贯入取土器。

(2)砂土取样。砂土在钻进和取样过程中，更容易受到结构的扰动。砂土没有黏聚力，当提升取土器时，砂样极易掉落。在探井、探槽中直接采取砂样是可以获得高质量试样的，但开挖成本高。

在钻探过程中为了采取砂样，可采用泥浆循环回转钻进。用泥浆护壁既可防止塌孔、管涌，又可浮托土样，在土样底端形成一层泥皮，从而减少掉样的危险。

此外，也可用固定活塞薄壁取土器和双层单动回转取土器采取砂样。前者只能用于较疏松细砂层，对密实的粗砂层宜采用后者。

采取高质量砂样的另一类方法是事先设法将无黏性的微粒砂土固化(胶凝或冷冻)，然后用岩芯钻头刻切取样。

(3)卵、砾石土取样。卵石、砾石土粒径悬殊，量大粒径可达数十厘米以上，采样很困难。在通常口径的钻孔中不可能采取Ⅰ～Ⅲ级卵石土样。在必须要采取卵石、砾石土试样时可考虑用以下方法：

1)冻结法。将取样地层在一定范围内冻结,然后用岩芯钻探取芯。

2)开挖探坑。人工采取大体积块状试样。

(4)残积土取样。残积土层取样的困难在于土质复杂多变,软硬变化悬殊,一般的取土器很难完成取样。如非饱和的残积土遇水极易软化、崩解,应采用黏度大的泥浆作循环液,用三重管取土器采取土试样。在强风化层中可采用敞口取土器取样,取土器贯入时往往需要大能量多次锤击,在管靴需要加厚的同时,土层也受到较大扰动。因此,在残积土层中钻孔取样较好的方法是采用回转取土器,并以能自动调节内管超前值的皮切尔式三重管取土器为最好,为避免冲洗液对土样的渗透软化,泥浆应具有高黏度,并注意控制泵压和流量。

3.5　物　　探

凡利用地球物理的方法来探测地层岩性、地质构造等地质问题时,通称为物探。物探的种类很多,在工程地质勘察中应用最普遍的是电法勘探和地震勘探。

由于地质体具有不同的物理性质(导电性、弹性、磁性、密度、放射性等)和物理状态(含水率、裂隙性、固结程度等),就为利用物探方法研究各种不同的地质体和地质现象提供了物理前提。所探测的地质体各部分之间以及该地质体与周围地质体之间的物理性质和物理状态差异愈大,使用这种方法就愈能获得比较满意效果。

3.5.1　物探的分类及应用

按地质体的不同物理场,物探可分为电法勘探、地震勘探、磁法勘探、重力勘探、放射性勘探等。各种地球物理勘探在岩土工程勘察中的应用见表 3.9。

表 3.9　工程物探分类及其在岩土工程勘察中的应用

类　别	方法名称		探测对象
直流电法	电阻率法	电剖面法	寻找追索断层破碎带和岩溶范围,探察基岩起伏和含水层,探察滑坡体,圈定冻土带,研究金属物抗腐蚀性
		电测探法	探测基岩埋深和风化层厚度、地层水平分层,探测地下水、圈定岩溶发育范围
		充电法	测量地下水流速流向,追索暗河和充水裂隙带,探测废弃金属管道和电缆
		自然电场法	探测地下水流向和补给关系,寻找河床和水库渗漏点
		激发极化法	寻找地下水和含水岩溶
交流电法	电磁法		小比例尺工程地质水文地质填图
	无线电波透视法		调查岩溶和追索圈定断层破碎带
	甚低频法		寻找岩溶破碎带、断层破碎带、地裂缝
地震勘探	折射波法		工程地质分层、查明含水层埋深、追索断层破碎带、圈定大型滑坡体厚度和范围
	反射波法		工程地质分层
	波速测试		测定地基土动弹性力学参数
	地脉动测量		研究地震场地稳定性与建筑物共振破坏,划分场地类型

续表

类　别	方法名称	探测对象
磁法勘探	区域磁测	圈定第四系覆盖层下侵入岩界限和裂隙带、接触带
	微磁测	工程地质分区，圈定有含铁磁性沉积物的岩溶
重力勘探		探查地下空洞
声波测量	声幅测量	探查地下洞室工程的岩石应力松弛范围，检查混凝土灌浆质量
	声纳法	河床断面测量
放射性勘探	γ径迹法	寻找地下水、岩石裂隙、地裂缝
	地面放射性测量	区域性工程地质填图
测　井	电法测井	确定含水层位置，划分咸淡水界限，调查溶洞和裂隙破碎带
	放射性测井	调查地层孔隙和确定含水层位置
	声波测井	确定断裂破碎带位置
	井径井斜测量、井壁取芯	了解钻井技术数据

工程物探的作用主要有以下几点：

(1)作为钻探的先行手段。了解隐蔽的地质界线、界面或异常点(如基岩面、风化带、断层破碎带、岩溶洞穴等)。

(2)作为钻探的辅助手段。在钻孔之间增加地球物理勘探点，为钻探成果的内插、外推提供依据。

(3)作为原位测试手段。测定岩体的波速、动弹性模量、特征周期、土对金属的腐蚀性等参数。

3.5.2 直流电阻率法

直流电法勘探中的电阻率法，是岩土工程勘察中最常见的物探方法之一。它是依靠人工建立直流电场，测量欲测地质体与周围岩土间的电阻率差异，从而推断地质体性质的方法。

在自然状态下，地下电介质的电阻率绝不是均匀分布的，观测所得的电阻率值并不是欲测地质体的真电阻率，而是在人工电场作用范围内所有地质体电阻率的综合值，即“视电阻率”值。视电阻率的物理意义是以等效的均匀电断面代替电场作用范围内不均匀电断面时的等效电阻率值。

所以，电阻率法实际上是以一定尺寸的供电和测量装置，测得地面各点的视电阻率，根据视电阻率曲线变化推断欲测地质体性状的方法。

视电阻率基本表达式为

$$\rho_s = K\frac{\Delta V}{I} \tag{3.5}$$

式中，ρ_s 为视电阻率(Ω·m)；ΔV 为电位差(mV)；I 为电流强度(mA)；K 为装置系数。

电阻率法使用的前提有以下几点：

(1) 欲测地质体与其围岩间的电阻率差，应能保证在围岩背景值上突出地质体的电性异常：

$$\gamma = \frac{\rho_s - \rho_0}{\rho_0} \times 100\% \tag{3.6}$$

式中，γ 为相对异常值(不得小于 15%)；ρ_s 为欲测地质体视电阻率值；ρ_0 为围岩视电阻率值。

(2)欲测地质体的大小、形状、埋深和产状，必须在装置所建立的电场可控制范围之内。

(3)场地内无不可排除的电磁干扰。电阻率法根据供电电极和测量电极的相对位置以及它们的移动方式，可分为电测深法和电剖面法两大类，并可以再细分为多种方法(表 3.10)。但在岩土工程勘察中应用最广泛的还是对称四极电测深法、对称四极剖面法、联合剖面法和中间梯度剖面法。

图 3.16 为根据电测深曲线解释地层变化和基岩风化带的示意图。

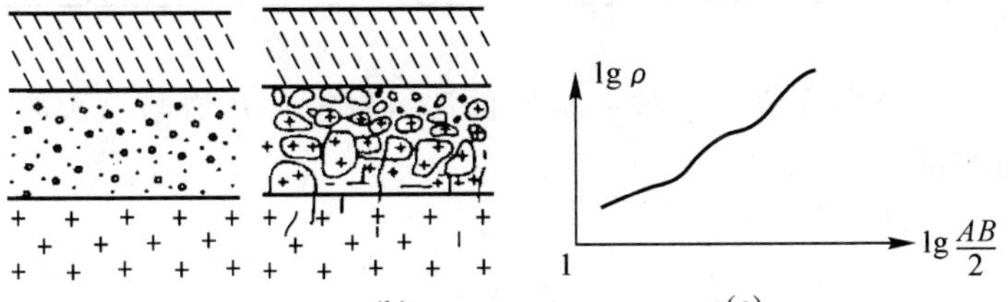

图 3.16　根据电测深曲线了解地层变化和基岩风化壳分带

(a)基岩与其上覆土层；(b)基岩及其风化壳与上覆土层；(c)电测深曲线

表 3.10　直流视电阻率法分类表

方法名称		装　　置	适　　用
电测深法	对称四级测深	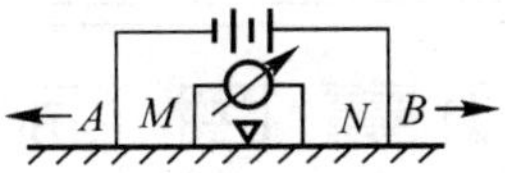	探测基岩埋深、风化层厚度、地下水埋深及富水带等
	三极测深	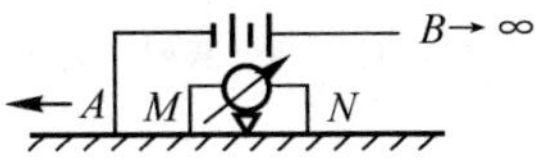	受场地限制时，代替四极测深
电剖面法	对称四极剖面或复合对称四极剖面	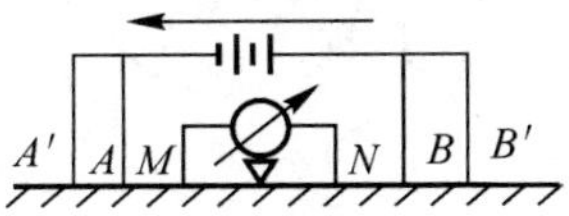	探测基岩起伏，了解土壤及地下水对金属的腐蚀性等
	三极剖面或复合三极剖面	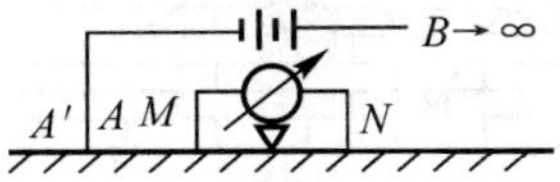	受场地限制时，代替四极剖面
	联合剖面，每点 AMNC，BMNC 各测一次	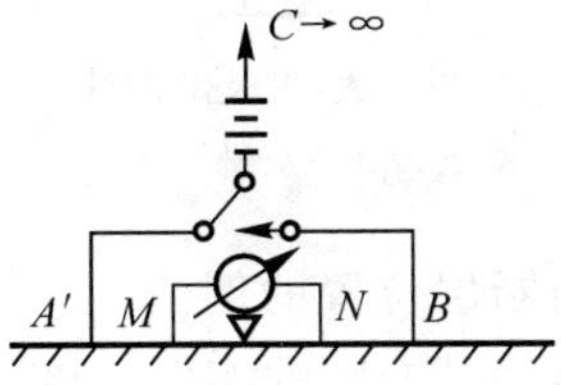	分辨率较高，探测溶洞、断层及其他产状近于直立地质体

续表

方法名称		装　置	适　用
电剖面法	偶极剖面	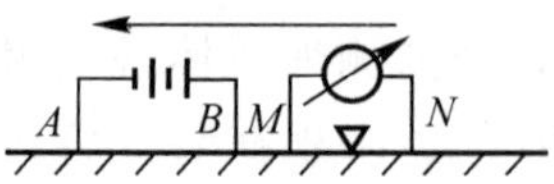	分辨率较高，追索断层破碎带和岩性界线
	中间梯度剖面	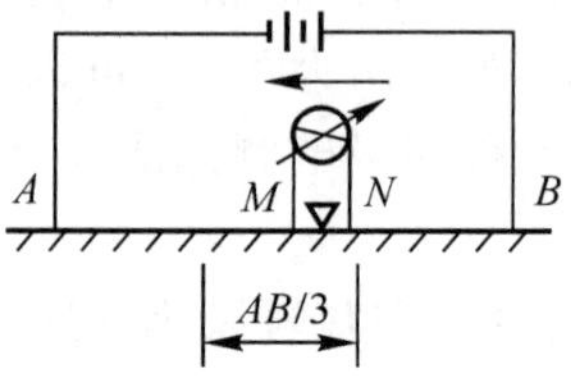	探测岩性分界线、断层、滑坡界线等

图 3.17 和图 3.18 分别为应用对称四极剖面法解释横穿灰岩与石灰质泥岩构造接触面和岩溶区基岩起伏面的例子。

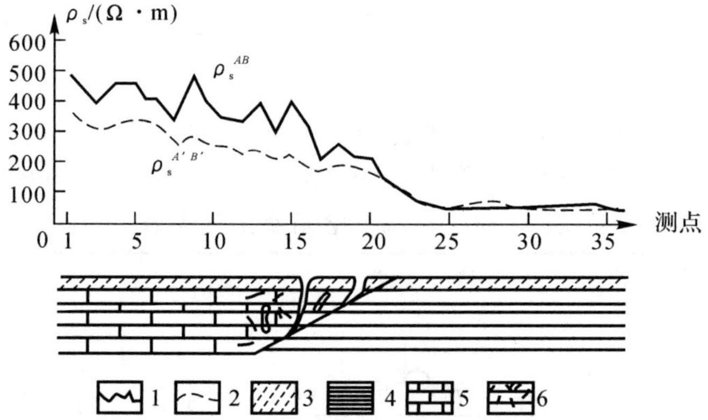

图 3.17　横穿灰岩与石灰质泥岩构造接触面的复合对称四极剖面法 ρ_s 剖面图

1—AB=150m 的 ρ_s^{AB} 曲线；　2—$A'B'$=85m 的 $\rho_s^{A'B'}$ 曲线；　3—地表覆盖层；

4—石灰质泥岩；　5—石灰岩；　6—灰岩中岩溶发育带

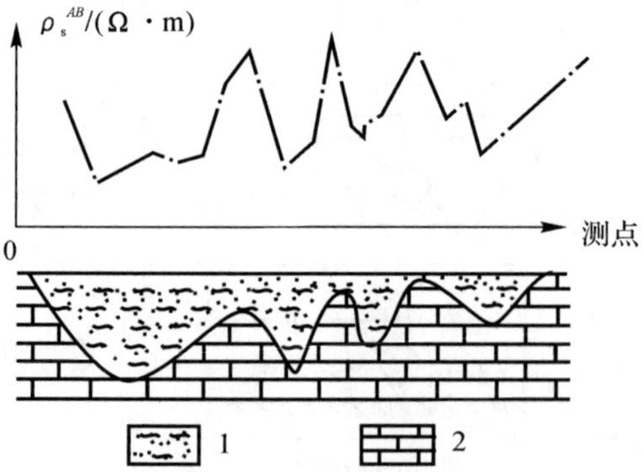

图 3.18　岩溶区覆盖层的对称四极剖面法 ρ_s^{AB} 剖面图

1—黏土；　2—灰岩

图 3.19 为联合剖面法解释岩土层与断层位置的例子。

图 3.20 为应用中间梯度法寻找高阻伟晶岩脉的实例。该脉沿走向长为 400m，产状稳定，

倾角为 29°～33°，厚度为 4～8m，浮土厚度为 4～5m，与实际相符。

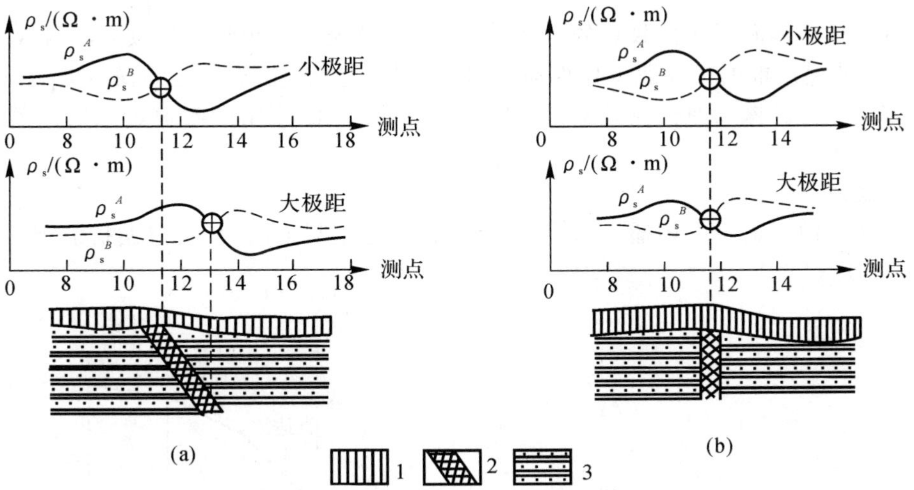

图 3.19　不同极距联合剖面 ρ_s 对比曲线形状同构造倾向的关系示意图

(a)倾斜断层；(b)直立断层；

1—表土层；2—断层；3—高阻石英岩

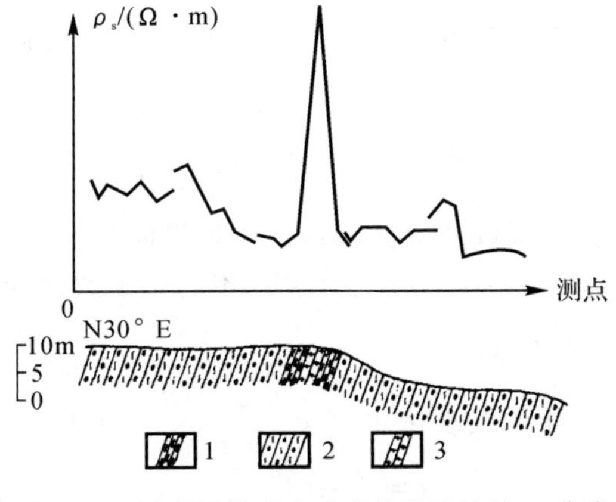

图 3.20　用中间梯度法追索伟晶岩脉的 ρ_s 曲线

1—伟晶岩脉；2—矽线石、石榴子石、片麻岩；3—黑云母、片麻岩

3.5.3　地震勘探

地震勘探是通过人工激发的弹性波在地下传播的特点来解决某一地质问题。由于岩（土）体的弹性性质不同，弹性波在其中的传播速度也有差异，利用这种差异可判定地层岩性、地质构造等。按弹性波的传播方式，地震勘探主要分为直达波法、折射波法、反射波法。

1. 直达波法

由震源直接（不经过界面的反射和折射）传播到接收点的波称直达波。利用直达波时距曲线（弹性波到达观测点的时间和到达观测点所经过的距离 S 的关系曲线）可求得直达波速，从而解决某些勘探问题。

直达波时距曲线为直线，其表达式为

$$t=\frac{S}{v} \tag{3.7}$$

式中，t 为直达波从震源到达接收点的时间(s)；S 为直达波从震源到达接收点的直线距离(m)；v 为直达波的波速。根据其外业工作性质、条件不同，可分纵波波速 v_p 和横波波速 v_s(m/s)。

直达波法具有勘探和原位测试双重功能。近年来，广泛应用的波速试验实际就是直达波法的进一步应用。

2. 折射波法

弹性波从震源向地层中传播，若遇到性质不同的地层界面时，就会遵循折射定律发生折射现象(图 3.21)。

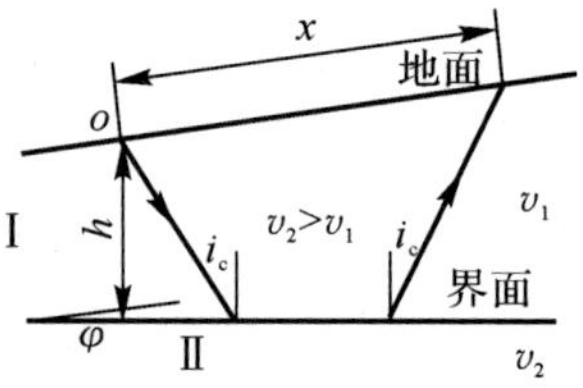

图 3.21　折射波行程示意图

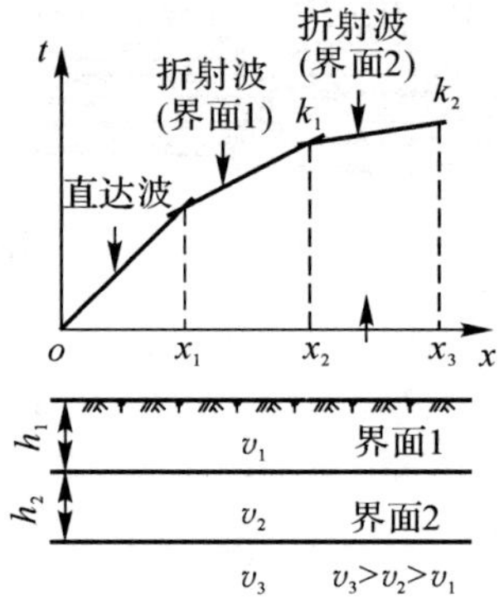

图 3.22　折射波时距曲线图

折射波的时距曲线表达式为

$$t=\frac{2h\cos i_c}{v_1}+\frac{x}{v_2}\sin(i_c+\varphi) \tag{3.8}$$

式中，x 为震源至观测点间的距离(m)；h 为震源至折射界面的垂直距离(法线深度)(m)；v_1 为上层介质(入射波)的波速(m/s)；v_2 为下层介质(滑行波)的波速(m/s)；i_c 为临界入射角($\sin i_c=\frac{v_1}{v_2}$)(°)；φ 为平整界面的倾角(°)。

当界面水平时，折射波时距曲线表达式为

$$t=\frac{x}{v_2}+\frac{2h\cos i_c}{v_1} \tag{3.9}$$

此时，折射波时距曲线如图 3.22 所示。

当地表下有 n 层水平界面时，折射波法的时距曲线方程为

$$t_n=\frac{n}{v_n}+2\sum_{k=1}^{n-1}\frac{h_k\cos i_{n\cdot k}}{v_k} \tag{3.10}$$

式中，t_n 为第 n 层折射界面折射波到达观测点的时间(s)；x 为震源至观测点间的距离(m)；h_k 为第 k 层的厚度(m)；v_n 为第 n 折射层的波速(m/s)；v_k 为第 k 层中的波速(m/s)；$i_{n\cdot k}$ 为在 k 层中折射波射线的临界入射角(°)。

折射波在工程勘察中，是一种研究岩层界面(如基岩埋藏深度)、断层位置等的行之有效的方法。它的适用范围如下：

1) 界面以下波速必须大于界面以上波速，对三层或多层界面的情况，需各层波速递次增大，即 $v_1<v_2<\cdots<v_n$。

2）界面无明显起伏，界面倾角 φ 需满足 $i+\varphi<90°$。

3. 反射波法

弹性波从震源向地层中传播，遇到性质不同的地层界面时，遵循反射定律而发生反射。

反射波回到地面所需的时间与界面的深度有关。如果测得反射波到达地面所需的时间，做出反射波时距曲线，就可以推出所需探测的地层界面深度。

如图 3.23 为用浅层高分辨率地震勘探技术查明西安地裂缝下隐伏的第四系断层的一个地震剖面，从图上不难看出，在断层两侧的 $t_1 \sim t_6$ 标准反射层均发生错断，断层上盘一侧的反射层深度加深，而断层下盘一侧的反射层深度相对变浅。而且随着反射层由 $t_1 \sim t_6$ 深度逐渐加深，各反射层所对应的断距逐渐加大，这为西安地裂缝成因机制研究提供了重要信息。

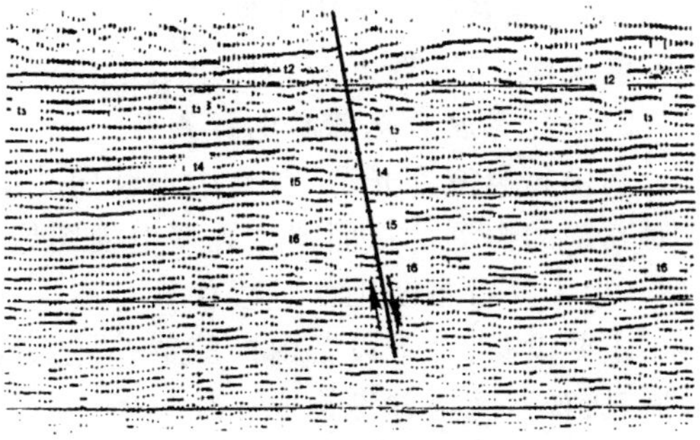

图 3.23　西安某地裂缝带下第四系断层的局部地震剖面解释图

3.5.4　电视测井

1. 以普通光源为能源的电视测井

利用日光灯光源为能源，投射到孔壁，再经过平面镜反射到照相镜头来完成对孔壁的探测。

(1)主要设备及工作过程。

主要设备：由孔内摄像机、地面控制器、图像监视器等组成的孔内电视。

工作过程：孔内摄像机为钻孔电视的地下探测头，它将孔壁的情况由一块 45°平面反射镜片反射到照相镜头，经过照相镜头聚焦到摄像管的光靶面上，便产生图像视频信号。照明光源为特制异形日光灯，在 45°平面镜下端嵌有小罗盘，使所摄取的孔壁图像旁边有指示方位的罗盘图像。摄像机及光源能作 360°往复转动，因而可对孔壁四周进行摄像。

地面控制器是产生各种工作电源和控制信号的装置，它给地下摄像机的工作状态发出讯号。

孔内摄像机将视频信号经电缆传送到图像监视器而显示电视图像。

(2)图像解释(图 3.24)：

1)岩石粗颗粒的形状可直接从屏幕上观察，颗粒大小可用直接量取的数据除以放大倍数。

2)水平裂纹在屏幕上为一条水平线。

3)垂直裂纹。摄像机在孔内转动 360°，电视屏幕上将出现不对称的两条垂直线，此两条垂直线方位夹角的平分线所指方位角加减 90°，即为裂隙走向。通过钻孔中心的垂直裂隙，摄像机转动一周，可以看到对称的两条垂直线。当垂直线在屏幕中央时，罗盘所指的方位角即为其走向。

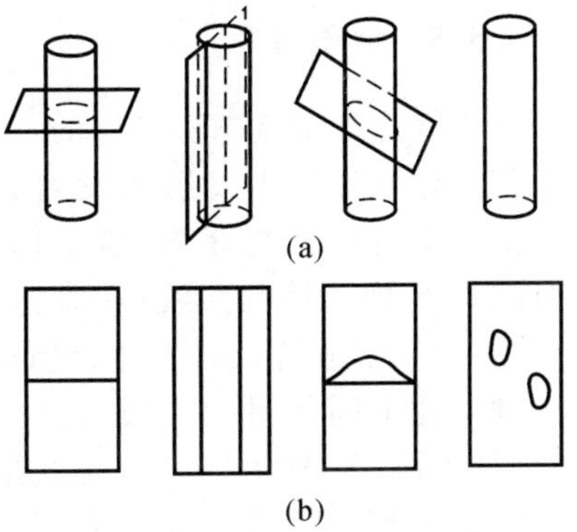

图 3.24　不同裂隙所对应的电视图像

(a)孔壁裂隙形状；(b)电视图像

4)倾斜裂隙。在屏幕上呈现波浪曲线，摄像机转动一周，曲线最低点对应罗盘指针方位角即为其倾向。转动到屏幕上出现倾斜的直线与水平线的交角即为其倾角，可直接在屏幕上量得。

5)裂隙宽度可在屏幕上量得后除以放大倍数。

6)岩石裂隙填充物为泥质时,屏幕上呈灰白色,充填物为铁锰质时呈灰黑色。其他如孔、洞、不同岩石互层等均能从电视屏幕上直接观察到。

(3)使用条件。多用于钻孔孔径大于100mm、深度较浅的钻孔中。由于是普通光源,浑水中不能观察,若孔壁上有黏性土或岩粉等黏附时,观察也困难。

2.以超声波为光源的电视测井

利用超声波为光源,在孔中不断向孔壁发射超声波束,接受从井壁反射回来的超声波,完成对孔壁的探测。从而建立孔壁电视图像。

(1)主要设备及工作过程。

主要设备:井下设备由换能器、马达、同步信号发生器、电子腔等组成,地面设备由照相记录器、监视器及电源等构成。

仪器的主要工作过程:钻孔中,电子腔给换能器以一定时间间隔和宽度的正弦波束作能源,换能器则发射一相应的定向超声波束,此波束在水中或泥浆中传播,遇到不同波阻抗的界面时(如孔壁)产生反射,其反射的能量大小决定于界面的物理特征(如裂隙、空洞);换能器同时又接受反射回来的超声波束,将其变为电信号送回电子腔;电子腔对信号做电压和功率放大后,经电缆送至地面设备,用以调制地面仪器荧光屏上光点的亮度;用马达带动换能器旋转并缓慢提升孔下设备,完成对整个孔壁的探测。如果使照相胶片随井下设备的提升而移动,在照相胶片上就记录下连续的孔壁图像。

(2)图像解释。

1)当孔壁完整无破碎时,超声波束的反射能量强,光点亮,反之能量则弱或不反射光,光点暗。若图像上出现黑线则是孔壁裂隙,出现黑斑则是空洞。

2)孔壁不同的裂隙、空洞的对应解释与以普通光源为能源的电视测井相近。

(3)适用条件。适用于检查孔壁套管情况及基岩中的孔壁岩层、结构情况,主要优点是可以在泥浆和浑水中使用。

3.5.5 地质雷达

地质雷达是交流电法勘探的一种。

其工作原理是由发射机发射脉冲电磁波,其中一部分沿着空气与介质(岩土体)分界面传播,经时间 t_0 后到达接收天线(称直达波),为接收机所接受;另一部分传入岩土体介质中,在岩土体中若遇到电性不同的另一介质层或介质体(如另一种岩层、土层、裂隙、洞穴)时就发生反射和折射,经时间 t_s 后回到接收天线(称回波)。根据接收到直达波和回波传播时间来判断另一介质体的存在并测算其埋藏深度。

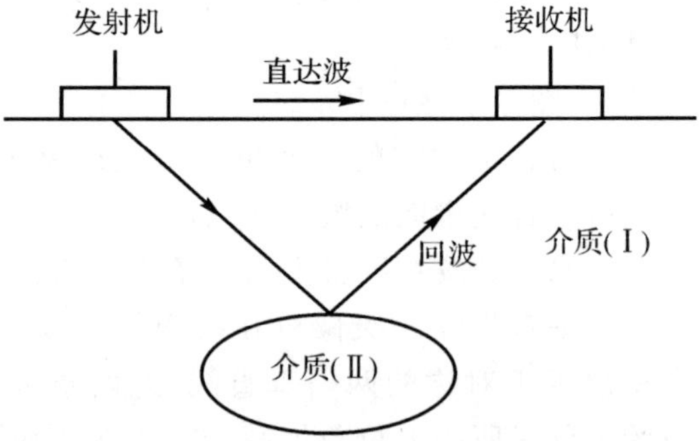

图 3.25 地质雷达测试原理示意图

地质雷达具有分辨能力强,判释精度高,一般不受高阻屏蔽层及水平层、各向异性的影响等优点。它对探查浅部介质体,如覆盖层厚度、基岩强风化带埋深、溶洞及地下洞室和管线等非常有效。图3.25为地震雷达测试的工作原理示意图。

3.5.6　综合物探

物探方法由于具有透视性和高效性在岩土工程勘察中广泛应用，但同时，又由于物性差异、勘探深度及干扰因素等原因而使其具有条件性、多解性，从而使其应用受到一定限制。因此，对于一个勘探对象只有使用几种工程物探方法，即综合物探方法，才能最大限度地发挥工程物探方法的优势，为地质勘察提供客观反映地层岩性、地质结构与构造及其岩土体物理力学性质的可靠资料。

为了查明覆盖层厚度，了解基岩风化带的埋深、溶洞及地下洞室、管线位置，追踪断层破碎带、地裂缝等地质界线常使用直流电阻率法、地震勘探或地质雷达方法。大量实践证明：只要目的层存在明显的电性或波速差异，且有足够深度，都可以用电阻率法普查，再用地震勘探或地质雷达详查。图3.26为云南某水库工区采用联合剖面法、电测深法的电测综合剖面图，其对地层岩性、断裂的解释与钻孔揭露情况完全一致。

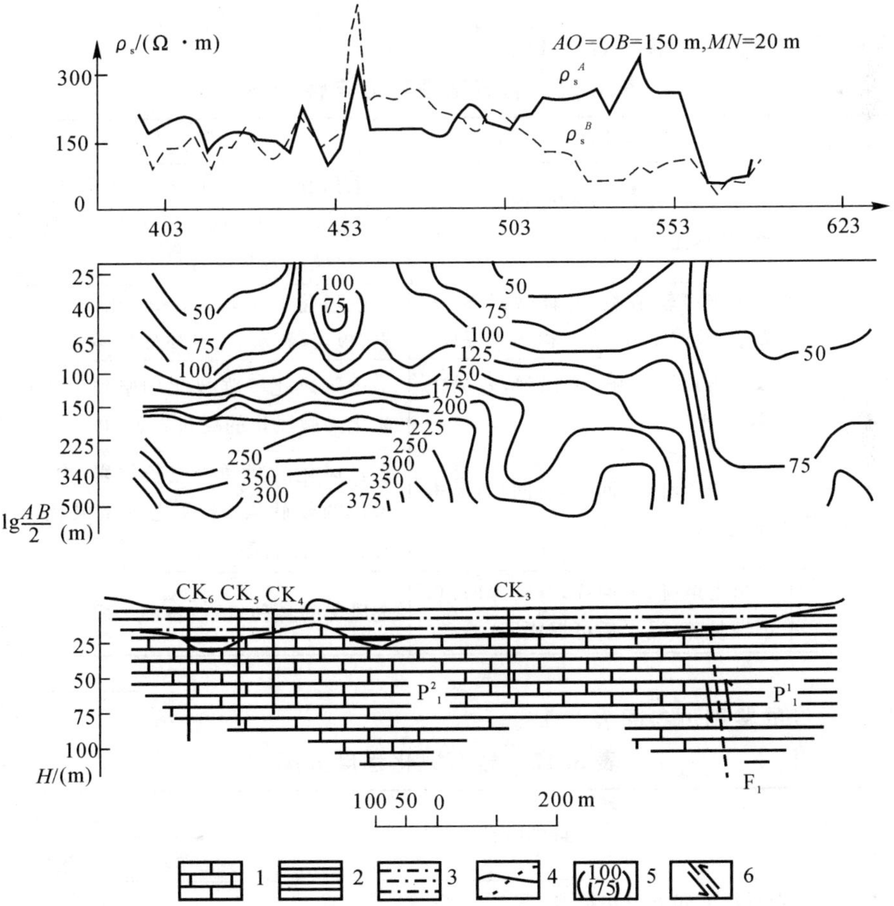

图3.26　××工区电测综合剖面图

1—灰岩；　2—页岩；　3—粉土；　4—联合剖面法 ρ_s 曲线；　5—电测深等 ρ_s 断面图；　6—断层

此外，用直流电阻率法、磁法勘探和重力勘探联合寻找含水溶洞，用地震勘探，直流电阻率法、放射性勘探联合查明地裂缝三维空间展布的可靠程度也已接近100%。

3.6 岩土野外鉴别与现场描述

岩土野外鉴别主要依据分类标准，在现场施以目估、手感以及简易试验等手段，依此初步分类、定名、描述。

3.6.1 岩石的野外鉴别与描述

岩石的野外鉴别并不太困难，但应有扎实的矿物岩石学基础。描述应包括地质年代、地质名称、风化程度、颜色、主要矿物、结构、构造和岩石质量指标（RQD）。对沉积岩应着重描述沉积物的颗粒大小、形状、胶结物成分和胶结程度；对岩浆岩和变质岩应着重描述矿物结晶大小和结晶程度。

这里仅结合《岩土工程勘察规范》（GB 50021—2001）讨论岩石的坚硬程度和风化程度的鉴定描述。

岩石坚硬程度的鉴别可参阅表 3.11。

表 3.11 岩石坚硬程度定性分类

坚硬程度等级		定性鉴定	代表性岩石
硬质岩	坚硬岩	捶击声清脆，有回弹，震手，难击碎，基本无吸水反应	未风化～微风化的花岗岩、闪长岩、辉绿岩、玄武岩、安山岩、片麻岩、石英砂岩、硅质砾岩、硅质石灰岩等
	较硬岩	捶击声较清脆，有轻微回弹，稍震手，较难击碎，有轻微吸水反应	微风化的坚硬岩；未风化～微风化的大理岩、板岩、石灰岩、钙质砂岩等
软质岩	较软岩	捶击声不清脆，无回弹，较易击碎，浸水后指甲可刻出印痕	中等风化～强风化的坚硬岩或较硬岩；未风化～微风化的凝灰岩、千枚岩、砂质泥岩等
	软岩	捶击声哑，无回弹，有凹痕，易击碎，浸水后手可掰开	强风化的坚硬岩或较硬岩；中等风化～强风化的较软岩；未风化～微风化的页岩、泥岩、砂质泥岩等
极软岩		捶击声哑，无回弹，有较深凹痕，手捏易碎，浸水后可捏成团	全风化的各种岩石；各种半成岩

岩石风化程度的鉴别可参阅表 3.12。

表 3.12 岩石风化程度分类

风化程度	野外特征	风化程度参数指标	
		波速比 K_v	风化系数 K_f
未风化	岩石新鲜偶见风化痕迹	0.9～1.0	0.9～1.0
微风化	结构基本未变，仅节理面有渲染或略有变色，有少量风化裂隙	0.8～0.9	0.8～0.9
中等风化	结构部分破坏，沿节理面有次生矿物，风化裂隙发育，岩体被切割成岩块。用镐难挖，岩芯钻方可钻进	0.6～0.8	0.4～0.8

续表

风化程度	野外特征	风化程度参数指标	
		波速比 K_v	风化系数 K_f
强风化	结构大部分破坏，矿物成分显著变化，风化裂隙很发育，岩体破碎。用镐可挖，干钻不易钻进	0.4～0.6	＜0.4
全风化	结构基本破坏，但尚可辨认，有残余结构强度，可用镐挖，干钻可钻进	0.2～0.4	—
残积土	组织结构全部破坏，已风化成土状，锹镐易挖掘，干钻易钻进，具可塑性	＜0.2	—

注：①波速比 K_v 为风化岩石和新鲜岩石压缩波速度之比；②风化系数 K_f 为风化岩石和新鲜岩石饱和单轴抗压强度之比；③岩石风化程度，除按表列野外特征和定量指标划分外，也可根据当地经验划分；④花岗岩类岩石，可采用标准贯入试验划分，N≥50 为强化风，50＞N≥30 为全风化，N＜30 为残积土；⑤泥岩和半成岩，可不进行风化程度划分。

3.6.2　土的野外鉴别与描述

1. 碎石土和砂土的现场鉴别(表 3.13)。

表 3.13　碎石土和砂土的现场鉴别表

土的名称		颗粒级配	干燥时状态	湿润时手拍击后状态	黏着感
碎石土	漂(块)石	粒径大于 200mm 的颗粒质量超过总质量 50%	颗粒完全分散	表面无变化	无黏着感
	卵(碎)石	粒径大于 20mm 的颗粒质量超过总质量 50%			
	圆(角)砾	粒径大于 2mm 的颗粒质量超过总质量 50%			
砂土	砾砂	粒径大于 2mm 的颗粒质量超过总质量 25～50%			
	粗砂	粒径大于 0.5mm 的颗粒质量超过总质量 50%	颗粒分散，个别黏结		
	中砂	粒径大于 0.25mm 的颗粒质量超过总质量 50%	颗粒基本分散，局部黏结，但一碰即散	表面偶有水印	
	细砂	粒径大于 0.075mm 的颗粒质量超过总质量 85%	颗粒大部分分散，少量黏结，稍碰即散	表面水印	偶有轻微黏着感
	粉砂	粒径大于 0.075mm 的颗粒质量超过总质量 50%	颗粒少部分分散，大部分黏结，稍压即能分散	表面有显著水印	有轻微黏着感

2.粉土和黏性土的现场鉴别(表3.14)。

表3.14　粉土及黏性土的现场鉴别表

土名称		塑性指数	颗粒分析	手摸时感觉	黏着程度	湿润时刀切情况	湿土搓条情况	干土情况	其他特征
粉土		$I_P \leqslant 10$	颗粒大于0.075mm的颗粒不超过全重的50%	一般感觉有细颗粒存在或有粗糙感,有时有轻微黏滞感	一般不黏着物体,若黏着物体时,干燥后一碰即掉	无光滑面,切面粗糙	一般湿土不能搓成小于2mm的土条,且易断裂	用手很易捏碎	能取上土样,但易扰动
黏性土	粉质黏土	$10 < I_P \leqslant 17$		仔细拈摸感觉到有少量细颗粒,稍有滑腻感,有黏滞感	能黏着物体,干燥后较易剥掉	稍有光滑面,切面规则,感觉有砂粒存在	能搓成0.5～2.0mm的土条	用锤击易碎,用手难捏碎	表面无光泽,有较粗且宽的条纹
	黏土	$I_P > 17$		湿土用手拈摸有滑腻感,当水分较大时,极易黏手,感觉不到有颗粒存在	湿土极易黏着物体(包括金属、玻璃),干燥后不易剥去,用水反复洗才能去掉	切面非常光滑,刀刃有黏腻阻力	能搓成小于0.5mm细长土条,长度不短于手掌,手持一端及弯曲时不致断裂	坚硬,用锤击方可打碎,不易击成粉末	表面有蜡状光泽、有细条纹

3.土的描述

土的描述应符合以下规定:

(1)碎石土应描述颗粒级配、颗粒形状、颗粒排列、母岩成分、风化程度、充填物的性质和充填程度、密实度等。

(2)砂土应描述颜色、矿物组成、颗粒级配、颗粒形状、黏粒含量、湿度、密实度等。

(3)粉土应描述颜色、包含物、湿度、密实度、摇震反应、光泽反应、干强度、韧性等。

(4)黏性土应描述颜色、状态、包含物、光泽反应、摇震反应、干强度、韧性、土层结构等。

(5)特殊性土除应描述上述相应土类规定的内容外,尚应描述其特殊成分和特殊性质。如对淤泥尚需描述嗅味,对填土尚需描述物质成分、堆积年代、密实度和厚度的均匀程度等。

(6)对具有互层、夹层、夹薄层特征的土,尚应描述各层的厚度和层理特征。

通常,土的湿度描述可参考表3.15。

表 3.15　土的湿度现场判定表

土类＼湿度		稍湿 （$S_r \leqslant 50\%$）	湿 （$50\% < S_r \leqslant 80\%$）	饱　和 （$S_r > 80\%$）
砂土	砾砂	呈松散状，手摸时感到潮	颗粒松散，手摸有湿感	水可以从颗粒孔隙自由渗出
	粗砂		颗粒松散，手摸有湿感，放在纸上能浸湿，加水吸收快	
	中砂		颗粒基本松散，手握有湿感，较难成团，稍碰即散，放在纸上浸湿较快，表面偶有水印，加水吸收较慢	
	细砂		颗粒稍能黏结，手握有湿感，可勉强成团，稍碰即散，放在纸上浸湿较快，表面偶有水印，加水吸收慢	
	粉砂		颗粒能黏结，手握有湿感，手摇可成饼状，表面有显著水印，加水吸收很慢	水可以从颗粒孔隙自由渗出，在手中摇动可液化
粉　土		手摸感到潮，手握能成团，稍碰即散	手摸有湿感，颗粒能黏结，手摇可成饼状，表面有显著的水印（振动水析现象），土块加水吸收很慢	水可从土块的孔隙中渗出
黏性土	粉质黏土	手捏不出水，滴水迅速渗入土中，扰动后一般不能捏成饼，易成碎块或粉末	手播时土表面稍见水，手上放土处有湿印，滴水时慢慢渗入土中，能捏成饼	用手捏时土表面出水，手上有明显湿印，扰动后土柱易变形
	黏土	手捏不出水，滴水能连续渗入土中但不快，扰动后能捏成饼，但边缘多裂口	滴水时慢慢渗入土中或在表面向外扩散，扰动后手捏较软，手上有湿印，易黏于手上	扰动后，手捏有明显湿印，并有土黏手上，土柱极易变形

碎石土和砂土的密实度描述可分别参考表 3.16 和表 3.17 中的内容。

表 3.16　碎石土密实度的野外鉴别表

密实度	骨架颗粒含量和排列	可挖性	可钻性
松散	骨架颗粒质量小于总质量的 60%，排列混乱，大部分不接触	锹可以挖掘，井壁易坍塌，从井壁取出大颗粒后，立即塌落	钻进较易，钻杆稍有跳动，孔壁易坍塌
中密	骨架颗粒质量等于总质量的 60%～70%，呈交错排列，大部分接触	锹镐可以挖掘，井壁有掉块现象，从井壁取出大颗粒处，能保持凹形面状	钻进较困难，钻杆、吊锤跳动不剧烈，孔壁有坍塌现象
密实	骨架颗粒质量大于总质量的 70%，呈交错排列，连续接触	锹镐挖掘困难，用撬棍方能松动，井壁较稳定	钻进困难，钻杆、吊锤跳动剧烈，孔壁较稳定

注：密实度应按表列各项特征综合确定。

表 3.17　砂土密实度野外鉴别表

密实度	密　实 ($N>30$)	中　密 ($15<N\leqslant 30$)	稍　密 ($10<N\leqslant 15$)	松　散 ($N\leqslant 10$)
特　征	冲击钻进困难,回转钻进缓慢,挖井需用镐,井壁稳定	冲击、回转钻进皆可,比密实的砂土钻进稍快,用锹挖井时,需用脚加压,井壁较稳定	用管钻易钻进,有时有涌砂现象,挖井用锹即可,探井不能挖梯坎,井壁不稳定,有小掉块	钻进时孔壁易坍塌,涌砂严重,需下套管方可钻进,挖井需支撑保护井壁稳定。锹挖容易,手亦可挖动

土的稠度状态参考表 3.18 的描述。

表 3.18　细粒土稠度状态的现场判定表

状态 土名	坚硬 ($I_L\leqslant 0$)	硬塑 ($0<I_L\leqslant 0.25$)	可塑 ($0.25<I_L\leqslant 0.75$)	软塑 ($0.75<I_L\leqslant 1.00$)	流塑 ($I_L>1.0$)
黏土	干面坚硬、难掰成块	捏时感觉硬,不易变形,用力捏先裂块,后显柔状,手按无指印	捏似橡皮,有柔性,手按有指印	捏很软,易变形,土块掰似像皮,用力不大即按成坑	土柱不能站立,自行变形
粉质黏土	干硬能掰开,捏碎成块有棱角	捏时感觉硬,不易变形,用力捏散成块状,手按无指印	手按土易变形,有柔性,掰时似橡皮,能按成浅坑	捏很软,易变形,土块好似橡皮,用力不大即按成坑	
粉土	干,易捏散	用力捏即成块末	捏变形,松手后显弹性,一摇即散,而扰动土块摇动时不易黏合	捏易变形,显弹性,摇动时显偏圆形,两小块一起转动时能合成一体,但留有痕迹	土柱不能直立,往外滴水,两小块土一起摇动时可合为一体,无痕迹

土的有机质含量鉴别特征可参考表 3.19。

表 3.19　土体有机质含量特征鉴别表

土名	有机质含量	现场鉴别特征	说　　明
无机土	$Wu<5\%$		
有机质土	$5\%<Wu<10\%$	深灰色,有光泽,味臭,除腐殖质外尚有少量未完全分解的动植物体,浸水后水面出现气泡,干燥后体积收缩	1. 如现场能鉴别或有地区经验时,可不做有机质含量测定 2. 当 $w>w_L$,$1.0\leqslant e<1.5$ 时,称淤泥质土 3. 当 $w<w_L$,$e\geqslant 1.5$ 时,称淤泥
泥炭质土	$10\%<Wu<60\%$	深灰或黑色,有腥臭味,能看到未完全分解的植物结构,浸水体胀,易崩解,有植物残渣浮于水中,干缩现象明显	可根据地区特点和需要按 Wu 细分为弱泥炭质土($10\%<Wu\leqslant 25\%$)、中泥炭质土($25\%<Wu\leqslant 40\%$)、强泥炭质土($40\%<Wu\leqslant 60\%$)
泥炭	$Wu>60\%$	除泥炭质土特征外,结构松散,土质很轻,暗无光泽,干缩现象极为明显	

注:有机质含量(Wu)按灼失量试验确定。

思　考　题

1. 简述工程勘探的主要任务及其特点。
2. 简述勘探的主要方法，如何选择勘探手段？
3. 试述钻探的目的、任务和步骤。
4. 简述钻探、坑探的特点及其适用条件。
5. 物探在岩土工程勘察中的用途及其适用条件。
6. 试述岩土样品的取样方法及要求。
7. 现场岩土鉴定及描述的主要内容有哪些？

第 4 章　原位测试

4.1　概　　述

原位测试是在岩土体所处的位置，在基本保持其原来的结构、湿度和应力状态下，对其进行的性质测试。它可以最大限度地免除钻探、取样、运输及样品制作等作业流程对岩土体原生结构的扰动，并能快速地取得反映岩土体宏观结构的工程性质参数。原位测试的类型如图 4.1 所示。

- 原位测试
  - 土体原位测试
    - 载荷试验
    - 静力触探试验
    - 旁压试验
    - 圆锥动力触探试验
    - 标准贯入试验
    - 十字板剪切试验
    - 抽、注水试验等
  - 岩体原位测试
    - 波速试验
    - 岩体变形试验
    - 岩体应力测试
    - 现场简易测试等

图 4.1　原位测试类型

原位测试方法应根据岩土条件、设计对参数的要求、地区经验等因素选用。目前应用比较成熟和普遍的原位测试方法及其适用范围见表 4.1。

表 4.1　常用原位测试方法的适用范围

适用范围 / 测试方法	适用土类							测试成果及其应用											
	岩石	碎石土	砂土	粉土	黏性土	填土	软土	鉴别土类	划分剖面	物理状态	强度参数	模量	渗透系数	固结特征	孔隙水压力	侧压力系数	超固结比	承载力	判别液化
平板载荷试验(PLT)	+	++	++	++	++	++	++				+	++					+	++	
螺旋板载荷试验(SPLT)			++	++	++		+				+	++					+	++	
静力触探(CPT)			+	++	++	+	++	+	+	+	++							+	++
孔压静力触探(CPTU)			+	++	++	+	++	++	++	+	++		+	+	+		+	+	++
圆锥动力触探(DPT)		++	++	+	+	+	+		+	+								+	
标准贯入试验(SPT)			++	+	+			++	+	+	+	+						+	++
十字板剪切试验(VST)					++		++				++								

续表

测试方法＼适用范围	适用土类							测试成果及其应用											
	岩石	碎石土	砂土	粉土	黏性土	填土	软土	鉴别土类	划分剖面	物理状态	强度参数	模量	渗透系数	固结特征	孔隙水压力	侧压力系数	超固结比	承载力	判别液化
预钻式旁压试验(PMT)	+	+	+	+	++	+					+	++						++	
自钻式旁压试验(SBPMT)			+	++	++		++	+	+	+	+	++		++	++	++	+	++	+
现场直剪试验(FDST)	++	++			+						++								
现场三轴试验(FTT)	++	++			+						++								
岩体应力测试(RST)	++															+			
波速试验(WVT)	+	+	+	+	+	+	+				++								

注：++很适用；+适用。

4.2　载荷试验

载荷试验属地基土原位测试方法，可分为平板载荷试验和螺旋板载荷试验两种，可用于测定承压板下应力主要影响范围内的承载力和变形特性。本书仅讨论平板载荷试验。平板载荷试验按测试岩土层深度可分为浅层平板载荷试验和深层平板载荷试验两种。

4.2.1　试验设备

目前，国内普遍采用的平板载荷试验装置主要由加荷系统、反力系统、承压板、测力系统和观测系统等 5 部分组成。其各部分功能是：加荷系统控制并稳定加荷的大小；反力系统反作用于承压板；承压板将荷载均匀传递给地基土；测力系统监测加、卸荷载的量值；观测系统完成地基土变形测定。

4.2.2　试验要点

载荷试验按加荷方法可分为常规载荷试验与快速载荷试验。常规法以沉降相对稳定为标准；快速法则采用沉降非稳定法或等沉降速率法。当试验目的是确定地基承载力时，可采用快速法；当试验目的是确定土的变形特性时，采用快速法测试结果只反应不排水条件的变形特性，采用慢速法能反映排水的固结变形特性。

1. 准备工作

准备工作包括加荷装置的量值标定、观测系统的量值标定、试验地层、加荷等级和沉降稳定标准的选定。

加荷装置的量值标定是各类加荷系统的供力(载荷源)和测力(压力表、测力计等)装置的标定；观测系统的量值标定是指百分表、传感器等仪表的标定；加荷等级一般按预估试验地层基本承载力的 1/5 或极限荷载的 1/10 为一级，当极限荷载不易确定时，也可根据试验地层的软硬程度确定(表 4.2)。通常，第一级荷载(含设备自重)宜接近坑底以上土的有效自重压力，加荷等级宜取 10～12 级，并不应少于 8 级。

表 4.2　各种土层荷载增量参考表

试　验　土　层	每级荷载增量/kPa
淤泥，流塑黏性土，松散砂土	≤15
软塑黏性土，新近沉积黄土，稍密砂土，粉土	15～25
可塑-硬塑黏性土，黄土，中密砂土	25～50
坚硬黏性土，密实砂土	50～100
碎石类土，软岩及风化岩	100～200

对常规载荷试验，当试验对象是土体时，每级加载后，按间隔期 5min，5min，10min，10min，15min，15min 测读一次沉降，以后每间隔 30min 测读一次沉降量，当连续 2h 内的沉降量≤0.1mm/h 时，可认为沉降已达到相对稳定，可施加下一级荷载；当试验对象是岩体时，间隔 1min，2min，2min，5min 测读一次沉降，以后每隔 10min 测定一次，当连续 3 次读数差≤0.01mm 时，可认为沉降已达相对稳定标准，可施加下一级荷载。快速载荷试验的加荷间隔时间是固定的，常采用 10～30min。

2. 试坑开挖和整平

(1)载荷试验一般在方形或圆形试坑中进行。要求试坑底宽度不小于承压板直径(或宽度)的 3 倍，使其达到或接近地基计算的半空间平面问题边界条件。

(2)试验面应开挖成水平面，坑洼处可用素土找平或用不超过 20mm 厚的中、粗砂找平。撑壁式反力系统两侧坑壁与撑板接触面，一般开挖成 60°左右的内倾角，撑板以上土壁可挖成直立状；当试验面较深或坑壁不稳定时，坑壁应予以支撑。当试验面在地下水位以下时，应先将试坑内地下水降至坑底以下，并防止因降水而可能产生土体破坏。

3. 设备安装

设备的安装顺序是：先下后上，先中心后两侧。即先轻放承压板并尽量一次性达到预定位置，再放置加荷装置(如千斤顶)及测力系统于其上，再安装反力系统，最后安装观测系统。注意确保反力系统、加荷装置和承压板的传力重心在一条垂直线上。

4. 试验操作

(1)正式加荷前，将试验面打扫干净，观测地面变形，将承压板上百分表调至零位，将测定地面升降的百分表调至量程的中值位置。

(2)按规定逐级加荷和记录沉降变形量。一般在加荷五级或能确定出比例界限点后，注意观测地基土产生塑性变形使承压板周围地面出现裂缝和土体侧向挤出情况，并记录和描绘裂缝出现的时间和形状。

(3)试验过程各级荷载要始终确保稳压，百分表行程接近最大值时应在加下一级荷载前调零，并随时注意地锚拔起、撑板上爬、撑杆倾斜、坑壁变形等不安全因素。

(4)当需要卸载观测回弹时，每级卸载量可为加载增量的 2 倍，历时 1h，每隔 15min 观测 1 次。荷载安全卸除后继续观测。

5. 试验终止条件

当出现下列情况之一时可终止试验：

(1)承压板周边的土出现明显的侧向挤出，周边岩土出现明显隆起或径向裂缝持续发展。

(2)本级荷载的沉降量大于前级荷载沉降量 5 倍，荷载与沉降曲线出现明显陡降。

(3)在某级荷载下，24h 沉降速率不能达到相对稳定标准。

(4)总沉降量与承压板直径(或宽度)之比超过 0.06。

4.2.3　资料整理

(1) 对原始数据检查、校对后，整理出荷载与沉降值、时间与沉降值汇总表。

(2) 绘制压力(p)与沉降量(s)关系曲线(图 4.2)，必要时需绘制沉降量(s)与时间(t)或时间对数($\lg t$)曲线。$p-s$ 曲线的比例尺一般按最终荷载与对应的最大沉降量在图幅上之比以 0.9∶1.0～1.0∶1.2 为宜。

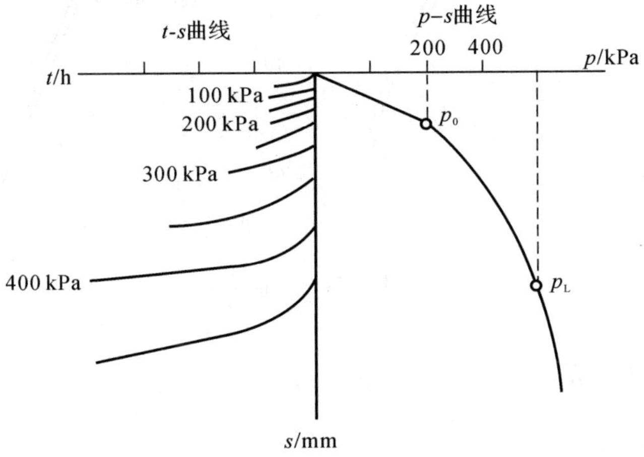

图 4.2　平板载荷试验成果整理曲线

p_0— 比例界限；　p_L— 极限荷载

(3) 修正原始 $p-s$ 曲线。

在试验中，由于各种因素影响，会使 $p-s$ 曲线偏离坐标原点，这时应对 $p-s$ 曲线加以修正。修正方法有以下两种：

1) 图解法。在原始试验数据绘制的 $p-s$ 曲线上找到比例界限点 p_0，从该点向坐标原点方向引一直线，使 p_0 点前的各沉降点尽可能多地靠近直线，直线与纵坐标交点的截距即为 s_0，相应该直线斜率即为 C。用求取的 s_0 和 C 按式 4.1 和式 4.2 对沉降量 s 进行修正。

对比例界限点 p_0 以前的点，有

$$s' = Cp \tag{4.1}$$

对比例界限点 p_0 以后的点，有

$$s' = s - s_0 \tag{4.2}$$

式中，s' 为修正后的沉降量。

2) 最小二乘法。按式(4.3)、式(4.4) 计算 C 和 s_0，再用式(4.1) 和式(4.2) 进行修正得到 s'，一般通过计算机完成。

$$C = \frac{N\sum ps - \sum p \sum s}{N\sum p^2 - (\sum p)^2} \tag{4.3}$$

$$s_0=\frac{\sum s\sum p^2-\sum p\sum ps}{N\sum p^2-(\sum p)^2} \tag{4.4}$$

式中，N 为直线段加荷次数；其他符号意义同前。

根据修正后的 s' 和其相应的荷载值绘制出 $p-s'$ 曲线(图 4.3)，即为平板载荷试验的成果曲线。

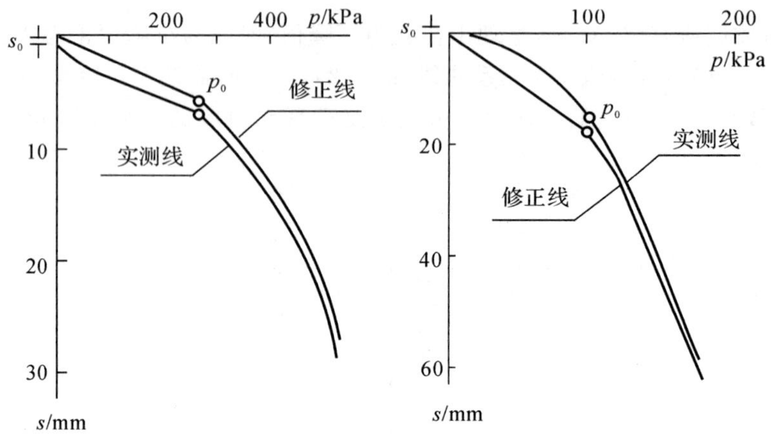

图 4.3　$p-s'$ 曲线

4.2.4　试验成果应用

1. 确定地基土承载力特征值

(1) 当 $p-s'$ 曲线上有明确的比例界限点时，取该点所对应的临塑荷载，即 $f_{ak}=p_0$。

(2) 当极限荷载能够确定，且数值小于对应比例界限的荷载值的 1.5 倍时，取极限荷载值的一半，即 $f_{ak}=\frac{1}{2}p_L$。

(3) 不能按上述两点确定时，如承压板面积为 0.25 ～ 0.5m²，对于低压缩性土和砂土，可取 $s/b=0.01\sim0.015$ 所对应的荷载值；对中、高压缩性土可取 $s/b=0.02$ 所对应的荷载值。

2. 计算地基土变形模量

浅层平板载荷试验的变形模量 E_0(MPa)，可按下式计算：

$$E_0=I_0(1-\mu^2)\frac{pd}{s} \tag{4.5}$$

深层平板载荷试验的变形模量 E_0(MPa)，可按下式计算：

$$E_0=\omega\frac{pd}{s} \tag{4.6}$$

式中，p 为 $p-s'$ 曲线直线段的压力值(kPa)；s 为 $p-s'$ 曲线直线段上与压力值相应的沉降量(mm)；d 为承压板直径或宽度(cm)；μ 为土的泊松比(碎石土取 0.27，砂土取 0.30，粉土取 0.35，粉质黏土取 0.38，黏土取 0.42)；I_0 为刚性承压板的形状系数，圆形承压板取 0.785，方形承压板取 0.886；ω 为与试验深度和土类有关的系数，可按表 4.3 选用。

表 4.3　深层载荷试验计算系数 ω

土类 / d/z	碎石土	砂土	粉土	粉质黏土	黏土
0.30	0.477	0.489	0.491	0.515	0.524
0.25	0.469	0.480	0.482	0.506	0.514
0.20	0.460	0.471	0.474	0.497	0.505
0.15	0.444	0.454	0.457	0.479	0.487
0.10	0.435	0.446	0.448	0.470	0.478
0.05	0.427	0.437	0.439	0.461	0.468
0.01	0.418	0.429	0.431	0.452	0.459

注：d/z 为承压板直径和承压板底面深度之比。

3. 求取基准基床系数 K_v

基准基床系数 K_v 可根据承压板边长为 30cm 的平板载荷试验结果，按下式计算：

$$K_v = p/s \tag{4.7}$$

此外，平板载荷试验成果还可用于计算基础的沉降量、反算地基土不排水抗剪强度等。

影响平板载荷试验成果精度的主要因素是承压板尺寸、承压板埋深、沉降稳定标准和地基土的均匀性。

4.3　静力触探试验

静力触探是用准静力将一个内部有传感器的触探头以匀速压入土中，由于地层中各种土的软硬不同，探头所受的阻力自然也不一样，传感器将这种大小不同的贯入阻力通过电信号输入到记录仪记录下来，并绘制出随深度的变化曲线。根据贯入阻力与土的工程地质性质之间的定性关系和统计相关关系，通过触探曲线分析，即可达到对复杂土体进行地层划分、获得地基容许承载力和弹性模量、变形模量等指标，选择桩尖持力层和预估单桩承载力等岩土工程勘察的目的。

静力触探具有勘探和原位测试的双重功能。根据工程需要采用单桥探头、双桥探头或带孔隙水压力量测的单、双桥探头，可测比贯入阻力（p_s）、锥尖阻力（q_c）、侧壁摩阻力（f_s）和贯入时的孔隙水压力（u）。孔压静力触探试验除具有静力触探原有功能外，在探头上附加的孔隙水压力量测装置，主要用于量测孔隙水压力增长与消散。

静力触探试验适用于软土、一般黏性土、粉土、砂土和含少量碎石的土。

4.3.1　试验设备

静力触探设备主要由贯入系统、探头和量测系统组成。

1. 贯入系统

贯入系统包括触探主机和触探杆及反力装置。

2. 探头

探头是静力触探试验设备中直接影响试验成果准确性的关键部件，有严格的规格与质量要求。目前在工程实践中主要使用的探头有只能测比贯入阻力的综合型单桥探头（图 4.4）、可测锥尖阻力与侧壁摩阻力的双桥探头(图 4.5)及可测比贯入阻力、锥尖阻力与侧壁摩阻力、孔隙水压力的孔压探头(图 4.6)三种。

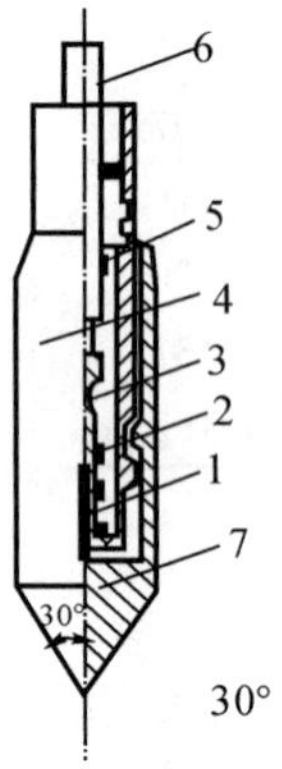

图 4.4　单桥探头

1— 顶柱； 2— 电阻片；
3— 变形柱； 4— 探头筒；
5— 密封圈； 6— 电缆； 7— 锥头

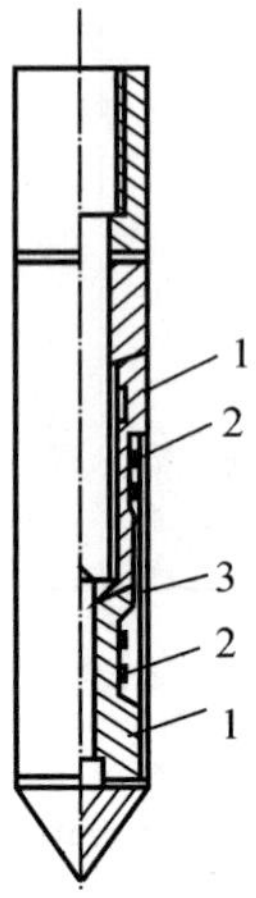

图 4.5　双桥探头

1— 变形柱； 2— 电阻片；
3— 摩擦筒

图 4.6　孔压静力探头

1— 过滤片； 2— 孔压传感器；
3— 变形柱； 4— 电阻片

3. 量测系统

量测系统包括各种量测记录仪表与电缆线等。

4.3.2　试验要点

1. 仪器设备的标定和校准

主要包括探头的标定和量测仪器和主机速率的校准。其中,探头的标定按供桥电压对仪表、探头的输入和输出关系,有固定桥压法和固定系数法两种标定方法。

2. 现场操作要点

(1) 平整试验场地,设置反力装置。

(2) 把根据测试要求和地层软硬情况选用的探头与电缆线、量测仪器连接,并调试到正常工作状态。

(3) 贯入前应试压探头,检查顶柱、锥头、摩擦筒等部件工作是否正常。当测孔隙水压力时,应使孔压传感器透水面饱和。正常后将连接探头的探杆插入导向器内,调整垂直并紧固导向装置,并保证探头垂直贯入土中。启动动力设备并调整到正常工作状态。

(4) 采用自动记录仪时,应安装深度转换装置,并检查卷纸机构运转是否正常;采用电阻应变仪或数字测力仪时,应设置深度标尺。

(5) 将探头按(1.2 ± 0.3)m/min(国际标准 1.2m/min) 匀速贯入土中 0.5 ～ 1.0m 左右(冬季应超过冻深线),然后稍许提升,使探头传感器处于不受力状态。待探头温度与地温平衡后(仪器零位基本稳定),将仪器调零或记录初读数,即可进行正常贯入。在深度 6m 内,一般每贯入 1 ～ 2m,应提升探头检查温漂并调零;6m 以下每贯入 5 ～ 10m 应提升探头检查回零情况,当出现异常时,应检查原因,及时处理。

(6) 贯入过程中，当采用自动记录时，应根据贯入阻力大小合理选用供桥电压，并随时核对，校正深度记录误差；使用静态电阻应变仪或数字测力计时，一般每隔 0.1～0.2m 记录读数 1 次。

(7) 当用孔压探头测定孔隙水压力消散时，孔压探头在贯入前应在室内保证探头应变腔为已排除气泡的液体所饱和，并在现场采取措施保持探头的饱和状态，直至探头进入地下水位以下的土层为止；在孔压静探试验过程中，应注意不得上提探头，不得松动探杆；当在预定的深度进行孔压消散试验时，应量测停止贯入后不同时间的孔压值，其计时间隔由密而疏合理控制。

(8) 当贯入到预定深度或出现下列情况之一时，应停止贯入。

1) 触探主机达到额定贯入力，探头阻力达到最大容许力。

2) 反力装置失效。

3) 发现探杆弯曲已达到不能容许的程度。

(9) 到达预定试验深度后，测记零读数，提升探杆和探头，拆除设备。

4.3.3　资料整理

(1) 对原始数据进行检查与校正。当有零点漂移时，一般按回零段内以线性内插法进行校正。当记录深度与实际深度有误差时，应按线性内插法进行调整。

(2) 整理或按下式计算比贯入阻力 p_s、锥头阻力 q_c、侧壁摩阻力 f_s、摩阻比 R_f 及孔隙水压力 u：

$$p_s = k_p \varepsilon_p \tag{4.8}$$

$$q_c = k_q \varepsilon_q \tag{4.9}$$

$$f_s = k_f \varepsilon_f \tag{4.10}$$

$$u = k_u \varepsilon_u \tag{4.11}$$

$$R_f = f_s / q_c \tag{4.12}$$

式中，k_p，k_q，k_f，k_u 分别为与 p_s，q_c，f_s，u 对应的标定系数（kPa/μ_ε或 kPa/mV）；ε_p，ε_q，ε_f，ε_u 分别为单桥探头、双桥探头、摩擦筒及孔压探头传感器的应变量或输出电压（μ_ε 或 mV。）

(3) 对单桥和双桥探头应沿测试深度（z）绘制 p_s-z 曲线、q_c-z 曲线、f_s-z 曲线、R_f-z 曲线，如图 4.7 所示。

(4) 对孔压探头除应绘制 p_s-z 曲线、q_z-z 曲线、f_s-z_m 曲线、R_f-z 曲线，尚应绘制 u_i-z 曲线、q_t-z 曲线、f_t-z 曲线、B_q-z 曲线和孔压消散曲线、$u_t-\lg t$ 曲线。其中 q_t 为真锥头阻力（经孔压修正）。

(5) 对孔压探头，按下式估算静探水平向固结系数 C_{ph}：

$$C_{ph} = \frac{R^2}{t_{50}} T_{50} \tag{4.13}$$

式中，T_{50} 为与圆锥几何形状、透水板位置有关的相应于孔隙压力消散度 50% 的时间因数（对锥角 60°、截面积为 10cm²、透水板位锥底处的孔压探头，相应的 $T_{50}=5.6$）；R 为探头圆锥底半径（cm）；t_{50} 为实测孔隙压力消散度达 50% 经历的时间（s）。

如果静力触探设备配有自动记录曲线装置或由计算机处理测试数据，则以上成果整理即可自动完成。

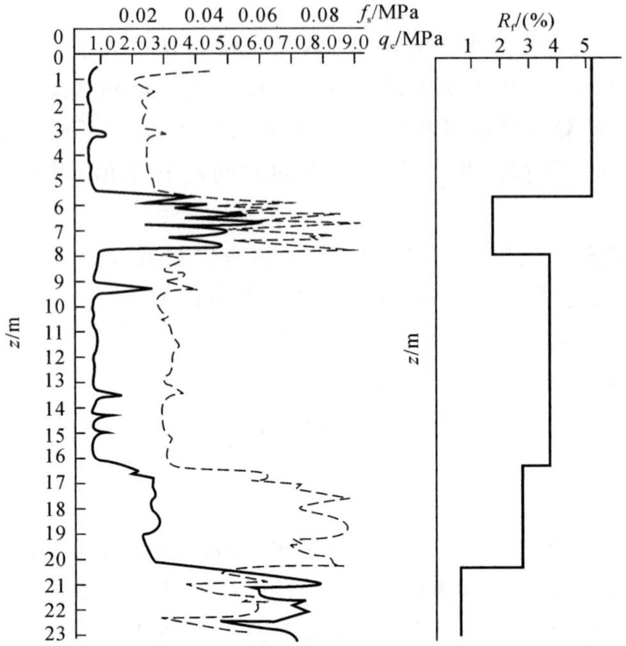

图 4.7 静力触探曲线图

4.3.4 试验成果应用

1. 划分土类

(1) 单桥综合型静力触探方法。主要根据比贯入阻力 p_s 值的大小进行划分。由于单桥探头功能有限，故其划分土类的精度不高。

(2) 双桥探头静力触探方法。双桥探头可测得土层的锥尖阻力 q_c 和侧壁摩擦力 f_s，还可计算出摩阻比 R_f，故用此方法划分土类，精度较高。常用的划分方法有：

1) 根据 q_c，R_f 建立土类划分边界方程进行划分，如图 4.8 所示。

2) 根据 q_c 和 R_f 进行划分。以 Poberston 和 Campanella 推荐的方法为代表，如图 4.9 划分效果良好。

(3) 孔压探头静力触探方法。由于孔隙水压力值随土类、深度等的不同而变化很大，所以为便于比较和应用，一般采用静探孔压系数(B_q)进行土类划分。使用该方法划分土类比用双桥静力触探方法精度要高，尤其是在区分砂层和黏土层方面精度较高。

B_q 的计算如下：

$$B_q = \frac{(u_i - u_0)}{(q_t - \sigma_{v0})} \tag{4.14}$$

式中，B_q 为试验系数(或称孔隙水压力参数比)；u_0 为试验深度的静水压力(kPa)；q_t 为真锥头阻力(kPa)。σ_{v0} 为试验深度处总上覆压力(kPa)($\sigma_{v0} = \sum_{i=1}^{n} \gamma_i h_i$，其中 h_i 为第 i 层土的厚度或测试点与上层面的深度差(m),γ_i 为第 i 层土的平均天然重度(kN/m³))。

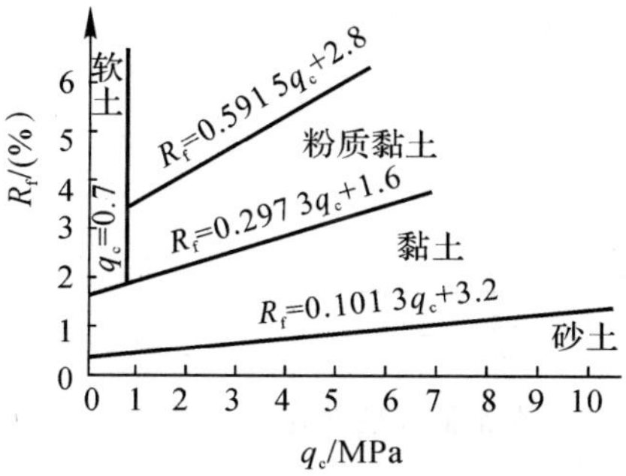

图 4.8　土的分类图(用双桥探头触探参数判别土类)

(引自《铁路工程地质原位测试规程》,2001 年)

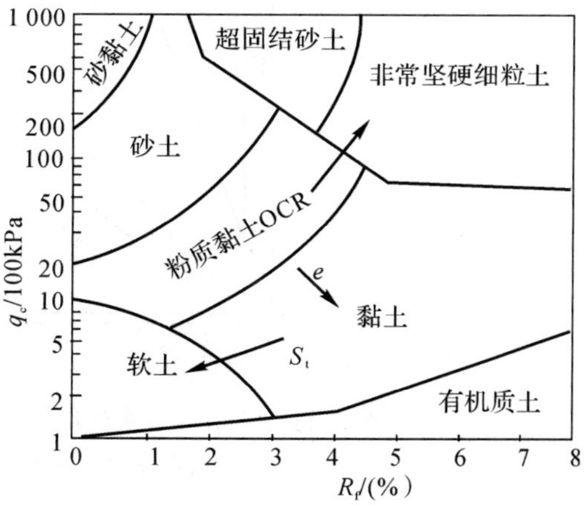

图 4.9　土的分类(双桥静力触探法)

用 B_q 划分土类,国内外常用以下方法:

1) 国内:先计算 B_q,再按图 4.10 和图 4.11 进行划分。为了把土类划分得更准确,可用孔压消散历时 t_{50} 作为辅助判别,能将大多数硬黏土从砂黏土中分出来。

2) 国外:根据 q_t 和 B_q 进行划分,如图 4.12 所示。

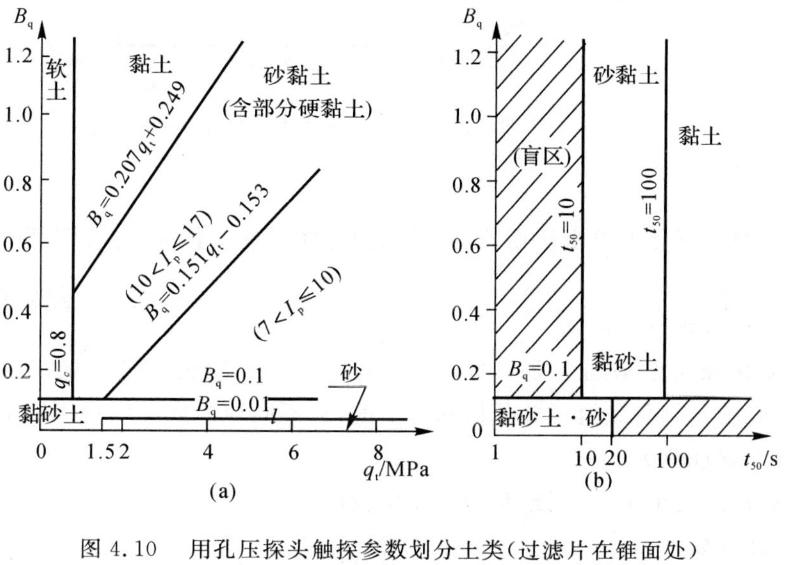

图 4.10　用孔压探头触探参数划分土类(过滤片在锥面处)

(a) 主判别;(b) 辅助判别

(引自《铁路工程地质原位测试规程》,2001 年)

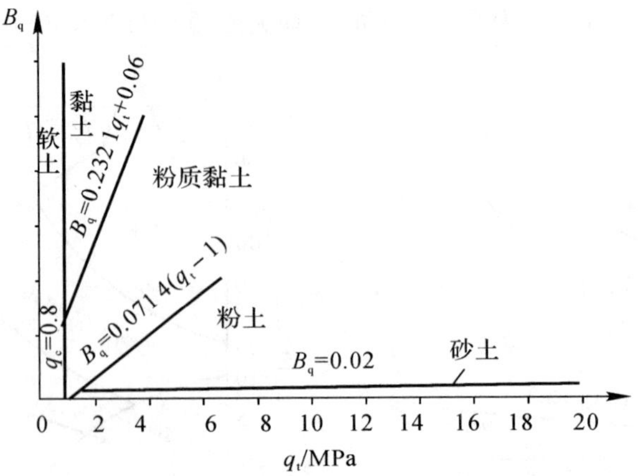

图 4.11　用孔压探头触探参数划分土类(过滤片在锥低圆柱面处)

(引自《铁路工程地质原位测试规程》,2001 年)

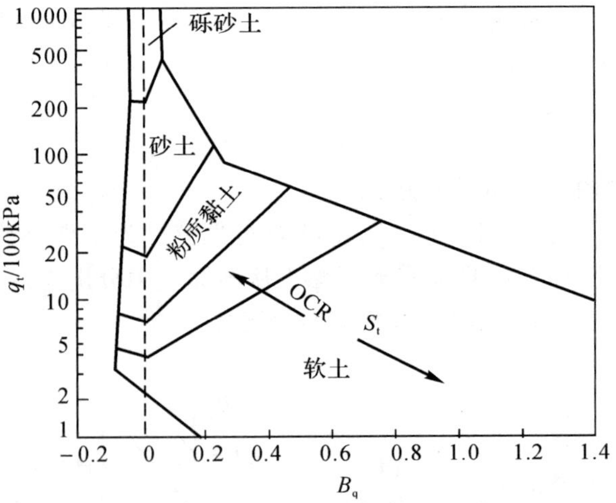

图 4.12　土的分类(据 Roberston 和 Campanella)

2. 划分土层剖面

划分土层剖面与划分土类密切相关,应根据静力触探曲线特征,并参照邻近钻孔分层资料进行土层剖面划分。

3. 确定地基土承载力特征值

国内外均采用在实践基础上提出的经验公式。这些经验公式是建立在静力触探测得的 q_c,p_s 与载荷试验的比例荷载值相关分析基础上的,故不同地区或部门对不同土层选用不同的经验公式,应以地方规范为准。

在我国针对不同的土类,下列经验公式使用较广泛。

对于砂土,计算如下:

粉细砂　　当 $50 \leqslant p_s \leqslant 160$ 时,$f_{ak}=0.019p_s+0.6559$　　(4.15)

中粗砂　　当 $p_s \leqslant 120$ 时,$f_{ak}=0.038p_s+0.7555$　　(4.16)

或

$$f_{ak}=0.22q_c+0.728 \tag{4.17}$$

对于一般黏性土,计算如下:

当　　$$3 \leqslant p_s \leqslant 60\text{时}, f_{ak} = 0.104 p_s + 0.269 \tag{4.18}$$

或　　$$f_{ak} = 0.128 q_c + 0.205 \tag{4.19}$$

对于老黏土，计算如下：

$$f_{ak} = 0.1 p_s \tag{4.20}$$

此外，如下综合性经验公式也较常用，可以作为参考。

$$f_{ak} = 0.1 \beta p_s + 0.32 \alpha \tag{4.21}$$

以上式(4.7) 到式(4.13) 中，f_{ak}，p_s，q_c 的单位均为 100kPa；β，α 为土类修正系数。

4. 确定土的压缩模量 E_s 和变形模量 E_0

静力触探成果及应用除在以上几方面发挥作用外，还可利用地区经验估算以确定土的压缩模量 E_s 和变形模量 E_0、土的强度参数、砂土的密实度、黏性土稠度状态、判定饱和砂土和粉土的地震液化势，根据孔压消散曲线估算土的渗透系数、评定土的应力历史。在桩基勘察中，还可根据桩型(如摩擦端承桩、端承桩等) 估算单桩承载力和沉桩阻力。

4.4　动力触探试验

4.4.1　概述

动力触探是利用一定的落锤能量，将一定尺寸、一定形状的探头打入土中，根据打入的难易程度(可用贯入度、锤击数或单位面积动贯入阻力来表示)判定土层性质的一种原位测试方法。可分为圆锥动力触探和标准贯入试验两种。

动力触探和标准贯入试验的适用范围见表 4.4。

表 4.4　动力触探、标准贯入试验适应土层

类型		黏性土、粉土				砂土					碎石土		
		砂土	黏土	粉质黏土	粉土	粉砂	细砂	中砂	粗砂	砾砂	圆砾	卵石	漂石
动力触探	轻型												
	重型												
	超重型												
标准贯入试验													

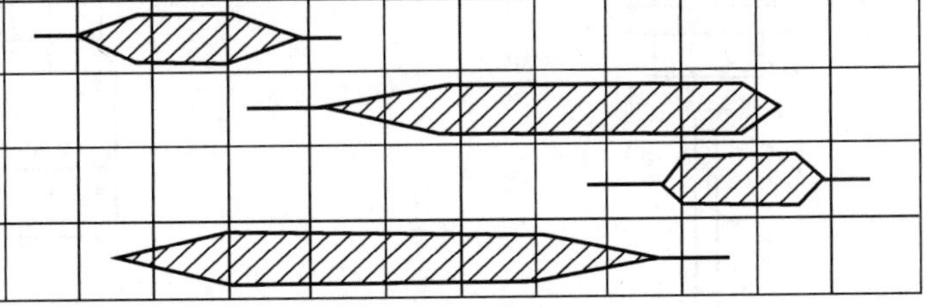

4.4.2　圆锥动力触探

圆锥动力触探适用于强风化、全风化的硬质岩石，各种软质岩石及各类土。按锤击能量，可将圆锥动力触探分为轻型、重型、超重型三种(表 4.5)，其中，轻型适用于一般黏性土及素填土，特别适用于软土；重型适用于砂土及碎石土；超重型适用于卵石、砾石类土。

1. 试验设备

圆锥动力触探的主要部件，根据其功能不同，一般可由以下几部分组成：

(1)导向杆(包括上下导杆)。

(2)自动落锤装置,就其基本原理分为内挂式和外挂式两种。内挂式是指提引器挂住重锤顶帽的内缘而提升;外挂式是指提引器挂住重锤顶帽的外缘而提升。

(3)落锤。钢质圆柱形,其高径比一般为 1∶1～1∶2,中心圆孔直径比导杆外径大 3～4mm。

(4)锤座。国内常用规格为:轻型(N_{10})锤座直径为 45mm;重型与超重型锤座直径一般认为应小于锤径的 1/2,并大于 100mm。

表 4.5　圆锥动力触探类型

类　型		轻　型	重　型	超重型
落　锤	锤的质量/kg	10±0.2	63.5±0.5	120±1
	落　距/cm	50±2	76±2	100±2
探　头	直　径/mm	40	74	74
	截面积/cm²	12.6	43	43
	锥角/(°)	60	60	60
触探杆	直　径/mm	25	42	50～60
	每米质量/(kg·m⁻¹)		<8	<12
触探指标	深度/cm	30	10	10
	锤击数	N_{10}	$N_{63.5}$	N_{120}
试验深度/m		<4	12～15	20

(5)触探杆。长为 1～1.5m,直径为 42mm。

(6)探头。结构形状见图 4.13 和图 4.14。

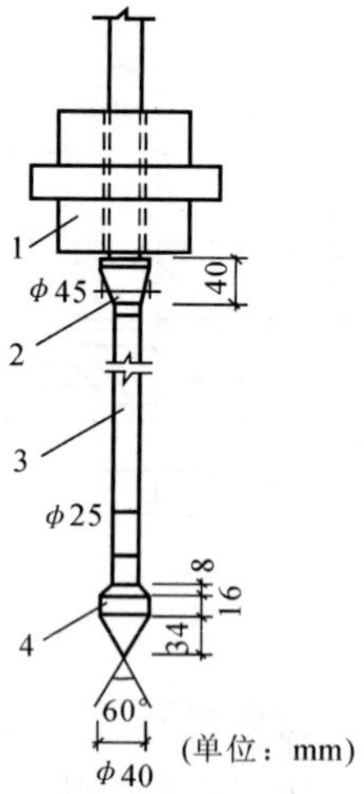

图 4.13　轻型动力触探试验设备

1—穿心锤；　2—锤垫；

3—触探杆；　4—圆锥头

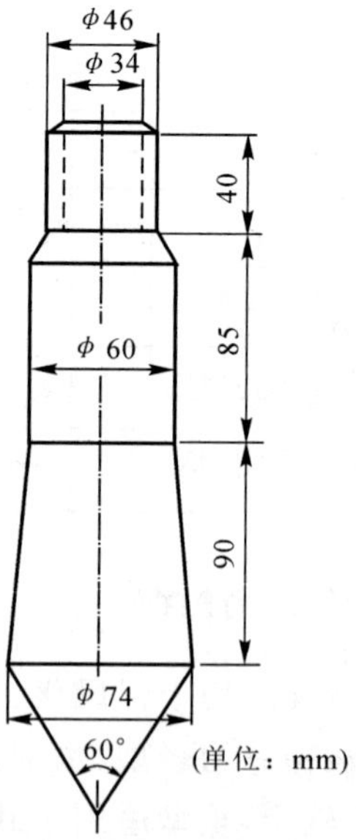

图 4.14　重型、超重型动力触探探头

此外，圆锥动力触探的试验设备还包括动力机、承重架、提升设备、起拔设备等。在设备安装时，锤座、导向杆与触探杆的轴中心必须成一直线，并且锤座和导杆的总质量不应超过 30kg。

2. 试验要点

(1)轻型圆锥动力触探。

1)先用轻便钻具钻至试验土层标高以上 0.3m 处，然后将探头与探杆放入孔内到位，保持探杆垂直。

2)将 10kg 的穿心锤提升到 50±2cm 高度，使其自由下落，将探头竖直打入土层中。

3) 记录每贯入 30cm 的锤击数 N_{10}。

4) 如遇密实坚硬土层，当贯入 0.30m 所需锤击数超过 100 击或贯入 0.15m 超过 50 击时，即可停止试验，N_{10} 可用贯入深度及其对应锤击数换算。

(2) 重型、超重型圆锥动力触探。

1) 试验前将触探架安装平稳，使触探保持垂直进行。

2) 贯入时，重型穿心锤(63.5kg) 提升到 76cm 高度；超重型穿心锤(120kg) 提升到 100cm 高度，然后使其自由落下，将探头打入土中。

3) 锤击速率宜为 15 ～ 30 击 /min。打入过程应尽可能连续，所有超过 5min 的间断都应在记录中予以注明。

4) 记录每贯入 10cm 锤击数。重型为 $N_{63.5}$，超重型为 N_{120}。

5) 重型和超重型可以互换使用。当重型实测击数 $N_{63.5}$ 大于 50 击 /min 时，宜改用超重型；当重型实测击数 $N_{63.5}$ 小于 5 击 /min 时，不得采用超重型。

3. 资料整理

(1) 检查核对现场记录，整理出 N_{10}，$N_{63.5}$，N_{120} 触探指标。

(2) 绘制 $N_{10}-H$，$N_{63.5}-H$，$N_{120}-H$ 曲线。如图 4.15 为重型圆锥动力触探的 $N_{63.5}-H$ 曲线。

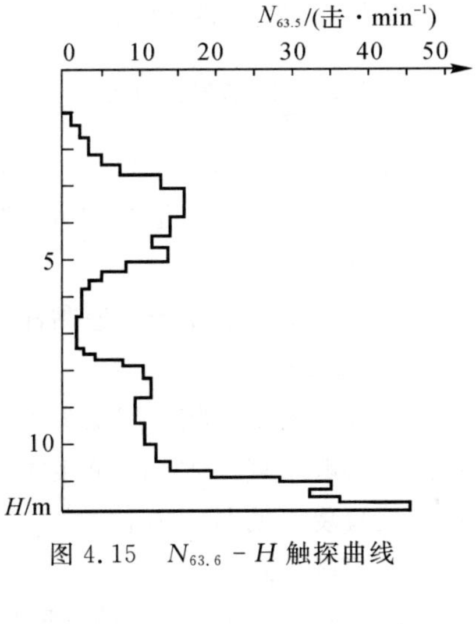

图 4.15　$N_{63.6}-H$ 触探曲线

(3) 根据 $N_{10}-H$，$N_{63.5}-H$，$N_{120}-H$ 曲线对地基土进行力学分层。当上为硬土层，下为软土层时，超前约 0.5 ～ 0.7m，滞后约 0.2m；当上为软土层，下为硬土层时，超前约 0.1 ～ 0.2m，滞后约 0.3 ～ 0.5m。

(4) 计算各土层击数平均值。对于轻型圆锥动力触探，用下式修正各土层的锤击数平均值。

$$N_{10}=\mu-1.645\sigma \tag{4.22}$$

式中，N'_{10} 为修正后土层锤击数；μ 为某土层击数平均值；σ 为某土层击数标准差。

(5) 计算动贯入阻力 q_d。随着圆锥动力触探经验的积累，已经用动贯入阻力 q_d 作为触探成果指标，可用下式进行计算：

$$q_d=\frac{Q^2}{(Q+q)}\frac{H}{A\cdot e}\times 1\,000 \tag{4.23}$$

式中，q_d 为动贯入阻力(kPa)；Q 为落锤重(kN)；q 为圆锥探头及杆件系统(包括探头、触探杆、锤座和导向杆) 的重量(kN)；H 为落距(m)；A 为圆锥探头截面积(m^2)；e 为每击贯入度($e = D/N$，其中 D 为规定贯入深度(mm)，N 为规定贯入深度的击数)；1 000 为单位换算系数。

(6) 绘制 $q_d - H$ 曲线。因为计算 q_d 的公式是建立在古典的牛顿非弹性碰撞理论(不考虑弹性变形量的损耗) 基础上，仅限用于以下情况：

1) 贯入土中深度小于 12m，贯入度 2 ～ 50mm。

2) 圆锥探头及杆件系统重量与落锤重量之比(q/Q) 小于 2。因此，如果实际情况与上述适用条件出入大，则计算应慎重或用(1) ～ (4) 的方法；若正常情况可用(5)、(6) 方法，并用 q_d 与相应的深度 H 绘制 $q_d - H$ 曲线，进行地基土力学分层，确定承载力。

4. 试验成果应用

(1) 划分土类或土层剖面。

由圆锥动力触探击数(N_{10}，$N_{63.5}$，N_{120}) 可粗略划分土类或土层剖面。首先应绘制单孔触探锤击数 N 与深度 H 的关系曲线，再结合地质资料对土层进行分层。一般来说，锤击数越小，土的颗粒越细；锤击数越大，土层颗粒就越粗。在某一地区进行多次实践后，就可以建立起当地土类型与锤击数之间的关系。这种关系在锤击数与地层深度关系曲线上表现出一定的规律性。按曲线形状，考虑“超前”和“滞后”反映，将触探锤击数相近段划分为一层，并求出每一层的锤击数平均值，定出土层名称。

(2) 在地区性的经验基础上，根据触探成果指标确定砂土的孔隙比、相对密度，粉土、黏性土的稠度状态，估算土的强度、变形参数和地基土承载力(特征值) 以及单桩承载力，评价场地土均匀性，查明土洞、滑动面、软硬土层界面、检验地基加固与改良效果。

4.4.3 标准贯入试验

标准贯入试验是用63.5±0.5kg的穿心锤，以76±2.0cm的自由落距，将标准规格的标准贯入器在孔底预打入土中15cm，然后测记再打入30cm的锤击数，并把此锤击数作为标准贯入试验的锤击数 N。

该试验主要适用于一般黏性土、粉土和砂土，不适用于软塑-流塑的软土。

1. 试验设备

标准贯入试验除所用探头为对开管式贯入器外，其他试验设备与圆锥动力触探相类似。触探杆一般用直径 42mm 的钻杆，且抗拉强度应大于 600MPa。标准贯入试验设备规格见表4.6，试验装置见图 4.16。

2. 试验要点

(1) 先用钻具钻至试验土层标高以上 15cm 处，清除孔底残土后再进行试验。

(2) 将贯入器竖直打入土层中 15cm 后，开始记录每打入 10cm 的锤击数，累计打入 30cm 的锤击数为标准贯入试验的实测锤击数 N。当锤击数已达 50 击，而贯入深度未达 30cm 时，可记录实际贯入深度并终止试验，用实际贯入深度和相应的锤击数换算出 N 值。用下式进行换算：

$$N = 30 \times \frac{50}{\Delta s}$$

式中，Δs 为 50 击时的贯入度(cm)

(3) 拔出贯入器，取出贯入器中的土样进行鉴别描述。

表 4.6　标准贯入试验设备规格表

落锤	锤的质量 /kg	63.5±0.5
	落距 /cm	76±2
贯入器的对开管	长度 /mm	>457
	外径 /mm	51±1
	内径 /mm	35±1
管靴	长度 /mm	76±1
	刃口角度 /(°)	18～20
	刃口单刃厚 /mm	2.5
钻杆	直径 /mm	42

注：钻杆相对弯曲应小于 1%。

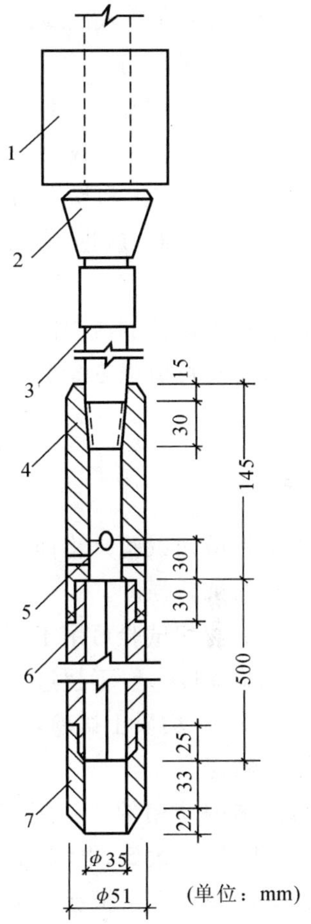

图 4.16　标准贯入试验设备

1— 穿心锤；2— 锤垫；3— 触探杆；4— 贯入器头；5— 出水孔；6— 贯入器身；7— 贯入器靴

3. 资料整理

(1) 检查校对现场记录的锤击数 N。

(2) 现场锤击数的修正。

对现场锤击数 N 的修正，国外常有对饱和粉细砂的修正、地下水位的修正、土的上覆压力的修正；国内长期以来并不考虑这些修正，主要视 N 的用途不同，着重对杆长进行修正。

通过实测杆件的锤击应力波，发现锤击传输给杆件的能量变化远大于杆长变化时能量的衰减，故新规范建议不作杆长修正的 N 值是基本锤击数。但考虑到过去建立的 N 值与土性指标、承载力的经验关系，所用 N 均经杆长修正，而抗震规范评定砂土液化时，N 值又不作杆长修正，故在《岩土工程勘察规范》(GB 5002—2001) 中明确说明：实际应用 N 值时，应按具体岩土工程问题，参照有关规范考虑是否做杆长修正或其他修正；勘察报告应提供不作杆长修正的 N 值，应用时再根据情况考虑修正或不修正。

对实测锤击进行杆长修正，可按下式进行：

$$N' = N\alpha \tag{4.24}$$

式中，N' 为杆长修正后的锤击数；N 为现场实测锤击数；α 为杆长修正系数，可查表 4.7。

表 4.7　标准贯入试验杆长修正系数表

触探杆长度 /m	≤3	6	9	12	15	18	21
α	1.00	0.92	0.86	0.81	0.77	0.73	0.70

(3) 绘制标准贯入试验锤击数 N(或 N') 与贯入深度 H 的关系曲线。

4. 试验成果应用

(1) 划分土类或土层剖面。同圆锥动触探一样,分层时应注意“超前”与“滞后”反映。

(2) 确定地基土承载力。

(3) 进行饱和土和粉土的地震液化势判别。当饱和粉土、砂土经过初步判别可能液化或需考虑液化影响时,应进一步进行液化判别。用标准贯入试验的锤击数进行判别是常用方法之一。

标准贯入试验的成果除以上主要应用外,还可通过建立的地区性经验用 N 值确定黏性土的稠度状态和抗剪强度参数、确定砂土的密度以及估算单桩承载力和确定桩基持力层等等。

4.5 十字板剪切试验

十字板剪切试验是将插入软土中的十字板头,以一定的速率旋转,测出土的抵抗力矩,从而换算土的抗剪强度。

十字板剪切试验可用于原位测定饱和软黏土($\varphi_0 \approx 0$) 的不排水总强度和估算软黏土的灵敏度。试验深度一般不超过 30 m。为测定软黏土不排水抗剪强度随深度的变化,十字板剪切试验的布置,对均质土试验点竖向间距可取 1 m,对非均质或夹薄层粉细砂的软黏土或依据静探等资料确定。

目前国内使用的十字板有机械式和电测式两种。机械式十字板每做一次剪切试验要清孔,费工费时,工效低;电测式十字板克服了机械式十字板的缺点,工效高,测试精度较高。这里仅讨论电测式十字板剪切试验。

4.5.1 试验设备

电测式十字板剪切试验设备主要包括以下部分:

(1) 压入主机(图 4.17)。

(2) 十字板(图 4.18),规格见表 4.8。

(3) 扭力量测仪表:静态电阻应变仪(精度为 $5\mu_{\varepsilon}$) 或数字测力仪(精度 5N)。

(4) 扭力传感器(图 4.19)。

(5) 扭力装置:由蜗轮蜗杆、变速齿轮、钻杆夹具和手柄组成。

(6) 其他:钻杆、水平尺、管钳等。

表 4.8 十字板头和轴杆主要规格尺寸

板宽 D /mm	板高 H /mm	板厚 e /mm	刃角 α /(°)	轴杆		面积比 A /(%)
				直径 d/mm	长度 L/mm	
50	100	2	60	13	50	14
75	150	3	60	16	50	15

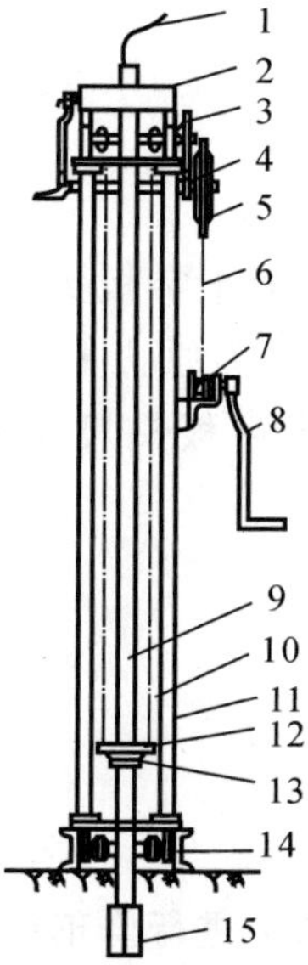

图 4.17　电测式十字板剪切仪

1— 电缆；2— 施加扭力装置；3— 大齿轮；4— 小齿轮；5— 大链轮；6— 链条；7— 小链轮；8— 摇把；9— 钻杆；10— 链条；11— 支架立杆；12— 山形板；13— 垫压块；14— 槽钢；15— 十字板头

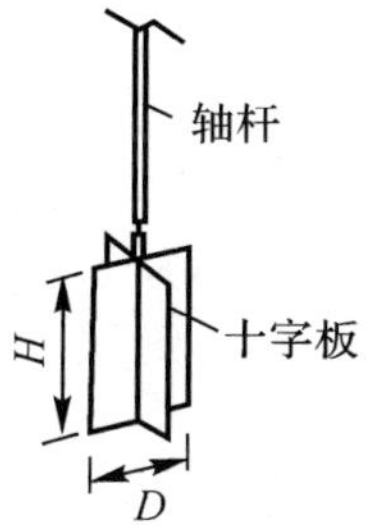

图 4.18　十字头

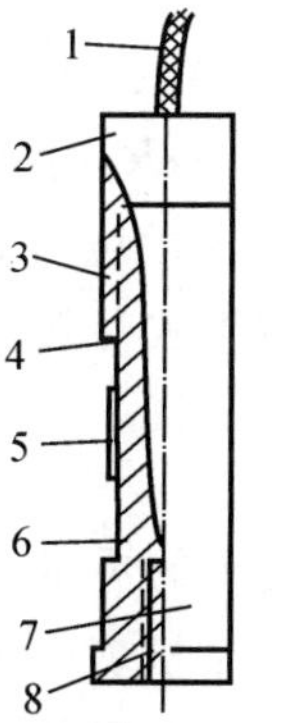

图 4.19　电测式十字板扭力传感器

1— 电缆；2— 钻杆接头；3— 固定护套螺丝；4— 引线孔；5— 电阻应变片；6— 受扭力矩；7— 护套；8— 接十字板头丝扣

4.5.2　试验要点

(1) 仪器设备的标定和校准,包括扭力传感器、扭力量测仪器的标定及校准。

(2) 在试验点两旁将地锚旋入土中,安装和固定压入主机,安装施加扭力装置。

(3) 将十字板头接在扭力传感器上并拧紧。把穿好电缆的钻杆插入扭力装置的钻杆夹具孔内,将传感器的电缆插头与穿过钻杆的电缆插座连接,并进行防水处理。接通量测仪表,然后拧紧钻杆。

(4) 将十字板头压入土中预定的试验深度后,调整机架使钻杆位于机架面板导孔中心,并调试到正常试验状态。

(5) 拧紧扭力装置上的钻杆夹具,并将量测仪表调零或读取初读数。

(6) 顺时针方向转动扭力装置上的手摇柄,当量测仪表读数开始增大时,即开动秒表,以 $0.1^\circ/s$ 的速率旋转钻杆。每转 1° 测记数 1 次。应在 2min 内测得峰值。当读数出现峰值或稳定值后,再继续旋转测记 1min 。峰值或稳定值作为原状土剪切破坏时的读数。

(7) 松开钻杆夹具,快速将钻杆顺时针方向旋转 6 圈,使十字板头周围的土充分扰动后,再立即拧紧钻杆夹具,按步骤(6) 测记重塑土剪切破坏时的读数。

4.5.3　试验资料整理和成果应用

(1) 按下式计算土的抗剪强度 C_u,C'_u:

$$C_u = 10K'\xi R_y \tag{4.25}$$

$$C'_{\mathrm{u}}=10K'\xi R_{\mathrm{e}} \tag{4.26}$$

$$K'=\frac{1}{\pi D^2 H(1+\dfrac{D}{3H})} \tag{4.27}$$

式中,C_{u} 为原状土抗剪强度(kPa);C'_{u} 为重塑土抗剪强度(kPa);D 为十字板头直径(cm);H 为十字板头高度(cm);ξ 为十字板头传感器率定系数(N・cm/μ_ε);R_y 为原状土剪切破坏时应变的读数(μ_ε);R_{e} 为重塑土剪切破坏时应变的读数(μ_ε);K' 为与十字板头尺寸有关的常数(cm^{-3});10 为单位换算系数。

(2) 按下式计算土的灵敏度:

$$S_{\mathrm{t}}=\frac{C_{\mathrm{u}}}{C'_{\mathrm{u}}} \tag{4.28}$$

式中,S_{t} 为土的灵敏度。

(3) 绘制抗剪强度 C_{u} 随深度变化曲线。

(4) 根据土层条件及地区经验,对不排水抗剪强度乘以修正系数 μ 进行修正。Daccal 等建议用塑性指数 I_{P} 确定修正系数 μ。具体修正系数 μ 应按土层性质及当地经验确定。

4.6 抽水试验

随着高层建筑和深基础工程的发展,岩土工程勘察阶段往往要为基础施工提供岩土层的渗透系数、单位出水量、影响半径等水文地质参数。抽水试验和注水试验则是确定这些水文地质参数的常用方法。

在岩土工程勘察阶段和施工开始阶段常用的抽水试验是稳定流单孔抽水试验和多孔抽水试验。

单孔抽水试验仅在一个钻孔中进行试验工作,是一种方法简便、成本较低的抽水试验方法,但只能取得含水层钻孔出水量与水位下降关系以及概略地取得渗透系数的资料;多孔抽水试验是在抽水孔(或主孔)周围配置一定数量的观测孔,在试验过程中观测其周围试验层中地下水位变化的一种试验方法。它除了能完成单孔抽水试验的全部任务外,还可测定试验段内含水层不同方向上的渗透系数值、影响半径、水位下降漏斗形态及其扩展情况等,并可进行流速测定。因此这种抽水试验具有精度高、获得资料全等优点,但在缺少观测孔时,显然是不经济的。

4.6.1 试验设备

抽水试验设备包括抽水设备、过滤器及水位、流量、水温等测量器具和排水设备等。

1. 抽水设备

抽水设备种类较多,使用最多的是卧式离心泵和立式深井泵。其中,低压卧式离心泵具有排水量大,出水均匀,调节落程方便,能抽含砂浑水等优点;但吸程小,一般在 6 ~ 7m。当地下水埋藏很浅,降深要求不大时,经常使用这种水泵进行抽水。立式深井泵的特点是扬程大,出水均匀,但要求孔径较大,孔斜小(< 1°)。当地下水埋藏较深,水量较大,且精度要求较高时,多采用这类水泵抽水。

2. 过滤器

在钻孔中进行抽水试验时，除了在孔壁较完整的基岩中可直接安装抽水设备进行试验外，对破碎的岩层，特别是在松散堆积层中，必须在孔内安装过滤器。它起到防止孔壁坍塌和岩石颗粒涌入孔内的滤水护壁作用，从而保证抽水试验正常进行。

3. 测水用具

常用的测水用具有电测水位计、流量计两种。出水量测量以采用堰箱和孔板流量计较多。

4.6.2　试验要点

1. 准备工作

包括熟悉掌握试验地段的地形地貌、水文地质条件和钻探抽水等施工技术资料，检查抽、排水设备和测水用具，以及准备各种记录表册等。

2. 洗井

抽水试验孔必须及时进行洗井，以保证获得正确的抽水试验资料。

3. 观测记录

(1) 测量抽水试验前后的孔深。

(2) 观测天然水位、动水位和恢复水位。

(3) 观测钻孔出水量。

(4) 观测气温、水温。

4. 技术要求

(1) 为了研究井(孔)抽水特征曲线(Q-S 关系曲线)，正确选择计算水文地质参数的公式，并验证参数计算的准确程度以及推算抽水孔最大可能出水量，一般要求进行三次水位下降的抽水试验。

最大降深值 S_{max} 主要取决于潜水含水层的厚度、承压水的水头及现有抽水设备的能力。三次水位降深的间距，应尽量均匀分配，最好符合下列要求：
若 $S_1=S_{max}$，则

$$S_2=\frac{2}{3}S_{max},\quad S_3=\frac{1}{3}S_{max}$$

式中，S_1，S_2，S_3 分别为第 1，2，3 次抽水的降深值。

水位降深的顺序，取决于含水层的岩性。对松散的砂质含水层，为了便于自然过滤层的形成，落程应由小到大。在粗大的卵石层或基岩含水层中抽水时，应由大到小进行，以利于再次冲洗含水层中的细颗粒，疏通渗流通道。

(2) 抽水试验的稳定延续时间主要取决于勘察的目的、要求和试验地段的水文地质条件。当地下水补给条件较好，含水层是透水性大的承压水，或主要为了求渗透系数时，延续时间可短一些(8 ～ 24h)。相反，若试验层为透水性较差的潜水层且补给贫乏，水位和水量不易稳定的地区，其延续时间就需要长一些(24 ～ 72h)。

4.6.3　资料整理及成果应用

1. 绘制水位 S、流量 Q 历时曲线(图 4.20)

一般在抽水试验正常时，Q，$S-T$ 曲线在抽水初期表现为水位下降和出水量较大，且不稳定，随着抽水进行到一段时间后，水位、流量逐渐趋向稳定状态，呈现水位、流量两曲线平行。

2. 绘制出水量与水位下降的关系曲线

即 $Q=F(S)$ 曲线(图 4.21)。通过该曲线特征可确定钻孔出水能力，推算钻孔的最大可能出水能力和单位出水量，判断含水层的水力性质，同时 $Q-S$ 曲线也是检查抽水试验成果正确与否的重要依据。

3. 计算渗透系数

单井稳定流抽水试验，当利用抽水井的水位下降资料计算渗透系数时，可按裘布衣公式进行计算。计算如图 4.22 所示。

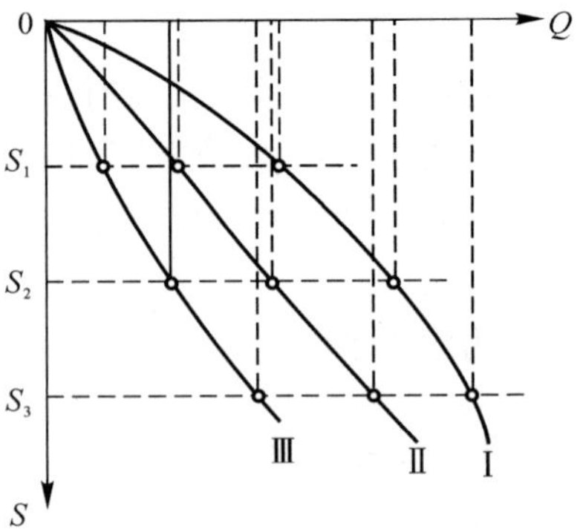

图 4.20　出水量与水位下降关系曲线图

Ⅰ—潜水曲线；Ⅱ—承压水曲线；Ⅲ—试验进行不正确时的曲线

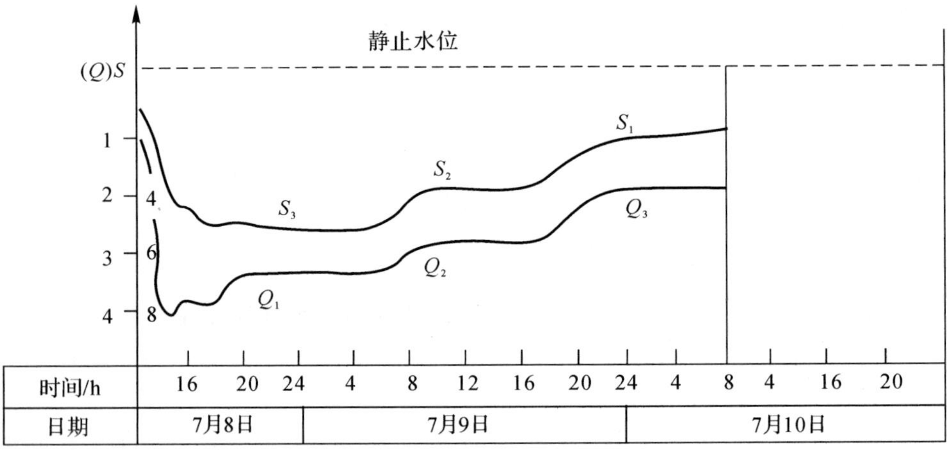

图 4.21　水位水量历时曲线图

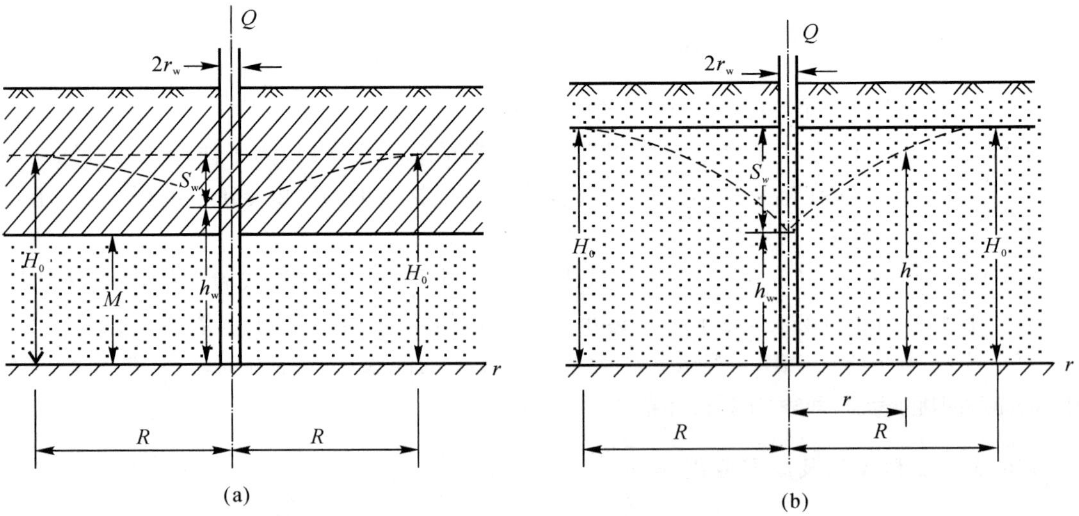

图 4.22　抽水试验时地下水向井内运动计算图

(a) 完整承压水井；(b) 完整潜水井

（1）当 $Q-S$ 曲线为直线形时，按下面公式计算渗透系数。

对于完整承压水井，有

$$K=\frac{Q}{2\pi S_{w}M}\ln\frac{R}{r_{w}} \tag{4.29}$$

对于完整潜水井，有

$$K=\frac{Q}{\pi(H_{0}^{2}-h_{w}^{2})}\ln\frac{R}{r_{w}}=\frac{Q}{\pi(2H_{0}-S_{w})S_{w}}\ln\frac{R}{r_{w}} \tag{4.30}$$

式中，Q 为出水量（m^3/d）；R 为影响半径（m）；r_w 为抽水井过滤器的半径（m）；S_w 为水位下降值（m）；M 为承压含水层的厚度（m）；H_0 为自然情况下潜水含水层的厚度（或承压水的原始水头值）（m）；h_w 为抽水时抽水井中的水头值（m）。

对于非完整承压水井，当 $M>150r_w$，$L/M>0.1$ 时，有

$$K=\frac{Q}{2\pi S_{w}M}\left(\ln\frac{R}{r_{w}}+\frac{M-L}{L}\ln\frac{1.12M}{\pi r_{w}}\right) \tag{4.31}$$

或当过滤器位于含水层的顶部或底部时，有

$$K=\frac{Q}{2\pi S_{w}M}\left[\ln\frac{R}{r_{w}}+\frac{M-L}{L}\ln\left(1+0.2\frac{M}{r_{w}}\right)\right] \tag{4.32}$$

对于非完整潜水井，当 $\bar{h}>150r_w$，$L/H_0>0.1$ 时，有

$$K=\frac{Q}{\pi(H_{0}^{2}-h_{w}^{2})}\left(\ln\frac{R}{r_{w}}+\frac{\bar{h}-L}{L}\ln\frac{1.12\bar{h}}{\pi r_{w}}\right) \tag{4.33}$$

或当过滤器位于含水层的顶部或底部时，有

$$K=\frac{Q}{\pi(H_{0}^{2}-h_{w}^{2})}\left[\ln\frac{R}{r_{w}}+\frac{\bar{h}-L}{L}\ln\left(1+0.2\frac{\bar{h}}{r_{w}}\right)\right] \tag{4.34}$$

式中，$\bar{h}$ 为潜水含水层在自然情况下和抽水试验时厚度的平均值$\left[\bar{h}=\frac{1}{2}(H_0+h_w)\right]$（m）；$L$ 为过滤器的长度（m）；其他符号意义同前。

（2）当利用观测孔中的水位下降资料计算渗透系数时，可采用下式计算：

对完整承压水井，有

$$K=\frac{Q}{2\pi M(S_{w}-S_{1})}\ln\frac{r_{1}}{r_{w}}\quad（有一个观测孔） \tag{4.35}$$

$$K=\frac{Q}{2\pi M(S_{w}-S_{2})}\ln\frac{r_{2}}{r_{1}}\quad（有两个观测孔） \tag{4.36}$$

对完整潜水井，有

$$K=\frac{Q}{\pi(2H_{0}-S_{w}-S_{1})}\ln\frac{r_{2}}{r_{1}}\quad（有一个观测孔） \tag{4.37}$$

$$K=\frac{Q}{\pi(2H_{0}-S_{1}-S_{2})(S_{1}-S_{2})}\ln\frac{r_{2}}{r_{1}}\quad（有两个观测孔） \tag{4.38}$$

式中，Q，M，M_0 的含义同前；S_1，S_2 为观测孔 1 和观测孔 2 的水位降（m）；r_1，r_2 为观测孔 1、观测孔 2 距抽水孔轴心的距离（m）。

4. 计算影响半径

利用稳定流抽水试验观测孔中的水位下降资料计算影响半径时，可采用下式：

对完整承压水井，有

$$\ln R = \frac{S_w \lg r_1 - S_1 \lg r_w}{S_w - S_1} \quad （有一个观测孔） \tag{4.39}$$

$$\lg R = \frac{S_1 \lg r_2 - S_2 \lg r_1}{S_1 - S_2} \quad （有两个观测孔） \tag{4.40}$$

对完整潜水井，有

$$\lg R = \frac{S_w(2H_0 - S_w)\lg r_1 - S_1(2H_0 - S_1)\lg r_w}{(S_w - S_1)(2H_0 - S_w - S_1)} \quad （有一个观测孔） \tag{4.41}$$

$$\lg R = \frac{S_1(2H_0 - S_1)\lg r_2 - S_2(2H_0 - S_2)\lg r_1}{(S_1 - S_2)(2H_0 - S_1 - S_2)} \quad （有两个观测孔） \tag{4.42}$$

当缺少观测孔的水位下降资料时，影响半径可采用经验数据。

抽水试验资料整理时，除了确定渗透系数、影响半径外，还经常涉及到单位出水量、释水系数等参数。单位出水量(q)主要根据抽水孔的 $Q-S$ 曲线形状，采用不同的经验公式计算。

4.7 波速测试

波速试验是依据弹性波在岩土体内的传播理论，测定压缩波(P 波)、剪切波(S 波)或瑞利波(R 波)在地层中的传播速度，间接推导出岩土体在小应变($10^{-4} \sim 10^{-6}$)条件下动力参数的现场岩土测试技术。该试验适用于各类岩土体，兼有勘探和原位测试双重功能。

波速试验可以根据任务要求采用单孔法(检层法)、跨孔法或面波法。在工程上，对于多层体系的岩土介质常用跨孔法，直接测定不同深度处土层的波速。当土层软硬变化大(模量有突变)和层次较少时或基岩上部为覆盖层时，可用单孔法。面波法常用稳态振动法，测定不同激振频率下瑞利波速度弥散曲线(即 R 波速与波长关系曲线)，可以计算一个波长范围内的平均波速。当激振频率在 20 ～ 30Hz 以上时，测试深度为 3 ～ 5m。面波法一般用于地质条件简单、波速快的土层和下伏波速慢的土层的场地，在工程上使用得没有单孔法和跨孔法广泛。

4.7.1 试验设备

试验设备主要包括以下组件：

(1) 激振器。可采用机械振源、爆炸振源和电火花等，但主要采用能正反向重复激振的井下剪切波锤。面波法采用电磁式或机械式激振器。

(2) 检波器。单孔测试时，一般采用三分量检波器。这种检波器是由三个单个检波器按相互成正交的方式固定并密封在一个无磁性的圆形筒内，其谐振频率一般为 8 ～ 27Hz。在钻孔内一定要将竖向检波器平行于钻孔轴线，它可以接受 P 波，另两个水平检波器则接受 S 波；跨孔法测试时，接收孔中一般只安置一个竖向检波器，它接受水平传播的 S 波的竖向分量 S_V 波，也可用三分量检波器，此时两个水平检波器还可分别接受 P 波和 S 波的水平分量 S_H 波。

(3) 放大器、记录器、测斜仪、套管、零时触发器等。

4.7.2 试验要点

1. 试验前的准备

可按相应规程或规范规定对激振器、检波器、放大器、记录器进行检定，对测斜仪进行校验。

试验孔应尽量布置在地表高程相差不大的地段,若地表起伏大,应予以整平。

其中跨孔法波速试验,试验孔的间距在土层中一般为 2 ～ 4m;在岩层中为 8 ～ 10m。跨孔法、单孔法和面波法波速试验布置分别如图 4.23、图 4.24、图 4.25 所示。

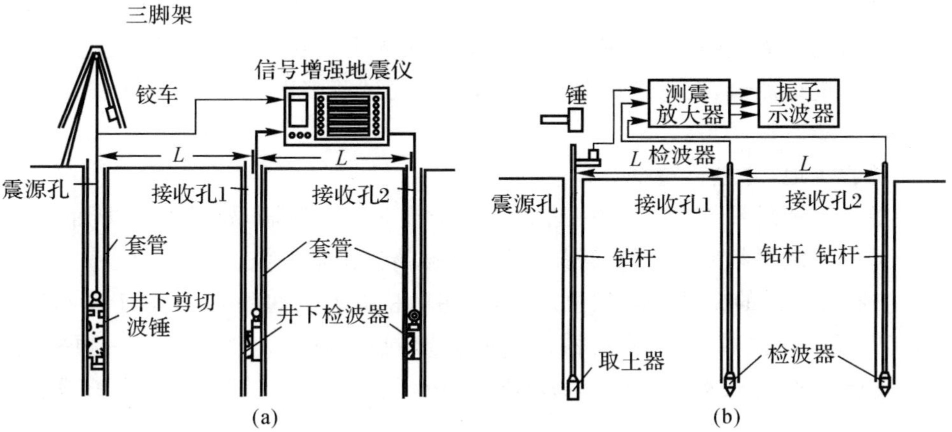

图 4.23　跨空法波速试验布置示意图

(a) 下套管；(b) 不下套管

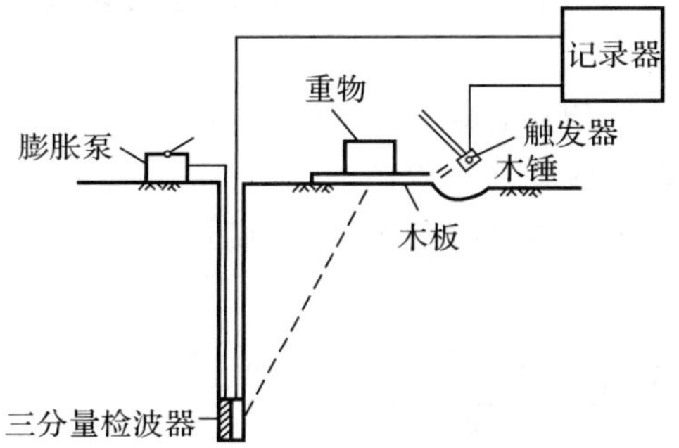

图 4.24　单孔法波速试验布置示意图

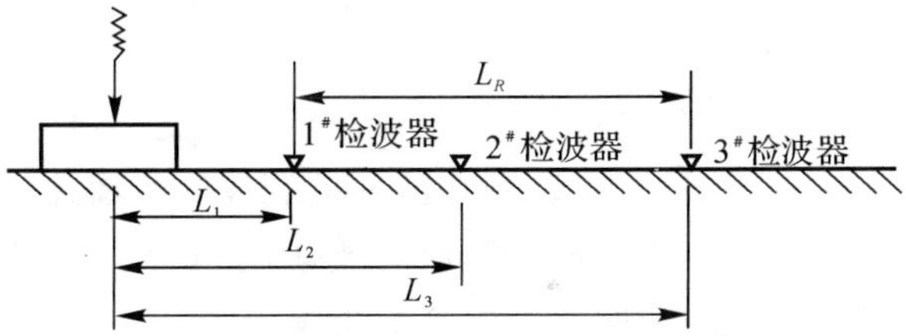

图 4.25　面波法(稳态振动)实验布置图

2. 主要试验步骤

(1) 跨孔法:

1) 先用钻机完成试验钻孔;接着在孔内安置塑料套管,并在孔壁与套管的间隙内灌浆或用砂充填。

2) 等待灌浆或填砂 3 ～ 6d。

3) 将井下剪切波锤利用气囊或弹簧、机械扩展装置等方法固定,然后拉动上、下质量块,上、下冲击固定锤体,使土层水平向产生 S 波,用放入孔内贴壁式三分量检波器由上往下逐点测量。从孔口往下 0.4 倍孔距深度处为第 1 个测点,然后以 1 ～ 2m 的间距连续测量。每个地层一般要有 2 ～ 5 个测点,每个测点需测量 2 ～ 4 次。每次测试时,振源中心和检波器中心必须在同一高程上。

为了准确计算各测点的直达波传播距离,当试验孔深度大于 15m 时,必须用测斜仪对每个试验孔进行倾斜度测量。先从上到下以测试点相同的间距连续进行,然后从孔底向上进行复测,并将测斜仪反转 180° 重测一次。

（2）单孔法：

1）钻成试验孔。

2）在距孔口 1.0 ～ 3.0m 地表处放置一长度为 2 ～ 3m 的混凝土板或木板，并在木板上放置约 500kg 的重物。用锤沿板纵轴从两个相反方向水平敲击板端，使地层产生水平剪切波。

3）将检波器用气囊或弹簧、机械扩展装置等方法固定在孔内不同深度接受剪切波。

4）自下而上进行测试，在一个试验深度上，应重复试验多次。

（3）面波法（稳态振动）：

1）选择试验场地，并进行整平。

2）以振源作为测线零点，在振源一边布置 2 个或 3 个检波器，如图 4.25 所示。

3）选择适合的激振频率 f，开启激振器，由拾振器接受瑞利波。

当两检波器接受到的振动波有相位差时，表明两检波器的间距 Δl 不等于瑞利波波长 L_R，因此，移动其中任一检波器，使两检波器记录的波形同相位（2π），然后在同一频率下，移动检波器至 2 个波长、3 个波长处，$L = L_R, 2L_R, 2L_R, \cdots$，进行测试。试验应重复多次，一般 5 组即可。

4.7.3　资料整理及成果应用

（1）波形识别。首先在各测点的原始波形记录上识别出压缩波（P 波）序列和剪切波（S 波）序列。

（2）正确计算激振点与检波点之间的距离。对跨孔法如孔有偏斜，应对孔距进行校准。

（3）计算压缩波、剪切波和瑞利波的传播速度，其误差应在 5% 以内。

（4）根据整理和计算出的数据，绘出压缩波速度 v_p，剪切波速度 v_s，动剪切模量 G_d，动弹性模量 E_d 值与深度变化的关系曲线。如图 4.26 所示。

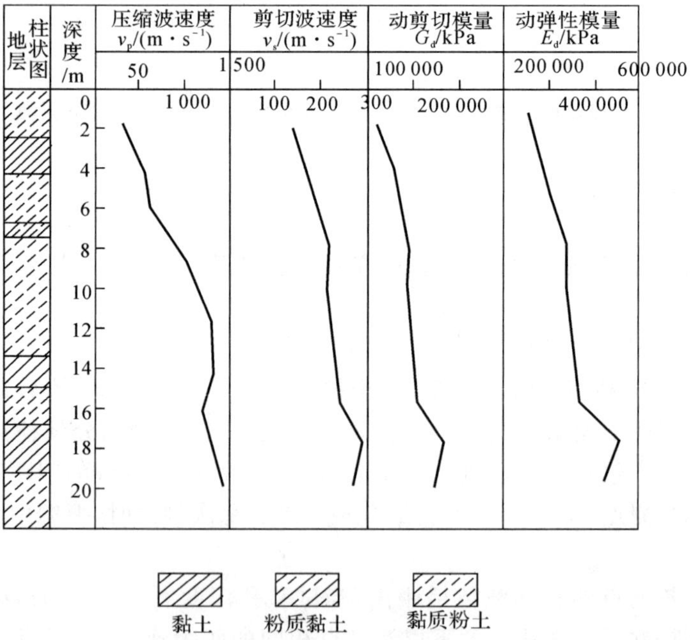

图 4.26　v_p, v_s, G_d, E_d 随深度变化曲线

(5) 在场地和地基的地震效应评价中，用剪切波速度(v_s) 划分场地土类型(表 1.2)，并根据土层等效剪切波速和场地覆盖层厚度划分建筑场地类别(表 4.9)。

表 4.9　建筑场地类别划分表

等效剪切波速 /($m \cdot s^{-1}$)	场地类别			
	Ⅰ	Ⅱ	Ⅲ	Ⅳ
$v_{se} > 500$	$d = 0$			
$500 \geqslant v_{se} > 250$	$d < 5$	$d \geqslant 5$		
$250 \geqslant v_{se} > 140$	$d < 3$	$3 \leqslant d \leqslant 50$	$d > 50$	
$v_{se} \leqslant 140$	$d < 3$	$3 \leqslant d \leqslant 50$	$d > 15 \sim 18$	$d > 80$

注：d 为场地覆盖层厚度(m)。

此外，波速试验的成果还可用于估算场地土层的固有周期，检验地基的加固效果及判别砂土或粉土的地震液化势等。

4.8　岩体变形试验

岩体变形参数测试方法有静力法和动力法两种。静力法的基本原理：在选定的岩体表面、槽壁或钻孔壁面上施加一定的荷载，并测定其变形，然后绘制出压力-变形曲线，计算岩体的变形参数。可分为承压板法、狭缝法、钻孔变形法及水压法等；动力法是用人工方法对岩体发射或激发弹性波，并测定弹性波在岩体中的传播速度，然后通过一定的关系式求岩体的变形参数。据弹性波的激发方式不同，又分为声波法和地震法。本节仅介绍承压板法。

承压板法又分为刚性承压板法和柔性承压板法，我国多采用刚性承压板法。该方法的优点是简便、直观，能较好地模拟建筑物基础的受力状态和变形特征。除常规的承压板法外，还有一种承压板下中心孔变形测试的方法，即在承压板下试体中心打一测量孔，采用多点位移计测定岩体不同深度处的变形值。此外，国际岩石力学学会测试委员会还推荐了一种现场孔底承压板法变形试验。这里仅介绍刚性承压板法。

4.8.1　试件制备

应根据工程需要和工程地质条件选择代表性试验地段和试验点位置，在预定的试验点部位制备试件，具体要求如下：

(1) 试验段开挖时，应尽可能减少对岩体的扰动和破坏。

(2) 试件受压方向应尽可能与建筑物基础的实际受力方向一致。

(3) 试件的边界条件应满足下列要求：① 承压板边缘至洞侧壁的距离应大于承压板直径的 1.5 倍；② 至洞口或掌子面的距离大于承压板直径的 2 倍；③ 至临空面的距离大于承压板直径的 6 倍；④ 两试件边缘间的距离大于承压板直径的 3 倍；⑤ 试件表面以下 3 倍承压板直径深度范围内的岩性宜相同。

(4) 试件范围内受扰动的岩体应清除干净并凿修平整；岩面起伏差不宜大于承压板直径的 1%，承压板以外，试验影响范围以内的岩面也应大致平整，无松动岩块和碎石。

(5) 试件面积应略大于承压板，其中加压面积不宜小于 2 500cm^2。

(6) 试验反力装置部位应能承受足够的反力，在大约$(30 \times 30)cm^2$范围内大致平整，以便浇注混凝土或安装反力装置。

4.8.2 仪器设备

刚性承压板法所需仪器设备如下：

(1) 加压系统：① 液压千斤顶 1 ～ 2 台；② 液压枕 1 ～ 2 个，单个枕出力一般应为 10 ～ 20MPa；③ 油泵 1 ～ 2 台，手摇式或电动式均可，最大压力 40 ～ 60MPa；④ 高压油管（铜管或软管）及高压快速连接头；⑤ 压力表 1 ～ 2 个，精度为一级，量程 10 ～ 60MPa；⑥ 稳压装置。

(2) 传力系统：① 承压板，金属质，应具有足够的刚度，厚度 3cm，面积约 2 000 ～ 2 500cm^2；② 钢垫板若干块，面积等于或略小于承压板，厚度 2 ～ 3cm；③ 传力柱，应有足够的刚度和强度，其长度视试洞尺寸而定；④ 钢质楔形垫板若干块。

(3) 量测系统：① 测表支架两根，钢质，应有足够的刚度和长度；② 百分表 4 ～ 8 只；③ 磁性表架或万能表架 4 ～ 8 个；④ 测量标点 4 ～ 8 个，铜质或不锈钢质，标点表面应平整光滑；⑤ 温度计一支，精度 0.1℃。

4.8.3 试验要点

仪器设备安装调试并经一定时间的养护后即可开始试验，其试验步骤如下：

(1) 准备工作：① 按设计压力的 1.2 倍确定最大试验压力；② 根据千斤顶（或液压枕）的率定曲线及承压板面积计算出施加压力与压力表读数关系的加压表；③ 测读各测表的初始读数，加压前每 10min 读数一次，连续三次读数不变，即可开始加压。

(2) 加压：① 将确定的最大压力分为 5 级并分级施加压力，加压方式一般采用逐级一次循环加压法，必要时可采用逐级多次循环法；② 加压后立即读数一次，此后每隔 10min 读一次数，直到变形稳定后卸压，卸压过程中的读数要求与加压同，在加卸压过程中，过程压力下的变形也应测读一次，板外测点可在板上测表读数达到稳定后一次性读数；③ 变形稳定标准，当所有承压板上测表相邻两次读数之差 ΔW_i 与同级压力下第一次读数与前一级压力下最后一次读数差 ΔW_i 的比值 $\left|\frac{\Delta W_i}{W_i}\right| < 5\%$ 时，可认为变形达到了稳定；④ 某级压力加完后卸压，卸压时应注意除最后一级压力卸至零外，其他各级压力均应保留接触压力（0.1 ～ 0.05MPa），以保证安全操作，避免传力柱倾倒及顶板坍塌。

(3) 重复加压，第一级压力卸完后，接着加下一级压力，如此反复直至最后一级压力，各级压力下的读数要求与稳定标准相同。

(4) 测表调整与调换，当测表被碰动或将走完全量程时，应在某级变形稳定后及时调整；对不动或不灵敏的测表，也应及时更换；调表时应记录与所调表同支架上所有侧表调整前后的读数；调整后，要进行稳定读数，等读数稳定后方可继续试验。

(5) 记录。在试验过程中，应认真填写试验记录表格并观察试件变形破坏情况，最好是边读数、边记录、边点绘承压板上代表性测表的压力-变形关系曲线，发现问题及时纠正处理。

(6) 试验设备拆卸。试验完毕后，应及时拆除试验装置，其步骤与安装步骤相反。

4.8.4 资料整理

(1) 参照试验现场数据点绘的测表压力-变形曲线，检查、核对试验数据，剔除或纠正错误的数据。

(2) 变形值计算，调(换) 表前一律以某级读数与初始读数之差作为某级压力下的变形值；调(换) 表后的变形值用调(换) 表后的稳定值作为初始读数进行计算；两次计算所得值之和为该表在某级压力下所测总变形值。以承压板上各有效表的总变形值的平均值作为岩体总变形值。

(3) 以压力 p(MPa) 为纵坐标、变形值 $W(10^4\,\text{cm})$ 为横坐标，绘制 $p-W$ 关系曲线(图 4.27)。在曲线上求取某压力下岩体的弹性变形、塑性变形及总变形值。

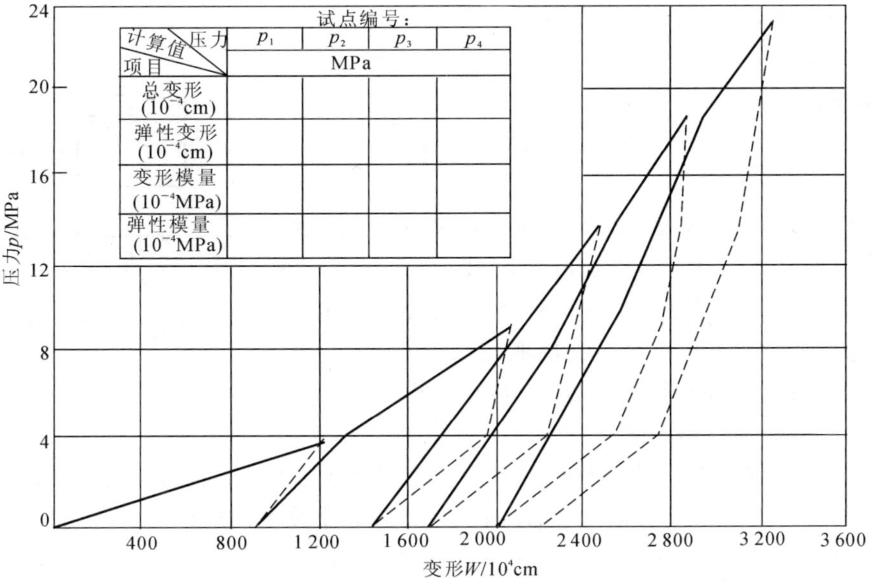

图 4.27　压力(p) -变形(W) 关系曲线

(4) 按下式计算岩体的变形模量或弹性模量：

$$E_0 = \frac{m(1-\mu^2)pd}{W} \tag{4.43}$$

式中，E_0 为岩体的变形模量或弹性模量(MPa)，当 W 为总变形量代入式中计算时为变形模量，当 W 以弹性变形量代入式中计算时为弹性模量；W 为变形量(cm)；m 为承压板形状系数，圆形板 $m=\frac{\pi}{4}\approx 0.785$，方形板 $m=0.886$；μ 为岩体的泊松比；p 为按承压板单位面积计算的压力(MPa)；d 为承压板的直径(圆形板) 或边长(方形板)(cm)。

承压板变形试验的主要成果是 $p-W$ 曲线及由此计算得到的变形模量。这些成果可应用于分析研究岩体的变形机理和变形特征；同时，岩体的变形模量等参数也是工程岩体力学数值计算中不可缺少的参数。

4.9　岩体现场简易测试

4.9.1　岩体声波测试

岩体声波测试技术是一项比较新的测试技术，它与传统的静载测试相比，具有独特的优点：轻便简易、快速经济、测试内容多且精度易于控制，因此具有广阔的发展前景。

工程上声波测试通常是通过声波仪发生的电脉冲(或电火花)激发声波,并测定其在岩体中的传播速度,据波动理论求取岩体动力学参数。

声波测试又分为单孔法、跨孔法和表面测试法几种,本节主要介绍表面测试法。

1. 仪器设备

(1) 声波岩体参数测定仪。

(2) 换能器,包括发射与接收换能器,要求规格齐全,能适应不同方法测试。

(3) 其他:黄油、凡士林、铝箔或铜箔纸等。

仪器安装如图 4.28 所示。

2. 试验要点

(1) 准备工作。安装好仪器设备后开机预热 3 ~ 5min。

(2) 测定纵波零延时(t_{op})和横波零延时(t_{os})值。在纵波换能器上涂上 2 ~ 3mm 厚的凡士林或黄油;横波换能器用多层铝箔或铜箔作耦合剂。然后将加耦合剂的发射和接收换能器(纵波或横波换能器)对接,旋动"扫描延时"旋扭至波形曲线起始点,读零延时 t_{op},t_{os} 值。

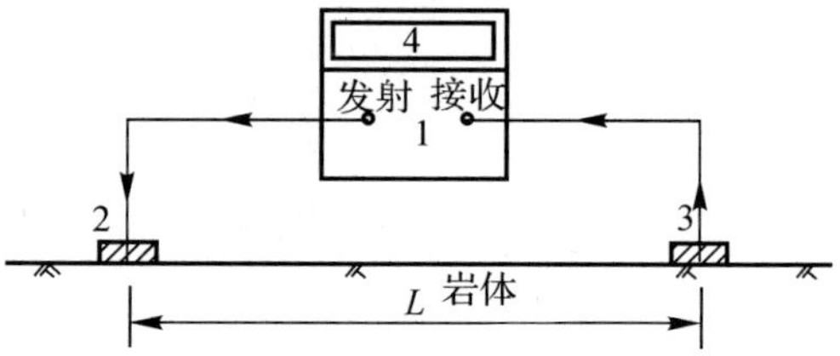

图 4.28 岩体表面声波测试装置示意图

1— 声波仪; 2— 发射换能器;

3— 接收换能器; 4— 显示器及计时装置

(3) 测定纵波、横波在岩体中传播的时间。擦净测点表面,将加耦合剂纵波(或横波)换能器放置在测点表面压紧。然后将"扫描延时"旋扭旋至纵波(或横波)初到位置,读纵波(或横波)的传播时间 t_p(或 t_s)。要求每一对测点读数 3 次,读数之差应不大于 3%。

(4) 量测发射与接收换能器之间的距离 L,测距相对误差应小于 1%。

(5) 取代表岩块试件在室内测定岩石的密度 ρ 和纵、横波速度 v_{pr},v_{sr}(方法与步骤同上)。

3. 资料整理与应用

(1) 按下式计算岩体的纵、横波速度:

$$v_{pm} = \frac{L}{t_p - t_{op}} \tag{4.44}$$

$$v_{sm} = \frac{L}{t_s - t_{os}} \tag{4.45}$$

式中,v_{pm},v_{sm} 分别为岩体的纵波与横波速度(km/s);L 为换能器间的距离(km);t_p,t_s 分别为纵、横波走时读数(s);t_{op},t_{os} 分别为纵、横波零延时初始读数(s)。

(2) 按下式计算岩体动弹性参数:

$$E_d = v_{pm}^2 \rho \frac{(1+\mu_d)(1-2\mu_d)}{1-\mu_d} \tag{4.46}$$

或

$$E_d = 2v_{sm}^2 \rho (1+\mu_d) \tag{4.47}$$

$$\mu_d = \frac{v_{pm}^2 - 2v_{sm}^2}{2(v_{pm}^2 - v_{sm}^2)} \tag{4.48}$$

$$G_d = \frac{E_d}{2(1+\mu_d)} = v_{sm}^2 \rho \tag{4.49}$$

$$\lambda_d = \rho (v_{pm}^2 - 2v_{sm}^2) \tag{4.50}$$

式中,E_d 为岩体的动弹性模量(GPa);μ_d 为岩体的动泊松比;G_d 为岩体的剪切模量(GPa);λ_d

为岩体的动拉梅常数(GPa);ρ为岩体的密度(g/cm^3);其余符号意义同前。

(3) 按下式计算岩体的声学参数:

$$\eta=\frac{v_{pm}/\!/}{v_{pm}\perp} \tag{4.51}$$

$$k_v=\left(\frac{v_{pm}}{v_{pr}}\right)^2 \tag{4.52}$$

式中,η为岩体的各向异性系数;$v_{pm}/\!/$为平行结构面方向的纵波速度;$v_{pm}\perp$为垂直结构面方向的纵波速度;k_v为岩体的完整性系数;v_{pr}为岩块的纵波速度。

利用以上各种指标可以评价岩体的力学性质、岩体质量、风化程度及其各向异性特征。此外,还可以波速指标进行岩体风化分带、岩体分类和确定地下洞室围岩松弛带等。

从大量的资料(表4.10)表明:不论是岩体还是岩块,其动弹性模量都普遍大于静弹性模量,两者的比值E_d/E_{me},对坚硬完整岩体约为1.2～2.0;而对风化及裂隙发育的岩体和软弱岩体,E_d/E_{me}较大,一般为1.5～10.0,大者可超过20.0。

表4.10　某些岩体动、静弹性模量的比较

岩石名称	静弹模量 E_{me}/GPa	动弹模量 E_d/GPa	E_d/E_{me}	岩石名称	静弹模量 E_{me}/GPa	动弹模量 E_d/GPa	E_d/E_{me}
花岗岩	25.0～40.0	33.0～65.0	1.32～1.63	大理岩	26.6	47.2～66.9	1.77～2.59
玄武岩	3.7～38.0	6.1～38.0	1.0～1.65	石灰岩	3.93～39.6	31.6～54.8	1.38～8.04
安山岩	4.8～10.0	6.11～45.8	1.27～4.58	砂　岩	0.95～19.2	20.6～44.0	2.29～21.68
辉绿岩	14.8	49.0～74.0	3.31～5.00	中粒砂岩	1.0～2.8	2.3～14.0	2.3～5.0
闪长岩	1.5～60.0	8.0～76.0	1.27～5.33	细粒砂岩	1.3～3.6	20.9～36.5	10.0～16.07
石英片岩	24.0～47.0	66.0～89.9	1.89～2.75	页　岩	0.66～5.00	6.75～7.14	1.43～10.2
片麻岩	13.0～40.0	22.0～35.4	0.89～1.69	千枚岩	9.80～14.5	28.0～47.0	2.85～3.2

4.9.2　岩石点荷载强度试验

点荷载试验是将岩块试件置于点荷载仪的两个球面圆锥压头间,对试件施加集中荷载直至破坏,然后根据破坏荷载求岩石的点荷载强度。此项测试技术的优点是,可以测试不规则岩石试件以及低强度和严重风化岩石的强度。

1. 仪器设备

(1) 点荷载仪(图4.29),由加载系统(包括手摇油泵、承压框架、球面压头)和油压表组成。

(2) 卡尺或钢卷尺。

(3) 其他,地质锤等。

2. 试验要点

(1) 试件制备。在基岩露头上取小岩石样,用地质锤略微加工使之成为3～5cm见方的岩块,每种岩性约需10～15块。在钻探中也可取岩心加工成高3～5cm的柱体作为试件。

(2) 试样描述。内容包括岩性、结构构造、结构面特征及与加力方向间关系和岩石风化程度等。

(3) 试样安装。安装前先检查仪器上、下加荷锥头是否对中,然后将试件放入仪器中,摇动油泵升起下锥头，使加荷锥头与试件的最短边方向平行且紧密接触，并注意让接触点尽量与试样中心重合。

(4) 加荷。试样安装好后，调整压力表指针至零点，以每秒 0.05 ～ 0.1MPa 的速度均匀加荷至试件破坏，记下破坏时的压力表读数(F)。

(5) 描述试件破坏特征。正常的破坏面应同时通过试件两加荷点，否则试验无效，应舍弃。有效试件描述内容包括破坏面形状及破碎程度(碎裂块数)。

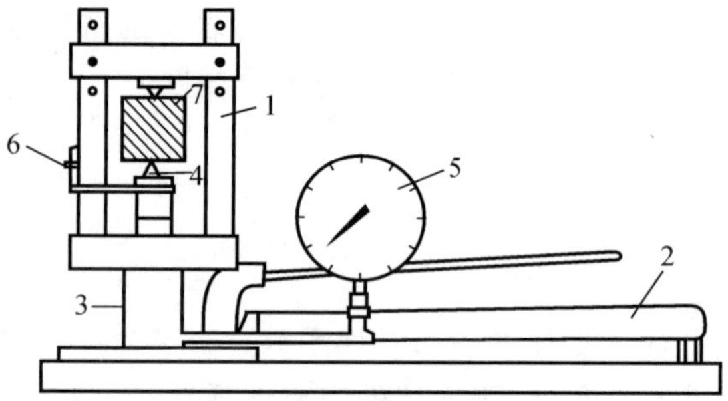

图 4.29　携带式点荷载仪示意图

1— 框架； 2— 手摇卧式油泵； 3— 千斤顶；
4— 球面压头(简称加荷锥)； 5— 油压表；
6— 游标标尺； 7— 试样

(6) 破坏面尺寸测量。尺寸测量包括上下加荷点间的距离(D)和垂直于加荷点连线的平均宽度(W_f)，求出破坏面面积(A_f)。

(7) 重复试验。重复步骤(3) ～ (6) 对其余试件进行试验。

3. 资料整理及其应用

(1) 按下式计算破坏荷重 P(N) 与破坏面等效圆直径的平方值 D_e^2(mm^2)：

$$P = cF \tag{4.53}$$

$$D_e^2 = \frac{4A_f}{\pi} \tag{4.54}$$

式中，c 为仪器标定系数；F 为破坏荷载(MPa)；A_f 为破坏面面积(mm^2)

(2) 按下式计算岩石的点荷载强度 I_s(MPa)：

$$I_s = \frac{P}{D_e^2} \tag{4.55}$$

求出每个试件的 I_s 后，以算术平均值作为所测岩石的点荷载强度。

(3) 按下式计算岩块的抗压强度 σ_c(MPa) 和抗拉强度 σ_t(MPa)：

$$\sigma_c = 22.82 I_s^{0.75} \tag{4.56}$$

$$\sigma_t = K I_s \tag{4.57}$$

式中，I_s 为岩石的平均点荷载强度(MPa)；K 为系数，一般取 0.86 ～ 0.96。

点荷载强度还可作为岩块与岩体工程分类及岩体风化分带的指标。

4.9.3　岩体回弹锤击试验

根据刚性材料的抗压强度与冲击回弹高度在一定条件下存在着某种函数关系的原理，利用岩体受冲击后的反作用，使弹击锤回跳的数值即为回弹值(R)。此值愈大，表明岩体愈富弹性、愈坚硬；反之，说明岩体软弱，强度低。据研究，岩体回弹值(R)和岩体重度(γ)的乘积与岩体抗压强度呈线性关系，因此只要测得回弹值和重度，即可按图 4.30 求取岩体的抗压强度 σ_{cm}。

用回弹仪测定岩体的抗压强度具有操作简便及测试迅速的优点，是岩土工程勘察对岩体强度进行无损检测的手段之一。特别是在工程地质测绘中，使用这一方法能较方便地获得岩体抗压强度指标。

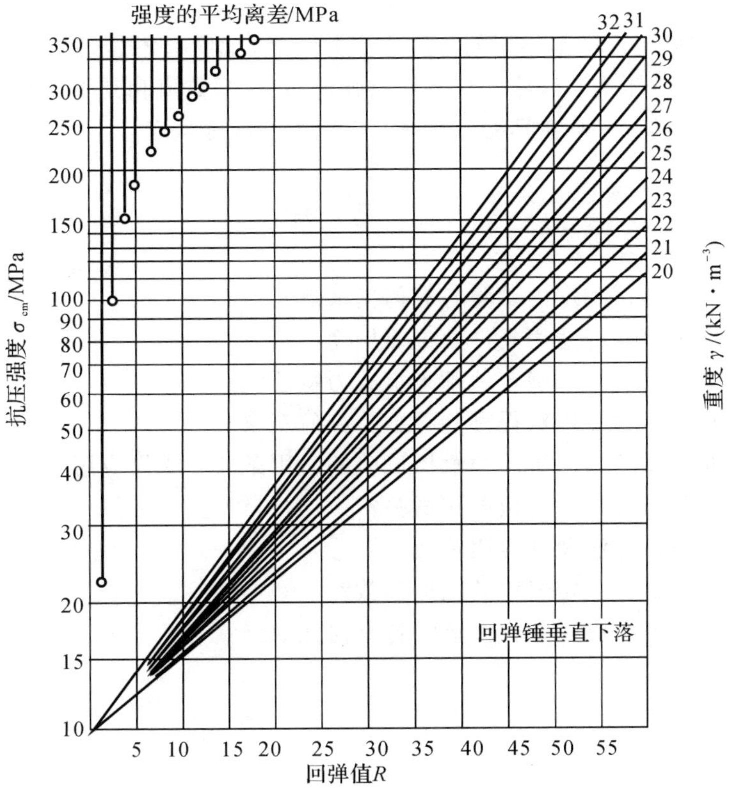

图 4.30　岩体抗压强度与 R 和 γ 的关系图

1. 仪器设备

(1) 回弹仪(图 4.31)。由弹击系统(包括冲击锤、弹簧和弹击杆)和量测系统组成。测试前应进行检查校验。

(2) 其他。记录表、文具等。

2. 试验要点

(1) 在具有代表性的岩体表面,按岩性分别选择约 $0.5m^2$ 的平整而干净的岩面(以能容纳均匀分布的测点 20 个左右为宜)作为一个测区,每种岩性的测区数不宜少于 10 个。各测区内测点间的间距应大于 3cm,每个测点只测试一次。

(2) 以弹击杆垂直岩面对准测点中心,用力把弹击杆匀速压入仪器外壳内,直至冲击锤脱落而产生冲击回弹,记录其回弹值。

(3) 重复施测所测点(一般约 20 个左右)。

(4) 在施测岩体中取代表性岩杆,测定其重度。

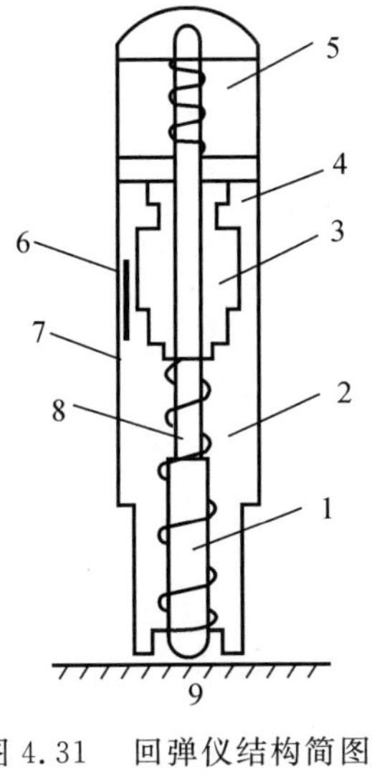

图 4.31　回弹仪结构简图

1— 弹击杆;2— 弹击弹簧;3— 冲击锤;4— 挂钩;5— 压力弹簧;6— 指针滑块;7— 刻度尺;8— 中心导杆;9— 岩体表面

3. 资料整理

将岩性、结构和风化程度等相近的各测点归并一组，把明显不合理的测定值舍去，要求每个测点参加统计数不少于16个，计算其平均回弹值，然后据该值和其重度查图4.30，求各测区岩体的抗压强度 σ_{cm}，并以平均抗压强度值 $\bar{\sigma}_{cm}$ 作岩体的抗压强度。

思 考 题

1. 岩土工程原位测试和室内试验各有何优缺点？
2. 简述静力载荷试验的适用条件及主要用途。
3. 如何利用载荷试验结果确定地基土承载力特征值？
4. 通过静力触探试验可以获得哪些参数？如何获取？
5. 简述标准贯入试验与圆锥动力触探试验的适用条件及成果应用。
6. 在何种条件下可采用十字板剪切试验？
7. 简述波速测试的方法及其应用范围。
8. 如何通过现场试验确定岩体的变形参数？
9. 岩体现场简易测试有哪几种类型？各有何优缺点？

第5章 现场检验与监测

5.1 概　　述

现场检验与监测是岩土工程中的一个重要环节，它与勘察、设计、施工一起，构成了岩土工程的完整体系。现场检验指的是在施工阶段对勘察成果的验证核查和施工质量的监控。现场监测是对施工过程中及竣工后因施工及运营影响，引起岩土体性状和周围环境条件发生变化而进行的各种观测工作。其目的是控制勘察与施工质量，了解施工影响的程度，监视其变化规律和发展趋势，以便及时在设计、施工中采取相应的防治措施。

现场检验与监测工作一般在勘察和施工期进行。但对有特殊要求的工程，则应在使用、运营期间内继续进行。所谓“特殊要求”指的是具有特殊意义的重大建筑物；一旦损坏造成生命、财产巨大损失或重大社会影响的工程；对建筑物和地基变形有特殊限制的工程；使用了新的设计、施工或地基处理方案，尚缺乏必要经验的工程。

岩土工程勘察的目的是为解决岩土工程问题而提出对策，制订措施。由于岩土工程的复杂性，使得现场检验与监测这一环节尤为重要。主要体现在以下两个方面：

(1)利用现场检验与监测所获取的数据，可采用定量的方法，预测一些不良地质作用的发展演化趋势及其对工程建筑物的可能危害，以便采取防治对策和措施。

(2)通过试验，进行反分析，可求取岩土体的某些工程相关参数，以此为依据及时修正勘察成果，优化工程设计，必要时可要求补充勘察；它对岩土工程施工质量进行监控，保证工程的质量和安全。

显然，现场检验与监测在提高工程的经济效益、社会效益和环境效益中，起着十分重要的作用。

现场检验工作主要包含以下两方面内容：

(1)验证、核查岩土工程勘察成果与评价建议，如果实际情况与勘察成果出入较大，应进行施工阶段的补充勘察。如基坑施工时，通过开挖等手段揭露岩土体，所获得的第一性工程地质和水文地质资料较之勘察阶段更为确切，可以用来补充和修正勘察成果。

(2)对岩土工程施工质量的控制与检验，即施工监理与质量控制。如天然地基基槽的尺寸、槽底标高的检验，局部异常的处理措施；桩基础施工中的一系列质量监控；地基处理施工质量的控制与检验；深基坑支护系统施工质量的监控等。

现场监测工作主要包含以下三方面内容：

(1)施工和各类荷载作用下岩土性状反应的监测。如土压力观测、岩土体中的应力量测、岩土体变形和位移监测、孔隙水压力观测等。

(2)对施工或运营中结构物的监测。对于像核电站等特别重大的结构物，则在整个运营期间都要进行监测。

(3)对环境条件的监测。包括对工程地质和水文地质条件中某些要素的监测,尤其是对工程构成威胁的不良地质作用,在勘察期间就应布置监测网点(如滑坡、崩塌、泥石流、土洞等);除此之外,还有对相邻结构物及工程设施在施工过程中可能发生的变化、施工振动、噪声和污染等的监测。

5.2 地基基础的检验与监测

5.2.1 天然地基的基槽检验与监测

1. 现场检验

天然地基的基坑(基槽)开挖后,应检验开挖揭露的地基条件是否与勘察报告一致。如有异常情况,应提出处理措施或修改设计建议。当与勘察报告出入较大时,应建议进行施工勘察。检验内容应包括:

(1)岩土分布及其性质。

(2)地下水情况。

(3)对土质地基,可采用轻型圆锥动力触探或其他机具进行检验。

为了做好此项工作,首先要做好验槽的必要准备工作,其核心要求是:①熟悉勘察报告,掌握地基持力层的空间分布和工程性质;②研究基础设计图纸,了解拟建建筑物的类型和结构方式;③环境监测资料等。

验槽的要求如下:

(1)核对基槽的施工位置、平面尺寸、基础埋深和槽底标高。平面尺寸由设计中心线向两边量测,长、宽尺寸不应偏小;槽底标高偏差一般应控制在 0~−50 mm 范围内。

(2)槽底基础范围内若遇到异常情况,应结合具体地质、地貌条件提出处理措施,必要时可在槽底进行轻便钎探。当施工揭露的地基土条件与勘察报告有较大出入或者验槽人员认为有必要时,可有针对性地进行补充勘察。

(3)验槽后应写出检验报告,内容包括岩土描述、槽底土质平面分布图、基槽处理竣工图、现场测试记录的检验报告。

(4)验槽报告是岩土工程的重要技术档案,应做到资料齐全,及时归档。

验槽注意事项:

(1)检查槽底土质,应仔细观察刚开挖的、结构未被破坏的原状土,检验人员应亲自挖土观察,冬季应注意槽底土是否有冰冻现象。

(2)为了保持土的天然状态,不容许基槽内积水,如发现有积水,应立即清除并检验淹没处土的湿度变化。湿度变化大时,应采取处理措施。

(3)审阅施工单位的钎探记录,应详细了解钎探规格和打钎过程情况,以便排除人为的异常现象。

2. 现场监测

工程需要时进行岩土体现场监测:

(1)洞室或岩石边坡的收敛量测。

(2)深基坑开挖的回弹量测。

(3)土压力或岩体应力量测。

沉降观测应按现行标准《建筑物变形测量规程》(JGJ/T 8—97)的规定执行。

对于上述的监测内容,洞室或岩石边坡的收敛量测和土压力或岩体应力量测内容将在后面章节中阐述,这里仅讨论基坑底部回弹观测问题。

基坑工程监测方案,应根据场地条件和开挖支护的施工设计确定,并应包括下列内容:

(1)支护结构的变形。

(2)基坑周边的地面变形。

(3)邻近工程和地下设施的变形。

(4)地下水水位变化。

(5)渗漏、冒水、冲刷、管涌等情况。

高层建筑在采用箱形基础时,由于基坑开挖面积大而深,卸除土层较大的自重应力后,普遍存在基坑底面的回弹。基坑的回弹再压缩量一般约占建筑物完工时沉降量的1/3～2/3,最大者达1倍以上;地基土质愈硬则回弹所占比值愈大(表5.1)。这说明基坑回弹不可忽视,应予监测,并将实测沉降量减去回弹量,才是真正的地基土沉降量;否则实际观测的沉降量偏大。除卸荷回弹外,在基坑暴露期间,土中黏土矿物吸水膨胀、基坑开挖接近临界深度导致土体产生剪切位移以及基坑底部存在承压水时,皆可引起基坑底部隆起,观测时应予以注意。基坑底回弹监测应在开挖完工后立即进行,在基坑的不同部位设置固定测点用水准仪观测。在建筑物施工过程中以至竣工之后应继续进行沉降监测,最终可绘制基底的回弹、沉降与卸载、加载关系曲线(图5.1)。

表5.1　部分高层建筑基坑底回弹量与沉降量观测资料

土类名称	建筑物名称	平面尺寸 $B\times L$ /m²	基坑深度 /m	基坑底回弹量 /cm	完工沉降量 /cm	基坑底回弹量与沉降量之比 /(%)
一般细粒土	北京市中医医院	14×87	5.7	1.3	2.3	56.5
	北京前三门604号工程	11.6×100	4.4	0.6	1.1	54.5
	北京昆仑饭店	57×150	10.1～11.6	2.9～3.5	2.0～2.7	145～130
沿海软土	上海康乐大楼	14×70	5.5	2.3	<14.0	16.4
	上海四平大楼	10×50	5.2	3.4	<10.0	34.0
	上海华盛大楼	14×58	5.6	4.5	22.0	20.5

5.2.2　桩基工程的检测

1.桩基工程检测的意义

桩基是高、重建筑物和构筑物的主要基础形式,属深基础类型。它的主要功能是将荷载传递至地下较深处的密实土层或岩层上,以满足承载力和变形的要求。与其他类型的深基础相比较,桩基的几何尺寸较小,施工简便,适用范围广,所以是高、重建筑物和构筑物大量采用的基础形式,近几十年来国内的桩基工程新技术获得迅猛发展。为了提高桩基的设计、施工水平,岩土工程师们都很关注桩基质量的检测。

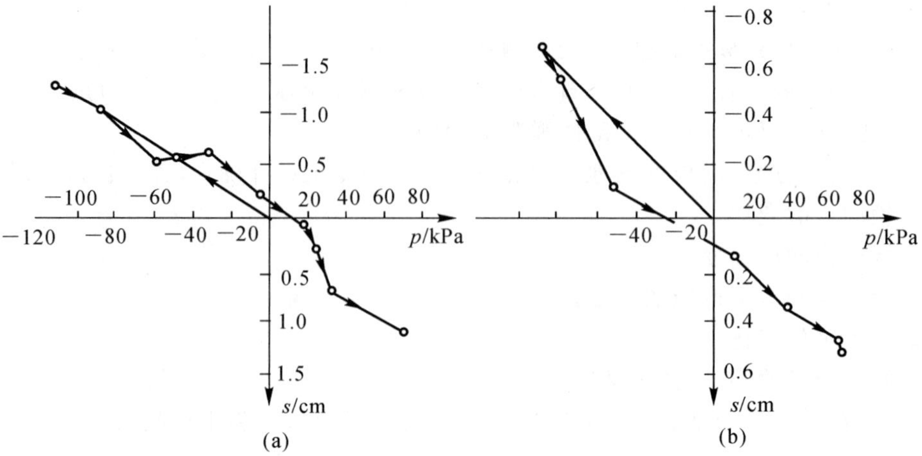

图 5.1　一般第四系土中箱基的实测回弹再压缩及附加沉降资料

(a)北京市中医医院(埋深为 5.7m)；（b)北京前三门 604 号工程(埋深为 4.4m)

桩基工程按施工方法,可分为预制桩和灌注桩两种。

预制桩大都是采用锤击打入土层中的,其常见的质量问题有:①桩身混凝土标号不足或桩身有缺陷,锤击过程中桩头或桩身破裂;②桩无法穿透硬夹层而达不到设计标高;③由于沉桩挤土引起土层中出现高孔隙水压力,大范围土体隆起和侧移,以致对周围建筑物、管线、道路等产生危害;④在桩基施工中,由于相邻工序处理不当,造成基桩过大侧移而引起基桩倾斜、位移。

灌注桩由于成桩过程在“地下作业”,其常见的质量问题有:①由于混凝土配合比不合适、稀释和离析等原因,使桩身混凝土强度不够;②由于夹泥、断桩、缩颈等原因造成桩身结构缺陷(不完整);③桩底虚土、沉碴过厚和桩周泥皮过厚,使桩长和桩径不够。

上述预制桩和灌注桩的质量问题都会导致满足不了承载力和变形的要求,所以需加强桩基质量的检测工作。

2.桩基工程检测的内容

桩基工程应通过试钻或试打,检验岩土条件是否与勘察报告一致。如遇异常情况,应提出处理措施。当与勘察报告差异较大时,应建议进行施工勘察。单桩承载力的检验,应采用载荷试验与动测相结合的方法。对大直径挖孔桩,应逐桩检验孔底尺寸和岩土情况。

桩基工程检测的内容,除了核对桩的位置、尺寸、间距、数量、类型,核查选用的施工机械、置桩能量与场地条件和工程要求,核查桩基持力层的岩土性质、埋深和起伏变化,以及桩尖进入持力层的深度等以外,通常应包括桩基强度、变形和几何受力条件等三个方面,尤以前者为主。

(1)桩基强度。桩基强度检验包括桩身结构完整性和桩承载力的检验。桩身结构完整性是指桩是否存在断桩、缩颈、离析、夹泥、孔洞、沉碴过厚等施工缺陷。常采用声波法、动测法和静力载荷试验等检测。

(2)桩基变形。桩基变形需通过长期的沉降观测才能获得可靠结果,而且应以群桩在长期荷载作用下的沉降为准。一般工程只要桩身结构完整性和桩承载力满足要求,桩尖已达设计标高，且土层未发生过大隆起，就可以认为已符合设计要求。但重要工程必须进行沉降观测。

(3)几何受力条件。桩的几何受力条件是指桩位、桩身倾斜度、接头情况、桩顶及桩尖标高等的控制。在软土地区因打桩或基坑开挖造成桩的位移或上浮是经常发生的，通常应以严格的桩基施工工艺操作来控制。必要时应对置桩过程中造成的土体变形、超孔隙水压力以及对相邻工程的影响进行观测。

3. 桩身质量检测的方法

桩身质量的检测包括桩的承载力、桩身混凝土灌注质量和结构完整性等内容。

桩的承载力。静力载荷试验法是最传统桩的承载力检测的方法，此法为我国法定确定单桩承载力的方法，在工程实践中普遍采用。其试验要点在国家标准《建筑地基基础设计规范》(GB 50007－2002)等有关规范、手册中均有明确规定。

桩身混凝土灌注质量和结构完整性。该项检测主要用于大直径灌注桩，检测方法有钻孔取芯法、声波法和动测法。钻孔取芯法可以检查桩身混凝土质量和孔底沉碴。但由于芯样小，灌注桩的局部缺陷往往难以被发现。声波法检测灌注桩的混凝土质量轻便、可靠而直观，已得到广泛应用。采用此法可检测因施工质量造成的断桩、夹泥、缩颈、孔洞等混凝土缺陷。目前多以声波值的变化作为判别的基本依据，而波幅和波形仅作为解释的辅助参量。动测法是在桩顶作用——瞬态作用力或简谐振动力，使桩产生振动响应。通过安装在桩顶的传感器，接收桩土系统在动荷载作用下的响应信号，并以时域波形分析、频域波形分析或传递函数分析方法等进行分析，对桩身结构完整性及承载力做出判断。在对预制桩和灌注桩等不同桩型的检测中已得到广泛应用。动测的方法较多，按桩身与周围土的相对位移量大小可分为高应变法和低应变法两大类。其中高应变法主要有史密斯法、凯斯法、波形拟合法和锤击贯入法等，可以反映桩土体系的弹塑性响应，通过波动方程求解桩的极限承载力和评价桩身结构的完整性。低应变法主要有机械阻抗法、应力波反射法和动力参数法等，桩土动力响应处于完全弹性范围内，较适用于桩身结构完整性检测。

对于桩基工程检测的具体要求如下：

(1)对预制打入桩静力压桩，应提供经确认的施工过程有关参数，施工完成后，尚应进行桩顶标高、桩位偏差等检验。

(2)对混凝土灌注桩应提供经确认的施工过程有关参数，包括原材料的力学性能检验报告、试件留置数量及制作养护方法、混凝土抗压强度试验报告、钢筋笼制作质量检查报告，施工完成后，尚应进行桩顶标高、桩位偏差等检验。

(3)人工挖孔桩终孔时应进行桩端持力层检验。单柱单桩的大直径嵌岩桩，应视岩性检验桩底下 $3d$ 或 5m 深度范围内有无空洞、破碎带、软弱夹层等不良地质条件。

(4)施工完成后的工程桩应进行桩身质量检验，直径大于 800mm 的混凝土嵌岩桩，应采用钻孔抽芯法或声波透射法检测。测桩数不得少于总桩数的 10％，且每根柱下承台的抽检桩数不得少于 1 根，直径小于和等于 800mm 的桩及直径大于 800mm 的非嵌岩桩，可根据桩径和桩长的大小结合桩的类型和实际需要，采用钻孔抽芯法或声波透射法或可靠的动测法进行检测，检测桩数不得少于总桩数的 10％。

(5)施工完成后的工程桩，应进行竖向承载力检验，竖向承载力检验的方法和数量可根据地基基础设计等级和现场条件,结合当地可靠的经验和技术确定。复杂地质条件下的工程桩竖向承载力的检验,宜采用静载荷试验,验桩数不得少于同条件下总桩数的1%,且不得少于3根。大直径嵌岩桩的承载力可根据终孔时桩端持力层岩性报告,结合桩身质量检验报告核验。

5.2.3 地基加固和改良的检验与监测

当地基土的强度和变形不能满足设计要求时,往往需要采用加固与改良的措施。地基加固与改良的方案、措施较多,各有其适用条件。为了保证地基处理方案的适宜性、使用材料和施工的质量以及确切的处理效果,按《建筑地基基础设计规范》(GB 50007－2002)规定,应做现场检验与监测。

现场检验的内容包括:①核查选用方案的适用性,必要时应预先进行一定规模的试验性施工;②核查换填或加固材料的质量;③核查施工机械特性、输出能量、影响范围和深度;④对施工速度、进度、顺序、工序搭接的控制;⑤按有关规范、规程要求,对施工质量的控制;⑥按计划在不同期间和部位对处理效果的核查;⑦检查停工及气候变化或环境条件变化对施工效果的影响。

现场监测的内容包括:①对施工中土体性状的改变,如地面沉降、土体变形、超孔隙水压力等的监测;②用取样试验、原位测试等方法,进行场地处理前后性状比较和处理效果的监测;③对施工造成的振动、噪声和环境污染的监测;④必要时对处理后地基进行长期效果的监测。

各种地基加固与改良方案常用的现场检验与监测方法列于表5.2中,供参考。

表5.2 常用检验与监测方法

施工方法		适用性	施工质量控制	效果检验与施工监测
置换及拌入法	开挖置换法和垫层法	暗埋的塘、浜、沟、穴等局部软弱地基,湿陷性土、膨胀性土和杂填土的浅层处理;垫层材料主要有:灰土、素黏性土、砂和砂石,也可用矿渣及其他性能稳定、无侵蚀性的材料	灰土及素填土地基: 1.对灰、土材料的检验。土料中不得含有机杂质,粒径不得大于15mm;灰料中不得夹有未熟化的生石灰块或过多水分。粒径不得大于5mm。活性$CaO+MgO$不低于50%; 2.对灰土配合比检验及均匀性控制; 3.施工含水量控制; 4.压、夯或振动压实机械的自重、振动力的选择及与之相应的换土铺设厚度、夯压遍数及有效加密深度的控制与检验。 砂和砂石地基: 1.对材料级配(不均匀系数不宜小于10)、粒径(一般宜小于50mm)及是否含有机杂质和含泥量(不宜超过3%～5%)的检验; 2.压、夯或振动压实机械的自重、振动力的选择及与之相应的换土铺设厚度、施工含水量、夯压遍数及有效加密深度的控制与检验	环刀法测干重度,推算压实系数; 贯入仪测贯入度或用其他常用原位测试方法检验; 环刀取样或灌砂法测干重度;贯入法测贯入度。 以上两类方法在施工中都应该注意下卧软弱土层发生塑性流动引起侧向隆起及填料下陷。必要时对建筑物进行沉降观测

续表

施工方法		适用性	施工质量控制	效果检验与施工监测
置换及拌入法	振冲地基	松散砂土、黏粒含量小于25%～35%的黏性土	1. 对振冲机具及其适用性、振冲施工技术参数，如水压、水量、贯入速度、密实电流控制值及加固时间的监控与调整； 2. 对填料规格、质量、含泥量、杂质含量及填料量的监控； 3. 对孔位及造孔顺序施工质量的监控	标准贯入、动力触探、静力触探或载荷试验检验振冲效果
置换及拌入法	旋喷地基	砂土、黏性土、湿陷性黄土、淤泥及人工填土	1. 旋喷机具性能、技术参数，如喷嘴直径、提升速度、旋转速度、喷射压力及流量等的监控与调整； 2. 对水泥质量、用量、水泥浆的水灰比及外加剂用量的监控； 3. 对旋喷管倾斜度位置偏差和置入深度的监控； 4. 对固结体的整体性、均匀性、有效直径、垂直度、强度特性及溶蚀、耐久性的检验	1. 用取样的标准贯入、静力触探、载荷试验等原位测试方法检验旋喷效果； 2. 必要时可用开挖检查方法对旋喷体的几何尺寸和力学性质进行检验
振密或挤密法	重锤夯实	地下水位以上稍湿的黏性土、砂土、湿陷性黄土、杂填土和素填土	1. 夯锤重量、底面直径、落距的选择与检查； 2. 基坑夯实宽度、预测夯实土层厚度、夯击遍数及夯击路线的确定与核查； 3. 夯实地基土含水量的控制； 4. 夯实标准的确定与检验	1. 对最后夯沉量的检验(包括与试夯下沉量的比较)； 2. 取土样测孔隙比和密实度； 3. 用原位测试方法检验； 4. 监测夯击振动对邻近建筑设施的影响
振密或挤密法	强夯	碎石土、砂土、湿陷性黄土及人工地基的施工	1. 夯锤重、锤底面积、落距的选定与检查； 2. 夯击点、各点夯击次数、夯击遍数及各遍之间间歇时间的确定、核查及必要的修正	1. 埋设孔隙压力计监测孔隙压力的压力变化； 2. 夯后平均沉降量的监测； 3. 用原位测试法检验强夯效果； 4. 监测夯击振动对邻近建筑设施的影响
振密或挤密法	砂桩挤密	软土、人工填土和松散砂石地基	1. 对砂料规格、质量、含泥量、含水量的检验； 2. 对砂桩位置、孔径、垂直度、孔深、成孔质量、成桩工艺的顺序的监控与检查； 3. 对灌砂量及加密工艺的核查	1. 用标准贯入或轻便钎探对桩身及桩周土加密效果的检测； 2. 用锤击法检验砂桩的密实度和均匀性

续表

施工方法		适用性	施工质量控制	效果检验与施工监测
振密或挤密法	土或灰土桩挤密	地下水位以上，及地下10m之内的湿陷性黄土、素填土和杂填土	1. 对填料质量、含水量及配合比的监控； 2. 对砂桩位置、孔径、垂直度、孔深、成孔质量、成桩工艺和顺序的监控与检查； 3. 对填料数量及夯实工艺的核查	1. 用轻便钎探对桩身及桩周土加密效果的检测； 2. 用环刀法测夯击桩身上的干重度； 3. 进行现场载荷试验或浸水载荷试验
灌浆法		砂土、湿陷性黄土、软弱黏土。	1. 根据灌浆目的、地质条件和工程性质，检验灌浆方法的适用性； 2. 对浆液的化学成分、流动性、析水性、凝结时间、杂质含量、浓度、比重及注浆方法、灌注速度及压力进行监测； 3. 采用电动法时对电压梯度、通电时间和方法进行监控； 4. 对灌注机具、管路或电级棒的适用性、置入位置进行监控	1. 监测加固区域的地面变形和沉降； 2. 用常用原位测试方法对加固效果进行监测； 3. 浆体钻孔取样测定浆体密度、结石性质、浆体填充率以及无限抗压强度等物理力学性质； 4. 在防渗灌浆中，通过浆体钻孔测定地下水流量和地基的渗流特性； 5. 对浆液的毒性和可能造成的污染进行监测
排水固结法（堆载预压、砂井堆载预压及真空预压）		软土或充填土地基	1. 对砂井位置、砂料规格质量、砂量或砂袋以及其他排水装置规格质量、施工工艺的监测； 2. 对水平排水垫层的材料及施工进行监控； 3. 对预压荷载大小、加荷速率的监控； 4. 真空预压中对真空度的监控； 5. 对卸载进度的监控	1. 对地表日沉降量及最终沉降量的控制； 2. 用测斜仪进行土体水平位移的监测； 3. 对孔隙水压力变化的监测； 4. 对卸载后的沉降和回弹情况的监测
加筋法		垫层、桥台、堤坝的挡土结构和岸边防护	1. 对土工织物或加筋体的力学性质、耐久性及渗水性的监控； 2. 检测填土的规格、质量及压实性能； 3. 对施工铺设要求，特别是整体性和端头锚固的监控； 4. 对回填土施工含水量、填筑施工顺序及施工要求的监控	1. 对加筋体整体稳定性的监测； 2. 对加筋体垂直、水平位移量的监测； 3. 对用于反滤排水的，进行现场效果监测

5.2.4 深基坑开挖和支护的检验与监测

随着高层建筑基坑开挖深度不断加大，复杂的地质环境条件也对支护结构的工作状态和位移提出了愈来愈严格的要求，要求岩土工程师在不断发展、创立新的支护理论和结构系统的同时，实行严格的检验与监测，以保证安全、顺利地施工。

深基坑开挖支护系统的施工质量，对整个系统的工作状态是否正常有重大影响。施工质量的好坏主要表现在支护系统的类型、材料、结构尺寸、装设的位置和方法是否符合设计要求，装设施工是否及时，施工顺序是否与设计要求一致，地下水控制施工是否满足设计要求等方面。一个设计合理的支护系统，可能由于施工质量差而导致重大事故。为避免事故的发生，就要求检验与监测工作应在整个施工场地的各个部分同时进行，在系统的整个工作期间内不得间断。

基坑工程监测方案，应根据场地条件和开挖支护的施工设计确定，并应包括下列内容：①支护结构的变形；②基坑周边的地面变形；③邻近工程和地下设施的变形；④地下水位；⑤渗漏、冒水、冲刷、管涌等情况。

检验与监测工作内容主要有以下几方面：

(1)对支护结构施工安设工作的现场监理。检查结构尺寸、规格、质量、施工方法及支撑程序是否与设计一致。在装设过程中，当由于客观情况致使支护系统构造、尺寸或装设位置不能与设计相符时，施工人员与设计人员应协商，及时采取调整措施，以保证施工正常进行。

(2)监测土体变形与支护结构的位移。观测的时间间隔视气象条件和施工进度而定，可为每日、每三日或每周进行一次。

(3)对地下水控制设施的装设及运营情况进行监测。观测地下水及土体中孔隙水压力的变化情况，注意施工影响及渗漏、冒水、管涌、流土等不良地质作用的发生。在支护系统运营过程中，观测时间间隔亦视气象条件和施工进度，可定为每日、每三日或每周进行一次。

(4)对邻近的建筑物和重要设施进行监测。注意有无沉降、倾斜、裂缝等现象发生。观测的时间间隔，亦应根据施工进度、气象条件、施工影响的范围和程度来确定。

对于基坑开挖支护检验与监测的具体要求如下：

(1)对地下连续墙应提交经确认的有关成墙记录和报告。地下连续墙完成后尚应进行质量检验，检验方法可采用钻孔抽芯或声波透射法，检验槽段数不得小于同条件下总槽段数 20%。

(2)抗浮锚杆完成后应进行抗拔力检验，检验数量不得少于锚杆总数的 3%，且不得少于 6 根。

(3)基坑开挖应根据设计要求进行监测实施动态设计和信息化施工。

(4)基坑开挖监测内容包括支护结构的内力和变形，地下水位变化及周边建构筑物地下管线等市政设施的沉降和位移等监测内容，可按照表 5.3 选择。

表 5.3　基坑监测项目选择表

监测项目 / 地基基础设计等级	支护结构水平位移	监控范围内建(构)筑物沉降与地下管线变形	土方分层开挖标高	地下水位	锚杆拉力	支撑轴力或变形	立柱变形	桩墙内力	基坑底隆起	土体侧向变形	孔隙水压力	土压力
甲级	√	√	√	√	√	√	√	√	√	√	△	△
乙级	√	√	√	√	√	△	△	△	△	△	△	△

注：△为宜测项目；√为必测项目。

(5)基坑开挖对邻近建构筑物的变形监控应考虑基坑开挖造成的附加沉降与原有沉降的叠加。

很多工程实例表明:对施工场地及周围环境的肉眼巡检是很有意义的,应专派有经验的工程师逐日进行。施工条件的改变、现场堆载的变化、管道渗漏和施工用水不适当的排放、温度骤变或降雨等,都应在工程师的监视之下并应有完整的记录。地面裂缝、支护结构工作失常、渗漏、管涌、流土等,更是可以通过肉眼巡检在早期发现的。此外,预先确定各方面临界状态报警值,及时反馈监测结果,使出现的问题得到及时处理,将能大大减少可能出现的事故。

5.2.5 建筑物的沉降监测

1.沉降监测的对象

下列建筑物应在施工期间及使用期间进行变形观测:

①地基基础设计等级为甲级的建筑物;②复合地基或软弱地基上的设计等级为乙级的建筑物加层扩建建筑物;③受邻近深基坑开挖施工影响或受场地地下水等环境因素变化影响的建筑物;④需要积累建筑经验或进行设计反分析的工程。

2.观测点的布置及观测方法

一般是在建筑物周边的墙、柱或基础的同一高程处设置多个固定的观测点,且在墙角、纵横墙交叉处和沉陷缝两侧都应有测点控制。距离建筑物一定范围设基准点,从建筑物修建开始直至竣工以后的相当长时间内定期观测各测点高程的变化。

3.建筑物观测工作

观测次数和间隔时间应根据观测目的、加载情况和沉降速率确定。当沉降速率小于1mm/100d时可停止经常性的观测。建筑物竣工后的观测间隔按表5.4确定。

(1)施工期间的观测:当基础砌好安上观测标志后,即开始观测,以后按建筑物完成的层次观测,每增加1~2层观测一次;或按增加荷重观测,每增加总荷载的25%,50%,70%,100%时各观测一次;对高耸塔仓类构筑物还可按增加的高度进行观测。

表5.4 竣工后观测间隔时间

沉降速率/($mm \cdot d^{-1}$)	观测时间间隔/d
>0.3	15
0.1~0.3	30
0.05~0.1	90
0.02~0.05	180
0.01~0.02	365

(2)竣工后的观测:竣工投产后的观测时间间隔,视沉降量的大小和沉降速度而定,一般第一年内1~3个月观测一次,以后每年观测2~3次,直至沉降稳定为止。沉降稳定标准为沉降速率小于0.02~0.04mm/d。

(3)观测期限:视地基土层而定,一般砂土地基二年,黏性土地基五年,软土地基更长。

根据观测结果绘制加载、沉降与时间的关系曲线。由此可以较好地划定地基土的变形性和均一性;与预测的结论对比,以检验计算采用的理论公式、方案和所用参数的可靠性;获得在一定土质条件下选择建筑结构型式的经验。也可由实测结果进行反分析,即反求土层模量或确定沉降计算经验系数。

5.3 岩土体性质与状态的监测

5.3.1 岩土体变形监测

1. 岩土体变形监测的意义

岩土体的变形量是评价岩土体及建筑物稳定状态或建筑物是否能正常使用最直接的指标，监测结果亦可用作反演计算的参数或检验计算方法的适宜性。对工程岩土体采取加固措施时也需要以变形监测资料作依据。

由于岩土体的工程性质复杂而多变，勘察时往往难以把握得十分清楚，以致所做的评价不够确切。对一些重大工程，尤其是复杂地质条件的工程，进行岩土体和建筑物变形监测就十分必要。不仅可及时发现问题，采取必要的对策和措施，以保证工程的正常施工和使用，而且积累有价值的经验资料，对发展岩土力学和提高勘察工作水平皆有重要意义。

2. 岩土体变形监测的内容和方法

岩土体变形监测内容广泛，主要包括各种不良地质作用和各类工程（各种地基基础工程、边坡工程和地下工程）所涉及的岩土体内部的压缩、拉伸及剪切变形和表面位移量的监测。这里着重介绍边坡工程和滑坡以及地下工程岩土体变形监测的内容和方法。

(1)边坡工程和滑坡的监测。边坡工程和滑坡监测的目的，一是正确判定其稳定状态，预测位移、变形的发展趋势，做出边坡失稳或滑坡临滑前的预报；二是为整治提供科学依据以及检验整治的效果。规范中规定：边坡工程施工过程中应严格记录气象条件、挖方、填方堆载等情况。爆破开挖时，应监控爆破对周边环境的影响。土石方工程完成后，尚应对边坡的水平位移和竖向位移进行监测直到变形稳定为止，且不得少于3年。

滑坡监测应包括下列内容：①滑坡体的位移；②滑面位置及错动；③滑坡裂缝的发生和发展；④滑坡体内外地下水位、流向、泉水流量和滑带孔隙水压力；⑤支挡结构及其他工程设施的位移、变形、裂缝的发生和发展。

当需判定边坡崩塌剥离体或危岩的稳定性时，应对张裂缝进行监测。对可能造成较大危害的崩塌，应进行系统监测，并根据监测结果，对可能发生崩塌的时间、规模、塌落方向和途径、影响范围等做出预报。

按上述监测内容可分地面位移监测、岩土体内部变形和滑动面位置监测以及地下水观测三项。本节只论述前二项内容，后一项内容将在5.4节中讨论。

1)地面位移监测。主要采用经纬仪、水准仪或光电测距仪重复观测各测点的位移方向和水平、铅直距离，以此来判定地面位移矢量及其随时间变化的情况。测点可根据具体条件和要求布置成不同型式的线、网，一般在条件较复杂和位移较大的部位测点应适当加密。图5.2为长江三峡工程库区内新滩滑坡地面位移观测点平面布置图，测点主要集中布置在地面位移量较大的姜家坡一带。对于规模较大的滑坡，还可采用航空摄影测量和全球卫星定位系统来进行监测。也可采用伸缩仪和倾斜计等简易方法监测。

监测结果应整理成曲线图，并以此来分析滑坡或工程边坡的稳定性发展趋势，做临滑预报。图5.3即为新滩滑坡铅直位移时间关系曲线，从图上可以清晰地看出，该滑坡从1985年5月开始铅直位移量显著增大，到6月12日便发生了整体下滑，滑坡方量约$3\times10^7 m^3$。由于临滑预报非常成功，避免了人员伤亡。

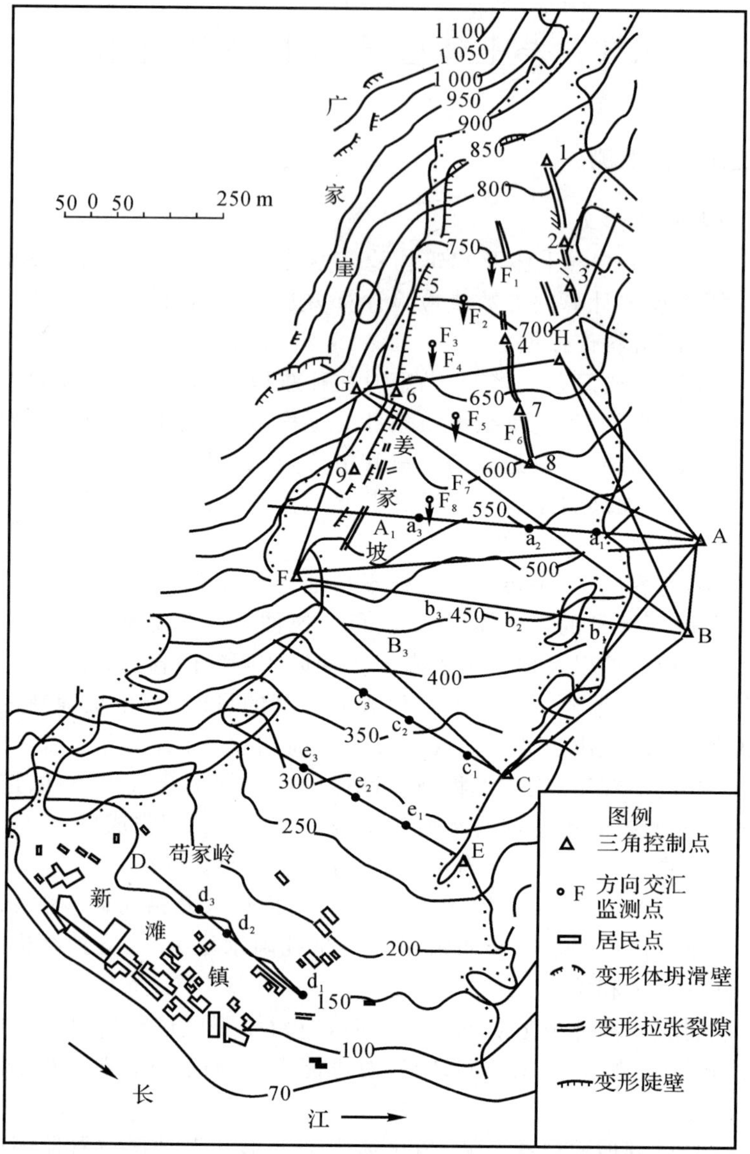

图 5.2　新滩滑坡地面位移观测点平面布置图

(据西陵岩崩调查处，1985)

除了绘制位移时间关系曲线图外，还应绘制各监测点的位移矢量图。图 5.4 是日本某滑坡用光电测距仪监测所获得的位移矢量图，可以看出滑坡的位移范围、方向和各部位位移量的大小。铁路线和国道位于滑坡位移区之外，不受该滑坡的影响。

2)岩土体内部变形和滑动面位置监测。准确地确定滑动面位置是进行滑坡稳定性分析和整治的前提条件，它对于正处于蠕滑阶段的滑坡效果显著。目前常用的监测方法有管式应变计、倾斜计和位移计等。它们皆借助于钻孔进行监测的。下面简要介绍这几种方法。

管式应变计监测是在聚氯乙烯管上隔一定距离贴电阻应变片，随后将其埋置于钻孔中，用于测量由于滑坡滑动引起管子的变形。其安装方法如图 5.5 所示。安装变形管时必须使应变片正对着滑动方向。测量结果可清楚地显示出滑坡体随时间不同深度的位移变形情况以及滑动面的位置。图 5.6 即为某滑坡用管式应变计监测的成果，滑动面深度为 4.4m。此法较简便，在国内外使用最为广泛。

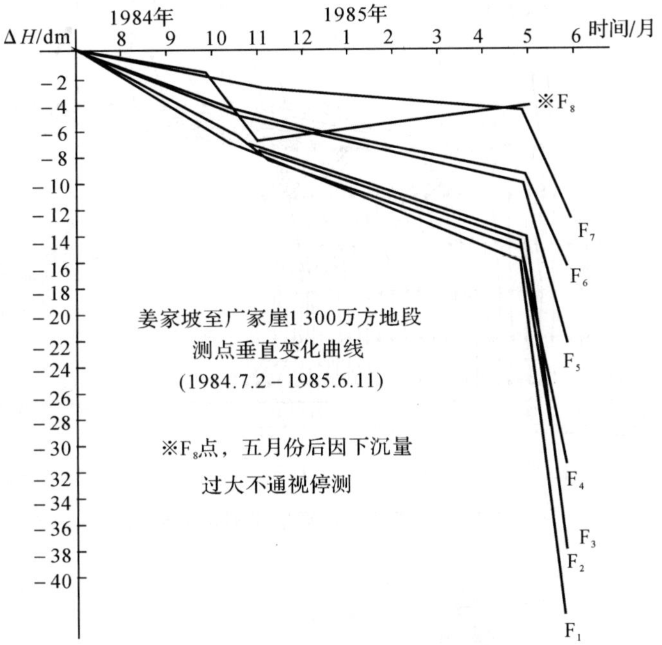

图 5.3　新滩滑坡垂直位移-时间关系曲线

（据西陵峡岩崩调查处，1985 年）

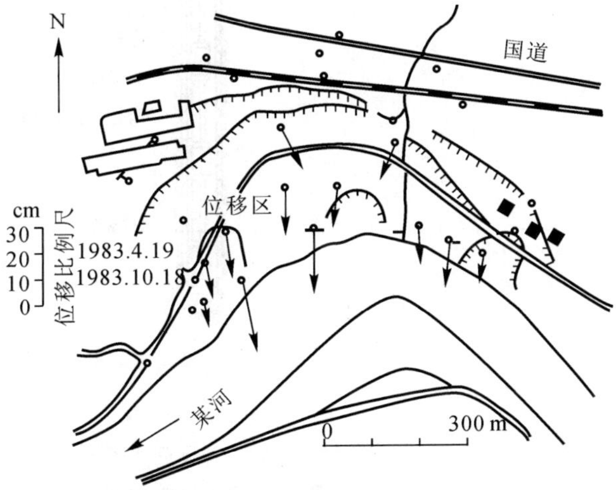

图 5.4　用光电测距仪测量的唯一矢量图

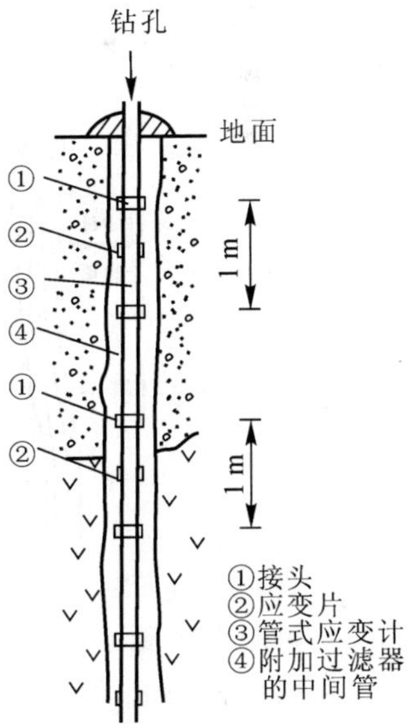

图 5.5　管式应变测量计安装图

倾斜计是一种量测滑坡引起钻孔弯曲的装置，可以有效地了解滑动面的深度。该装置有两种型式：一种是由地面悬挂一个传感器至钻孔中，量测预定各深度的弯曲（图 5.7）；另一种是钻孔中按深度装置固定的传感器（图 5.8）。其监测结果如图 5.9 所示，滑动面深度为 3.5m。

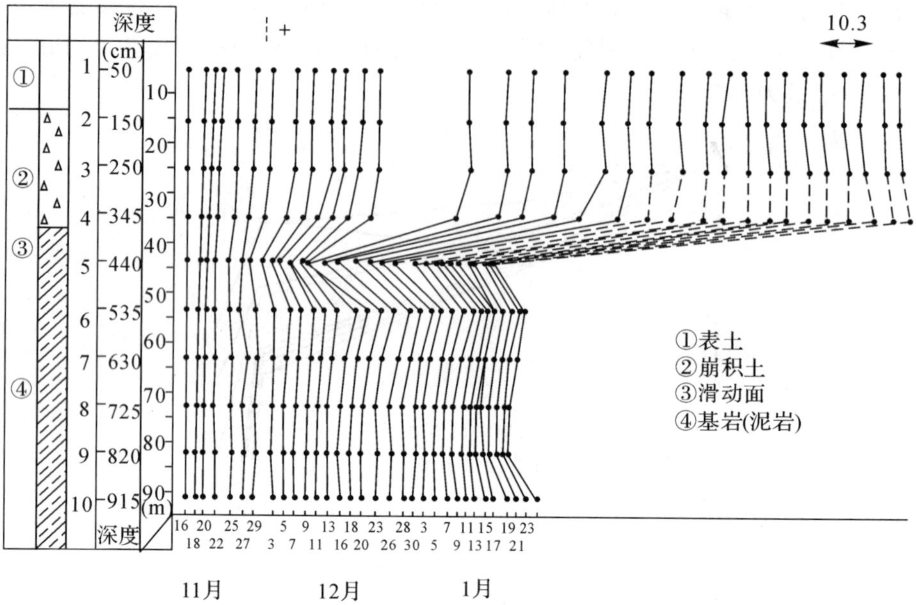

图 5.6　某管式应变测量仪测量成果图

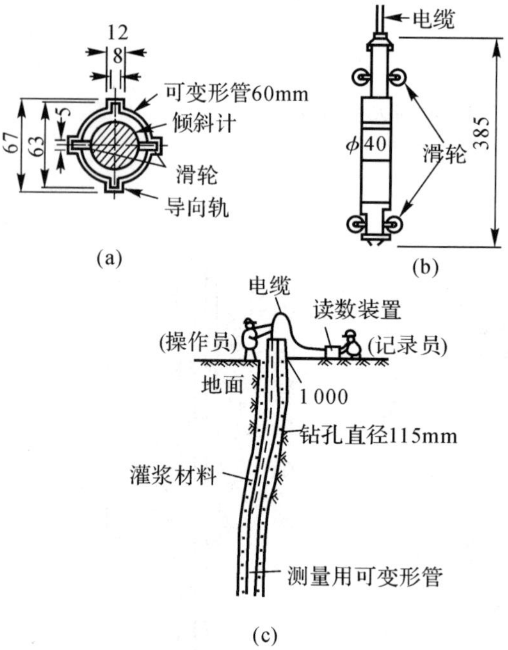

图 5.7　放入型倾斜计测量实例

(单位：mm)

(a)在可弯曲管中放置倾斜计横断面；（b)倾斜仪单体；

(c)由放入型倾斜计在地面测量水平位移

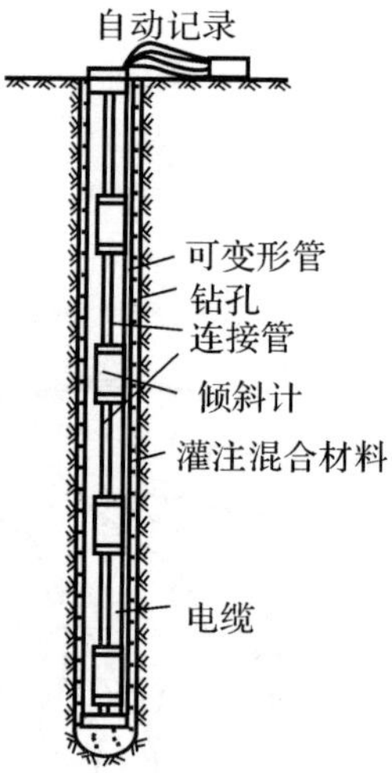

图 5.8　固定型倾斜计测量实例

（可变型管和连接管两者共用）

位移计是一种靠测量金属线伸长来确定滑动面位置的装置，一般采用多层位移计量测，将金属线固定于孔壁的各层位上，末端固定于滑床上(图 5.10)。它可以用来判断滑动面的深度和滑坡体随时间的位移变形。

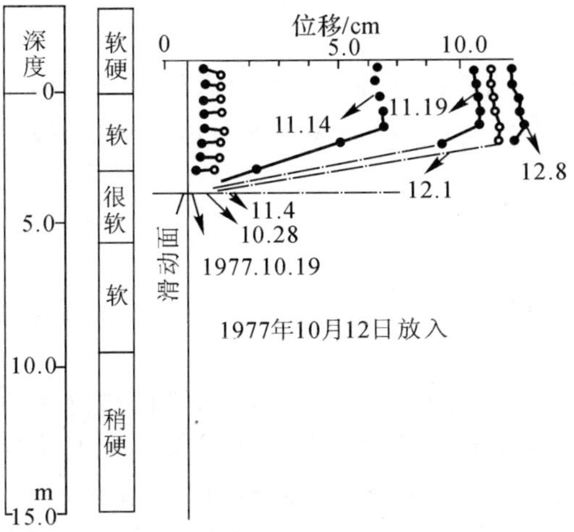

图 5.9　倾斜计测量结果示意图

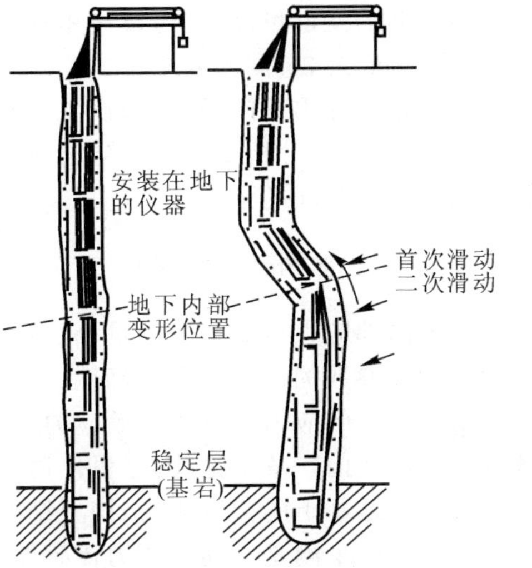

图 5.10　金属线多层位移计

(2)洞室壁面收敛量测。收敛量测是直接量测岩体表面两点间的距离改变量，它被用于了解洞室壁面间的相对变形和边坡上张裂缝的发展变化，据以对工程稳定性趋势做出评价和对破坏时间做出预报。边坡张裂缝量测方法比较简单，一般在裂缝两侧埋设固定点，用钢卷尺直接量测即可。洞室壁面收敛量测则需借助于专用的收敛计，下面作简要介绍。

做收敛量测时，首先要选择代表性的洞段，量测前在壁面设测桩，收敛计的选择可根据量测方向、位移大小和观测精度确定。收敛计分垂直方向的、水平方向的和倾斜方向的几种。

垂直收敛计量测洞室顶、底板之间的相对变形，可使用悬挂型和螺栓型两种收敛计(图 5.11)。前者可免除每次量测时的攀高问题，对高边墙洞室具有明显的优点，且这种收敛计可以从顶板上的基点作洞壁全断面放射状量测，使用方便；后者不但具有悬挂型的优点，且因螺栓测点可以紧靠开挖工作面埋设，尽可能取得岩体的“全变形”资料。

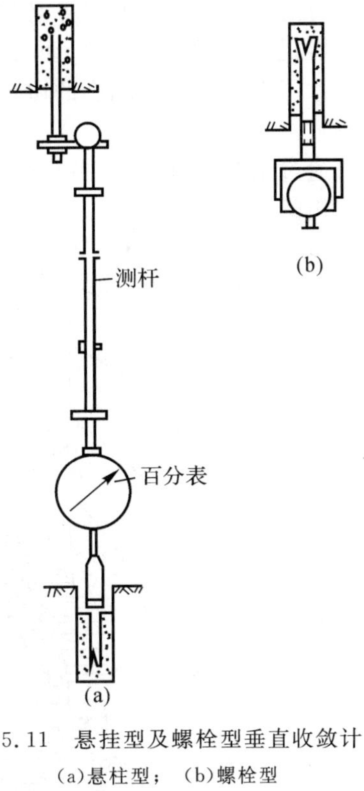

图 5.11　悬挂型及螺栓型垂直收敛计

(a)悬柱型；(b)螺栓型

水平收敛计目前常用的是带式收敛计和钢尺式收敛计，它们在跨度不大的洞室中使用，携带方便，安装简单，比较适用。但是当洞室跨度较大时，由于收敛计挠曲变形而使量测精度明显降低，因而要增加收敛计钢尺(带)的刚度和施加一定的拉力，以减少钢尺(带)的挠曲变形，在分析收敛量读数时进行适当的挠曲校正。一般钢尺(带)的材料为铟钢，每次量测时需用恒定的拉力，需精确量测时尚应消除温度的影响。

倾斜方向的变形量测，也可以使用水平收敛计，但此时收敛计与测桩间应改为球铰连接方式，以适应不同方向量测的要求。

当洞室稳定性出现问题时，应设限位开关的多点地表位移伸长计及报警装置。对洞室稳定性进行评价时，应分析变形（位移）与时间的关系曲线；当变形加速发展时，可根据曲线的延伸趋势做出破坏时间的预报。

5.3.2 岩土体内部应力量测

岩土体内部应力量测与变形量测的意义一样，可用来监测建筑物的安全使用，亦可检验计算模型和计算参数的适用性和准确性。

岩土体内部的应力可分为初始应力和二次应力。初始应力也称地应力，它的概念和量测原理及方法已在前一章中论述，这里仅讨论工程建筑物兴建后的二次应力，主要指的是房屋建筑基础底面与地基土的接触压力；挡土结构上的土压力以及洞室的围岩压力等的量测问题。

岩土压力的量测是借助于压力传感器装置来实现的，一般将压力传感器埋设于结构物与岩土体的接触面上。目前国内外采用的压力传感器多数为压力盒，有液压式、气压式、钢弦式和电阻应变式等不同型式和规格的产品，以后两种较常用。由于压力观测是在施工和运营期间进行的，互有干扰，所以务必要注意量测装置不被破坏。为了保证量测数据的可靠性，压力盒应有足够的强度和耐久性，加压、减压线性良好，能适应温度和环境条件变化而保持稳定。应注意压力盒与土体刚度的协调问题，埋设时应避免对土体的扰动，回填土的性状应与周围土体一致。

通过定时观测，便可获得岩土压力随时间变化的资料，图 5.12 即为某洞室工程结构物上所作用的围岩压力图形。

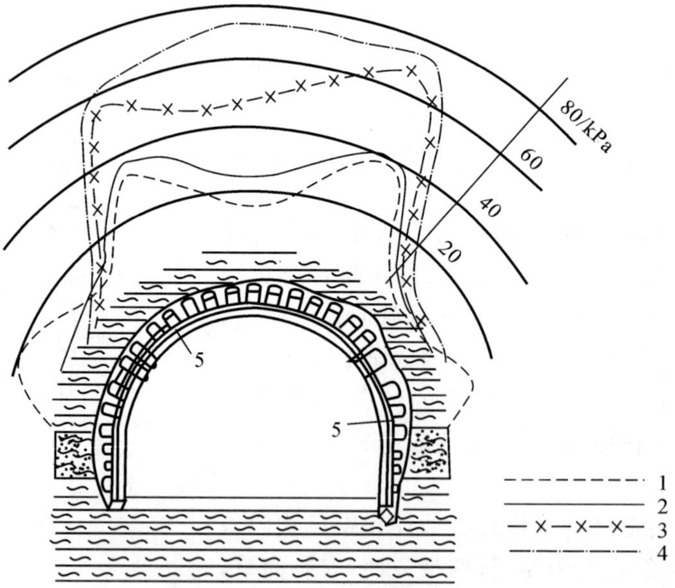

图 5.12 水平坑道支护上的围岩压力图形

1—开挖后的 30d； 2—开挖后的 60d； 3—开挖后的 90d； 4—开挖后的 120d； 5—测力计

5.4　地下水的监测

5.4.1　地下水监测的意义和条件

地下水对工程岩土体的强度和变形以及对建筑物稳定性的影响，都是极为重要的。例如，在高层建筑深基坑开挖和支护中，由于地下水的作用，可能会导致坑底上鼓溃决、流砂突涌、支护结构移位倾倒、降水引起周围地面沉降而导致建筑物破坏。因此在深基坑施工过程中要加强地下水的监测。地下水也是各种不良地质作用产生的重要因素。例如，作用于滑坡上的孔隙水压力、浮托力和动水压力，直接影响滑坡的稳定性。饱水砂土的管涌和液化、岩溶区的地面塌陷等，无不与地下水的作用息息相关。当前，我国高层建筑深基坑工程和大型地下构筑物与日俱增，而且各类建筑物和构筑物往往兴建于不同的复杂地质环境中，因此要对地下水压力、孔隙水压力准确控制，以保证工程顺利、安全施工和正常运行。

对地下水进行监测，不同于水文地质学中“长期观测”的含义。因观测是针对地下水的天然水位、水量和水质的时间变化规律的，一般仅是提出动态观测资料。而监测则不仅仅是观测，还要根据观测资料提出问题，制订处理方案和措施。

根据《岩土工程勘察规范》(GB 50021—2001)规定，大致有以下几种情况下进行地下水监测：

(1)当地下水位的升降影响岩土体稳定，以致产生不良地质作用时。

(2)当地下水位上升对构筑物产生浮托力或对地下室和地下构筑的防潮、防水产生较大影响时。

(3)当施工排水对工程有较大影响时。

(4)当施工或环境条件改变造成的孔隙水压力、地下水压力的变化对岩土工程有较大影响时。

对于地下水监测的具体要求如下：

(1)大面积填方、填海等地基处理工程应对地面沉降进行长期监测，施工过程中还应对土体变形孔隙水压力等进行监测。

(2)施工过程中需要降水而周边环境要求监控时，应对地下水位变化和降水对周边环境的影响进行监测。

(3)对挤土桩，当周边环境保护要求严格、布桩较密时，应对打桩过程中造成的土体隆起和位移邻桩桩顶标高及桩位孔隙水压力等进行监测。

监测工作布置的原则。监测点、监测线的布置以研究区地貌、水文地质条件、岩土体性状和工程要求而确定，一般原则如下：

(1)在平原及地质条件简单的地区，监测点可布置成方格网状，监测线应平行或垂直地下水流向布置，间距不宜大于 400m。

(2)在狭窄地区，当无地表水体时，监测点可按三角形布置；当有地表水体时，监测线应垂直地表水体的岸边线布置。

(3)在水位变化大的地段、上层滞水或裂隙水集聚的地段应布置监测点。当有多层含水层存在时，必要时可分层设置监测孔，以了解不同含水层的水位、水质、水压、水温及其联系情况。

(4)在滑坡、岸边地段应在坝肩、坝基、坝的上下游和滑动带设置监测点。对于基坑可垂直基坑长边布置监测线。

(5)监测点的间距视地下水的梯度或地形坡度的大小及离地表水体的远近而确定；当地下水流梯度大(或地形坡变大)或靠近地表水体时，间距可小些，否则可大些，但不宜超过400m。

(6)监测孔深度应达到可能最低水位或基础施工最大降深以下1m处。

地下水监测的内容包括地下水位的升降、变化幅度及其与地表水、大气降水的关系；工程降水对地质环境及附近建筑物的影响；深基、洞室施工，评价斜坡、岸边工程稳定和加固软土地基等进行孔隙水压力和地下水压力的监控；管涌和流土现象对动水压力的监控；当工程可能受腐蚀时，对地下水水质的监测等。

下面主要就孔隙水压力、地下水压力和水质监测进行讨论。

5.4.2 孔隙水压力监测

孔隙水压力对岩土体变形和稳定性有很大的影响，因此在饱和土层中进行地基处理和基础施工过程中以及研究滑坡稳定性等问题时，孔隙水压力的监测很有必要。其具体监测目的如表5.5所示。

表5.5 孔隙水压力监测项目

项目	监测目的
加载预压地基	估计固结度以控制加载速度
强夯加固地基	控制强夯间歇时间和确定强夯深度
预制桩施工	控制打桩速度
工程降水	监测减压井压力和控制地面沉降
研究滑坡稳定性	监控和治理

监测孔隙水压力所用的孔隙水压力计型号和规格较多，应根据监测目的、岩土的渗透性和监测期长短等条件选择，其精度、灵敏度和量程必须满足要求。现将仪器的类型、适用条件和计算公式列于表5.6中。

表5.6 孔隙水压力计类型、适用条件及计算公式

仪器类型		适用条件	计算公式
立管式(敞开式)		渗透系数大于10^{-4}cm·s^{-1}的岩土层	$u=\gamma_w \cdot h$
水压式(液压式)		渗透系数小的土层，量测精度>2kPa，监测期<1个月	$u=\gamma_w \cdot h+p$
气动式(气压式)		各种岩土层，量测精度≥10kPa，监测期<1个月	$u=c+\alpha p$
电测式	振选弦式	各种岩土层，量测精度≤2kPa，监测期>1个月	$u=K(f_0^2-f^2)$
	电阻应变式	各种岩土层，量测精度≤2kPa，监测期<1个月	$u=K(\varepsilon_1-\varepsilon_0)$
	差动变压式	各种岩土层，量测精度≤2kPa，监测期>1个月	$u=K'(A-A_0)$

注：计算公式中的符号含义：u为孔隙水压力(kPa)；p为压力表读数(kPa)；γ_w为水的重度(kN/m^3)；h为观测点的水柱高或其与压力计基面间的高差(m)；c，a为气压表的标定常数；K为压力计的灵敏系数(单位：振弦式kPa/Hz^2，电阻应变式kPa/$\mu\varepsilon$)；f_0为压力机零压时的频率(Hz)；f为压力机受压时的频率(Hz)；ε_0为压力机受压前的测读数；ε_1为压力机受压时的测读数；K'为率定系数(kPa/V)；A_0为初读数(V)；A为测定数(V)。

孔隙水压力监测点的布置视不同目的而异，一般是将多个压力计顺孔隙水压力变化最大的方向埋置，以形成监测剖面和监测网，各点的埋置深度可不相同，以能观测到孔隙水压力变化为准，压力计可采用钻孔法或压入法埋设。压入法只适用于软土。采用钻孔法时，当钻达埋置深度后先于孔底填入少量砂子，待置入测头后再在周围和上部填砂，最后用膨胀性黏土球将钻孔全部严密封堵。由于埋设压力计时会改变土体中的应力和孔隙水压力的平衡条件，所以需要一定时间待其恢复原状后才能进行正式观测。

观测结果应整理成曲线图。图 5.13 为上海某海堤试验段孔隙水压力和填土荷重的关系曲线。从图中可以看出，当荷重达到 49kPa 时，各测点孔隙水压力增量有一个拐点，表明地基土有塑流趋势，应降低加荷速率使孔隙水压力消散。否则将遭致地基土滑动破坏。

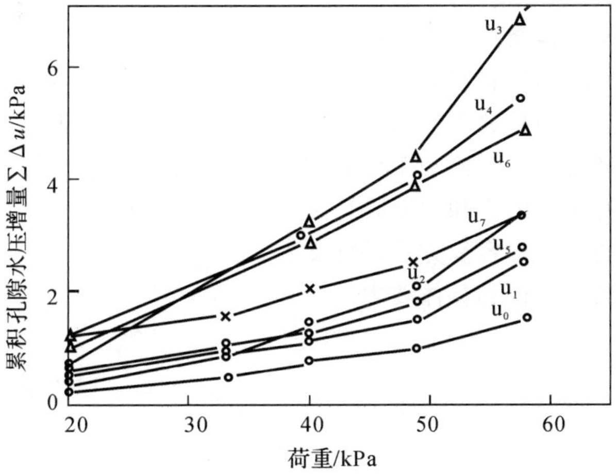

图 5.13　孔隙水压力-填土荷重关系曲线(据李大梁)

5.4.3　地下水压力(水位)和水质监测

地下水压力(水位)和水质监测工作的布置，应根据岩土体的性状和工程类型确定。一般顺地下水流向布置观测线，为了监测地表水与地下水之间关系，则应垂直地表水体的岸边线布置观测线。在水位变化大的地段，上层滞水或孔隙水聚集地带，皆应布置观测孔。基坑开挖工程降水的监测孔应垂直基坑长边布置观测线，其深度应达到基础施工的最大降水深度以下 1m 处。动态监测除布置监测孔外，还可以利用地下水天然露头式水井。

地下水动态监测应不少于 1 个水文年。观测内容除了地下水水位外，还应包括水温、泉的流量，在某些监测孔中有时尚应进行定期取水样做化学分析和抽水。观测时间间隔视目的和动态变化急缓时期而定，一般雨汛期加密、干旱季节放疏。可以 3～5d 或 10d 观测一次，而且每年不宜少于 4 次。观测上述各项内容的同时，还应观测大气降水、气温和地表水体(河、湖)的水位等，籍以相互对照。

监测成果应及时整理，将现场监测收集的原始资料逐旬、逐月、逐年地进行整理编制，并提出下面成果：

(1)地下水和降水量的动态变化曲线；地下水与地表水体的动态变化曲线；地下水压动态变化曲线。

(2)不同时期的水位埋深图、等水位线图；不同时期有害化学成分等值线图、矿化度等值线图等。

(3)预测地下水水位、水质的变化趋势;分析地下水与地表水体的补排关系;对地下水受污染的可能性进行判断分析等。

(4)论述地下水对岩土工程的不良地质作用、危害程度及防治措施。

思 考 题

1. 现场检验与监测的主要内容有哪些?
2. 简述天然地基基槽验槽的要求。
3. 简述现场监测的工程类型及主要内容。
4. 简述桩基工程检测的内容和方法。
5. 深基坑开挖和支护的检验与监测的具体要求是什么?
6. 简述建筑物沉降监测的对象和工作方法。
7. 滑坡工程监测的主要内容和方法是什么?
8. 地下洞室监测的主要内容和方法是什么?
9. 简述地下水监测的条件和具体要求。

第6章 建筑场地水、土腐蚀性的调查、测试与评价

6.1 水、土腐蚀性作用机理

硅酸盐水泥遇水硬化，并且形成 $Ca(OH)_2$、水化硅酸钙 $CaOSiO_2 \cdot 12H_2O$、水化铝酸钙 $CaOAl_2O_3 \cdot 6H_2O$ 等，这些物质往往会受到场地水、土的腐蚀，所以，对场地的工程结构，应评价场地水、土对混凝土或钢结构的腐蚀性。

场地水、土对混凝土或钢结构的腐蚀性在基本道理上是类似的，下面仅讨论场地水（地表水或地下水）对混凝土或钢结构的腐蚀性机理。

水中腐蚀混凝土或钢结构的化学组分主要有硫酸盐、氯化物、镁、钙、CO_2 等，pH 值小的酸性水也具有腐蚀性，场地水对建筑材料腐蚀类型分为三类：

1. 结晶类腐蚀

如果场地水中 SO_4^{2-} 离子的含量超过一定值，那么 SO_4^{2-} 离子将与混凝土中的 $Ca(OH)_2$ 起反应，生成二水石膏结晶体 $CaSO_4 \cdot 2H_2O$，这种石膏再与水化铝酸钙 $CaOAl_2O_3 \cdot 6H_2O$ 发生化学反应，生成水化硫铝酸钙，这是一种铝和钙的复合硫酸盐，习惯上称为水泥杆菌。由于水泥杆菌结合了许多结晶水，因而其体积比化合前增大很多，约为原体积的 221.86%，产生比混凝土抗拉强度大的结晶膨胀应力，使混凝土的结构遭受破坏。

2. 分解类腐蚀

水中的 H^+、游离 CO_2 及氯化镁、氯化铵等盐类或水的矿化度，超过或低于一定限度时，使混凝土表面钙化层（$CaCO_3$）或混凝土中固态游离石灰质溶解于水，降低了混凝土中的石灰碱度（水泥在水化时释放出 $Ca(OH)_2$，使混凝土内处于高度碱性条件），导致水泥发生水解。

分解类腐蚀可分为酸性腐蚀、碳酸性腐蚀和微矿化水性腐蚀三种：

(1)酸性腐蚀。反应式为

$$Ca(OH)_2 + 2H^+ \rightarrow Ca^{2+} + 2H_2O$$

$$2CaCO_3 + 2H^+ \rightarrow Ca(HCO_3)_2 + Ca^{2+} \rightarrow 2HCO^- + 2Ca^{2+}$$

酸性腐蚀的强弱主要取决于水的 pH 值。pH 值越小，水的酸性越大，对混凝土或钢结构的腐蚀性越强。

(2)碳酸性腐蚀。混凝土表面的石灰在空气和水中的 CO_2 作用下，首先生成一层碳酸钙保护膜，进一步的作用形成易溶解于水的重碳酸钙，使混凝土破坏。反应式为

$$CaCO_3 + H_2O + CO_2 \leftrightarrow Ca^{2+} + 2HCO_3^-$$

这是可逆反应。当水中含有一定数量的 HCO_3^- 时，必须溶解一定数量的游离 CO_2 以达到平衡，称平衡 CO_2。如果水中游离 CO_2 减少，则方程式向左进行，产生碳酸钙淀积。若水中

游离 CO_2 大于平衡 CO_2，则反应向右进行，即碳酸钙被溶解，直至达到新的平衡为止，这种超过平衡 CO_2 的那部分游离 CO_2，称为侵蚀性 CO_2。

(3)微矿化水性腐蚀。矿化度过低的水具有使水泥成分溶解的作用。

3. 结晶分解复合类腐蚀

当场地水中 NO_3^-，Cl^- 和 Mg^{2+} 离子的含量超过一定数量时，将与混凝土中的 $Ca(OH)_2$ 发生反应，例如：

$$MgSO_4 + Ca(OH)_2 = Mg(OH)_2 + CaSO_4$$

$$MgCl_2 + Ca(OH)_2 = Mg(OH)_2 + CaCl_2$$

$Ca(OH)_2$ 与镁盐作用的生成物中，除 $Mg(OH)_2$ 不易溶解外，$CaCl_2$ 则易溶于水，并随之流失；硬石膏 $CaSO_4$ 一方面与混凝土中的水化铝酸钙反应生成水泥杆菌；另一方面，硬石膏遇水生成二水石膏。二水石膏在结晶时，体积膨胀，破坏混凝土的结构。

综上所述，场地水对混凝土或钢结构的腐蚀是一项复杂的过程，在一定的工程地质与水文地质条件下，对建筑物的耐久性影响很大。

6.2 水、土腐蚀性调查与测试

6.2.1 水、土腐蚀性调查内容

评价水、土对混凝土、钢筋混凝土结构的腐蚀性，应调查的内容包括以下几方面：

(1)场地的气候条件，或干燥度指标 K 值。干燥度是说明气候干燥程度的指标。我国干燥度大于 1.5 的地区有新疆(除局部)、西藏(除东部)、甘肃(除局部)、青海(除局部)、宁夏、内蒙(除局部)、陕西北部、山西北部、辽宁西部、吉林西部，其他各地基本上小于 1.5。不能确认或需干燥度的具体数据时，可向当地气象部门查询。

(2)场地的冰冻区，应根据一月份的月平均温度确定。当月平均温度大于 0℃时为不冻区，0～－4℃时为微冻区，小于－4℃为冰冻区。

(3)场地的冰冻段，应根据场地标准冻深和地面下温度确定。当地面下温度大于 0℃时为不冻段，0～－4℃时为微冻段，小于－4℃为冰冻段。

(4)场地地层的透水性，分为强透水土层和弱透水层。

(5)场地的海拔高程。

评价水、土对钢结构的腐蚀性，应调查的内容包括以下几方面：

(1)土质类别。

(2)土层剖面的均匀性、密实度、干湿度，通气性。

(3)土的硫化物反应和碳酸盐反应的检验。

(4)水的颜色、嗅味、悬浮物、沉淀物外观特征。

6.2.2 取样和测试项目

当有足够经验或充分资料认定工程场地的土或水(地下水或地表水)对建筑材料不具腐蚀

性时，可不取样进行腐蚀性评价。否则，应取水试样或土试样进行试验，并按相关规范评定其对建筑材料的腐蚀性。

采取水试样和土试样应符合下列规定：

(1)混凝土或钢结构处于地下水位以下时，应采取地下水试样和地下水位以上的土试样，并分别做腐蚀性试验。

(2)混凝土或钢结构处于地下水位以上时，应采取土试样做土的腐蚀性试验。

(3)混凝土或钢结构处于地表水中时，应采取地表水试样，做水的腐蚀性试验。

(4)水和土的取样数量每个场地不应少于各 2 件，对建筑群不宜少于各 3 件。

腐蚀性试验项目和试验方法应符合表 6.1 的规定。

表 6.1　腐蚀性试验项目

序号	试验项目	试验方法
1	pH 值	电位法或锥形电极法
2	Ca^{2+}	EDTA 容量法
3	Mg^{2+}	EDTA 容量法
4	Cl^-	摩尔法
5	SO_4^{2-}	EDTA 容量法
6	HCO_3^-	酸滴定法
7	CO_3^{2-}	酸滴定法
8	侵蚀性 CO_2	盖耶尔法
9	游离 CO_2	碱滴定法
10	NH_4^+	钠氏试剂比色法
11	OH^-	酸滴定法
12	总矿化度	质量法
13	氧化还原电位	铂电极法
14	极化曲线	两电极恒电流法
15	电阻率	四极法
16	质量损失	管罐法

注：①序号 1～7 为判定土的腐蚀性需试验的项目，序号 1～9 为判定水的腐蚀性需试验的项目；②序号 10～12 为水质受严重污染时需试验的项目；序号 13～16 为土对钢结构腐蚀性试验项目；③序号 1 对水试样为电位法，对土试样为锥形电极法(原位测试)；序号 2～12 为室内试验项目；序号 13～15 为原位测试项目；序号 16 为室内扰动土的试验项目；④土的易溶盐分析土水比为 1∶5。

6.3　腐蚀性评价

在评价场地水对建筑结构材料的腐蚀性时必须结合建筑场地所属的环境类别。建筑场地的环境分类如表 6.2 所示。

表 6.2　环境类型分类

环境类别	场地环境地质条件
Ⅰ	高寒区、干旱区直接临水；高寒区、干旱区含水量 $w\geqslant10\%$ 的强透水土层或含水量 $w\geqslant20\%$ 的弱透水土层
Ⅱ	湿润区直接临水；湿润区含水量 $w\geqslant20\%$ 的强透水土层或含水量 $w\geqslant30\%$ 的弱透水土层
Ⅲ	高寒区、干旱区含水量 $w<20\%$ 的弱透水土层或含水量 $w<10\%$ 的强透水土层；湿润区含水量 $w\leqslant30\%$ 的弱透水土层或含水量 $w<20\%$ 的强透水土层

注：①高寒区是指海拔高度等于或大于 3 000m 的地区；干旱区是指海拔高度小于 3 000m，干燥度指数 K 值等于或大于 1.5 的地区；湿润区是指干燥度指数 K 值小于 1.5 的地区；②强透水层是指碎石土、砾砂、粗砂、中砂和细砂；弱透水层是指粉砂、粉土和黏性土；③含水量 $w<3\%$ 的土层，可视为干燥土层，不具有腐蚀环境条件；④当有地区经验时，环境类型可根据地区经验划分；当同一场地出现两种环境类型时，应根据具体情况选定。

受环境类型影响，水和土对混凝土结构的腐蚀性，应符合表 6.3 的规定。

表 6.3　按环境类型水和土对混凝土结构的腐蚀性评价

腐蚀等级	腐蚀介质	环境类型		
		Ⅰ	Ⅱ	Ⅲ
弱 中 强	硫酸盐(SO_4^{2-}) 含量 /($mg\cdot L^{-1}$)	250～500 500～1 500 >1 500	500～1 500 1 500～3 000 >3 000	1 500～3 000 3 000～6 000 >6 000
弱 中 强	镁盐(Mg^{2+}) 含量 /($mg\cdot L^{-1}$)	1 000～2 000 2 000～3 000 >3 000	2 000～3 000 3 000～4 000 >4 000	3 000～4 000 4 000～5 000 >5 000
弱 中 强	铵盐(NH_4^+) 含量 /($mg\cdot L^{-1}$)	100～500 500～800 >800	500～800 800～1 000 >1 000	800～1 000 1 000～1 500 >1 500
弱 中 强	苛性碱(OH^-) 含量 /($mg\cdot L^{-1}$)	35 000～43 000 43 000～57 000 >57 000	43 000～57 000 57 000～70 000 >70 000	57 000～70 000 70 000～100 000 >100 000
弱 中 强	总矿化度 /($mg\cdot L^{-1}$)	10 000～20 000 20 000～50 000 >50 000	20 000～50 000 50 000～60 000 >60 000	50 000～60 000 60 000～70 000 >70 000

注：①表中数值适用于有干湿交替作用的情况，无干湿交替作用时，表中数值应乘以 1.3 的系数；②表中数值适用于不冻区(段)的情况；对冰冻区(段)，表中数值应乘以 0.8 的系数，对微冻区(段)应乘以 0.9 的系数。③表中数值适用于水的腐蚀性评价，对土的腐蚀性评价，应乘以 1.5 的系数，单位以 $mg\cdot kg^{-1}$ 表示；④表中苛性碱(OH^-)含量($mg\cdot L^{-1}$)应为 NaOH 和 KOH 中的 OH^- 含量($mg\cdot L^{-1}$)。

受地层渗透性影响，水和土对混凝土结构的腐蚀性评价，应符合表 6.4 的规定。

表 6.4　按地层渗透性水和土对混凝土结构的腐蚀性评价

腐蚀等级	pH 值		侵蚀性 CO_2/(mg·L^{-1})		HCO_3^-/(mmol·L^{-1})	
	A	B	A	B	A	B
弱	5.0～6.5	4.0～5.0	15～30	30～60	1.0～0.5	—
中	4.0～5.0	3.5～4.0	30～60	60～100	<0.5	—
强	<4.0	<3.5	>60	—	—	—

注：①表中 A 是指直接临水或强透水层中的地下水，B 是指弱透水层中的地下水；② HCO_3^- 含量是指水的矿化度低于 0.1g/L 的软水时，该类水质 HCO_3^- 的腐蚀性；③土的腐蚀性评价只考虑 pH 值指标，评价其腐蚀性时，A 是指含水量 $w \geqslant 20\%$ 的强透水土层，B 是指含水量 $w \geqslant 30\%$ 的弱透水土层。

当按表 6.3 和表 6.4 评价的腐蚀等级不同时，应按下列规定综合评定：

(1)腐蚀等级中，只出现弱腐蚀，无中等腐蚀或强腐蚀时，应综合评价为弱腐蚀。

(2)腐蚀等级中，无强腐蚀，最高为中等腐蚀时，应综合评价为中等腐蚀。

(3)腐蚀等级中，有一个或一个以上为强腐蚀，应综合评价为强腐蚀。

水和土对钢筋混凝土结构中钢筋的腐蚀性评价，应符合表 6.5 的规定。

表 6.5　对钢筋混凝土结构中钢筋的腐蚀性评价

腐蚀等级	水中的 Cl^- 含量/(mg·L^{-1})		土中的 Cl^- 含量/(mg·kg^{-1})	
	长期浸水	干湿交替	$w<20\%$的土层	$w \geqslant 20\%$的土层
弱	>5 000	100～500	400～750	250～500
中	—	500～5 000	750～7 500	500～5 000
强	—	>5 000	>7 500	>5 000

注：当水或土中同时存在氯化物和硫酸盐时，表中的 Cl^- 含量是指氯化物中的 Cl^- 与硫酸盐折算后的 Cl^- 之和，即 Cl^- 含量 $=Cl^- + SO_4^{2-} \times 0.25$。单位分别为 mg/L 和 mg/kg。

水和土对钢结构的腐蚀性评价，应分别符合表 6.6 和表 6.7 的规定。

表 6.6　水对钢结构腐蚀性评价

腐蚀等级	pH 值，($Cl^- + SO_4^{2-}$)含量/(mg·L^{-1})
弱	pH=3～11，($Cl^- + SO_4^{2-}$) <500
中	pH=3～11，($Cl^- + SO_4^{2-}$) ≥500
强	pH<3，($Cl^- + SO_4^{2-}$)任何浓度

注：①表中系指氧能自由溶入的水和地下水；②本表亦适用于钢管道；③如水的沉淀物中有褐色絮状物沉淀(铁)、悬浮物中有褐色生物膜、绿色丛块，或有硫化氢臭，应作铁细菌、硫酸盐还原细菌的检查，查明有无细菌腐蚀。

表 6.7　土对钢结构腐蚀性评价

腐蚀等级	pH	氧化还原电位 /mV	电阻率 /(Ω·m)	极化电流密度 /(mA·cm^{-2})	质量损失 /g
弱	5.5～4.5	>200	>100	<0.05	<1
中	4.5～3.5	200～100	100～50	0.05～0.20	1～2
强	<3.5	<100	<50	>0.20	>2

水、土对建筑材料腐蚀的防护，应符合现行国家标准《工业建筑防腐蚀设计规范》(GB 50046)和《建筑防腐蚀工程施工及验收规定》(GB 50212)的规定。

思　考　题

1. 什么是平衡 CO_2 和侵蚀性 CO_2？
2. 水、土腐蚀性调查的主要内容有哪些？
3. 在岩土工程勘察中，采取水、土试样有哪些要求？
4. 如何进行场地水、土的腐蚀性评价？

第7章 岩土工程分析评价及勘察成果报告

7.1 岩土工程分析评价

通过对建筑场地进行岩土工程测绘和调查、勘探与取样、原位测试与室内试验等岩土工程勘察工作，取得了一系列岩土工程资料、参数，如何运用这些资料和参数进行岩土工程分析与评价，是岩土工程勘察的重要环节之一。通过对建设场地的岩土工程分析与评价，编写出合理的岩土工程勘察报告，从而为拟建建筑工程提供技术可行、经济合理的科学依据，是岩土工程勘察的最终目的。

7.1.1 岩土工程分析评价的内容与要求

1. *岩土工程分析评价的要求*

岩土工程分析评价应符合下列要求：

(1)充分了解工程结构的类型、特点和荷载组合情况，分析强度和变形的风险和储备。

(2)掌握拟建建筑场地的地质背景，考虑岩土材料的非均质性，各向异性和随时间的变化特征，评估岩土参数的不确定性，确定其最佳估值。

(3)参考类似工程的实践经验。

2. *岩土工程分析评价的内容*

岩土工程分析评价是勘察成果整理的核心内容。它是在岩土工程勘察所得资料的基础上，密切结合拟建工程的特点和要求进行。主要应包括下列内容：

(1)建筑场地地质条件的稳定性及对拟建工程的适宜性。

(2)为岩土工程设计提供地层结构的几何参数及岩土体工程性状的设计参数。

(3)地下水空间分布特征及有关参数。

(4)预测拟建工程对现有工程的影响，工程建设产生的环境变化以及环境变化对工程的影响。

(5)提出地基与基础、边坡工程、地下洞室等各项岩土工程方案设计的建议。

(6)预测施工过程中可能出现的岩土工程问题，并提出相应的防治措施和合理的施工方案。

为了做好分析评价工作规定的各项内容，要求做到以下几点：

(1)岩土工程分析必须与工程密切结合，充分了解工程结构的类型、特点和荷载组合情况，分析强度和变形的风险和储备。

(2)充分掌握拟建场地的地质背景，考虑岩土体的非均匀性、各向异性，评估岩土参数的不确定性。

(3)参考类似岩土工程的经验,以作为拟建工程的借鉴。

(4)对于重大工程和复杂的岩土工程问题,应进一步进行现场模拟试验,在此基础上进行综合分析评价。同时在施工过程中应进行工程监测,并根据监测资料及时调整原先制定的岩土工程设计和施工方案。

7.1.2 岩土工程的极限状态

岩土工程从开始承受作用(荷载)直至破坏要经历不同的阶段,各阶段岩土工程处于不同的状态。这些不同的阶段和状态从安全可靠的角度出发,可以区分为有效状态和失效状态两类。所谓有效,是指岩土工程能有效、安全可靠地工作,从而完成设计预定的各项功能;反之,所谓失效状态,是指岩土工程失去完成设计功能的能力,不能有效地工作。有效状态和失效状态的分界称之为极限状态。超过这一界限,就不能再有效地工作。

《岩土工程勘察规范》规定,岩土工程计算应按极限状态进行。所谓"极限状态"是指整个工程或工程的一部分,超过某一特定状态就不能满足设计规定的功能要求,这一特定状态即称为该功能的极限状态。各种极限状态都有明确的标志或限值,按工程使用功能,可将极限状态分为承载力极限状态和正常使用极限状态两类。

1. 承载力极限状态

承载力极限状态或称破坏极限状态。超过这一极限状态后,岩土工程就不能满足预定的安全性的要求。破坏极限状态有两种表现形式:

(1)外荷作用超过了岩土工程的强度极限,形成破坏机制。例如:地基发生整体性滑动、边坡失稳、挡土结构倾覆、振动液化等。

(2)岩土体发生过大位移或变形,导致结构物发生结构性严重损坏。例如:①由于土的湿陷、震陷或其他变形过大造成工程的结构性破坏;②由于岩土体的过量位移,导致桩的倾斜,邻近工程的结构性破坏;③由于地下水的浮托力,静、动水压力造成的工程结构性破坏。

2. 正常使用极限状态

正常使用极限状态或称功能极限状态。超过这一极限状态,岩土工程就不能完成对其所提出的适用性或耐久性的要求。

出现下列情况之一时,可认为超过了正常使用极限状态:

(1)影响正常使用的外观变形,例如,由于岩土变形而使工程发生超限倾斜。

(2)影响正常使用或耐久性的局部破坏,例如由于岩土的局部变形而使工程发生表面裂缝。

(3)影响正常使用的振动,例如由于岩土刚度不够时受振动作用,而影响正常使用。

(4)影响正常使用的其他特定状态,例如坝体过量渗漏。

3. 极限状态方程

极限状态方程的一般表达式为

$$Z=g(x_1,x_2,\cdots,x_n)=0 \tag{7.1}$$

式中,$g(\cdots)$为函数记号,这里称为功能函数;$x_1,x_2,\cdots,x_n$为影响功能的各种作用的效应以及岩土和材料性能、几何参数等。

当只有作用力S和抗力R两个综合参量时,则

$$Z=g(R,S)=R-S \tag{7.2}$$

当$Z>0$时，处于可靠状态；当$Z<0$时，处于失效状态；当$Z=0$时，处于极限平衡状态。

7.1.3　岩土工程上的作用

岩土工程上的作用，有静态作用和动态作用，有固定作用和自由作用，按时间又可分为以下几种：

(1)永久作用。在规定的设计状况下一定出现，其量值随时间的变化可以忽略不计。它主要是静荷载，包括建筑物荷载、岩土自重压力以及静水压力等。

(2)可变作用。在规定的设计状况下不一定出现，其量值随时间的变化而变化。它主要是动荷载，包括使用荷载、车辆荷载、风荷载、雪荷载、水位变动的水压力等。可变作用一般取常遇值或准永久值作为其代表值。

(3)偶然作用。偶然作用在设计考虑的时间内不一定出现，一旦出现，其量值很大且持续时间很短。主要是瞬时偶然荷载，包括强烈地震、爆炸、意外撞击、龙卷风等。偶然作用的代表由有关规范规定，或参照有关资料和工程经验综合确定。

7.1.4　岩土工程分析评价的方法

岩土工程分析评价的方法有定性分析和定量分析两种。定性分析是岩土工程分析的首要步骤，也是定量分析的基础，前者是宏观和属性的判断，而后者是微观和量的评价，不经过定性分析不能直接进行定量分析。而在某些情况下，只需进行定性分析。定性分析和定量分析都应在详细占有有关资料和数据的基础上，运用成熟的理论和类似工程的经验进行论证，并宜提出多个方案进行比较。

1. 定性分析的应用范围

对下列问题，一般只作定性分析：

(1)工程选址和场地对拟建工程的适宜性评价，即根据工程特点对建筑场地进行合理选择，一般应选择两个以上场地进行对比分析，对各场地的优缺点和适宜性进行分析论证。

(2)拟建场地地质背景和工程地质条件分析。

(3)拟建场地的区域稳定性评价。

(4)岩土性质的直观鉴定。

2. 定量分析的应用范围

岩土工程的定量分析可采用定值法，在特殊工程需要时，可辅以概率统计法进行综合评价。对下列问题宜作定量分析：

(1)岩土体的变形性状及其极限值。

(2)岩土体的强度、稳定性及其极限值，包括斜坡及地基的稳定性。

(3)岩土压力及岩土体中应力的分布与传递。

(4)其他各种临界状态的判定。

3. 岩土工程定量分析方法

定量分析可采用解析法、图解法或数值法。其中解析法是使用最多的方法，它以经典的刚性体极限平衡理论为基础。这种方法的数学意义比较严格，但是由于实际的岩土体是不完全刚性体，岩土体边界条件的确定和计算参数的选取也都存在误差和不确定性，甚至有一定的经验性，所以采用解析法对岩土工程进行定量分析时，应有足够的安全储备以保证工程的可靠性。

(1) 定值法。定值法也称稳定性系数法或安全系数法。它是将设计变量作为非随机变量，即将所求的岩土参数作为一个确定值。由于稳定性系数是各种参数的函数，即$K=f(c,\phi,\gamma,\cdots)$，因而所获得的稳定性系数也是一确定值。为可靠起见，根据岩土工程的重要性以及地质条件的复杂程度，一般用安全系数来保证计算的安全度，即在强度上根据经验打一折扣，作为安全储备。其表达式为

$$K=\frac{R}{S}\geqslant[K] \tag{7.3}$$

式中，R，S，K，$[K]$分别为抗力、作用力、稳定性系数和安全系数。

(2) 概率分析法。概率分析法是将设计变量作为随机变量，对作用力、抗力、安全度进行概率分析，按失效概率量度设计的可靠性，将安全储备建立在概率分析的基础上。在实际工程中，由于岩土性质的差异性以及勘探、取样和测试的误差，导致许多参数并不是一个确定值，而是具有某种分布的随机变量，所获取的稳定性系数亦是相应的随机变量。因而采用概率分析法进行稳定性评价更为合理。概率分析法的表达式为

$$p_f=p(K<1)\leqslant[p_f] \tag{7.4}$$

式中，p_f，$[p_f]$分别为破坏概率和目标破坏概率。而稳定的概率则为

$$R=1-p_f \tag{7.5}$$

确定稳定性系数K和各种计算参数需要进行多次随机抽样，才能获得K值的概率分布图如图7.1所示，图中阴影部分即为破坏概率。

目前国内的岩土工程设计与计算多采用定值法，对特殊工程需要时可辅以概率分析法进行综合分析评价。

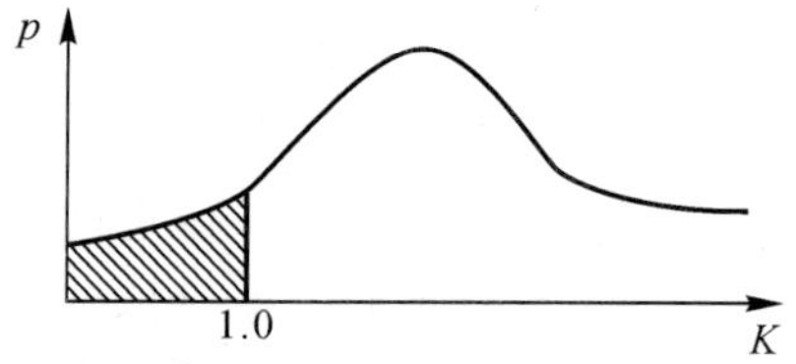

图7.1　K值概率分布图

(3)反分析法。反分析是通过对工程实体试验或施工监测岩土体实际表现性状所取得的资料，反求岩土工程技术参数的一种技术方法。根据反分析结果可以验证设计计算的合理性，查验工程效果的好坏以及分析事故的技术原因等。例如，根据建筑物沉降观测结果，反求地基土层的模量或确定沉降计算的经验系数，并由此验证地基沉降量计算的正确性。

反分析可分为非破坏性(无损的)反分析和破坏性(已损的)反分析两种情况，它们的应用分别列于表7.1和表7.2中。

表7.1　非破坏性反分析应用表

工程类型	实测参数	反演参数
建筑物工程	沉降量和基坑回弹量观测	岩土变形参数
动力机器工程	稳态或非稳态动力反应，包括位移和加速度	岩土动刚度、动阻尼
支挡工程	水平及铅直位移、倾斜、岩土压力、结构应力	岩土抗剪强度
公路	地基及路面变形	变形模量、承载比
降水工程、生产井	涌水量及水位降深	渗透系数

表 7.2　破坏性反分析应用表

工程类型	实测参数	反演参数
各类场地	地基失稳滑移后的几何参数	岩土强度
滑动	滑坡体的几何参数，滑动前后的观测数据	滑动面岩土参数
饱水粉细砂	地震前后的密度、强度、水位、上覆压力、标高等	液化临界值
膨胀性土、湿陷性土	土的含水率和变形，建筑物变形的动态观测数据	膨胀压力、湿陷性指标

为了提高反分析结果的可信度，不论何种类型的工程都应做到以下几点：

(1)反分析之前，必须进行详细的岩土工程勘察工作，掌握地层情况、水文地质条件、岩土性质指标以及它们在施工过程的变化。

(2)了解工程实体或足尺结构物在施工和运营过程中实际外加荷载的大小、方向、加荷方式和作用时间。

(3)掌握岩土体的初始状态和应力历史的数据以及施工和运用构成中的观测数据。

(4)合理确定分析过程中的边界条件和排水条件。

(5)合理确定岩土体的本构关系并选择相应的计算模型。

(6)恰当确定反分析中所需的岩土体辅助参数，如土的质量、孔隙比、含水率等。

(7)当进行数据统计时，一般只能在内插范围内选取参数，只有在确有把握的情况下，才采用外延方法。

(8)在进行量纲分析、理论分析、统计分析时，应注意反分析工程与设计工程之间在尺寸上的差异。

7.2　岩土工程勘察成果报告

7.2.1　工程地质图件

工程地质图是综合反映地区工程地质条件并给予综合评价的图面资料。它综合了通过各种岩土工程勘察方法：测绘和调查、勘探和取样、原位测试和室内试验以及现场检验和监测所取得的成果，结合建筑需要编制而成。工程地质图与岩土工程勘察报告书一起，作为岩土工程勘察的总结性文件，提供规划、设计或施工使用。

工程地质图是由一套图件组成，平面图是主图，其他图件如工程地质剖面图、立体图以及一系列表格称附图。主图是最主要的，而附图也是必不可少的，它可以补充平面图所反映不够的工程地质条件，有了附图就能使主图的内容更易理解，更加清晰，而且共同充分反映场区的工程地质条件，说明分区特征。

1. 工程地质图的类型

工程地质图按其表示内容和目的可以分为以下几种类型：

(1)分析图。这种图只反映工程地质条件中某一或两种要素，或者岩土体的某一指标的变化规律。如天然地基持力层的埋深和厚度等值线图；基岩(或某一土层)等深线图等。这种图件所表示的内容对规划设计或拟建工程的某些特殊要求有重要意义，或者对分析某重大岩土工程问题时所必需。这种图也可以作为综合性工程地质图的辅助图件。

（2）综合性工程地质图。这种图是针对建筑类型把与之有关的工程地质条件综合地反映在图上，对建筑场区的工程地质条件提出总体评价，但不分区。

（3）综合工程地质分区图。这种图上反映说明工程地质条件的综合资料，并按建筑的适宜性和具体工程地质条件的相似性进行分区、分亚区、分段等。对各区、段要系统地反映对说明工程地质条件、分析岩土工程问题有重要意义的资料，并附有分区、段的工程地质特征说明表。有时也有针对工程地质条件某一特定因素的分区图，如天然地基承载力分区图、液化土层分区图等。

工程地质图按其所示内容的精度、图件比例尺分为以下几类：

（1）一览图。比例尺小于1∶50万，该图可供在大面积地区进行工程建筑时制定远景规划使用，或用于解决工程地质条件一般理论问题探讨。

（2）区域图。也称小比例尺图。比例尺为1∶20万～1∶10万，该图多用于城市、大型工业区、大型线性工程的规划设计。

（3）略图。也称中比例尺图。比例尺为1∶2.5万～1∶1万，该图多用于城市建设总体规划、大型工程的初步设计、线性建筑物选线。

（4）详图。也称大比例尺图。比例尺为1∶10 000～1∶1 000或更大。该图多供建筑物的技术设计使用，需有足够数量的定量指标。

2. 工程地质图的编制原则、内容和方法

（1）工程地质图的编制原则。工程地质图是工程地质测绘和调查、勘探和取样、原位测试和室内试验等项工作的综合性成果。它不像地质图或地貌图那样主要是通过测绘而“制”成的，而是以地质图、地貌图为基础图，再把通过勘探和取样、原位测试和室内试验所获得的地质资料等综合起来“编”成的，因而工程地质图是综合反映地区工程地质条件并给予综合评价的图面资料。工程地质图的编制原则概括而言就是根据不同类型工程地质图的具体编图目的和要求，尽可能多地把工程地质条件各要素都反映在图面上。当然，图面上反映的内容越多，则图面线条、符号、数字代码等就越多，这样也势必使图面负担过重，造成图面不够清晰，难以应用。当产生图面内容过多不易判读时，可依据图件的使用目的适当取舍某些内容。总之，工程地质图图面内容应既丰富翔实又有利于应用。

（2）工程地质图上表示的内容。工程地质图的类型很多，使用目的各异，所以图面上反映的内容也不尽相同。其原则是“内容与目的”的统一。

总的说来，正式的工程地质图（一般多指综合工程地质分区图）上，都应有工程地质条件的综合表现，并进行分区，做出工程地质评价。工程地质条件表示的内容主要有以下几点：

1）地形地貌。地形地貌条件对建筑场地或线路的选择；对建筑物的布局和结构型式以及施工条件都有直接影响；对水文地质条件，不良地质作用的发育情况等起控制性作用。合理利用地形地貌条件能在工程建设的经济合理性方面取得显著的效果，尤其是在规划阶段不同方案的比较，地形地貌条件往往成为首要因素。

为此，在编制工程地质图时，必须重视反映地形地貌条件，包括地形起伏变化、高程和相对高差、地面切割情况，如冲沟发育程度、形态、方向、密度、深度及宽度；场地范围山坡形态、高度、坡度及河流冲刷和阶地情况等；山脊形态、夷平面及其等级；岩溶地貌形态类型等。

2)岩土类型及其工程地质性质。这项内容是工程地质条件中比较根本和重要的方面。作为编制工程地质图的原始图件之一的地质图、第四纪地质图提供了有关岩土方面的资料,其中应以注重反映的第四纪沉积物的年代、成因类型及岩相变化及分布方面的材料。因为工程上最常涉及的第四纪沉积物的工程性质与其沉积环境、固结程度、成岩条件以及后生一系列变化有密切关系。

在工程地质图上应反映岩土体类型、成因、年代、厚度、分布以及物理力学性质指标的代表值或范围值。

3)地质结构。在工程地质图上特别是基岩地区或有地震影响的软土分布区应反映地质结构特征。其内容一般应包括:各岩层的分布范围、产状要素;褶皱形态及轴线位置,断裂构造性质及断裂破碎带位置,特别是活动性断层应准确地加以表示,在大比例尺图上,尚须表示其实际宽度及延展产状;在裂隙发育地段要做裂隙统计工作,用玫瑰花图表示其性质和产状,也可用赤平投影图表示。

4)水文地质条件。在工程地质图上反映水文地质条件的内容包括井、泉位置,地下水位,隔水层、含水层的分布及富水性,地下水的化学成分及腐蚀性等。对工程有影响的承压水及其变化幅度,一般可用等水位线、等压线等表示。

5)不良地质作用。工程地质图上应表示出不良地质作用的类型、形态、发育强度的等级及其活动性。各种不良地质作用的形态类型一般用规定的符号表示在发育地段。在大比例尺图上对大规模的不良地质作用,可按实际情况绘在图上,并对其活动性、危害程度专门加以文字说明。

(3)工程地质图的编制方法。编制工程地质图需要一套相应比例尺的有关图件:

1)地质图、第四纪地质图;

2)地貌及不良地质作用图;

3)水文地质图;

4)各种工程地质剖面图,钻孔柱状图;

5)各种原位测试及室内试验成果图表等。

在使用这些基本底图上的资料时,必须从分析研究入手,根据编图的目的,对这些资料加以选择,选取对反映工程地质条件、分析岩土工程问题最有用的资料,突出重点加以运用。工程地质图上将划出许多界线,诸如不同年代、不同成因类型、不同性质的土层界线;地貌类型界线;不良地质作用分布界线;地质构造类型界线;工程地质分区界线等等。这些界线有许多又是相互重合的,因为工程地质条件各方面往往是密切相关的。几种界线重合时,应按相对重要性予以取舍或合并,但当分区界线与其它界线重合时,应以突出表示分区界线。分区界线一般由高级区向低级区划分时线条可由粗逐渐变细,如用颜色表示时,可在主色一致的原则下,用色调(深、浅)予以区别。界线肯定时用实线;不肯定时用虚线。

工程地质图上还可以用各种花纹、线条、符号、代号、数字等来区分各种岩性、构造线,不良地质作用、年代、成因等。有时也可用小柱状图表示土层随深度的变化情况。

工程地质图上使用颜色非常有讲究。一般以用浅色为主,色彩搭配谐调、柔和,避免大红大绿。

工程地质图上反映的内容较多,虽经精心筛选,但图面上线条、符号仍会相当拥挤。所以必须注意恰当地运用色彩、花纹、线条、符号、代号,妥善加以安排,疏密浓淡相间,使工程地质图既能充分表示工程地质条件,又能清晰易读、整洁美观。

现以房屋建筑和构筑物岩土工程勘察常用图件为例,简述其编制方法。

1)勘探点平面布置图。该图应绘在与建设场地相应比例尺的地形图上。在图上应标明各勘探点的平面位置;各原位测试点的平面位置;绘出工程建筑物的轮廓线;工程地质剖面线的位置及编号。附各勘探点、原位测试点的坐标及高程数据表和场地位置示意图。

2)工程地质柱状图。柱状图是根据钻孔的现场记录整理出来的。记录中除了注明钻进的工具、方法和具体事项外,其主要内容是关于地层的分布(层面的深度、层厚)和地层的名称和特征的描述。绘制柱状图之前,应根据土工试验成果及保存于钻孔岩芯箱中的土样对分层情况和野外鉴别记录进行认真的校核,并做好分层和并层工作。当测试成果与野外鉴别不一致时,一般应以测试成果为主,只有当试样太少,缺乏代表性时才以野外鉴别为准。绘制柱状图时,应自上而下对地层进行编号和描述,并用一定的比例尺、图例和符号绘图。在柱状图中还应同时标出取土深度、标贯位置及击数、地下水位等信息数据。

3)工程地质剖面图。工程地质柱状图只反映场地某一勘探点处地层的竖向分布情况,而工程地质剖面图是依据勘探点、测试点的室内外试验成果绘制而成。用若干条剖面图的资料则可以清晰地反映出工程地质条件的变化情况,由于勘探线的布置是平行和垂直建筑物主要轴线,所以工程地剖面图就能最有效地揭示勘察场地垂直和水平两个方面上一定深度范围地基岩土体的工程地质特性,是岩土工程勘察报告的最基本的图件。

在绘制工程地质剖面图之前,应对勘探、测试工作的成果进行检查整理,复核确认,在资料准确可靠的基础上,方可着手绘制工程地质剖面图。因为剖面图上所注示的各类数据,在施工设计时均可使用。剖面图的质量高低在很大程度上标志着勘察质量的高低。剖面图的编制决不能草率行事,必须认真对待。

工程地质剖面图的垂直、水平比例尺可采用不同比例尺,但两种比例尺的差异不宜过大,以免使剖面图上反映的地形及地层受到歪曲变形而得出不正确的概念。

在编制工程地质剖面图时,可先按地形高程和勘探点标高将地形剖面画出,然后将各钻孔、测试孔、探井等按其深度、比例尺在剖面图的位置上按规范中有关规定画好,并标上各分层位置,然后将相邻孔相同土层分界线连接起来。当某一土层在这一钻孔中出现,而在相邻孔未出现,该土层界线可绘在两孔中间尖灭。在钻孔线两侧分别标上各土层的埋深及标高数据。绘出取原状土样、进行标贯等试验点的位置及符号。各土层岩性用规定的图例表示,并写上统一顺序编号。

在工程地质柱状图和剖面图上也可同时附上土的主要物理力学性质指标及某些试验曲线(如静力触探曲线和标准贯入试验曲线等)。

4)现场原位测试图表。将各种原位测试成果整理成表,并附测试成果曲线。

5)岩石和土的土工试验图表。岩土的物理力学性质指标是地基基础设计的重要依据。应将岩土的室内试验成果列表,并附有关试验成果曲线(如固结-压缩曲线、剪切试验成果曲线)由试验室按规范规定的统一格式、内容提供,这种成果表要与文字报告装订在一起,一并交给建设单位(甲方)。

6)其他图件。这里指为专门目的而绘制的一些图件。如用以表示地下某一高程的地质结构的平切面图,某一岩土层的等高线图、等深线图,等等。

7.2.2　岩土工程成果报告

勘察报告是岩土工程勘察的总结性文件，一般由文字报告和所附图表组成。此项工作是在岩土工程勘察过程中所形成的各种原始资料编录的基础上进行的。为了保证勘察报告的质量，原始资料必须真实、系统、完整。因此，对岩土工程分析所依据的一切原始资料，均应及时整编和检查。

报告书的任务是阐明工作地区的工程地质条件，分析论证存在的岩土工程问题，针对工程设计、施工的具体要求，得出结论和提出建议。

1. *岩土工程勘察报告的内容*

岩土工程勘察报告的内容，必须配合相应的勘察阶段，针对建筑场地的工程地质条件、建筑物的规模、性质及设计和施工要求，对场地的适宜性、稳定性进行定性和定量的评价，提出选择建筑物地基基础方案的依据和设计计算参数，指出存在的问题以及解决问题的途径和办法。鉴于岩土工程勘察的类型、规模各不相同，目的要求、工程特点和自然地质条件等差别很大，因此只能提出报告的基本内容。报告书文字部分的内容一般可分为绪论、通论、专论和结论四大部分，这几个部分是紧密相连的，但也有其各自的具体表述内容。

绪论。具体是介绍委托单位、勘察工作的目的与任务、工作方法、投入具体工作量和取得的工作成果。在绪论中通常还应说明拟建建筑物的位置、类型、规模、用途、勘察阶段以及重点需要解决的问题。

通论。具体内容是全面系统地阐明工作地区的工程地质条件，包括地形地貌、岩土类型及其工程地质性质、地质构造、水文地质和不良地质作用等内容，并对场地稳定性和适宜性做出评价。对工程地质条件的形成与演化有意义的自然地理概况、环境地质背景等区域资料亦应予以论述。阐述的内容应既能表明建筑地区的工程地质条件特征及其一般规律，又须结合工程实际要求有选择性地表述。

专论。专论部分是报告书的核心，其具体内容是结合工程项目对各种可能出现的岩土工程问题做出论证，并回答勘察任务书中提出的各项要求及问题。包括岩土参数的分析与选用，各项岩土性质指标的测试成果及其可靠性和适宜性，评价其变异性，提出其特征值；地下水埋藏情况、类型、水位及其变化；土和水对建筑材料的腐蚀性；工程施工和运营期间可能发生的岩土工程问题的预测及监控、预防措施建议；根据地质和岩土条件、工程结构特点及场地地质环境情况，提出地基基础方案、不良地质作用整治方案、开挖和边坡加固方案等岩土利用、整治和改造方案的建议，并进行技术经济论证等内容。

结论。作为技术性很强、责任重大的岩土工程勘察报告的结论，其内容应该是在专论基础上对任务书中提出的以及实际工作中所发现的各项岩土工程问题做出简短明确的回答，对建筑结构设计和监测工作的建议，工程施工和使用期间应注意的问题，下一步岩土工程勘察工作的建议等。要做到观点明确、措词简练、评价具体、指标可靠。对各种地基治理方案的建议应该做到经济合理、技术可行、效果显著。

2. *岩土工程勘察成果报告范例*

以房屋建筑和构筑物岩土工程勘察报告为例。

(1)岩土工程勘察报告的主要内容。岩土工程勘察通过资料收集、野外调查、测绘、勘探、测试及实验室试验等手段得到了一系列原始资料，在此基础上，通过对资料的筛选以及对岩土参数的分析与选取，得出了可供设计应用的资料和参数。为了便于设计应用，应根据这些资料和参数编制出成果报告。

岩土工程勘察报告应资料完整、真实准确、数据无误、图表清晰、结论有据、建议合理、便于使用和适宜长期保存，并应因地制宜，重点突出，有明确的工程针对性。

岩土工程勘察报告应根据任务要求、勘察阶段、工程特点和地质条件等具体情况编写，并应包括下列内容：

1)勘察目的、任务要求和依据的技术标准。

2)拟建工程概况。

3)勘察方法和勘察工作布置。

4)场地地形、地貌、地层、地质构造、岩土性质及其均匀性。

5)各项岩土性质指标，岩土的强度参数、变形参数，地基承载力的特征值。

6)地下水埋藏情况、类型、水位及其变化。

7)土和水对建筑材料的腐蚀性。

8)可能影响工程稳定性的不良地质作用的描述和对工程危害程度的评价。

9)场地稳定性和适宜性的评价。

岩土工程勘察报告应对岩土利用、整治和改造的方案进行分析论证，提出建议；对工程施工和使用期间可能发生的岩土工程问题进行预测，提出监控和预防措施的建议。

勘察报告应附必要的图表，主要包括以下几种：

1)勘探点平面布置图。

2)工程地质柱状图。

3)工程地质剖面图。

4)原位测试成果图表。

5)室内试验成果图表。

当需要时，还可附综合工程地质图、综合地质柱状图、地下水等水位线图、素描、照片、综合分析图表以及岩土利用、整治、改造方案的有关图表、岩土工程计算简图及计算成果图表等。

除上述综合性岩土工程勘察报告外，也可根据任务要求提交专题报告，主要有以下几种：

1)岩土工程测试报告。

2)岩土工程检验或监测报告。

3)岩土工程事故调查与分析报告。

4)岩土利用、整治或改造方案报告。

5)专门岩土工程问题的技术咨询报告。

对下列特殊岩土工程问题，应进行专门岩土工程勘察或分析研究，并提出专题咨询报告。

1)场地及附近存在活动断裂及地裂缝、高边坡、地下采空区等不良地质作用的工程。

2)水文地质条件复杂或环境特殊，需现场进行专门水文地质试验，以确定水文地质参数的工程；或需进行专门的施工降水、截水设计，并需分析研究降水、截水对建筑本身及邻近建筑和设施影响的工程。

3)当地下水埋藏较浅(或可能上升)，地下室或地下构筑物存在上浮问题时，尚应进行抗浮验算的工程。

4)在同一整体大面积场地上建设多栋高层和低层建筑，应该按照上部结构、基础与地基的共同作用进行变形计算的工程。

5)根据工程要求,需对地基基础方案进行优化、比选分析论证的工程。

6)抗震设计所需的时程分析及地震安全性评价等的工程。

最后需要指出的是,勘察报告的内容可根据岩土工程勘察等级酌情简化或加强。例如,对丙级岩土工程勘察的成果报告可适当简化,采用以图表为主,辅以必要的文字说明;而对甲级岩土工程勘察的成果报告,除编写综合性勘察报告外,还应对专门性的岩土工程问题提交专门的试验报告、研究报告或监测报告。

(2)岩土工程勘察报告的质量要求。岩土工程勘察报告必须经过主管部门审验后,才能提交委托方生效。对岩土工程勘察报告要求如下:

1)应阐明本项工程的勘察目的、任务和要求,拟建建(构)筑物类型、安全等级、结构、层数、高度、平面尺寸、荷载、基础类型和尺寸、特殊要求等。

2)应说明本项工程的勘察技术要求,需解决的主要问题和所遵循的技术标准。

3)采用勘探、测试手段和工作方法必须是适用的;勘探点的布置及数量和深度必须满足规范要求,并是合理的;使用的勘探设备、仪器的规格、性能应能满足勘察技术的要求。

4)对场地工程地质条件的论述应包括以下内容和要求:

ⅰ)有充分、正确的原始数据,并正确地提供参数的统计值。

ⅱ)根据统计值正确分析和评价岩土的工程性能。

ⅲ)采用正确的选值方法,提供安全并且经济的主要岩土工程参数的建议值(特征值)。

5)对于特殊性地基土应进行其特殊性评价。如湿陷性黄土地基应定量评价其湿陷类型和湿陷等级,膨胀土地基应评价其膨胀性等。

6)正确划分场地抗震地段、场地土类型和建筑场地类别,并说明划分依据;当场地内存在饱和砂土或粉土时,应对其液化趋势做出判定,并确定可液化指数和液化等级。

7)对地基基础方案的分析、论证应包括天然地基、人工地基、桩基础。

8)对各项岩土工程定量分析和评价均应说明采用的计算公式、参数选值、计算过程或计算表。

9)报告书应编排得当、叙述清楚、用词恰当、语言通顺、文字精练、单位符号符合现行规范。

10)报告书所附图表内容齐全、比例合适、图面清晰、规范。

思　考　题

1. 试述岩土工程分析评价的内容、方法及其应用范围。
2. 简述工程地质图的概念、类型及编制原则。
3. 工程地质图上表示的内容有哪些?
4. 试述岩土工程勘察报告的内容。

第2篇 各类建筑场地岩土工程勘察

第8章 不良地质作用岩土工程勘察

不良地质作用是影响工程建设场地稳定性的主要因素。因此,对工程建设场地及其周围进行不良地质作用的勘察与评价,是岩土工程勘察的重要内容。

8.1 岩 溶

岩溶是地壳中可溶性岩石(如石灰岩、白云岩等)在具有侵蚀性和腐蚀性能力的水体作用下,以化学溶蚀作用为特征的综合地质作用以及由此产生的现象的统称。可溶性岩石被溶蚀后,产生溶沟、溶槽、石芽、漏斗、洞穴、洼地、峰林等不同类型的岩溶形态。覆盖在岩溶形态之上的土层经过岩溶水体的潜蚀等作用则形成洞隙、土洞直至地面塌陷。各种岩溶形态及其土洞、地面塌陷会危及地面建筑物的稳定和人类生命财产的安全。

8.1.1 岩溶类型

岩溶形成和发育必须同时具备三个条件:①具有可溶性岩层,且岩性不同、溶蚀强度不一;②具有溶解可溶性岩层的溶蚀体(主要是 CO_2 和地下水体);③具有溶蚀体进入可溶岩体侵蚀的通道(主要是裂隙、节理)。由此可见,岩溶的形成、发育及发展是一个复杂的、漫长的地质作用过程,与岩溶发育关系密切的岩性、地质构造、新构造运动、地形及其大气降水的差异或强弱就会形成不同形态和类型的岩溶。

按埋藏条件、形成时代、区域气候可进行岩溶分类(表8.1)。

表 8.1 岩溶基本类型表

类型划分依据	基本类型	主要特征
埋藏条件	裸露型	岩层大部分出露地表,低洼地带分布,厚度不超过 10cm 的第四系覆盖层,地表岩溶景观显露,地表水同地下水连通密切
	浅覆盖型	岩层大部分被第四系土层覆盖,厚度一般不超过 30cm,少部分岩溶景观显露地表,地表水同地下水连通较密切
	深覆盖型	岩层基本被第四系土层覆盖,土层厚度一般不超过 30cm,几乎没有岩溶景观显露地表,地表水和地下水连通不密切
	埋藏型	可溶岩层被不可溶岩层(如砂岩、页岩等)覆盖,没有岩溶景观显露地表,地表水和地下水连通不密切
形成时代	古岩溶型	岩溶形成于新生代以前,溶蚀凹槽和溶洞中常填有新生代以前沉积的岩石
	近代岩溶型	岩溶形成于新生代以后,溶槽和溶洞呈空洞状或古近系、新近系、第四系的沉积物
区域气候	寒带型	地表和地下岩溶发育强度均弱,岩溶规模较小
	温带型	地表岩溶发育强度较弱,规模较小,地下岩溶较发育
	亚热带型	地表岩溶发育,规模较大、分布较广,地下溶洞、暗河较常见
	热带型	地表岩溶发育较强,规模较大、分布较广,地下溶洞、暗河常见

8.1.2 岩溶地区主要岩土工程问题

岩溶与土洞作用的结果,可产生一系列对工程很不利的岩土工程问题,如岩土体中空洞的形成;岩石结构的破坏;地表突然塌陷;地下水循环改变等。这些现象严重地影响建筑场地的使用和安全。岩溶与土洞地区对建(构)筑物稳定性和安全性的影响表现在以下方面:

(1)溶蚀岩石的强度大为降低。岩溶水在可溶岩体中溶蚀,可使岩体发生孔洞,岩体结构松散,从而降低岩石强度和增大透水性能。

(2)造成基岩面不均匀起伏。因石芽、溶沟、溶槽的存在,使地表基岩参差不整、起伏不均匀,造成地基的不均匀性以及交通困难。

(3)漏斗对地面稳定性的影响。漏斗是包气带中与地表接近部位所发生的岩溶和潜蚀作用的现象,这种漏斗在表面近似圆形,深可达几十米,表面口径由几米到几十米。由于土洞或溶洞顶塌落作用也可以形成漏斗,崩落的岩块堆于洞穴底部成一漏斗状洼地,这种漏斗因其塌落的突然性,使地表建(构)筑物面临遭到破坏的威胁。

(4)对地基稳定性的影响。在岩溶与土洞地区的地基稳定分析应考虑三个问题:第一,溶洞和土洞分布密度和发育情况。建筑物场地和地基的选择应避开溶洞和土洞分布密度很密,并且溶洞或土洞的发育处在地下水交替最积极的循环带内,洞径较大,顶板薄,并且裂隙发育地带。第二,溶洞和土洞的埋深对地基稳定性影响。一般认为,溶洞特别是土洞如埋置很浅,则溶洞的顶板可能不稳定,甚至会发生地表塌落。第三,抽水对土洞和溶洞顶板稳定的影响。一般认为,在有溶洞或土洞的场地,特别是土洞大片分布,如果进行地下水的抽取,由于地下水位大幅度下降，使保持多年的水位均衡遭到急剧破坏，大大减弱地下水对土层的浮托力。此外，由于抽水时加大地下水的循环，动水压力会破坏一些土洞顶板的平衡，因而引起一些土洞顶板的破坏和地表塌陷。

在岩溶地区建设场地的主要岩土工程问题有以下几种：

(1)由于地下岩溶水的活动，或因地面水的消失洞穴被阻塞，导致基底冒水、水淹地基、水冲地基以及隧道涌水等。

(2)由于地下洞穴顶板的坍塌，引起位于其上建筑物及其附属构造物发生塌陷、下沉或开裂。

(3)如何正确地利用天生桥以跨越地表河流，利用暗河、溶洞以扩道等岩溶形态的改造利用问题。

8.1.3　岩溶场地稳定性评价

1. 岩溶场地稳定性判定

(1)当场地存在下列情况之一时，可判定为未经处理不宜作为地基的不利地段。

1)浅层洞体或溶洞群，洞径大、顶板破碎且可见变形迹象、洞底有新近塌落物的不稳定地段。

2)埋藏的漏斗、槽谷等，并覆盖有软弱土体的地段。

3)土洞或塌陷成群发育地段。

4)岩溶水排泄不畅，可能暂时淹没的地段。

(2)当地基属于下列条件之一时，对安全等级为二级和三级工程可不考虑岩溶稳定性的不利影响。

1)基础底面以下土层厚度大于独立基础宽度的 3 倍或条形基础宽度的 6 倍，且不具备形成土洞或其他地面变形的条件。

2)基础底面与洞体顶板间岩土厚度虽小于独立基础宽度的 3 倍或条形基础宽度的 6 倍，但符合下列条件之一时：

ⅰ)洞隙或岩溶漏斗被密实的沉积物填满且无被水冲蚀的可能。

ⅱ)洞体的基本质量等级为Ⅰ级或Ⅱ级岩体，顶板岩石厚度大于或等于洞跨。

ⅲ)洞体较小，基础底面大于洞的平面尺寸，并有足够的支承长度。

ⅳ)宽度或直径小于 1.0m 的竖向洞隙、落水洞近旁地段。

(3)当不符合前述(1)，(2)条件时，应进行洞体地基稳定性分析，并应符合下列规定：

1)顶板不稳定，但洞内为密实堆积物充填且无流水活动时，可认为堆积物受力，可按不均匀地基进行评价。

2)当能取得计算参数时，可将洞体顶板视为结构自承重体系进行力学分析。

3)有工程经验的地区，可按类比法进行稳定评价。

4)在基础近旁有裂隙及临空面时，应验算向临空面倾覆或沿裂面滑移的可能。

5)当地基为石膏、岩盐等易溶岩时，应考虑溶蚀继续作用的不利影响。

6)对不稳定的岩溶洞隙可建议采用地基处理或桩基础。

2.岩溶地基稳定性半定量评价

岩溶地基稳定性评价由于受条件限制，主要以半定量评价为主。

(1)对于裸露型溶洞地基，溶洞的顶板稳定性与地层岩性、不连续面的空间分布及其组合特征、顶板厚度、溶洞形态和大小、洞内充填物质情况、地下水运动及建筑物荷载大小、性质等有关。常用的几种半定量评价方法介绍如下：

1)荷载传递交汇法。在剖面上从基础边缘沿 30°～45°扩散角向下作应力传递，若溶洞位于该传递所确定的扩散范围以外，即认为溶洞不会危及建筑物的安全，此岩溶地基属稳定。

2)溶洞顶板坍塌堵塞法。按顶板坍塌后，塌落体较原岩体有一定膨胀的原理，估算塌落体填满原溶洞空间所需顶板塌落的高度。该方法适用条件是顶板有坍塌的可能(如顶板为裂隙发育，特别是薄层、中厚层、易风化的软弱岩层)；已掌握了溶洞的原最大高度；溶洞内无地下水搬运。

溶洞坍塌的高度按下式计算：

$$Z=\frac{H_0}{K-1} \tag{8.1}$$

式中，Z 为塌落体填满原溶洞空间所需顶板塌落的高度(m)；H_0 为溶洞塌落前的最大高度(m)；K 为岩石的膨胀系数，对于碳酸盐岩，$K=1.2$。

若溶洞顶板的实际厚度大于计算的 Z 值，则认为此溶洞地基安全。

3) 塌落拱理论分析法。假定岩体为一均匀介质，溶洞顶板岩体自然塌落后呈一平衡拱。拱上部的岩体自重及外荷载由该平衡拱承担(图 8.1)，当溶洞顶板厚度大于等于平衡拱高度加上上部荷载作用所需的岩体厚度时，溶洞地基才是安全稳定的。此方法适用于高度大于宽度的竖直溶洞。

塌落平衡拱的高度 H(m) 按下式计算：

$$H=\frac{0.5b+H_0\tan(90°-\varphi)}{f} \tag{8.2}$$

式中，b，H_0 分别为溶洞的跨度(宽度)和高度(m)；φ 为岩体的内摩擦角(°)；f 为岩土的坚实系数，可查有关表格或计算获得。

除以上方法外，对于裸露型溶洞地基，还可按梁板受力弯矩情况估算，用弹性力学有限单元分析法模拟试验等方法评价其稳定性。

(2) 覆盖型岩溶地基。覆盖型岩溶地基的评价，需同时考虑土洞的规模、形状和土洞地基上部建筑物的荷载情况。一般按下述方法进行半定量评价。

对于特定的建筑物荷载，处于极限状态的上覆土层厚度(计算模式为图 8.2)H_K 可用下式表达：

$$H_K=h+Z+D \tag{8.3}$$

式中，H_K 为处于极限状态的上覆土层的厚度(m)；h 为土洞的高度(m)；Z 为基础底板以下建筑荷载的有效影响深度(m)；D 为基础砌置深度(m)。

当土层实际厚度 $H>H_K$ 时，地基稳定；当土层实际厚度 $H<H_K$ 时，地基不稳定。

如果土洞已经形成，然后在其上进行建筑，土洞处于建筑物的有效影响深度范围内，这样将使处于平衡状态的土洞发生新的坍塌，从而影响地基稳定；若土洞形成于建筑物兴建之后，已经处于稳定状态的地基，则会在土洞的影响下，导致地基沉降而使建筑物地基失稳。

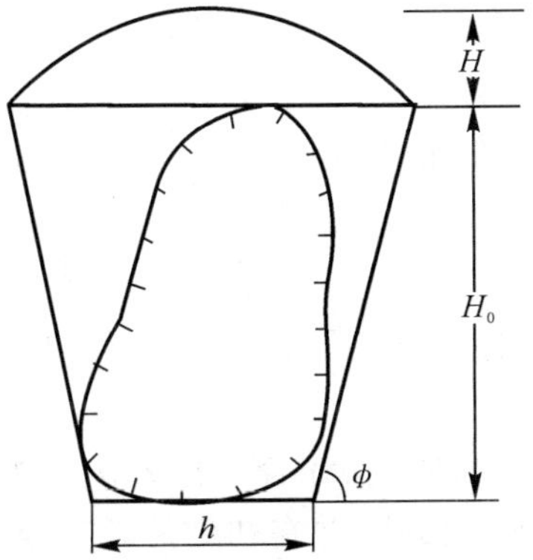

图 8.1　塌落拱理论分析试验图

（据林宗元，1996 年）

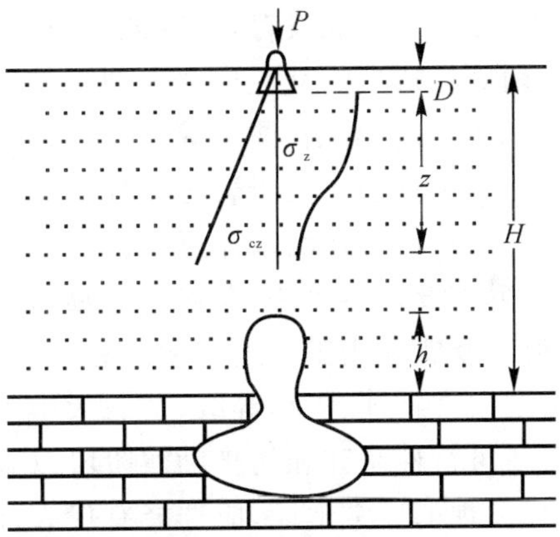

图 8.2 覆盖型岩溶地基稳定性计算模型

σ_z— 附加应力；σ_{cz}— 自重应力

（据林宗元，1996 年）

8.1.4　岩溶场地勘察要点

1. 岩溶勘察的主要内容

岩溶是影响工程建设的一种常见的不良地质作用。岩溶区的工程建设，尤其是大型的、重要的工程项目，岩溶会带来许多特殊的不良建筑条件和工程稳定性问题。《岩土工程勘察规范》(GB 50021—2001)规定：拟建工程场地或其附近存在对工程安全有影响的岩溶时，应进行岩溶勘察。岩溶场地的岩土工程勘察应按岩土工程勘察等级分阶段进行勘察评价，各勘察阶段应符合下列要求：

(1)可行性研究勘察。应查明岩溶洞隙、土洞的发育条件，并对其危害程度和发展趋势做出判断，对场地的稳定性和建筑适宜性做出初步评价。

(2)初步勘察。应查明岩溶洞隙及其伴生土洞、地表塌陷的分布、发育程度和发育规律，并按场地的稳定性和建筑适宜性进行分区。

(3)详细勘察。应查明建筑物范围或对建筑有影响地段的各种岩溶洞隙和土洞的位置、规模、埋深、岩溶堆填物性状和地下水埋藏特征，对地基基础的设计和岩溶的治理提出建议。

(4)施工勘察。应针对某一地段或尚待查明的专门问题进行补充勘察。当采用大直径嵌岩桩时，尚应进行专门的桩基勘察。

此外，对于岩溶场地的工程地质测绘和调查，除应遵循有关的规定外，尚应调查下列内容：

(1)岩溶洞隙的分布、形态和发育规律。

(2)岩面起伏、形态和覆盖层厚度。

(3)地下水赋存条件、水位变化和运动规律。

(4)岩溶发育与地貌、构造、岩性、地下水的关系。

(5)土洞和塌陷的分布、形态和发育规律。

(6)土洞和塌陷的成因及其发展趋势。

(7)当地治理岩溶，土洞和塌陷的经验。

2. 在岩溶发育的下列部位应查明土洞和土洞群的位置

(1)土层较薄、土中裂隙及其下岩体洞隙发育部位。

(2)岩面张开裂隙发育,石芽或外露的岩体与土体交接部位。

(3)两组构造裂隙交汇或宽大裂隙带。

(4)隐伏溶沟、溶槽、漏斗等,其上有软弱土分布的负岩面地段。

(5)地下水强烈活动于岩土交界面的地段和大幅度人工降水地段。

(6)低洼地段和地面水体近旁。

3.采取有效勘察方法,合理布置勘探工作量

岩溶勘察宜采用工程地质测绘和调查、物探、钻探等多种手段结合的方法进行,根据勘察阶段、岩溶发育特征、工程等级、荷载大小等综合确定。

(1)在可行性研究和初步勘察阶段以采用工程地质测绘和调查、综合物探方法为主,在测绘和物探发现的异常地段,应选择有代表性的部位布置验证性钻孔,并在初划的岩溶分区及规模较大的地下洞隙地段适当增加勘探孔,控制性钻孔的深度应穿过表层岩溶发育带。勘探点间距视地基复杂程度等级而定。

(2)在详细勘察阶段,以工程物探、钻探、井下电视、波速测试等方法为主,并采用多种方法判定异常地段及其性质。其勘探线应沿建筑物轴线布置,勘探点间距视地基复杂程度等级,对一级、二级、三级分别取10～15m,15～30m,30～50m。对建筑物基础以下和近旁的物探异常点或基础顶面荷载大于2 000kN的独立基础,均应布置验证性勘探孔;当发现有危及工程安全的洞体时,应采取加密钻孔或无线电波透视、井下电视、波速测试等措施。必要时可采取顶板及洞内堆填物的岩土试样,测定其工程地质性质指标。

此阶段勘探工作应符合下列规定:

1)当基底土层厚度不足时,应根据荷载情况,将部分或全部勘探孔钻入基岩;当预定深度内有洞体存在,且可能影响地基稳定时,应钻入洞底基岩面不少于2m,必要时应圈定洞体范围。

2)对一柱一桩的基础,宜逐柱布置勘探孔。

3)在土洞和塌陷发育地段,可采用静力触探、轻型动力触探、小口径钻头等手段,详细查明其分布情况。

4)当需查明断层、岩组分界、洞隙和土洞形态、塌陷等情况时,应布置适当的探槽或探井。

5)物探应根据物性条件采用有效方法,对异常点采用钻探验证,当发现或可能存在危害工程的洞体时,应加密勘探点。

6)凡人员可以进入的洞体,均应入洞勘查,人员不能进入的洞体,宜用井下电视等手段探测。

(3)施工勘察工作量应根据岩溶地基设计和施工要求布置。在土洞、地表塌陷地段,可在已开挖的基槽内布置触探和钎探。对重要或荷载较大的工程,可在槽底采用小口径钻探进行检测。对大直径嵌岩桩或墩基,勘探点应逐桩或墩布置,勘探深度应不小于底面以下桩径的3倍并不应小于5m,当相邻桩底的基岩面起伏较大时应适当加深。

4.岩溶勘察的测试和观测宜符合下列要求

(1)当追索隐伏洞隙的联系时,可进行连通试验。

(2)评价洞隙稳定时,可采用洞体顶板岩样及充填物土样做物理力学性质试验,必要时可进行现场顶板岩体的载荷试验。

(3)当需查明土的性状与土洞形成的比例关系时,可进行湿化、胀缩、可溶性和剪切试验。

(4)查明地下水动力条件、潜蚀作用，地表水与地下水的联系，预测土洞和塌陷的发生、发展时，可进行流速、流向测定和水位、水质的长期观测。

8.1.5　岩溶的防治措施

(1)重要建筑物宜避开岩溶强烈发育区；当地基含石膏、岩盐等易溶岩时，应考虑溶蚀继续作用的不利影响。

(2)不稳定的岩溶洞隙应以地基处理为主，采取消爆换填、浅层楔状填塞、洞底支撑、梁板跨越、调整柱距等处理方法。

(3)岩溶水的处理宜以输导为主。但为了防止引发地面塌陷，有时采用堵塞的方法。

(4)在未经有效处理的隐伏土洞或地表塌陷影响范围内，不应做天然地基；对土洞和塌陷宜采用地表截流、防渗堵漏、挖填灌堵岩溶通道、通气降压等方法进行处理，同时采用梁板跨越；对重要建筑物应采用桩基或墩基，并应优先采用大直径墩基或嵌岩桩。

8.2　滑　　坡

滑坡是斜坡失稳的主要形式之一。由于受到地层岩性、水的作用，地震及人类工程活动等因素影响，坡体沿贯通的剪切破坏面或带，以一定加速度下滑，形成滑坡，对工程建筑及人民生命财产造成极大危害。

8.2.1　滑坡分类

实际工程中，通常按岩土体类型、滑面与岩层层面关系、滑面形态、滑坡体厚度以及滑坡始滑部位对滑坡进行分类。表 8.2 中列举了几种常见的滑坡分类及其主要特征。

表 8.2　常见滑坡分类表

分类依据	滑坡名称	特　　征
按岩土体类型分	堆积层滑坡	各种堆积层内的滑坡，或沿下伏基岩面或沿堆积层间软弱面滑动
	黄土滑坡	发生在黄土层中，常见于高阶地边缘斜坡上，多群集出现
	黏土滑坡	黏土层中滑坡，多沿裂隙面和下伏基岩面滑动，且多为平缓弧形滑面
	膨胀岩(土)滑坡	多呈弧形、倒椅子形浅层牵引式滑坡
	风化带滑坡	多在全风化带、强风化带中发生滑坡、滑面常呈倒椅子形
	断层带滑坡	滑面多为弧形和折线形，多群集出现
	岩层滑坡	主要沿结构面发生滑坡，滑面由椅子形、直线形和折线形
按滑面与岩层层面关系分	无层(均质)滑坡	均发生在均质、无明显层理的岩土体中，滑坡面一般呈圆形
	顺层滑坡	沿岩层面发生，当岩层倾向与斜坡倾向一致，且其倾角小于坡角时，往往沿顺层间软弱结构面滑动
	切层滑坡	多发生于岩层近乎水平的平叠坡条件下，滑动面切过岩层面，常呈对数螺旋曲线形

续表

分类依据	滑坡名称	特　　征
按剖面上滑面形态分	船底形滑面	由后缘段、主滑段和前缘段三部分组成完整的滑坡滑动面
	椅子形滑面	多发生在顺层坡中，船底形滑面缺失后缘段
	倒椅子形滑面	多发生在风化带和顺层中，船底形滑面缺失前缘段
	直线形滑面	在滑面倾角陡于自然斜坡时发生，常出现在顺层坡中
	折线形滑面	主要分布在滑面陡于岩层倾角地区的切层滑坡中
	圆弧形滑面	主要分布在较均质的土质滑坡中
按滑坡体厚度分	浅层滑坡	滑体厚度在 6m 以内
	中层滑坡	滑体厚度在 6～20m 之间
	深层滑坡	滑体厚度大于 20m
按滑坡始滑部位分	推动式滑坡	中上部滑体挤压推动前缘滑体，滑体整体性较好，滑速快，危害大，多见于倒椅子形和直线形滑面滑坡
	牵引式滑坡	前缘段首先发生滑坡，因失去支撑面向后缘牵引，滑坡规模较小，滑速较慢
按成因分	工程滑坡	由于施工引起的滑坡，可细分为新生滑坡面和老滑坡复活
	自然滑坡	自然营力作用产生的滑坡

8.2.2　影响滑坡稳定性的因素

凡是引起斜坡岩土体失稳的因素称为滑坡因素。这些因素可使斜坡外形改变、岩土体性质恶化以及增加附加荷载等而导致滑坡的发生。概括起来，影响滑坡的因素主要包括以下几种：

(1)斜坡外形。斜坡的存在，使滑动面能在斜坡前缘临空出露。这是滑坡产生的先决条件。同时，斜坡不同高度、坡度、形状等要素可使斜坡内力状态变化，内应力的变化可导致斜坡稳定或失稳。当斜坡愈陡、高度愈大以及当斜坡中上部突起而下部凹进，且坡脚无抗滑地形时，滑坡容易发生。

(2)岩性。滑坡主要发生在易亲水软化的土层中和一些软岩中。例如黏质土、黄土、黄土类土、山坡堆积、风化岩以及遇水易膨胀和软化的土层。软岩有页岩、泥岩和泥灰岩、千枚岩以及风化凝灰岩等。

(3)构造。斜坡内的一些层面、节理、断层、片理等软弱面若与斜坡坡面倾向近于一致，则此斜坡的岩土体容易失稳成为滑坡。这时，此类软弱面组合成为滑动面。

(4)水。水的作用可使岩土软化、强度降低，可使岩土体加速风化。若为地表水作用，还可以使坡脚侵蚀冲刷；地下水位上升可使岩土体软化、增大水力坡度等。不少滑坡有“大雨大滑，小雨小滑，无雨不滑”的特点，说明水对滑坡作用的重要性。

(5)地震。地震可诱发滑坡的发生，此现象在山区非常普遍。地震首先将斜坡岩土体结构破坏，可使粉砂层液化，从而降低岩土体抗剪强度；同时，地震波在岩土体内传递，使岩土体承受地震惯性力，增加滑坡体的下滑力，促进滑坡的发生。

(6)人为因素。在兴建土建工程时，由于切坡不当，斜坡支撑被破坏，或者在斜坡上方任意堆填岩土方、兴建工程、增加荷载，都会破坏原来斜坡的稳定条件。人为地破坏表层覆盖物，引起地表水下渗作用的增强，或破坏自然排水系统，或排水设备布置不当，泄水断面大小不合理而引起排水不畅，漫溢乱流，使坡体水量增加。引水灌溉或排水管道漏水将会使水渗入斜坡内，促使滑动因素增加。

8.2.3　滑坡稳定性计算

滑坡稳定性计算是滑坡稳定性评价的基础。滑坡稳定性计算应符合下列要求：

(1)正确选择有代表性的分析断面，正确划分牵引段、主滑段和抗滑段。

(2)正确选择强度指标，宜根据测试成果、反分析和当地经验综合确定。

(3)有地下水时，应计入浮托力和水压力。

(4)根据滑面(带)条件，按平面、圆弧或折线，选用正确的计算模型。

(5)当有局部滑动可能时，除验算整体稳定外，尚应验算局部稳定。

(6)当有地震、冲刷、人类活动等影响因素时，应计入这些因素对稳定的影响。

在滑坡稳定性计算中，除采用极限平衡理论计算方法外，还有有限单元法、数值模拟法等。以下主要介绍极限平衡理论计算方法。

1. 极限平衡理论计算方法

极限平衡理论计算方法是应用岩、土力学的理论，分析、计算特定条件下各类斜坡的整体稳定性系数 F_s，当 F_s 大于等于滑坡稳定安全系数 F_{st}($F_{st}=1.05\sim1.5$)时，滑坡可认为是整体稳定的。

(1) 滑动面为单一平面。当岩质边坡的主要结构面走向平行于坡面，结构面倾角小于坡角且大于其内摩擦角时，易发生平面破坏(图 8.3)。

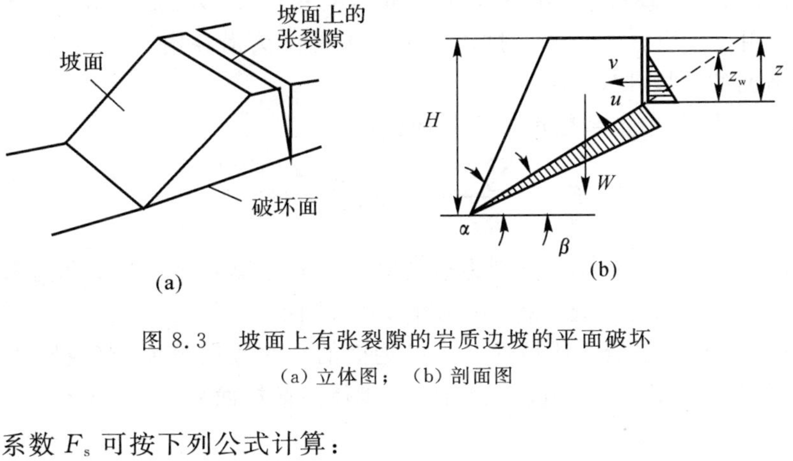

图 8.3　坡面上有张裂隙的岩质边坡的平面破坏

(a) 立体图；(b) 剖面图

整体稳定系数 F_s 可按下列公式计算：

$$F_s=\frac{cA+(W\cos\beta-u-v\sin\beta)\tan\varphi}{W\sin\beta+v\cos\beta} \tag{8.4}$$

$$A=(H+Z)\csc\beta \tag{8.5}$$

$$u=\frac{1}{2}\gamma_w Z_w(H-Z)\csc\beta \tag{8.6}$$

$$v=\frac{1}{2}\gamma_w Z_w^2 \tag{8.7}$$

$$W=\frac{1}{2}\gamma H^2\left\{\left[1-\left(\frac{Z}{H}\right)^2\right]\cot\beta-\cot\alpha\right\} \tag{8.8}$$

式中，γ_w 为水的重度(kN/m³)；γ 为岩体的重度(kN/m³)；α 为坡角(°)；β 为结构面倾角(°)；W 为滑体所受的重力(kN)；c，φ 为结构面物质黏聚力(kPa)和内摩擦角(°)，用直接快剪或三轴不排水剪试验求得。

(2) 滑动面为圆弧形。对于均匀土质边坡及节理发育的岩体或弃石堆边坡，易发生旋转破坏，滑面呈圆弧形(图 8.4)，可采用总应力法或有效应力法计算。

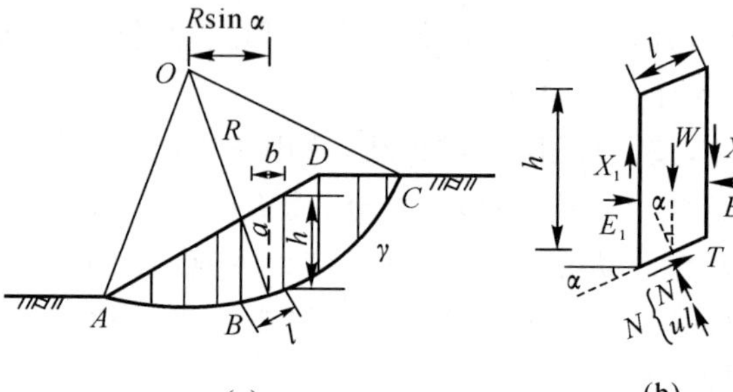

图 8.4　均匀边坡中圆弧形滑动面稳定性分析图

当按总应力法时，稳定系数按下式计算：

$$F_s=\frac{\sum N\tan\varphi+cl}{\sum T} \tag{8.9}$$

式中，N 为分条条块重力垂直于潜在滑面的分量(kN/m)；c，φ 分别为边坡物质的黏聚力(kPa)和内摩擦角(°)，用直接快剪或三轴不排水剪试验求得；l 为潜在滑弧长度(m)；T 为分条条块重量平行潜在滑面的分量(kN/m)。

当按有效应力法时，稳定系数可按下式计算：

$$F_s=\frac{\sum(N-u)\tan\varphi'+\sum c'l}{\sum^{T}} \tag{8.10}$$

式中，u 为孔隙水压力(kPa)；c'，φ' 分别为边坡物质的有效黏聚力(kPa)和有效内摩擦角(°)，用直接快剪或三轴不排水剪试验求得；其他符号意义同前。

(3) 滑动面呈楔形。当岩质边坡的两组结构面的交线倾向坡面、交线倾角小于坡角且大于其摩擦角时，易发生楔形破坏，滑动面为楔形，楔体沿结构面交线下滑(图 8.5)。

稳定系数可按下式计算：

$$F_s=\frac{N_A\tan\varphi_A+N_B\tan\varphi_B+c_AA_A+c_BA_B}{W\sin\beta_{AB}} \tag{8.11}$$

式中，N_A，N_B 分别为由 W 引起的作用于结构面 A，B 上的法向力(kN)；φ_A，φ_B 分别为结构面 A，B 的内摩擦角(°)；c_A，c_B 分别为结构面 A，B 的黏聚力(kPa)；A_A，A_B 分别为结构面 A，B 的面积(m²)；W 为锲体所受的重力(kN)；β_{AB} 为 A，B 结构面交线的倾角(°)。

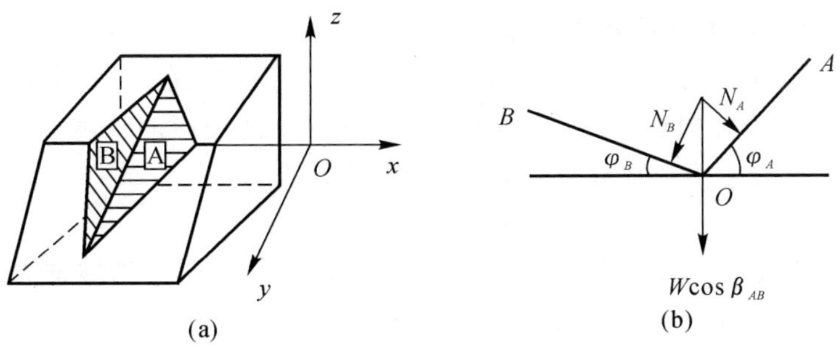

图 8.5　滑坡面为楔形的稳定性分析示意图

(a) 楔体的分解分析图；(b) 楔体夹角

需要注意的是：当边坡中有地下水活动或边坡位于强震区，以及边坡上有荷载作用时，稳定性验算应考虑到静水压力、动水压力和水平地震力的影响。

(4) 滑动面为折线。当滑动面不规则时，可根据所查明的滑动面起伏情况，划分为折线形地段（图 8.6），按下列公式计算其稳定性系数：

$$F_s = \frac{\sum_{i-1}^{n-1}(R_i \prod_{j=i}^{n-1}\psi_j) + R_n}{\sum_{i=1}^{n-1}(T_i \prod_{j=1}^{n-1}\psi_j) + T_n} \tag{8.12}$$

$$\psi_i = \cos(\theta_i - \theta_{i+1}) - \sin(\theta_i - \theta_{i+1})\tan\varphi_{i+1} \tag{8.13}$$

$$\prod_{j=i}^{n-1}\psi_j = \psi_i\psi_{i+1}\psi_{i+2}\cdots\psi_{n-1} \tag{8.14}$$

$$R_i = N_i\tan\varphi_i + c_i l_i \tag{8.15}$$

式中，F_s 为稳定系数；θ_i 为第 i 块段滑动面与水平面夹角(°)；R_i 为作用于第 i 块段的抗滑力(kN/m)；N_i 为第 i 块段滑动面的法向分力(kN/m)；φ_i 为第 i 块段土的内摩擦角(°)；c_i 为第 i 块段土的黏聚力(kPa)；l_i 为第 i 块段滑动面长度(m)；T_i 为作用于第 i 块滑动面上的滑动分力(kN/m)，出现与滑动方向相反的滑动分力时 T_i 应取负值；ψ_j 为第 i 块段的剩余下滑动力传递至 $i+1$ 块段时的传递系数($j=i$)。

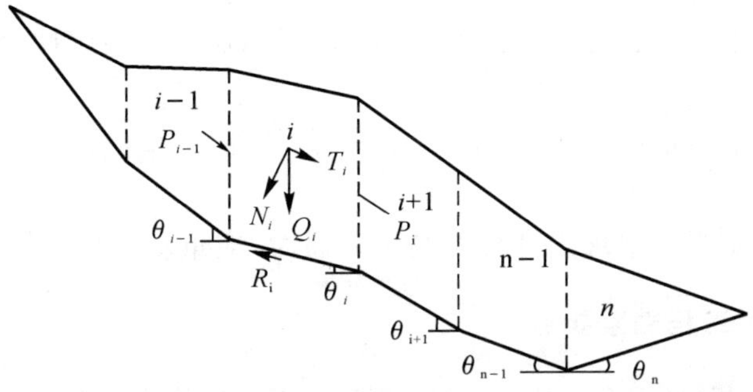

图 8.6　滑坡稳定系数计算示意图

采用极限平衡方法验算滑坡的稳定性时，除分以上四种情况计算滑坡的稳定系数 F_s，进行整体验算外，还应视具体情况验算局部滑动的可能性。

此外，在滑动面(带)为折线时，应选择平行方向的断面(不宜少于3个，其中应有一个是主滑断面)计算滑坡推力，并根据不同断面的计算推力值设计相应的抗滑结构。滑坡推力计算一般均按考虑传递系数 ψ 值的计算方法，用下列公式计算：

$$p_i = p_{i+1}\psi + F_{st}T_i - R_i \tag{8.16}$$

式中，p_i，p_{i-1} 为第 i 块、第 $i-1$ 块滑体的剩余下滑力(kN/m)；F_{st} 为滑坡推力计算安全系数，应根据滑坡现状及其对工程的影响等因素确定，宜取 1.05 ～ 1.25。

滑坡推力作用点，宜取滑体厚度的1/2。

2. Sarma 法

该方法的基本思路是：除非边坡岩体是沿一个理想的平面或圆弧面滑动，才可以作为一个完整的刚体运动。否则，岩土体必须先破裂成多块可相对滑动的块体，即在滑体内部发生剪切破坏才可能滑动。

该方法的独特优点是：① 它可以用来评价各种类型滑坡的稳定性，计算时同时考虑滑体底面和侧面的抗剪强度参数，且各滑块可具有不同的 c，φ 值；② 滑块的两侧可以任意倾斜，并不仅限于竖直边界，因而能分析具有各种滑坡结构特征的稳定性；③ 由于引入了临界水平加速度判据，因此该方法还可以用来分析地震对斜坡稳定性的影响。许多工程分析实例表明，Sarma 法能比较全面客观地反映了斜坡的实际情况，计算结果与实际情况拟合较好。

8.2.4 滑坡岩土工程稳定性评价

滑坡稳定性评价采用综合评价法，应根据滑坡的规模、主导因素、滑坡前兆、滑坡区的工程地质和水文地质条件，以及稳定性验算结果进行，并应分析滑坡发展趋势和危害程度，提出治理方案的建议。

1. 滑坡稳定性综合评价的内容

1) 确认形成滑坡的主导因素和影响滑坡稳定的环境因素。

2) 评定滑坡的稳定程度。

3) 论证因工程修建或环境改变，促使滑坡复活或发展的可能性。

4) 论证防治滑坡的工程方案的合理性、经济性和可能性。

2. 滑坡稳定性综合评价的要求

1) 评定滑坡处于稳定状态，除满足 $F_s \geqslant F_{st}$ 条件外，还应满足定性分析结论为稳定状态的要求。

2) 评定滑坡处于不稳定状态，除满足 $F_s < F_{st}$ 条件外，还应满足定性分析结论为不稳定状态的要求。

3) 滑坡定量解析结果与滑坡定性分析结论矛盾时，应重新分析、计算和评定。

8.2.5 滑坡岩土工程勘察要点

《岩土工程勘察规范》(GB 50021—2001) 规定：拟建工程场地或其附近存在对工程安全有影响的滑坡或有滑坡可能时，应进行专门的滑坡勘察。

滑坡岩土工程勘察的主要目的和任务是查明滑坡的范围、规模、地质背景、性质及其危害程度，分析滑坡的主、次条件和滑坡原因，并判断其稳定程度，预测其发展趋势和提出预防与治理方案建议。所以，在滑坡勘察中，勘察要点主要包括以下内容：

1. 滑坡勘察阶段划分

滑坡勘察阶段划分不一定与具体工程的设计阶段完全一致，而是要看滑坡的规模、性质对拟建工程的可能危害潜势而定。例如，有的滑坡规模大，对拟建工程影响严重，那么，即使为初步设计阶段，对滑坡也要进行详细勘察，以免出现为工程所进行的勘察、设计已进行到详细阶段又由于滑坡问题否定场址，造成浪费。

2. 滑坡勘察的测绘和调查

滑坡勘察应进行工程地质测绘和调查，调查范围应包括滑坡及其邻近地段。比例尺可选用 1∶200 ～ 1∶1 000 。用于整治设计时，比例尺应选用 1∶200 ～ 1∶500 。

滑坡地区工程地质测绘和调查的主要内容包括：

(1) 搜集当地地质、水文、气象、地震和人类活动等相关资料。

(2) 滑坡的形态要素和演化过程，圈定滑坡周界，即调查微地貌形态及其演化过程，圈定滑坡周界、滑坡壁、滑坡平台、滑坡舌、滑坡裂缝、滑坡鼓丘等要素；并查明滑动带部位、划痕指向、倾角、滑带的组成和岩土状态，裂缝的位置、方向、深度、产生时间、切割关系和力学属性；分析滑坡的主滑方向、滑坡的主滑段、抗滑段及其变化；分析滑动面的层数、深度和埋藏条件及其向上、下发展的可能性。

(3) 调查滑带和地下水的情况，泉水出露地点及流量、地表水体、湿地分布及变迁情况。

(4) 调查滑坡带内外树木的异态，工程设施的形态、位移及其破坏时间和过程。

(5) 调查当地整治滑坡的经验。

(6) 对滑坡的重点部位宜摄影和录像。

3. 滑坡勘察的勘探

滑坡勘察中勘探以钻探、触探、坑探(包括井探、槽探、洞探) 和物探为主，其工作量布置应根据工程地质条件、地下水情况和滑坡形态确定，并应符合下列要求：

(1) 勘探线和勘探点的布置应根据工程地质条件、地下水情况和滑坡形态确定。除沿主滑方向应布置勘探线外，在其两侧滑坡体外也应布置一定数量勘探线。勘探点间距不宜大于 40m，在滑坡体转折处和预计采取工程措施的地段，也应布置勘探点。

(2) 勘探孔的深度应穿过最下一层滑面，进入稳定地层，控制性勘探孔的深度应深入稳定地层一定深度，满足滑坡治理需要。

(3) 在滑坡体、滑动面(带) 和稳定地层中应采取土试样，必要时尚应采取水试样。

(4) 应查明地下水的层数，各层地下水的位置，含水层厚度，水的流向、流速、流量、补给来源及其承压性质。

(5) 对于规模较大的滑坡，宜布置物探工作。

4. 确定滑坡滑动面位置

对工程地质测绘和调查及其他勘探成果进行综合分析，确定可靠的滑坡滑动面位置及其形态。

(1) 直接连线法。根据工程地质测绘确定的前后缘位置和勘探获得的软弱面及地下水位(一般初见水位在软弱面之上) 相连线即是滑坡滑动面位置及其形态。这种方法在顺层滑坡中被广泛应用。

(2) 综合分析法。比较复杂的滑坡，如切层滑坡、风化带中的滑坡，其滑面深度及其形态都较复杂，难以确定，这就需用工程地质测绘和调查、滑坡动态观测、工程物探、钻探等勘察技术方法获取的地质、水文地质、工程地质等方面资料进行综合分析确定。

5. 滑坡滑动面岩土抗剪强度的确定

确定滑坡滑动面(带)岩土抗剪强度。主要采用试验方法确定，也可采用反分析方法检验滑动面抗剪强度指标。

当采用试验方法确定滑动面岩土抗剪强度时，其试验应满足如下要求：

(1) 采用室内、野外滑面重合剪，滑带宜作重塑土或原状土的多次剪试验，并求出多次剪和残余剪的抗剪强度。

(2) 采用与滑动受力条件相似的方法(快剪、饱和快剪或固结快剪、饱和固结快剪)。

(3) 采用反分析方法检验滑动面的抗剪强度指标。并应符合以下要求：① 采用滑动后实测的主滑断面进行计算；② 对正在滑动的滑坡，其稳定系数 F_s 可取 0.95 ～ 1.00，对处于暂时稳定的滑坡，稳定系数 F_s 可取 1.00 ～ 1.05；③ 宜根据抗剪强度的试验结果及经验数据，给定黏聚力 c 或内摩擦角 φ 值，反求另一值。

反分析时，当滑动面上下土层以黏性土为主时，可以假定 φ 值，反求 c 值；当滑动面上下土层为砂土或碎石土时，可假定 c 值，反求 φ 值，这样比较容易判断反求的 c,φ 值的合理性和正确性。

8.2.6 滑坡的治理措施

滑坡主要从以下几个方面采取措施进行治理：

①防止地面水侵入滑坡体，宜填塞裂缝和消除体积水洼地，并采取排水天沟截水或在滑坡体上设置不透水的排水明沟或暗沟等措施。对地下水丰富的滑坡体可采取在滑坡体外设截水盲沟和泄水隧洞或在滑坡体内设支撑盲淘和排水仰斜孔、排水隧洞等措施。②对于滑坡的主滑地段可采取挖方卸荷、拆除已有建筑物等减重辅助措施；对抗滑地段可采取堆方加重等辅助措施。当滑坡体有继续向其上方发展的可能时，应采取排水、抗滑桩措施，并防止滑体松弛后减重失效。③采取支撑盲沟、挡土墙、抗滑桩、抗滑锚杆、抗滑锚索(桩)等措施时，应对滑坡体越过支挡区或自抗滑构筑物基底破坏进行验算。④宜采用焙烧法、灌浆法等措施改善滑动带的土质。⑤对于规模较大的滑坡应进行动态监测。⑥对未经处理且危害性大的滑坡，应对滑动的可能性及其危害性做出预报。

8.3 危岩和崩塌

危岩和崩塌是威胁山区工程建设的主要地质灾害。危岩是指岩体被结构面切割，在外力作用下产生松动和塌落；崩塌是指危岩或土体在重力或有其他外力作用下的塌落过程及其产物。崩落的岩体(土体)顺坡向猛烈地翻滚、跳跃、相撞击，最后堆积于坡脚。危岩和崩塌一般发生在厚层坚硬的脆性岩体中(一些垂直裂隙发育的土质斜坡中也有发生)。巨型崩塌常常发生在块体状斜坡中，平缓的岩性软硬相间的层状或互层状陡坡中，则多以局部崩塌或危岩堕落为主(见图 8.7 和图 8.8)。

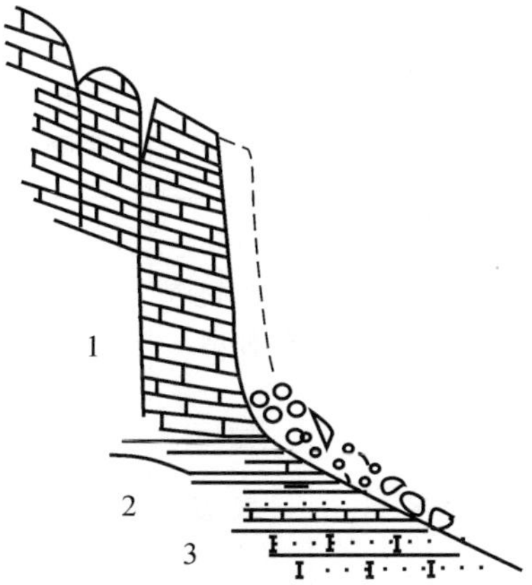

图 8.7　坚硬岩石组成的斜坡前缘卸荷裂隙导致崩塌示意图

1—灰岩；2—砂质岩互层；3—砂岩

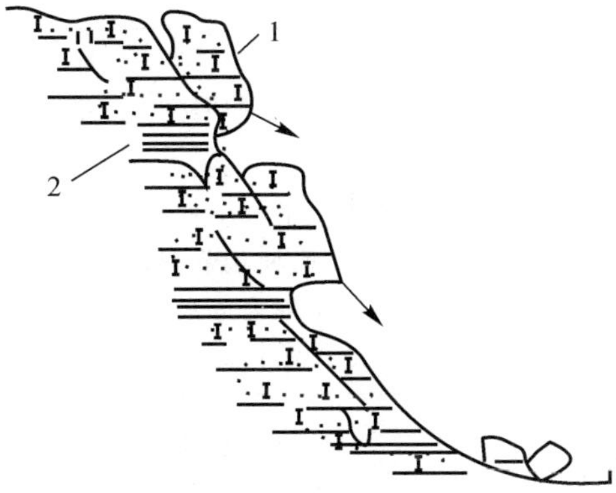

图 8.8　坚硬岩石互层的陡坡局部崩塌示意图

1—砂岩；2—页岩

8.3.1　危岩和崩塌的分类

对危岩和崩塌进行分类便于对潜在的崩塌体进行稳定性评价和预防治理。就目前而言，国内外对危岩和崩塌的分类无统一标准，新规范也未做规定，以下介绍的是国内工程勘察单位较为常见的几种分类方法。

(1)按危岩和崩塌的岩性划分:岩体型、土体型、混合型。

(2)按崩塌发生的原因划分:断层型、节理裂隙型、风化碎石型、硬软岩接触带型。

(3)根据崩塌区落石方量和处理的难易程度划分:

Ⅰ类:崩塌区落石方量大于 5 000 m^3,规模大、破坏力强、破坏后果严重。Ⅱ类:崩塌区落石方量 500～5 000 m^3。Ⅲ类:崩塌区落石方量小于 500 m^3。

但实际上,由于城市和乡村,建筑物和线路工程,崩塌对其造成的后果很不一致,难以用某一具体标准衡量,故在实际应用是应有所说明。

(4)根据崩塌的发展模式划分:倾倒式、滑移式、鼓胀式、拉裂式、错断式五种基本类型及其过渡类型。表 8.3 列举了此五种危岩和崩塌发生的岩性、结构面、地形地貌、受力状态及主要失稳影响因素等特征。

表 8.3　按发展模式分类的危岩和崩塌及其主要分类

特征 类型	岩　性	结构面	地　貌	崩塌体形状	受力状态	起始运动形式	失稳主要影响因素
倾倒式	黄土、石灰岩及其他直立岩层	多为垂直节理、柱状节理、直立岩层面	峡谷、直立岸坡、悬崖等	板状、长柱状	主要受倾覆力矩作用	倾倒	静水压力、动水压力、地震力、重力
滑移式	多为软硬相间的岩层,如石灰岩夹薄层页岩	有倾向临空面的结构面(可能是平面、楔形或弧形)	陡坡通常大于 55°	可能组合成各种形状,如板状、楔形等	滑移面主要受到剪切力作用	滑移	重力、静水压力、动水压力

续表

特征 类型	岩　性	结构面	地　貌	崩塌体形状	受力状态	起始运动形式	失稳主要影响因素
鼓胀式	直立的黄土、黏土或坚硬岩石下有较厚岩层	上部垂直节理、柱状节理，下部为近水平的结构面	陡坡	岩体高大	下部软岩受垂直挤压	鼓胀、滑移、倾斜	重力、水的软化作用
拉裂式	多见于软硬相间的岩层	风化裂隙和重力拉张裂隙	上部突出的悬崖	上部硬岩层以悬臂梁形式突出	拉张	拉裂	重力作用
错断式	坚硬岩石或黄土	垂直裂隙发育，通常无倾向临空面的结构面	大于45°的陡坡	多为板状、长柱状	自重引起的剪切力	错断	重力作用

8.3.2　危岩和崩塌的岩土工程稳定性分析评价

稳定性评价是危岩和崩塌勘察中的重要问题，通常用定性分析、半定量的图解分析和定量的稳定性验算方法对不同发展模式的危岩和崩塌进行稳定性评价。在此主要介绍稳定性验算方法。

1. 基本假设

(1)在崩塌发展过程中，特别是在突然崩塌运动以前，把危岩崩塌视为整体。

(2)把崩塌体复杂的空间运动问题，简化成平面问题，取单位宽度的崩塌体进行验算。

(3)崩塌体两侧和稳定岩体之间，以及各部分崩塌体之间均无摩擦作用。

2. 倾倒式崩塌的稳定性验算

当倾倒式危岩、崩塌体发生倾倒时，将以其底端外侧为转点发生转动，在进行稳定性验算时除应考虑危岩崩塌体本身重力作用外，还应考虑其他附加力作用，如静水压力、地震力等，一般以最不利组合考虑。崩塌体的抗倾覆稳定性系数 K 可按下式计算：

$$K=\frac{\text{抵抗力矩}}{\text{倾倒力矩}} \tag{8.17}$$

式中，抵抗力矩由崩塌体受到的重力产生，倾倒力矩由后缘拉裂隙中水压力和水平地震力产生。当抗倾覆稳定性系数 $K>1$ 时，即可认为是稳定的。

3. 崩塌体崩塌的稳定性验算

滑移式崩塌有平面滑动、圆弧面滑动、楔形面滑动三种情况，其关键在于起始的滑移面是否形成。可按滑坡稳定性验算方法进行验算。

4. 鼓胀式崩塌的稳定性验算

鼓胀式危岩崩塌体下部常有较厚的软弱岩层，如断层破碎带、分化破碎岩体等。在水的作用下，这些软弱岩层就会被先行软化。一旦上部岩体传来的压应力大于软弱岩层的无侧限抗压强度，软弱岩层就会被挤出。因此，鼓胀是这类崩塌的关键。

表 8.5 按泥石流流体性质分类表

特征 \ 性质	黏性		稀性		
	泥流	泥石流	泥流	泥石流	水石流
泥石流流体密度 $\rho_c/(kg \cdot m^{-3})$	$>1.5\times10^3$	$1.6\times10^3\sim2.3\times10^3$	$1.3\times10^3\sim1.5\times10^3$	$1.2\times10^3\sim1.8\times10^3$	$1.2\times10^3\sim1.6\times10^3$
黏度 $\eta/(Pa \cdot s)$	>0.3	>0.3	<0.3	<0.3	
流态特征	呈层流状态，固液两相物质呈整体等速运动，阵性流明显，黏滞性强，浮托力大	呈层流状态，固液两相物质呈整体等速运动，无垂直交换，流体黏稠，浮托力大，能使巨大的漂石悬移或滚动，阵流明显	呈紊流状态，有时具波状流，有泥浪、砾石、碎石块石呈滚动跃移前进	呈紊流状态，漂块石流速慢于浆体流速、呈滚动或跃移前进	呈紊流状态，无阵流现象，固体流速慢于浆体流速，砾石、块石呈推移式前进
堆积特征	多呈舌状或坎坷不平的土堆，表层常有"泥球"	呈崩状或舌状，表面坎坷不平	呈扁状或垄岗状，间有"泥球"	呈扁状或垄岗状	一般呈扇状
危害作用	大量泥石流冲出沟口或沟外，堵塞桥涵，淤埋道路或农田村庄	泥石流来势迅猛，冲击破坏力大，能使大型桥梁、房屋建筑等在短时间内遭受破坏	冲击力较小、对建筑物产生慢性冲刷破坏，淹没农田、道路	冲击力较大，侵蚀力较弱，对建筑物产生慢性冲刷破坏	以冲刷为主，对护岸及桥梁等建筑物产生慢性冲刷破坏

3. 泥石流工程分类

泥石流工程分类是要解决泥石流沟谷作为各类建筑场地的适应性问题，它综合反映了泥石流成因、物质组成、泥石流体特征、流域特征、危害程度等，属于综合性的分类，对泥石流的整治更有指导意义。泥石流工程分类见表8.6。

表 8.6 泥石流的工程类别与特征

沟谷类别	泥石流特征	流域特征	亚类	严重程度	流域面积 $/km^2$	固体物一次冲出量 $/(\times10^4m^3)$	流量 $/(m^3 \cdot s^{-1})$	堆积区面积 $/km^2$
高频率泥石流沟谷 Ⅰ	基本上每年均有泥石流发生，固体物质主要来源于沟谷的滑坡、崩塌。泥石流爆发雨强小于2～4mm/10min，除岩性因素外，滑坡、崩塌严重的沟谷多发生黏性泥石流，规模大；反之多发生稀性泥石流，规模小	多位于强烈抬升区，岩层破碎，风化强烈，山体稳定性差，沟床和扇形地上泥石流堆积新鲜，无植被或仅有稀疏草丛。黏性泥石流沟中下游沟床坡度大于4%	I_1	严重	>5	>5	>100	>1
			I_2	中等	1～5	1～5	30～100	<1
			I_3	轻微	<1	<1	<30	—

续表

沟谷类别	泥石流特征	流域特征	亚类	严重程度	流域面积/km^2	固体物质一次冲出量/($\times10^4 m^3$)	流量/($m^3 \cdot s^{-1}$)	堆积区面积/km^2
低频率泥石流沟谷Ⅱ	泥石流爆发周期一般在10a以上。固体物质主要来源于沟床,泥石流发生时“揭床”现象明显。暴雨时坡面产生的浅层滑坡往往是激发泥石流形成的重要因素。泥石流爆发雨强,一般大于4mm/10min,规模一般较大,性质有黏有稀	山体稳定性相对较好,无大型活动滑坡、崩塌。沟谷和扇形地上巨石遍布。植被较好,沟床内灌木丛密布,扇形地多已辟为农田。黏性泥石流沟中、下游沟床坡度小于4%	$Ⅱ_1$	严重	>10	>5	>100	>1
			$Ⅱ_2$	中等	1～10	1～5	30～100	<1
			$Ⅱ_3$	轻微	<1	<1	<30	—

注:①表中流量对高频率泥石流沟指百年一遇流量,对低频率泥石流沟指历史最大流量;②泥石流的工程分类宜采用野外特征与定量指标相结合的原则,定量指标指满足其中一项即可。

8.4.2 泥石流的识别

能否产生泥石流可从形成泥石流的条件分析判断,已经发生过泥石流的流域,可以从下列几种现象来识别:

(1)中游沟身常不对称,参差不齐,往往凹岸发生冲刷坍塌,凸岸堆积成延伸不长的“石堤”,或凸岸被冲刷凹岸堆积,有明显的截弯取直现象。

(2)沟槽经常大段地被大量松散固体物质堵塞,构成跌水。

(3)由于多次规模不同泥石流的下切淤泥,沟的中下游常有多级阶地,在较宽阔地带常常有垅岗状堆积物。

(4)下游堆积扇的轴部一般较高耸,稠度大的堆积物其扇角小,呈丘状。

(5)堆积扇上沟槽不固定,扇体上杂乱分布着垅岗状、舌状、岛状堆积物。

(6)堆积的石块均具尖锐的棱角,无方向性,无明显的分选层次。

上述现象不是所有泥石流地区都具备的,调查时应多方面综合判定。

8.4.3 泥石流地区工程建设适宜性评价

泥石流地区工程建设适宜性评价,一方面应考虑到泥石流的危害性,确保工程安全,不能轻率地将工程设在有泥石流影响的地段;另一方面也不能认为凡属泥石流沟谷均不能兴建工程,而应根据泥石流的规模、危害程度等按泥石流工程分类区别对待。

(1)$Ⅰ_1$类、$Ⅱ_1$类泥石流沟谷规模大,危害性大,防治工作困难且不经济,故不能作为各类工程的建设场地。

(2)$Ⅰ_2$类、$Ⅱ_2$类泥石流沟谷,一般以避开为好,不宜作为工程建设的场地;当必须作为建设场地时,应提出综合防治措施的建议;对线路工程(包括公路、铁路和穿越线路工程)宜在流通区或沟口选择沟床固定、沟形顺直、沟道纵坡比较一致、冲淤变化较小的地段设桥或墩通过，并尽量选择在沟道比较狭窄的地段以一孔跨越通过，当不可能一孔跨越时，应采用大跨径，以减少桥墩数量。

(3) I_3 类、II_3 类泥石流沟谷，由于其规模及危害性均较小，防治也较容易和经济，堆积扇可作为工程建设场地；线路工程可以在堆积扇通过，但宜用一沟一桥，不宜任意改沟、并沟，根据具体情况做好排洪、导流等防治措施。

(4)当沟口上游大量弃渣或进行工程建设改变了沟口的原有供排平衡条件时，应重新判定产生新的泥石流的可能性。

8.4.4　泥石流勘察要点

泥石流勘察应在可行性研究或初步勘察阶段进行，应查明泥石流的形成条件和泥石流的类型、规模、发育阶段、活动规模，并对工程场地做出适宜性评价，提出防治方案的建议。所以，泥石流勘察的要点包括以下内容：

(1)泥石流勘察应以岩土工程测绘和调查主要勘察手段，一般情况下不进行勘探和测试。岩土工程测绘范围应包括沟口至分水岭的全部地段(包括泥石流的形成区、流通区和堆积区)和可能受泥石流影响的地段。测绘比例尺，对全流域宜采用 1：50 000；对中下游可采用 1：2 000～1：10 000，并应调查下列内容：①冰雪融化和暴雨强度、前期降雨量、一次最大降雨量，平均及最大流量，地下水活动等情况。②地形地貌特征，包括沟谷的发育程度、切割情况，坡度、弯曲、粗糙程度，并划分泥石流的形成区、流通区和堆积区，圈绘整个沟谷的汇水面积。③形成区的水源类型、水量、汇水条件、山坡坡度，岩层性质及风化程度；查明断裂、滑坡、崩塌、岩堆等不良地质作用的发育情况及可能形成泥石流固体物质的分布范围、储量。④流通区的沟床纵横坡度、跌水、急弯等特征，查明沟床两侧山坡坡度、稳定程度，沟床的冲淤变化和泥石流的痕迹。⑤堆积区的堆积扇分布范围，表面形态，纵坡，植被，沟道变迁和冲淤情况；查明堆积物的性质、层次、厚度，一般粒径和最大粒径；判定堆积区的形成历史、堆积速度，估算一次最大堆积量。⑥泥石流沟谷的历史，历次泥石流的发生时间、频数、规模、形成过程、暴发前的降雨情况和暴发后产生的灾害情况。⑦开矿弃渣、修路切坡、砍伐森林、陡坡开荒和过度放牧等人类活动情况。⑧当地防治泥石流的经验。

(2)当需要对泥石流采取防治措施时，应进行勘探测试，进一步查明泥石流堆积物的性质、结构、厚度、固体物质含量、最大粒径、流速、流量、冲出量和淤积量等。具体实施应按照以下几点：①需要查明泥石流堆积物的组成与厚度时，可采用钻探、坑探方法，条件适合时也可采用物探。查明泥石流堆积物厚度的钻孔应钻入基岩的深度，并宜超过沟内最大块石直径 3～5m。②泥石流试验的取样工作应在工程地质测绘与调查之后进行，并应选取流域内的代表性泥石流堆积物土样。③泥石流流体密度 ρ_c、固体颗粒密度 ρ_s、颗粒分析试验，应在现场进行；泥石流的颗粒分析侧重做粉砂和黏土粒组含量百分数、小于 1mm 的颗粒含量百分数、平均粒径 d_{50} 的分析；黏性泥石流要做湿陷性试验及可溶盐含量测试；稀性泥石流还要采取固体物质补给区试样进行颗粒分析试验。④对严重危害铁路、公路等线路工程的大规模泥石流应建立观测试验站，以获取泥石流各项特征值的定量指标。

(3)对泥石流进行工程分类。

(4)对泥石流地区的建筑适宜性做出评价。

(5)对泥石流进行动态监测。在泥石流的治理过程中,对泥石流的动态监测是采取和调整治理措施的依据。泥石流动态监测可采用下列方法:①采用遥感技术进行泥石流规模、发育阶段、活动规律的中、长周期监测;②采用地面多光谱陆摄法、地面立体摄影测量技术,进行泥石流基本参数变化的短周期动态监测。

8.4.5 泥石流防治措施

泥石流的防治应以"以防为主,防治结合,避强制弱,重点治理"为原则,宜对上游形成区、中游流通区和下游堆积统一规划和采取生物措施与工程措施相结合的综合治理方案。

(1) 形成区宜采取植树造林,种植草被,水土保持,修建引水、储水工程及削弱水动力措施——修建防护工程,稳定土体。流通区宜修建拦沙坝、谷坊,采取拦截固体物质,固定沟床和减缓纵坡的工程措施。堆积区宜修筑排导沟、急流槽、导流堤、停淤场,采取改变流路疏排泥石流的工程措施。

(2) 对于稀性泥石流宜修建调洪水库、截水沟、引水渠和种植水源涵养林,采取调节径流,削弱水动力,制止泥石流形成的措施。对黏性泥石流宜修筑拱石坝、谷坊、支挡结构和种植树木,采取稳定土体,制止泥石流形成的措施。

8.5 地面沉降

地面沉降是一种环境地质灾害。它是由于人为开采地下水、石油和天然气而造成地层压密变形,从而导致区域地面高程下降的地质现象。由于长期或过量开采地下承压水而产生的地面沉降在国内外均较普遍,而且多发生在人口稠密、工业发达的大中城市地区。例如我国的上海、天津、西安、太原等城市地面沉降曾一度严重影响到城市规划和经济发展,使城市地质环境恶化,建筑(构)物不能正常使用,给国民经济造成极大损失。《岩土工程勘察规范》(GB 50021—2001)规定:地面沉降适用于抽吸地下水引起水位或水压下降而造成大面积地面沉降的岩土工程勘察。本节主要是针对由于人为抽取地下承压水引起的大面积地面沉降,即抽水导致的地面沉降。

8.5.1 地面沉降计算

国内外关于地面沉降的计算方法较多,归纳起来大致有理论计算方法、半理论半经验方法、经验方法三种。由于地面沉降区地质条件和各种边界条件的复杂性,采用半理论半经验方法或经验方法,经实践证明是较简单实用的计算方法。此外,运用灰色系统理论、模糊数学等数值分析方法进行地面沉降计算的方法近些年也得到较多的使用。

以下主要介绍半理论半经验的分层总和法和经验的单位变形量法。

1. 分层总和法

(1)砂层应按下式计算:

$$S_\infty = \frac{\Delta PH}{E} \tag{8.21}$$

(2) 黏性土或粉土层按下式计算:

$$S_\infty = \frac{a_v}{1+e_0}\Delta PH \tag{8.22}$$

式中,S_∞ 为最终沉降量(cm);a_v 为黏性土或粉土的压缩系数或回弹系数(MPa^{-1});e_0 为初始孔隙比；ΔP 为水位变化施加于土层上的平均荷载(MPa)；H 为计算土层厚度(cm)；E 为砂土的弹性模量，压缩时为 E_c，回弹时为 E_s(MPa)。

总沉降量应等于各土层沉降量的总和，即

$$S=\sum_{i=1}^{n}S_i \tag{8.23}$$

2. 单位变形量法

以已有的地面沉降实测资料为根据，计算在某一特定时段(水位上升或下降)内，含水层水头每变化 1m 相应的变形量，称为单位变形量，可按下列公式计算：

$$I_s=\frac{\Delta S_s}{\Delta h_s} \tag{8.24}$$

$$I_c=\frac{\Delta S_c}{\Delta h_c} \tag{8.25}$$

式中，I_s，I_c 分别为水位升、降期的单位变形量(mm/m)；Δh_s，Δh_c 分别为同时期水位升、降幅度(m)；ΔS_s，ΔS_c 分别为相应于该水位变幅下的土层变形量(mm)。

为了反映地质条件和土层厚度与 I_s，I_c 参数的关系，将上述单位变形量除以土层的厚度 H(mm)，称为该土层的比单位变形量，按下列公式计算：

$$I'_s=\frac{I_s}{H}=\frac{\Delta S_s}{\Delta h_s H} \tag{8.26}$$

$$I'_c=\frac{I_c}{H}=\frac{\Delta S_c}{\Delta h_c H} \tag{8.27}$$

式中，I'_s，I'_c分别为水位升、降期的比单位变形量(L/m)。

在已知预期的水位升降幅度和土层厚度的情况下，土层预测回弹量或沉降量按下式计算：

$$S_s=I_s\Delta h=I'_s\Delta hH \tag{8.28}$$

$$S_c=I_c\Delta h=I'_c\Delta hH \tag{8.29}$$

式中，S_s，S_c 分别为水位上升或下降 Δh(m) 时厚度为 H(mm) 的土层预测沉降量(mm)。

3. 黏性土固结过程计算

为预测地面沉降的发展趋势，在水位升降已经稳定的情况下，土层变形量与时间变化关系可用下列公式计算：

$$S_t=S_\infty U \tag{8.30}$$

$$U=1-\frac{8}{\pi^2}\left(e^{-N}+\frac{1}{9}e^{-9N}+\frac{1}{25}e^{-25N}+\cdots\right)\approx 1-0.8e^{-N} \tag{8.31}$$

$$N=\frac{\pi^2 C_v}{4H^2} \tag{8.32}$$

式中，S_t 为预测 t 月以后的土层变形量(mm)；S_∞ 为最终变形量(mm)；U 为固结度(%)；t 为时间(月)；N 为时间因素；C_v 为固结系数，压缩时为 C_{vc}，回弹时为 C_{vs}(mm^2/ 月)；H 为土层的计算厚度，两面排水时取实际厚度的一半，单面排水时取全部厚度(mm)。

8.5.2　地面沉降勘察要点

地面沉降勘察的目的和任务主要有以下几方面：

(1)对已发生地面沉降的地区，应查明地面沉降的原因和现状，并预测其发展趋势，提出控制和治理方案。

(2)对可能发生地面沉降的地区，应结合水资源评价预测发生地面沉降的可能性，并对可能的沉降层位做出估计，对沉降量进行估算，提出预防和控制地面沉降的建议。

地面沉降岩土工程勘察主要包括以下内容：

1.对地面沉降原因调查

地面沉降研究成果表明：地面沉降区都位于厚度较大的第四纪松散堆积区，地面沉降机制与产生沉降的土层的地质、成因及其固结历史、固结状态、孔隙水的赋存形式及其释水机理等有密切关系，故调查地面沉降原因应从工程地质条件、地下水埋藏条件和地下水动态三方面进行。

(1)工程地质条件：

1)场地的地貌和微地貌。

2)第四纪堆积物年代、成因、厚度和埋藏条件和土性特征，硬土层和软弱压缩层的分布。

3)地下水位以下可压缩层的固结状态和变形参数。

(2)地下水埋藏条件：

1) 含水层和隔水层的埋藏条件和承压性质，含水层的渗透系数、单位涌水量等水文地质参数。

2)地下水的补给、径流、排泄条件，含水层间或地下水与地面水的水力联系。

(3)地下水动态：

1)历年地下水位、水头的变化幅度和速率。

2)历年地下水的开采量和回灌量，开采或回灌的层段。

3)地下水位下降漏斗及回灌时地下水反漏斗的形成和发展过程。

2.对地面沉降现状调查

对地面沉降现状的调查主要包括对地面沉降量观测、对地下水观测、对地面沉降范围内已有建筑物的调查三个方面。

(1)应按精密水准测量要求进行长期观测，并按不同的地面沉降结构单元设置高程基准标、地面沉降标和分层沉降标。

(2)对地下水的水位升降、开采量和回灌量、化学成分、污染情况和孔隙水压力消散、增长情况进行观测。

(3)调查地面沉降对建筑物的影响，包括建筑物的变形、倾斜、裂缝及发生时间和发展过程。

(4)绘制不同时间的地面沉降等值线图，并分析地面沉降中心与地下水位下降漏斗的关系及地面回弹与地下水位反漏斗的关系。

(5)绘制以地面沉降为特征的工程地质分区图。

3.地面沉降勘察的技术方法

地面沉降勘察主要采用以下技术方法：

(1)工程地质测绘与调查。

(2)精密水准监测。通常设置三种标点：①高程基准标(也称背景标)，设置在地面沉降所不能影响的范围内；②地面沉降标，是用于观测地面升降的地面——水准点；③分层沉降标，用于观测某一深度范围内土层的沉降幅度的观测标。

(3)勘探。通过钻探、槽探、井探，观察、鉴别地层情况，采取水样、原状土样。

钻探孔可以有水文地质孔和工程地质孔两种，其中水文地质孔主要是用作抽水试验孔和水位观测孔;工程地质孔主要用于土层鉴别、采取原状土样并兼作孔隙水压力测试等。

(4)土工试验。土工试验包括室内土工试验和现场原位测试。室内土工试验主要包括颗粒分析试验和含水量、重度、土的比重、液塑限、抗剪强度试验、常规压缩、固结试验以及水质分析、高压固结试验、循环加荷固结试验等特殊性试验。原位测试主要有抽水试验、孔隙水压力测试等。

土工试验的目的就是为地面沉降分析计算提供有关岩土物理力学及水化学性质指标。

8.5.3　地面沉降治理与控制的对策和措施

地面沉降一旦产生,很难恢复。因此,应因地制宜采取治理措施,以减轻或消除危害。

(1)对已发生地面沉降的地区,可根据工程地质、水文地质条件采取的控制和治理方案包括:①减小地下水开采量及水位降深;②对地下水进行人工补给、回灌。但应控制回灌水源的水质标准,以防止地下水被污染,并应根据地下水动态和地面沉降规律,制定合理的开采回灌方案;③调查地下水开采层次,进行合理开采,适当开采深层地下水或岩溶裂隙水;④采取开源与节流并举的措施。

(2)对可能发生地面沉降的地区应预测地面沉降的可能性和估算沉降量,并可采取的预测和防治措施包括:①根据场地工程地质与水文地质条件,预测可压缩层和含水层的分布;②根据室内、外测试(包括抽水试验、渗透试验、先期固结压力试验、流变试验、反复载荷试验等)和沉降观测资料,评价地面沉降和发展趋势,并估算地面沉降量;③提出地下水资源的合理开采方案。

8.6　场地和地基的地震效应

《岩土工程勘察规范》(GB 50021—2001)规定:抗震设防烈度大于或等于6度的地区,应进行场地和地基地震效应的岩土工程勘察。

8.6.1　地震对工程场地的破坏作用

地震是一种地质现象,是地壳构造运动的一种表现。地下深处的岩层,由于某种原因突然破裂、塌陷以及火山爆发等而产生振动,并以弹性波的形式传递到地表。表示地震本身大小的尺度是地震震级,是由地震所释放出来的能量大小所决定的。释放出来的能量愈大则震级愈大。地震烈度是指某一地区的地面和各种建筑物遭受地震影响的强烈程度。地震烈度表,是划分地震烈度的标准,主要是根据地震时地面建筑物受破坏的程度、地震现象、人的感觉等等来划分制定的。我国和世界上大多数国家都是把烈度分为12度。震级和烈度既有联系,又有区别。震级是反映地震本身大小的等级,只与地震释放的能量有关,而烈度则表示地面受到的影响和破坏的程度。震级与烈度虽然都是地震的强烈程度指标,但烈度对工程抗震来说具有更为密切的关系。地震烈度分为:①基本烈度,是指在今后一定时期内,某一地区在一般场地条件下可能遭遇的最大地震烈度。基本烈度所指的地区,并不是某一具体工程场地,而是指一较大范围,因此基本烈度又常常称为区域烈度。②场地烈度,提供的是地区内普遍遭遇的烈度,具体场地的地震烈度与地区内的平均烈度常常是有差别的。③设防烈度,是指按国家规定的权限批准作为一个地区抗震设防依据的地震烈度。

地震对工程场地的破坏作用表现在如下几方面：

1. 地震力的破坏作用

地震使建筑物受到一种惯性力的作用，这种由地震波所直接产生的惯性力，通常称为地震力。如果建筑物经受不住这种地震力的作用，轻者开裂、变形，重者破坏。

根据静力地震系数法，作用于建筑物的地震力为

$$P=\frac{\alpha_{\max}}{g}Q=KQ \tag{8.33}$$

式中，g 为重力加速度；$\alpha_{\max}$ 为地面最大加速度；Q 为建筑物的重量；K 为地震系数。

地震系数 K 是地震时最大加速度与重力加速度的比值。通过大量数据的总结，目前我国的地震烈度表上已列出各级烈度相应的地震最大加速度值，亦即总结出地面最大加速度与地震烈度的关系，其规律是：烈度每增加一度，最大地面加速度大致地增大一倍，亦即地震系数 K 增大一倍。

经实测，软土场地的高柔建筑、坚硬场地的拟刚性建筑的震害都比较重，这与上述地基土层的卓越周期与建(构)筑物的刚度不同的自振周期相近有关。为了准确估计和防治这类震害的出现，必须使工程设施的自震周期避开场地的卓越周期。

2. 地变形的破坏作用

地震时在地表产生的地变形主要有断裂错动、地裂缝与地倾斜等。

断裂错动是指浅源断层地震发生断裂错动时在地面上的变形。1976 年河北唐山地震，也有断裂错动现象，错断公路和桥梁，水平位移达一米多，垂直位移达几十厘米。

地裂缝是地震常见的现象。按一定方向规则排列的构造型地裂缝多沿发震断层及其邻近地段分布。它们有的是由地下岩层受到挤压、扭曲、拉伸等作用发生断裂，直接露出地表形成；有的是由地下岩层的断裂错动影响到地表土层产生的裂缝。

地倾斜是指地震时地面出现的波状起伏。1906 年美国旧金山地震，使街道严重破坏，变成波浪起伏的形状。

3. 地震促使软弱地基变形、失效的破坏作用

软弱地基一般是指可触变的软弱黏性土地基以及可液化的饱和砂土地基。它们在强烈的地震作用下，由于触变或液化，可使其承载力大大降低或完全消失。这种现象通常称为地基失效。软弱地基失效时，可发生很大的变位或流动，不但不支撑建筑物，反而对建筑物的基础起推挤作用，因此会严重地破坏建筑物。此外，软弱地基在地震时容易产生不均匀沉陷，振动的周期长、振幅大，这些都会使其上的建(构)筑物易遭破坏。

4. 地震激发滑坡、崩塌与泥石流的破坏作用

强烈的地震作用能激发斜坡上的岩土体松动、失稳，发生滑坡和崩塌等不良地质作用。如果震前久雨，则更容易发生。在山区，地震激发的滑坡和崩塌，往往是巨大的，它们可以摧毁房屋、道路交通，甚至整个村庄也能掩埋，并因崩塌和滑坡而堵塞河道，使河水掩埋两岸村镇和道路。1933 年，四川迭溪地震，在迭溪 15km 范围内，滑坡和崩塌到处可见。在迭溪附近，岷江两岸山体崩塌，形成了三座高达 100 余米的堆石坝，将岷江完全堵塞，积水成湖。而后，堆石坝溃决时，高达 40 余米的水头顺水而下，席卷了两岸的村镇，造成了严重的灾害和损失。因此，一般认为地震时可能发生大规模滑坡、崩塌的地段，视为抗震危险地段，建筑场地和主要线路应尽量避开。

8.6.2　场地和地基地震效应岩土工程勘察的主要任务

（1）根据国家批准的地震动参数区划和有关的规范，提出勘察场地的抗震设防烈度、设计基本地震加速度和设计特征周期分区。

（2）在抗震设防烈度等于或大于 6 度的地区进行勘察时，应划分对抗震有利、不利和危险的地段，划分场地类别。《建筑抗震设计规范》（GB 50011—2001）根据土层等效剪切波速和覆盖层厚度把建筑场地划分为四类。当有可靠的剪切波速和覆盖层厚度值而场地类别处于类别的分界线附近时，可按插值方法确定场地反应谱特征周期。

（3）场地内存在发震断裂时，应对断裂的工程影响进行评价。

（4）对需要采用时程分析的工程，应根据设计要求，提供土层剖面、覆盖层厚度和剪切波速度等有关参数。当任务需要时，可进行地震安全性评估或抗震设防区划。

（5）进行液化判别。通过初判判别场地有无液化的可能性，再进一步综合判别评价液化等级。

当抗震设防烈度为 6 度时，可不考虑液化的影响，但对沉陷敏感的乙类建筑，可按 7 度进行液化判别。甲类建筑的地震作用要按本地区设防烈度提高一度计算，当为 8，9 度时应进行专门的液化研究。

（6）抗震设防烈度等于或大于 7 度的厚层软土分布区，宜判别软土震陷的可能性和估算震陷量。

（7）场地或场地附近有滑坡、滑移、崩塌、塌陷、泥石流、采空区等不良地质作用时，应进行专门勘察，分析评价在地震作用时的稳定性。

（8）提出抗液化措施的建议。

8.6.3　地震液化的判别

液化判别方法基本上都是经验方法，都有一定的局限性，故宜应用多种方法分析、比较，进行综合判别。

1. 按《建筑抗震设计规范》（GB 50011—2001）规定判别

（1）初判条件。当饱和砂土或饱和粉土（不含黄土）符合下列条件之一时，可初步判别为不液化或不考虑液化影响。

1）地质年代为第四纪晚更新世（Q_3）及其以前，抗震设防烈度为 7 度、8 度时可判为不液化土。

2）粉土的黏粒含量（系采用六偏磷酸钠作分散剂测定）百分率 ρ_c（%），在抗震设防烈度为 7 度、8 度和 9 度分别不小于 10，13 和 16 时，可判为不液化土。

3）采用天然地基的建筑，当上覆非液化土层厚度和地下水位深度符合下列条件之一时，可不考虑液化影响：

$$d_u > d_0 + d_b - 2$$

$$d_w > d_0 + d_b - 3$$

$$d_u + d_w > 1.5d_0 + 2d_b - 4.5$$

式中，d_w 为地下水位深度（宜按设计基准期内年平均最高水位采用，也可按近期内年最高水位采用）（m）；d_u 为上覆非液化土层厚度（计算时宜将淤泥质土层扣除）（m）；d_b 为基础埋置深度

（不超过 2m 时应采用 2m）(m)；d_0 为液化土特征深度（可查表取得）(m)。

（2）进一步判别。当初步判别认为须进一步进行液化判别时，应采取标准贯入试验判别法。当饱和土标准贯入锤击数（未经杆长修正）小于液化判别标准贯入锤击数临界值（即 $N < N_{cr}$）时，应判为液化土。

N_{cr} 按下式计算：

$$N_{cr} = N_0[0.9 + 0.1(d_s - d_w)]\sqrt{\frac{3}{\rho_c}} \quad (d_s \leqslant 15) \tag{8.34}$$

$$N_{cr} = N_0(2.4 - 0.1d_s)\sqrt{\frac{3}{\rho_c}} \quad (15 \leqslant d_s \leqslant 20) \tag{8.35}$$

式中，N 为饱和土标准贯入锤击数（未经杆长修正）；N_{cr} 为液化判别标准贯入锤击数临界值；N_0 为液化判别标准贯人锤击数基准值，应按表 8.7 选用；d_s 为饱和土标准贯入点深度(m)；ρ_c 为黏粒含量百分率，当小于 3 或为砂土时，应采用 3。

表 8.7　标准贯入锤击数基准值 N_0 表

设防烈度 / 设计地震分组	7 度	8 度	9 度
第一组	6(8)	10(13)	16
第二组、第三组	8(10)	12(15)	18

注：括号内数值用于设计基本地震加速度为 0.15g 和 0.30g 的地区。

2. 其他判别方法

（1）静力触探试验方法。铁道部《铁路工程抗震设计规范》和《铁路工程地质原位测试规程》均采用静力触探试验方法进行地震液化判别。

当实测计算比贯入阻力 p_{so} 或实测计算锥尖阻力 q_{co} 小于液化比贯入阻力临界值 p_{scr} 或液化锥尖阻力临界值 q_{ccr} 时，分别按下列公式计算：

$$p_{scr} = p_{so}\alpha_w\alpha_u\alpha_p \tag{8.36}$$

$$q_{ccr} = q_{co}\alpha_w\alpha_u\alpha_p \tag{8.37}$$

$$\alpha_w = 1 - 0.065(d_w - 2) \tag{8.38}$$

$$\alpha_u = 1 - 0.05(d_u - 2) \tag{8.39}$$

式中，p_{scr}，q_{ccr} 分别为饱和土静力触探液化比贯入阻力临界值及锥尖阻力临界值(MPa)；p_{so}，q_{co} 分别为地下水位深度 $d_w = 2$m，上覆非液化土层厚度 $d_u = 2$m 时，饱和土液化判别比贯入阻力基准值和液化判别锥尖阻力基准值（可按表 8.8 取值）(MPa)；α_w 为地下水位埋深修正系数，地面常年有水且与地下水有水力联系时，取 1.13；α_u 为上覆非液化土层厚度修正系数，对深基础取 1.0；d_w 为地下水位埋深(m)；d_u 为上覆非液化土层厚度（计算时宜将淤泥质土层厚度扣除）(m)；α_p 为与静力触探摩阻比有关的土性修正系数，可按表 8.9 取值。

表 8.8　比贯入阻力基准值 p_{so} 和锥尖阻力基准值 q_{co}

抗震设防烈度	7 度	8 度	9 度
p_{so}/MPa	5.0 ~ 6.0	11.5 ~ 13.0	18.0 ~ 20.0
q_{co}/MPa	4.6 ~ 5.5	10.5 ~ 11.6	16.4 ~ 18.2

表 8.9　土性修正系数 α_p 值

土类	砂土	粉土	
塑性指数	$I_P \leqslant 3$	$3 < I_P \leqslant 7$	$7 < I_P \leqslant 10$
α_p	1.0	0.6	0.46

(2) 波速试验方法。地面下 15 ～ 20m 深度范围内的饱和砂土和饱和粉土，其实测剪切波速值 v_s 分别大于按下式计算的土层剪切波速临界值 v_{scr} 时，可初步判别为液化。

$$v_{scr} = v_{s0}\sqrt{d_s - 0.0133d_s^2}\left[1.0 - 0.185\left(\frac{d_w}{d_s}\right)\right]\sqrt{\frac{3}{\rho_c}} \tag{8.40}$$

式中，v_{scr} 为饱和砂土或饱和粉土液化剪切波速临界值(m/s)；v_{s0} 为与设防烈度、土类有关的经验系数，可查表取值；d_s 为剪切波速测点深度(m)；d_w 为地下水埋深(m)；ρ_c 为黏粒含量百分率(%)。

8.6.4　评价液化等级

《建筑抗震设计规范》(QB 50011—2001) 评价液化等级的基本方法是：按每个标准贯入试验点逐点判别液化可能性，按每个试验孔计算液化指数，按照每个孔的计算结果，结合场地的地质地貌条件，综合确定场地液化等级。

1. 计算液化指数

凡已经判定为可液化的土层，应按下式计算地基的液化指数：

$$I_{lE} = \sum_{i=1}^{n}\left(1 - \frac{N_i}{N_{cri}}\right)d_i\omega_i \tag{8.41}$$

式中，I_{lE} 为地基土液化指数；N_i，N_{cri} 分别为 i 点标准贯入锤击数的实测值和临界值，当实测值大于临界值时取临界值的数值；n 为在判别深度范围内每一个钻孔标准贯入试验点的总数；d_i 为 i 点所代表的土层厚度(可采用与该标准贯入试验点相邻的上、下两标准贯入试验点深度差的一半，但上界不小于地下水位深度，下界不大于液化深度)(m)；ω_i 为 i 土层单位土层厚度的层位影响权函数(若判别深度为 15m，当该层中点深度不大于 5m 时，应采用 10，等于 15m 时，应采用零值；5 ～ 15m 时，应按线性内插法取值；若判别深度为 20m，当该层中点深度不大于 5m 时，应采用 10，等于 20m 应采用零值，5 ～ 20m 时应按线性内插法取值)(m^{-1})。

由于液化指数 I_{lE} 主要决定于实测值与临界值的比值，是无量纲参数，所以当不用标准贯入方法而是用其他方法判别液化时，仍可用此式计算液化指数，而当采用静力触探试验方法时，用 P_{si}/P_{scri}(或 q_{si}/q_{scri}) 替代 N_i/N_{cri}，当用波速试验方法时，用 v_{si}/v_{scri} 替代 N_i/N_{cri}。

2. 划分液化等级

场地和地基的液化等级根据液化指数按表 8.10 评定。

表 8.10　场地和地基液化等级表

液化等级	轻微	中等	严重
判别深度为 15m 时的液化指数	$0 < I_{lE} \leqslant 5$	$5 < I_{lE} \leqslant 15$	$I_{lE} > 15$
判别深度为 20m 时的液化指数	$0 < I_{lE} \leqslant 6$	$6 < I_{lE} \leqslant 18$	$I_{lE} > 18$

8.6.5 勘探工作量布置要求

场地和地基地震效应勘察以钻探、波速测试为主要勘探手段，以岩土工程地震测绘和调查为辅。其工作量布置一般应符合以下要求：

(1)为划分场地类别布置的勘探孔，当缺乏资料时，其深度应大于覆盖层厚度。当覆盖层厚度大于80m时，勘探孔深度应大于80m，并分层测定剪切波速。10层和高度30m以下的丙类和丁类建筑，无实测剪切波速时，可按国家标准《建筑抗震设计规范》(GB 50011－2001)的规定，按土的名称和性状估计土的剪切波速。

(2)在场地的初步勘察阶段，对大面积的同一地质单元，测量土层剪切波速的钻孔数量，应为控制性钻孔数量的1/3～1/5，山间河谷地区可适量减少，但不宜少于3个。在场地的详细勘察阶段，对单幢建筑，测量土层剪切波速的钻孔数量不宜少于2个，数据变化较大时，可适量增加；对小区中处于同一地质单元的密集高层建筑群，测量土层剪切波速的钻孔数量可适当减少，但每幢高层建筑不得少于一个。

(3)地震液化的进一步判别应在地面以下15m的范围内进行；对于桩基和基础埋深大于5m的天然地基，判别深度应加深至20m。对判别液化而布置的勘探点不应少于3个，勘探孔深度应大于液化判别深度。

(4)当采用标准贯入试验判别液化时，应按每个试验孔的实测击数进行。在需要做判定的土层中，试验点的竖向间距为1.0～1.5m，每层土的试验点数不宜少于6个。

8.6.6 抗液化措施

(1)凡判别为可液化地基土层，应根据建筑类别和地基液化等级按下列规定提出抗液化措施的建议：①甲类建筑宜避开地基液化等级为严重或中等的场地；乙类建筑在地基液化等级为严重的场地，应避开或全部消除液化，在进行技术经济对比后确定其抗震措施；丙、丁类建筑可不考虑避开措施。②各类建筑物均应避开可能液化滑移的地段。当无法避开时，应采取保证场地地震时整体稳定的措施。③各类建筑和构筑物的液化措施，应根据现行国家标准《建筑抗震设计规范》(GB 50011－2001)规定提出建议。

(2)通常采用的抗液化措施包括：换土填层方法、采取振冲、振动加密、砂桩挤密、强夯等方法改善液化土层的密实程度方法；增加盖层，以增大有效覆盖压力方法；建筑物地基范围内用板桩、混凝土截水墙、沉箱等，将液化土层截断封闭方法；采用深基础方法等工程措施。

8.7 地下采空区场地岩土工程勘察

8.7.1 概述

人类为采掘地下资源而留下的地下空间称为地下采空区，根据开采现状可分为老采空区、现采空区及未来采空区三类。老采空区是指建筑物兴建时，历史上已经采空的场地；现采空区是指建筑物兴建时，地下正在开采的场地；未来采空区是指建筑物兴建时，地下赋存有工业价值的矿层，目前尚未开采，而规划中要开采的场地。

由于地下开采造成一定的地下空间，导致周围岩体向此空间移动。如果开采空间的位置很深或尺寸不大，则围岩的变形破坏将局限在一个很小的范围内，不会波及到地表。但是，当开采空间位置很浅或尺寸很大，这时围岩变形破坏往往波及到地表，使之产生沉降，形成地表移动盆地，甚至出现崩陷和裂缝，以致危及地面建筑物安全，形成采空区场地特有的岩土工程问题。

另外，作为地下采空区场地，不同部位其变形类型和大小各不相同，且随时间也是变化的。这种变形对建筑物选址和选型都是很重要的，如铁路、公路及大型引水工程选线，房屋建筑和构筑物、隧洞等工程的选址及其地基处理都必须考虑地下采空区场地变形特性及发展趋势的影响。正因为采空区场地的特殊性，因此与一般建筑场地相比，地下采空区场地的勘察内容、研究方法及建筑设计都是不一样的，甚至对不同类型的采空区也是有区别的。地下采空区场地评价的主要任务是：查明老采空区上覆岩层的稳定性，预测现采空区和未来采空区地表移动、变形的特征和规律，判定其作为建筑场地的适宜性和对建筑物的危害程度。这是矿山城市特殊的岩土工程研究课题。

8.7.2　采空区的地表变形特征

1. 地表变形的分区与分类

当地下开采影响到达地表以后，在采空区上方地表将形成一个凹陷盆地，或称地表移动盆地。一般来说，地表移动盆地的范围要比采空区面积大得多，形状近似椭圆形。在矿层平缓和充分采动的情况下，发育完全的地表移动盆地可分为三个区域（图 8.9）：①中间区，位于采空区正上方，其地表下沉均匀，地面平坦，一般不出现裂缝，地表下沉值最大；②内边缘区，位于采空区内侧上方，其地表下沉不均匀，地面向盆地中心倾斜，呈凹形，一般不出现明显的裂缝；③外边缘区，位于采空区外侧矿层上方，其地表下沉不均匀，地面向盆地中心倾斜，呈凸形，常有张裂缝出现。地表移动盆地的外边界，常以地表下沉 10mm 为标准来圈定。

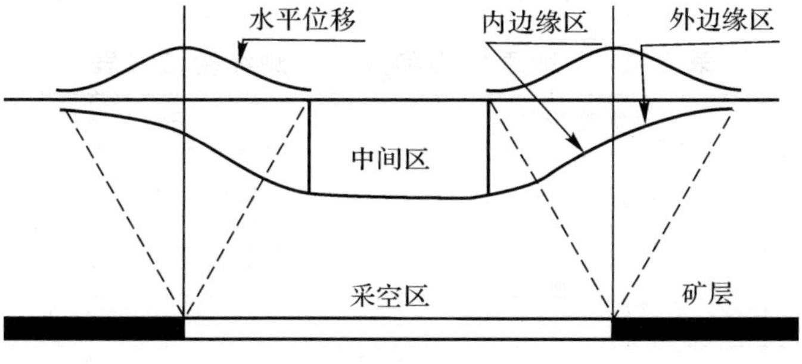

图 8.9　地表移动盆地分布图

地表移动盆地内各区域虽然其变形各不相同，但可划分出下沉（垂直位移）、水平位移（伸张与压缩）、倾斜、弯曲（曲率）及水平变形等 5 种变形。下沉是指盆地内任一点铅直方向的位移分量 W(mm)，又称为垂直位移；水平位移 U(mm)是指盆地内任一点水平方向的位移分量。倾斜 i(mm/m)是指任意两点间的沉降差 ΔW 与两点间的水平距离之比，如图 8.10 所示，A，B 两点间的倾斜为

$$i=\frac{W_{\mathrm{A}}-W_{\mathrm{B}}}{L_{\mathrm{AB}}}=\frac{\Delta W}{L_{\mathrm{AB}}} \tag{8.42}$$

曲率是指任意一点处的平均倾斜变化率。如图 8.10 所示，设 A，B，C 为某断面未变形前的

三点，变形终止后相应的位置为 A′,B′,C′。由图得知，AB 的倾斜为 $i_{AB}=(W_A-W_B)/L_{AB}$，相当于 A′B′ 中点 1′ 处的倾斜；BC 的倾斜为 $i_{BC}=(W_B-W_C)/L_{BC}$，相当于 B′C′ 中点 2′ 处的倾斜；1′,2′ 两处的倾斜差 Δi 与 1,2 两点间的距离之比即为平均倾斜变化率，以此作为该处的平均曲率，据此 B 点处的曲率 K_B(mm/m²) 为

$$K_B=\frac{i_{AB}-i_{BC}}{L_{1-2}}=\frac{\Delta i}{L_{1-2}} \tag{8.43}$$

水平变形 ε(mm/m) 是指任意两点水平位移之差 ΔU 与两点间的水平距离 L 之比。

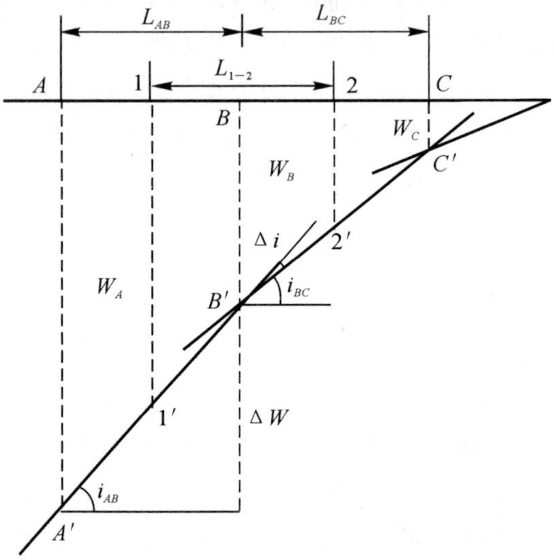

图 8.10　倾斜、曲率分布图

根据实测数据和以上定义，可得地表移动盆地各处的各种变形参数。此外，当矿层平缓或地表变形平缓连续时，还可用表 8.11 所示的经验公式预测现采空区和未来采空区地表移动盆地的各种变形参数。

表 8.11　地表位移和变形预测经验公式表

变形	最大变形值	任意一点的变形值
下沉(W)	$W_{max}=\eta m$	$W(x)=\frac{W_{max}}{r}\int_x^{\infty}e^{-\pi\left(\frac{x}{r}\right)^2}dx$
倾斜(i)	$i_{max}=\frac{W_{max}}{r}$	$i(x)=\frac{W_{max}}{r}e^{-\pi\left(\frac{x}{r}\right)^2}$
曲率(K)	$K_{max}=\pm1.52\frac{W_{max}}{r^2}$	$K(x)=\pm2\pi\frac{W_{max}}{r^2}\left(\frac{x}{r}\right)e^{-\pi\left(\frac{x}{r}\right)^2}$
水平位移(U)	$U_{max}=bW_{max}$	$U(x)=bW_{max}e^{-\pi\left(\frac{x}{r}\right)^2}$
水平变形(ε)	$\varepsilon_{max}=\pm1.52\frac{W_{max}}{r}$	$\varepsilon(x)=\pm2\pi b\frac{W_{max}}{r}\left(\frac{x}{r}\right)e^{-\pi\left(\frac{x}{r}\right)^2}$

注：η 为下沉系数，与矿层倾角、开采方法和顶板管理方法有关，取 0.01～0.95；m 为矿层的采出厚度(m)；r 为主要影响半径(m)；b 为水平移动系数，取 0.25～0.35。

2. 影响地表变形的因素

研究表明，采空区地表变形的大小及其发展趋势、地表移动盆地的形态与范围等受多种因

素影响，归纳起来有如下几种：

(1)矿层因素。表现在矿层埋深愈大(即开采深度愈大)，变形扩展到地表所需的时间愈长，地表变形值愈小，变形比较平缓均匀，且地表移动盆地范围较大。矿层厚度愈大，采空区愈大，促使地表变形值增大。矿层倾角愈大，使水平位移增大，地表出现裂缝的可能性加大，且盆地与采空区的位置也不对称等。

(2)岩性因素。上覆岩层强度高且单层厚度大时，其变形破坏过程长，不易影响到地表。有些厚度大的坚硬岩层，甚至长期不产生地表变形，而强度低、单层厚度薄的岩层则相反。脆性岩层易出现裂缝，而塑性岩层则往往表现出均匀沉降变形。另外，地表第四系堆积物愈厚，则地表变形值愈大，但变形平缓均匀。

(3)地质构造因素。岩层节理裂隙发育时，会促进变形加块，变形范围增大，扩大地表裂缝区。而断层则会破坏地表变形的正常规律，改变移动盆地的范围和位置，同时，断层带上的地表变形会更加剧烈。

(4)地下水因素。地下水活动会加快变形速率，扩大变形范围，增大其地表变形值。

(5)开采条件。矿层开采和顶板处理方法及采空区的大小、形状、工作面推进速度等，都影响着地表变形值、变形速度和变形方式。如以柱房式开采和全充填法处理顶板时，对地表变形影响就较小，等等。

3. *地表变形的观测方法*

地表变形观测是在选定的地区或建筑物上，设置一定数量的观测点(水准点或三角测量点)，定期观测这些点在地下采动过程中变形随时间的变化情况，确定其位移和变形大小。用以分析研究地表变形特征，预测其变化趋势，以便针对其变形情况采取必要的处理措施。这是研究采空区地表变形简单而有效的途径。

地表变形观测一般至少布置两条测线，一条平行于矿层走向，另一条垂直于矿层走向。方法是先确定矿层走向，然后根据矿区已有地表位移资料确定其观测线。观测线长度应稍超过地表移动盆地边界一定距离，以便确定盆地边界，盆地边界可据矿区已有地表位移资料、观测资料或类似矿区资料综合确定。

观测点的间距应大致相等，可根据开采深度按表8.12确定。各观测点的观测周期可根据开采深度按表8.13或下式确定：

$$t=\frac{\sqrt{2}Kn}{s} \tag{8.44}$$

式中，t为观测周期(月)；n为水准测量平均误差(mm)；s为地表月下沉量(mm/月)；K为系数，取2～3。

表8.12　观测点间距确定表

开采深度 H/m	观测点间距 L/m
$H<50$	5
$50\leqslant H<100$	10
$100\leqslant H<200$	15
$200\leqslant H<300$	20
$300\leqslant H<400$	25
$H\geqslant 400$	30

表8.13　观测周期确定表

开采深度 H/m	观测周期 t
$H<50$	10天
$50\leqslant H<150$	14天
$150\leqslant H<250$	1月
$250\leqslant H<400$	2月
$400\leqslant H<600$	3月
$H\geqslant 600$	4月

在观测过程中应同时对地表裂缝、陷坑及台阶的发展和建筑物变形情况进行观测与描述。

根据系统观测可得到如下成果：① 观测区和各观测点的下沉曲线、下沉等值线及水平位移分布图等；② 根据下沉 $W \geqslant 10\text{mm}$，圈定地表移动盆地范围，同时根据一定标准进行变形分区；③ 根据表 8.11 中的公式计算相关点的地表下沉(W)、倾斜(i)、曲率(K) 和水平位移值(U)。同时对正在开采和未来开采的采空区地表变形进行预测，为建筑地基稳定性评价、处理及工程设计提供依据。

8.7.3 采空区场地的建筑适宜性评价

1. 地表变形对建筑物的影响

在采空区场地进行建筑时，必须考虑地表变形对建筑物安全稳定及正常使用的影响。大量的实践表明，这种影响是多方面的，主要表现在建筑所处的位置不同，其地表变形的类型与大小各异，使建筑物遭受的破坏程度和方式都是不一样的。例如，位于地表移动盆地边缘区的建筑要比在中间区的建筑不利得多。

地表变形类型不同，对建筑物的影响也是不同的。均匀下沉使建筑物产生整体下沉，不会对建筑物带来大的损害。但如果下沉量过大，地下水位又浅时，会造成地面积水，使地基土体长期浸水，强度下降，严重者可造成建筑物倒塌。地表倾斜对高耸建筑物影响较大，使高耸建筑物的重心发生偏斜，引起附加应力非均匀分布，进而导致建筑物破坏。对铁路和给排水系统，倾斜将改变其坡度，造成污水倒灌和影响铁路正常运营等。地表曲率使地面成为曲面，在负曲率(地表下凹)作用下，建筑物中央部分将悬空，使墙体产生正八字形裂缝和水平裂缝。在正曲率(地表上凸)作用下，建筑物两端会悬空，使墙产生倒八字形裂缝，严重时会出现屋架或梁端部从墙体抽出，造成建筑物倒塌。地表水平位移对建筑物也有很大的影响，尤其是拉伸的破坏性更大，较小的拉伸变形就能使建筑物产生裂缝。压缩变形会使墙体产生水平裂缝、纵墙褶曲和屋顶鼓起等。

应当指出，地表变形对建筑物的破坏作用，常是几种变形同时作用的结果。在一般情况下，地表拉伸和正曲率同时出现，压缩和负曲率同时发生。

2. 建筑物的允许变形和破坏等级划分

为了保证建筑物的安全和正常使用，建筑地基的变形必须控制在允许值范围以内。当地表变形值小于或等于该允许值时，一般可不考虑采用专门的加固措施。各类建筑地基的允许变形可参考国家煤炭工业局制定的《建筑物、水体、铁路及主要井巷煤柱留设与压煤开采规程》(2000 年)。根据各类地表变形值的大小，可将砖石结构建筑物的损坏等级划分为如表 8.14 的Ⅳ级，表中同时还给出了相应的处理方法，可在实践中参考。

在建筑物下采矿时，应根据预测的变形值及其对建筑物的破坏程度，对建筑物采取加固措施。具体加固处理措施的设计、施工方法可参考有关文献。

表 8.14　砖石结构建筑物的损坏等级

损坏等级	建筑物可能达到的破坏程度	地表变形值			损坏分类	处理方式
		水平变形 ε/(mm·m^{-1})	曲率 K/(10^{-3}mm·m^{-2})	倾斜 i/(mm·m^{-1})		
Ⅰ	自然间砖墙上出现宽度 1～2mm 的裂缝	≤2.0	≤0.2	≤3.0	极轻微损坏	不修
	自然间砖墙上出现宽度小于 4mm 的裂缝；多条裂缝总宽度小于 10mm 的裂缝				轻微损坏	
Ⅱ	自然间砖墙上出现宽度小于 15mm 的裂缝；多条裂缝总宽度小于 30mm 的裂缝；钢筋混凝土梁、柱上裂隙长度小于 1/3 截面高度；梁端抽出小于 20mm；砖柱上出现水平裂缝，缝长大于 1/2 截面边长；门窗略有歪斜	≤4.0	≤0.4	≤6.0	轻度损坏	小修
Ⅲ	自然间砖墙上出现宽度小于 30mm 的裂缝；多条裂缝总宽度小于 50mm 的裂缝；钢筋混凝土梁、柱上裂隙长度小于 1/2 截面高度；梁端抽出小于 50mm；砖柱上出现小于 5mm 水平错动，门窗严重变形	≤6.0	≤0.6	≤10.0	中度损坏	中修
Ⅳ	自然间砖墙上出现宽度大于 30mm 的裂缝；多条裂缝总宽度大于 50mm 的裂缝；梁端抽出小于 60mm；砖柱上出现小于 25mm 水平错动	＞6.0	＞0.6	＞10.0	严重损坏	大修
	自然间砖墙上出现严重交叉裂缝、上下贯通裂缝，以及墙体严重外鼓、歪斜；钢筋混凝土梁、柱裂隙沿截面贯通；梁端抽出大于 60mm；砖柱上出现大于 25mm 水平错动；有倒塌的危险				极度严重损坏	拆除

注：建筑物的损坏等级按自然间为评判对象，根据各自然间的损坏情况按本表分别进行。

3．场地的建筑适宜性评价

在采空区建筑时，应根据地表变形特征、所处的阶段、变形值大小和上覆岩层稳定性进行建筑适宜性分区，划分出不宜建筑的场地、相对稳定可以建筑的场地和较稳定须经处理后才能建筑的场地三类。

(1)不宜建筑的场地。这是指经预测变形超过建筑物允许变形值，将使建筑物产生严重破坏，甚至有倒塌危险，严重影响建筑物安全稳定的场地。对这类场地一般不允许进行建筑，具体有如下几种场地不宜建筑：①在开采过程中及其以后可能产生台阶、裂缝和塌陷坑等非连续变形的地段。②处于地表变形活跃阶段的地段。③特厚煤层和倾角大于 55°的厚煤层的露头地段。在开采急倾斜煤层时，由于煤层倾角的增大，覆岩破坏特点与缓倾煤层的明显不同，它除了产生顶板方向的破坏外，采空区上边界以上的破坏范围也显著增大，而且随所采煤层厚度、倾角的增大，上边界所采煤层的破坏越来越严重。同时，开采急倾斜煤层时，采空区上边界煤层会发生坍塌，甚至冒顶。④由于地表变形可能引起边坡失稳和山崩的地段。⑤地下水位埋深小于下沉量与建筑物基础埋深之和的地段。它可使地面或基础长期遭受水的浸泡，引起地基失稳和建筑物破坏。⑥地表倾斜 $i>10mm/m$ 或水平变形 $\varepsilon>6mm/m$ 或曲率 $K>0.6\times10^{-3}m/m^2$ 的地段。该地段建筑物破坏将达Ⅳ级，建筑物严重破坏甚至有倒塌的危险。

(2)相对稳定的场地。这是指地表变形趋于稳定，且无重复开采可能的地表移动盆地的中间区或预测的地表变形小于建筑物允许变形，即地表倾斜 $i<3mm/m$，曲率 $K<0.2\times10^{-3}mm/m^2$，及水平变形 $\varepsilon<2mm/m$ 的地段。在这类场地建筑时，不会产生因地表变形而影响建筑物的安全和正常使用，无须进行特殊的加固和处理。

(3)较稳定的场地。这是指稳定性介于以上两者之间，须进行结构或地基方面的特殊处理或加固才能建筑的场地。因此对这类场地必须进行专门研究，评价其稳定性，以便有针对性地采取必要的措施。属于这类场地的有：①采空区采深采厚比小于30的地段；②预测地表变形值处于以下范围内的地段，即地表倾斜 $i=3\sim10mm/m$ 或曲率 $K=(0.2\sim0.6)\times10^{-3}mm/m^2$，或水平变形 $\varepsilon=2\sim6mm/m$；③老采空区可能活化或有较大残余变形影响的地段；④采深小、上覆岩层坚硬并采用非正规开采方法掘进的采空区地段。

8.7.4 地下采空区场地勘察要点

地下采空区勘察的主要目的是查明老采空区的分布范围、埋深、充填程度及上覆岩层的稳定性，预测现采空区和未来采空区的地表变形特征和规律，为建筑工程选址、设计和施工提供可靠的地质和岩土工程资料。采空区勘察主要通过资料搜集、地面调查，辅以物探、钻探和地表变形观测等进行。具体内容如下：

(1) 矿区地层岩性、地质构造及水文地质条件。

(2)矿层的分布、层数、厚度、倾角、埋深及上覆岩层性质。

(3)开采方法、深度、厚度、顶板管理方法、开采边界及工作面推进方向与速度。

(4)地表变形特征和分布规律，包括地表陷坑、台阶及裂缝的位置、形状、大小、深度、延伸方向及其与采空区、地质构造、开采边界及工作面推进方向等的关系。

(5)对老采空区应通过调查访问和物探、钻探工作查明采空区的分布范围、采厚、埋深、充填情况和密实程度、开采时间、方式，评价上覆岩层的稳定性，预测残余变形的影响，判定作为建筑场地的适宜性和应采取的措施。

(6)对现采空区和未来采空区，应分析预测地表移动盆地的特征，划分出中间区、内边缘区和外边缘区。计算地表下沉、倾斜、曲率、水平位移和变形等值的大小。根据建筑物的允许变形判断对建筑物的危害程度，提出加固保护方案和措施。

(7)采空区附近的抽、排水情况及对采空区稳定性的影响。

(8)已有建筑物的类型、结构及其对地表变形的适宜程度和建筑经验等。

(9)建筑场地的地形及地基岩土物理力学性质。

采空区场地的物探工作应根据岩土的物性条件和当地经验采用综合物探方法，如地震法、电法等。

钻探工作除满足甲级岩土工程详勘要求外，在异常点和可疑部位应加密勘探点，必要时可一桩一孔。

8.7.5　采空区场地的建筑设计原则及处理方法

在地下采空区场地建筑时，应在充分掌握地表移动和变形规律，分析地表变形对建筑物影响的基础上，合理规划并采取有效的结构与建筑措施，以减少地表变形对建筑物的影响，保证建筑物安全稳定与正常使用。

(1)建筑规划。由于采空区场地受地下开采的影响，地表变形各处不同，建筑用地受到限制。进行建筑时，有必要先进行总体规划，即首先根据地表变形分析预测结果和建筑适宜性分区结果，选择有利的建筑场址；然后，规划各种建筑物的位置、型式和轴线方位等。其基本原则是：①建筑物的轴线与回采工作推进方向平行或垂直，避免斜交，以免建筑物受到较大的扭曲变形。②根据建筑物在地表移动盆地中的位置确定建筑物的长轴方向；位于盆地中间区的建筑物，其长轴应与回采工作面推进方向垂直；位于盆地边缘区的建筑物，其长轴应与采空区边界平行。③重要和体型较复杂的大型建筑物优先置于地表变形简单且已趋稳定的盆地中间区，轻型建筑可以置于盆地边缘，等等。

(2)建筑措施。为了减少地下开采及地表变形对建筑物的影响，建筑上一般可采取如下措施：建筑物体型力求简单、对称，平面形状以矩形或方形为宜，且各部分高度相同；设置沉降缝，将体型复杂、长度过长及各部分刚度或荷载相差较大的建筑物，划分为若干个体型简单、长度较短及刚度与荷载均匀的独立单元，这是设计采空区建筑物的基本建筑措施。沉降缝应设置在如下部位：①长度过长的建筑物，每隔约 20m 设一道沉降缝；②平面形状复杂的建筑物的转折部位及高度或荷载差异处；③建筑结构类型不同处及地基强度明显差异处；④局部地下室边缘等。为保证建筑单元的空间刚度，沉降缝处应设置双承重墙。

(3)结构措施。为了提高建筑物抵抗地表变形引起的附加作用力的能力，结构上可采取如下措施：采用混凝土或钢筋混凝土十字交叉条形基础，以增加基础的整体性和刚度；设置圈梁和纵横贯通式对称承重墙，以增加建筑物的整体性和刚度，提高砖砌体的抗弯、抗剪和抗拉强度；在地表曲率变形较大时，为提高墙体的抗剪强度，增加建筑物的整体刚度，可在墙内受剪力较大或单元墙体转角部位，设置钢筋混凝土构造柱等。

(4)采空区处理措施。为保证采空区场地的安全，可采用注浆、注砂等方法充填采空区。

思　考　题

1. 简述不良地质作用的类型及其主要特点。
2. 简述岩溶场地主要岩土工程问题和勘察要点。
3. 试述滑坡勘察的步骤、内容及其稳定性评价的要点。
4. 危岩、崩塌岩土工程的主要问题有哪些？
5. 简述泥石流勘察的基本思路。
6. 简述地面沉降的勘察方法。
7. 采空区场地的建筑适宜性评价的主要内容有哪些？

第 9 章　特殊性岩土场地岩土工程勘察

特殊性岩土是指具有独特的物理力学性质和工程特征，以及特殊的物质组成、结构构造的岩土。主要包括湿陷性土、红黏土、软土、混合土、填土、多年冻土、膨胀岩土、风化岩和残积土、污染土等，如果在这类岩土上修建建筑物，为了安全和经济，就必须采取一些有效的勘察手段和特殊的判别与评价方法，否则会给工程建设带来不良后果。

9.1　湿陷性黄土

湿陷性土包括湿陷性黄土及具有湿陷性的碎石土、砂土和其他土。湿陷性土的特点是当其未受水浸湿时，一般强度较高，压缩性较低。但受水浸湿后，在上覆土层的自重应力或自重应力和建筑物附加应力作用下，土的结构迅速破坏，并发生显著的附加下沉，其强度也随着迅速降低。湿陷性土主要由湿陷性黄土组成。

湿陷性黄土是指在一定压力下受水浸湿，土结构迅速破坏，并产生显著附加下沉的黄土。湿陷性黄土按其成因分为原生黄土和次生黄土，主要分布在近地表几米到几十米深度范围内，为晚更新世形成的马兰黄土(Q_3)和全新世形成的 Q_4 黄土（包括 Q_4^1 黄土和 Q_4^2 新近堆积的黄土）。而中更新世及其以前形成的离石黄土和午城黄土一般仅在上部具有较微弱的湿陷性或不具有湿陷性。黄土的地质时代划分和野外特征见表 9.1。我国陕西、山西、甘肃等省区分布有大面积的湿陷性黄土，部分地区湿陷性黄土的物理力学性质指标见表 9.2。

表 9.1　黄土的地质时代划分和野外特征

地层及时代				土的颜色	土层特征及包含物	古土壤层	沉积环境	开挖情况
全新世 Q_4	近期 Q_4^2	黄土状土	具湿陷性	浅褐至深褐色、或黄至黄褐色	土质松软不均，多虫孔，最大孔径 0.5～2.0cm，孔壁分布较多虫屎，多植物根孔，孔壁多有白色粉末状碳酸盐结晶，在深色土中呈菌丝状或条纹状，含少量小砾石、钙质结核，有时有砖瓦碎块及朽木等人类活动遗物	无	河漫滩低级阶地，山间洼地的表面，黄土塬、梁、峁的坡脚，洪积扇或山前坡积地带，老河道及已经填塞的沟槽、洼地的上部	锹挖极为容易，进度很快

续表

地层及时代				土的颜色	土层特征及包含物	古土壤层	沉积环境	开挖情况
全新世 Q_4	早期 Q_4^1	黄土状土	具湿陷性	褐黄至黄褐色	具有大孔、虫孔及植物根孔，含少量小的钙质结核，小砾石。有时有人类活动遗物，土质较均匀，稍密至中密	无	河流的低阶地和高阶地的上部，Q_4^2 下部	锹挖容易，但进度稍慢
晚更新世 Q_3	马兰黄土			浅黄、灰黄及黄褐色	土质均匀，大孔发育，具有垂直节理，有虫孔及植物根孔，容易产生天然桥及陷穴，有少量小的钙质结核，呈零星分布，稍密至中密	一般无古土壤层，局部地区浅部有薄层古土壤	较高的河岸阶地，塬坡、梁、峁的上部，以及黄土高原与河谷平原的过渡地带，下为 Q_2 黄土	锹、镐开挖不困难

表 9.2　湿陷性黄土的物理力学性质指标

地区	地带	物理力学指标(一般值)							
		含水量 w/(%)	天然重度 γ/(kN·m^{-3})	液限 w_L/(%)	塑性指数 I_P	孔隙比 e	压缩系数 a_{1-2}/(MPa^{-1})	湿陷系数 δ_s	自重湿陷系数 δ_{zs}
陇西地区	低阶地	9～18	14.2～16.9	23.9～28.0	8.0～11.0	0.90～1.15	0.13～0.59	0.027～0.090	0.005～0.052
	高阶地	7～17	13.3～15.5	25.0～28.5	8.0～11.0	0.98～1.24	0.10～0.46	0.039～0.110	0.007～0.059
陇东、陕北地区	低阶地	12～20	14.3～16.0	25.0～28.0	8.0～11.0	0.97～1.09	0.26～0.61	0.034～0.079	0.005～0.035
	高阶地	12～18	14.3～16.2	26.4～31.0	9.0～12.2	0.80～1.15	0.17～0.55	0.030～0.084	0.006～0.050
关中地区	低阶地	15～21	15.0～16.7	26.2～31.0	9.5～12.0	0.94～1.09	0.24～0.61	0.029～0.072	0.003～0.024
	高阶地	14～20	14.7～16.4	27.3～31.0	10.2～12.2	0.95～1.12	0.17～0.59	0.030～0.078	0.005～0.034
汾河流域区	低阶地	11～19	14.7～16.4	25.1～29.4	7.7～11.8	0.94～1.10	0.24～0.87	0.030～0.070	
	高阶地	11～18	14.5～16.0	26.5～31.0	9.5～13.1	0.97～1.18	0.17～0.62	0.027～0.089	0.007～0.040
晋东南区		18～23	15.4～17.2	27.0～32.5	10.0～13.0	0.85～1.02	0.29～1.00	0.030～0.071	

续表

地区	地带	物理力学指标(一般值)							
		含水量 w/(%)	天然重度 γ /(kN·m^{-3})	液限 w_L/(%)	塑性指数 I_P	孔隙比 e	压缩系数 a_{1-2}/(MPa^{-1})	湿陷系数 δ_s	自重湿陷系数 δ_{zs}
河南地区		16～21	16.1～18.1	26.0～32.0	10.0～13.0	0.86～1.07	0.18～0.33	0.023～0.045	
冀鲁地区	河北区	14～18	15.5～17.0	25.0～28.7	9.0～13.0	0.85～1.00	0.18～0.60	0.024～0.048	
	山东区	15～23	16.4～17.4	27.7～31.0	9.6～13.0	0.85～0.96	0.19～0.51	0.020～0.041	
晋陕宁区、河西走廊区		7～10	13.9～16.0	21.7～27.2	7.1～9.7	1.02～1.14	0.23～0.57	0.032～0.059	
		14～18	15.5～16.7	22.6～32.0	6.7～12.0		0.17～0.36	0.029～0.059	

9.1.1 湿陷性黄土的判别

1. 湿陷性黄土判别的一般规定

《湿陷性黄土地区建筑规范》(GB 50025—2004)规定:测定黄土的湿陷性,可分为室内压缩试验、现场静载荷试验和现场试坑浸水试验三种。室内浸水压缩试验是在一定压力下测定黄土的湿陷系数 δ_s、自重湿陷系数 δ_{zs} 和湿陷起始压力 p_{sh} 值判定。现场载荷试验是在现场测定湿陷性黄土的湿陷起始压力判定。现场采用试坑浸水试验确定自重湿陷量的实测值判定黄土的湿陷性。

2. 湿陷性黄土判别的试验与计算

(1) 室内试验。室内浸水压缩试验方法是将原状试样加压力至一定值 P,待变形停止后,将试样浸水,测定在该压力下试样浸水而产生的湿陷量,其与试样原始高度之比,就称为湿陷系数 δ_s。按下式计算:

$$\delta_s = \frac{h_p - h'_p}{h_0} \tag{9.1}$$

式中,h_p 为保持天然湿度和结构的土样,加压至一定压力时,下沉稳定后的高度(mm);h'_p 为上述加压稳定后的土样,在浸水(饱和)作用下,附加下沉稳定后的高度(mm);h_0 为土样的原始高度(mm)。

当 $\delta_s < 0.015$ 时,为非湿陷性黄土;当 $\delta_s \geqslant 0.015$ 时,为湿陷性黄土。

由于在初勘阶段,建筑物的平面位置、基础尺寸和基础埋深等尚未确定,以实际压力评判黄土的湿陷性存在不少具体问题,因而《湿陷性黄土地区建筑规范》(GB 50025—2004)规定:自基础底面算起(初步勘察时自地面下 1.5m 算),10m 内的土层该压力应用 200kPa,10m 以下至非湿陷性土层顶面,应用其上覆土的饱和自重压力(当大于 300kPa 时,仍应用 300kPa)。对基底压力大于 300kPa 的建筑,宜按实际压力测定湿陷系数。

湿陷性黄土，按室内浸水压缩实验测定不同深度的土样在饱和土自重压力下的自重湿陷系数 δ_{zs}。进一步分为自重湿陷性黄土和非自重湿陷性黄土，自重湿陷系数 δ_{zs} 按下式计算：

$$\delta_{zs}=\frac{h_z-h'_z}{h_0} \tag{9.2}$$

式中，h_z 为保持天然湿度和结构的土样，加压至土的饱和自重压力时，下沉稳定后的高度(mm)；h'_z 为上述加压稳定后的土样，在浸水(饱和)作用下，下沉稳定后的高度(mm)；h_0 为土样的原始高度(mm)。

当 $\delta_{zs}<0.015$ 时，为非自重湿陷性黄土；当 $\delta_{zs}\geqslant 0.015$ 时，为自重湿陷性黄土。

自重湿陷性黄土在没有外部压力，仅仅在本身自重压力作用下浸水会产生湿陷，而非自重湿陷性黄土，只有在外部压力达到一定值时浸水才会发生湿陷。所以，使非自重湿陷性黄土开始发生湿陷所需的最低压力称为湿陷起始压力 p_{sh}。该值对于建筑物的地基设计具有重要意义，可由 $p-\delta_s$ 曲线确定(图 9.1)，取 $\delta_s=0.015$ 所对应的压力为湿陷起始压力。

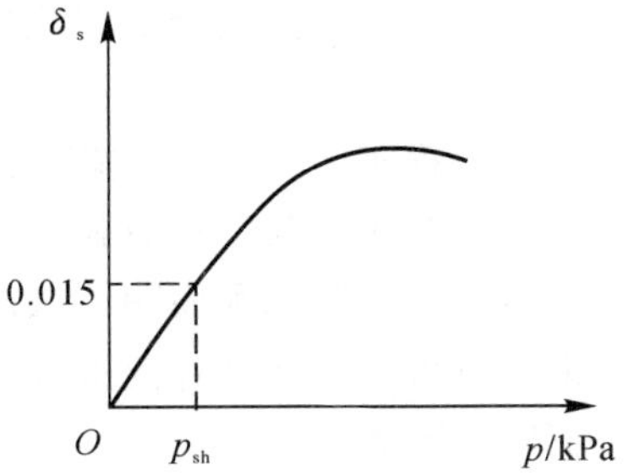

图 9.1　$p-\delta_s$ 曲线

(2) 现场静载荷试验。在现场测定湿陷性黄土的湿陷起始压力，可采用单线法静载荷试验或双线法静载荷试验，并应分别符合下列要求：

1) 单线法静载荷试验。在同一场地的相邻地段和相同标高，应在天然湿度的土层上设 3 个或 3 个以上静载荷试验，分级加压，分别加至各自的规定压力，下沉稳定后，向试坑内浸水至饱和，附加下沉稳定后，试验终止。

2) 双线法静载荷试验。在同一场地的相邻地段和相同标高，应设 2 个静载荷试验，其中 1 个应设在天然湿度的土层上分级加压，加至规定压力，下沉稳定后，试验终止；另 1 个应设在浸水饱和的土层上分级加压，加至规定压力，附加下沉稳定后，试验终止。

(3) 现场试坑浸水试验。在现场采用试坑浸水试验确定自重湿陷量的实测值，应符合下列要求：

1) 试坑宜挖成圆(或方)形，其直径(或边长)不应小于湿陷性黄土层的厚度，并不应小于 10m。试坑深度宜为 0.50m，最深不应大于 0.80m。坑底宜铺 100mm 厚的砂、砾石。

2) 在坑底中部及其他部位，应对称设置观测自重湿陷的深标点，设置深度及数量宜按各湿陷性黄土层顶面深度及分层数确定。在试坑底部，由中心向坑边以不少于 3 个方向，均匀设置观测自重湿陷的浅标点；在试坑外沿浅标点方向 10 ～ 20m 范围内设置地面观测标点，观测精度为 ±0.10mm。

3) 试坑内的水头高度不宜小于 300mm，在浸水过程中，应观测湿陷量、耗水量、浸湿范围和地面裂缝。湿陷稳定可停止浸水，其稳定标准为最后 5d 的平均湿陷量小于 1mm/d。

4) 设置观测标点前，可在坑底面打一定数量及深度的渗水孔，孔内应填满砂砾。

5) 试坑内停止浸水后，应继续观测不少于 10d，且连续 5d 的平均下沉量不大于 1mm/d，试验终止。

3. 建筑场地的湿陷类型

建筑场地的湿陷类型应按自重湿陷量实测值 Δ_{zs}' 或计算自重湿陷量 Δ_{zs} 判定。

实测自重湿陷量，应根据现场试坑浸水试验确定。

计算自重湿陷量按下式计算：

$$\Delta_{zs} = \beta_0 \sum_{i=1}^{n} \delta_{zsi} h_i \tag{9.3}$$

式中，δ_{zsi} 为第 i 层土在上覆的饱和（$S_r > 0.85$）自重压力下的自重湿陷系数；h_i 为第 i 层土的厚度（mm）；β_0 为因地区土质而异的修正系数，对陇西地区可取 1.5，对陇东、陕北、晋西地区可取 1.2，对关中地区可取 0.9，对其他地区可取 0.5。

计算自重湿陷量 Δ_{zs} 的累计，应自天然地面算起（当挖、填方的厚度和面积较大时，应自设计地面算起），至其下全部湿陷性黄土层的底面为止，其中自重湿陷系数 $\delta_{zs} < 0.015$ 的土层不累计。

在工程实际中，由于整平场地，往往使挖、填方的厚度、面积较大，使其下部土层所承受的实际土自重压力与勘察时相差较大，因而使所判定的场地湿陷类型与实际情况很不一致。所以，当挖、填方厚度和面积较大时，测定自重黄土湿陷系数所用的自重湿陷系数所用的上覆土的饱和自重压力和计算自重湿陷量的累计，均应自实际地面算起，否则，计算与判别结果不符合实际情况。

按计算自重湿陷量判定场地湿陷类型，室内试验测定湿陷系数比较简单，不受现场条件限制，且有利于查明各土层的自重湿陷系数沿深度的变化规律。据对大量计算和实测资料的分析，各地区的计算自重湿陷量和实测自重湿陷量，由于不同地区存在土质差异，对计算自重湿陷量乘以一个因地区土质而异的修正系数 β_0 值，就使得同一场地的计算自重湿陷量基本上接近实测自重湿陷量。

湿陷类型按下列条件判别：

当实测或计算自重湿陷量小于或等于 70mm 时，应定为非自重湿陷性黄土场地；

当实测或计算自重湿陷量大于 70mm 时，应定为自重湿陷性黄土场地。

4. 湿陷性黄土地基的湿陷等级

湿陷性黄土地基的湿陷等级，应根据基底下各土层累计的总湿陷量和计算自重湿陷量的大小等因素按表 9.3 判定。

表 9.3　湿陷性黄土地基的湿陷等级

湿陷类型 / Δ_{zs}/mm / Δ_s/mm	非自重湿陷性场地	自重湿陷性场地	
	$\Delta_{zs} \leqslant 70$	$70 < \Delta_{zs} \leqslant 350$	$\Delta_{zs} > 350$
$\Delta_s \leqslant 300$	Ⅰ（轻微）	Ⅱ（中等）	
$300 < \Delta_s \leqslant 700$	Ⅱ（中等）	* Ⅱ（中等）或 Ⅲ（严重）	Ⅲ（严重）
$\Delta_s > 700$	Ⅱ（中等）	Ⅲ（严重）	Ⅳ（很严重）

* 注：当湿陷量的计算值 $\Delta_s > 600$mm，自重湿陷量的计算值 $\Delta_{zs} > 300$mm 时，可判定为 Ⅲ 级，其他情况可判定为 Ⅱ 级。

总湿陷量 Δ_s，按下式计算：

$$\Delta_s = \sum_{i=1}^{n} \beta \delta_{si} h_i \tag{9.4}$$

式中，δ_{si} 为第 i 层土的湿陷系数；h_i 为第 i 层土的厚度(mm)；β 为考虑地基土的侧向挤出和浸水几率等因素的修正系数，在缺乏实测资料时，基底下 5m(或压缩层) 深度内可取 1.5；基底下 5 ～ 10m 深度内取 $\beta=1$；基底下 10m 以下至非湿陷性黄土层顶面，在自重湿陷性场地可取工程所在地区的 β_0 值。

总湿陷量应自基础底面(初步勘察时，自地面下 1.5m) 算起。在非自重湿陷性黄土场地，累计至基底下 10m(或压缩层) 深度止；在自重湿陷性黄土场地，对甲类建筑，应按穿透湿陷性土层的取土勘探点，累计至非湿陷性土层顶面止。其中湿陷系数 δ_s(10m 以下为 δ_{zs}) 小于 0.015 的土层不累计。

9.1.2　黄土地基的承载力与变形计算

影响黄土承载力的因素主要为黄土的堆积年代、土的含水量、密度和塑性等方面，不同时代堆积的黄土的承载力相差很大。含水量对湿陷黄土的承载力有强烈的影响，但含水量增大，土的抗剪强度迅速降低，承载力也会大幅度降低。

对于湿陷性黄土地基，通常用以下几种方法确定其承载力：

(1)地基承载力特征值，应保证地基在稳定的条件下，使建筑物的沉降量不超过允许值。

(2)甲、乙类建筑的地基承载力特征值，可根据静载荷试验或其他原位测试、公式计算，并结合工程实践经验等方法综合确定。

(3)当有充分依据时，对丙、丁类建筑，可根据当地经验确定。

(4)对天然含水量小于塑限含水量的土，可按塑限含水量确定土的承载力。

基础底面积，应按正常使用极限状态下荷载效应的标准组合，并按修正后的地基承载力特征值确定。当偏心荷载作用时，相应于荷载效应标准组合，基础底面边缘的最大压力值，不应超过修正后的地基承载力特征值的 1.20 倍。

当基础宽度大于 3m 或埋置深度大于 1.50m 时，地基承载力特征值应按《湿陷性黄土地区建筑规范》第 5.6.5 条中的修正公式计算后确定。

对于湿陷性黄土地基的变形计算，通常用以下几种方法：

(1)按《建筑地基基础设计规范》相关公式计算。

(2)按地基固结沉降公式计算，计算时按饱和黄土所处的不同固结情况，即正常固结、超固结、欠固结三种情况，采用不同的公式计算。

(3)对大基础可采用基底荷载标准值和地基变形 E_0 来进行计算。

9.1.3　湿陷性黄土场地岩土工程勘察

1. 湿陷性黄土地区建筑物的分类

拟建在湿陷性黄土地区的建筑物，可根据其重要性、地基受水浸湿可能性的大小和在使用期间对不均匀沉降限制的严格程度，将建筑物分为甲、乙、丙、丁四类(表 9.4)，具体划分参见《湿陷性黄土地区建筑规范》(GB 50025—2004)附录 E。当建筑物各单元的重要性不同时，可根据各单元的重要性划分为不同类别。

表 9.4 湿陷性黄土地区建筑物分类

建筑物分类	各类建筑物划分的具体规定
甲类	①高度大于 60m 和 14 层及其 14 层以上体型复杂的建筑;②高度大于 50m 的构筑物;③高度大于 100m 的高耸结构;④特别重要的建筑;⑤地基受水浸湿可能性大的重要建筑;⑥对不均匀沉降有严格限制的建筑
乙类	①高度 24～60m 的建筑;②高度 30～50m 的构筑物;③高度 50～100m 的高耸结构;④地基受水浸湿可能性较大的重要建筑;⑤地基受水浸湿可能性大的一般建筑
丙类	除乙类以外的一般建筑和构筑物
丁类	次要建筑。

2. 勘察阶段的划分

湿陷性黄土场地岩土工程勘察,可分为场址选择或可行性研究、初步勘察、详细勘察三个阶段。对场地面积不大,地质条件简单或有建筑经验的地区,可简化勘察阶段,但应符合初步勘察和详细勘察两个阶段的要求。对工程地质条件复杂或有特殊要求的建筑物,必要时应进行施工勘察或专门勘察。

3. 湿陷性黄土场地工程地质条件复杂程度划分

湿陷性黄土场地工程地质条件的复杂程度可分为简单场地、中等复杂场地、复杂场地三类(表 9.5)。

表 9.5 湿陷性黄土场地类型

场地类型	场地工程地质条件
简单场地	地形平缓,地貌、地层简单,场地湿陷类型单一,地基湿陷等级变化不大
中等复杂场地	地形起伏较大,地貌、地层较复杂,局部有不良地质现象发育,场地湿陷类型、地基湿陷等级变化较复杂
复杂场地	地形起伏很大,地貌、地层复杂,不良地质现象广泛发育,场地湿陷类型、地基湿陷等级分布复杂,地下水位变化幅度大或变化趋势不利

4. 湿陷性黄土场地岩土工程勘察的一般规定

(1)在湿陷性黄土场地进行岩土工程勘察,应查明以下内容,并应结合建筑物的特点和设计要求,对场地、地基做出评价,对地基处理措施提出建议。①黄土地层的时代、成因;②湿陷性黄土层的厚度;③湿陷系数、自重湿陷系数和湿陷起始压力随深度的变化;④场地湿陷类型和地基湿陷等级的平面分布;⑤变形参数和承载力;⑥地下水等环境水的变化趋势;⑦其他工程地质条件。

(2)工程地质测绘。除符合一般要求外,还应包括下列内容:①研究地形的起伏和地面水的积聚、排泄条件,调查洪水淹没范围及其发生规律;②划分不同的地貌单元,确定其与黄土分布的关系,查明湿陷凹地、黄土溶洞、滑坡、崩坍、冲沟、泥石流及地裂缝等不良地质现象的分布、规模、发展趋势及其对建设的影响;③划分黄土地层或判别新近堆积黄土,应分别符合《湿陷性黄土地区建筑规范》(GB 50025－2004)附录 B 或附录 C 的规定;④调查地下水位的深度、季节性变化幅度、升降趋势及其与地表水体、灌溉情况和开采地下水强度的关系;⑤调查既有建筑物的现状；⑥了解场地内有无地下坑穴，如古墓、井、坑、穴、地道、砂井和砂巷等。

(3)取样。采取不扰动土样，必须保持其天然的湿度、密度和结构，并应符合Ⅰ级土样质量的要求。在探井中取样，竖向间距宜为 1m，土样直径不宜小于 120mm；在钻孔中取样，应严格按《湿陷性黄土地区建筑规范》(GB 50025－2004)附录 D 的要求执行。取土勘探点中，应有足够数量的探井，其数量应为取土勘探点总数的 1/3～1/2，并不宜少于 3 个。探井的深度宜穿透湿陷性黄土层。勘探点使用完毕后，应立即用原土分层回填夯实，并不应小于该场地天然黄土的密度。

(4)对黄土工程性质的评价，宜采用室内试验和原位测试成果相结合的方法。

(5)对地下水位变化幅度较大或变化趋势不利的地段，应从初步勘察阶段开始进行地下水位动态的长期观测。

5. 湿陷性黄土场地勘察要求

(1)场址选择或可行性研究勘察阶段。场址选择或可行性研究勘察阶段应进行下列工作：①搜集拟建场地有关的工程地质、水文地质资料及地区的建筑经验；②在搜集资料和研究的基础上进行现场调查，了解拟建场地的地形地貌和黄土层的地质时代、成因、厚度、湿陷性，有无影响场地稳定的不良地质现象和地质环境等问题；③对工程地质条件复杂，已有资料不能满足要求时，应进行必要的工程地质测绘、勘察和试验等工作；④本阶段的勘察成果，应对拟建场地的稳定性和适宜性做出初步评价。

(2)初步勘察阶段。初步勘察阶段应进行下列工作：①初步查明场地内各土层的物理力学性质、场地湿陷类型、地基湿陷等级及其分布，预估地下水位的季节性变化幅度和升降的可能性；②初步查明不良地质作用和地质环境等问题的成因、分布范围，对场地稳定性的影响程度及其发展趋势；③当工程地质条件复杂，已有资料不符合要求时，应进行工程地质测绘，其比例尺可采用 1∶1 000～1∶5 000。

初步勘察勘探点、线、网的布置，应符合下列要求：①勘探线应按地貌单元的纵、横线方向布置，在微地貌变化较大的地段予以加密，在平缓地段可按网格布置，勘探点的间距按表 9.6 确定；②取土和原位测试的勘探点，应按地貌单元和控制性地段布置，其数量不得少于全部勘探点的 1/2；③勘探点的深度应根据湿陷性黄土层的厚度和地基压缩层深度的预估值确定，控制性勘探点应有一定数量的取土勘探点穿透湿陷性黄土层；④对新建地区的甲类建筑和乙类中的重要建筑，应按《湿陷性黄土地区建筑规范》(GB 50025－2004)第 4.3.8 条进行现场试坑浸水试验，并应按自重湿陷量的实测值判定场地湿陷类型；⑤本阶段的勘察成果，应查明场地湿陷类型，为确定建筑物总平面的合理布置提供依据，对地基基础方案、不良地质作用和地质环境的防治提供参数与建议。

(3)详细勘察阶段。详细勘察阶段应进行下列工作：①详细查明地基土层及其物理力学性质指标，确定场地湿陷类型、地基湿陷等级的平面分布和承载力；②勘探点的布置，应根据总平面和建筑物类别以及工程地质条件的复杂程度等因素确定，勘探点的间距按表 9.6 确定；③在单独的甲、乙类建筑场地内，勘探点不应少于 4 个；④采取不扰动土样和原位测试的勘探点不得少于全部勘探点的 2/3，其中采取不扰动土样的勘探点不宜少于 1/2；⑤勘探点的深度应大于地基压缩层的深度，并应符合表 9.7 的规定或穿透湿陷性黄土层。

表 9.6　初步勘察阶段和详细勘察阶段勘探点间距要求

场地类型	初步勘察阶段勘探点间距/m	详细勘察阶段勘探点间距/m			
		甲类建筑物	乙类建筑物	丙类建筑物	丁类建筑物
简单场地	120～200	30～40	40～50	50～80	80～100
中等复杂场地	80～120	20～30	30～40	40～50	50～80
复杂场地	50～80	10～20	20～30	30～40	40～50

详细勘察阶段的勘察成果，应符合下列要求：①按建筑物或建筑群提供详细的岩土工程资料和设计所需的岩土技术参数，当场地地下水位有可能上升至地基压缩层的深度以内时，宜提供饱和状态下的强度和变形参数；②对地基做出分析评价，并对地基处理、不良地质现象和地质环境的防治等方案做出论证和建议；③对深基坑应提供坑壁稳定性和抽、降水等所需的计算参数，并分析对邻近建筑物的影响；④ 对桩基工程的桩型、桩的长度和桩端持力层深度提出合理建议，并提供设计所需的技术参数及单桩竖向承载力的预估值；⑤提出施工和监测的建议。

表 9.7　详细勘察阶段勘探点的深度要求

湿陷类型	非自重湿陷性黄土场地	自重湿陷性黄土场地	
		陕西、陇东一陕北一晋西地区	其他地区
勘探点深度(自基础底面算起)/ m	>10	>15	>10

6. 防止或减小建筑物地基浸水湿陷的措施

(1)地基处理措施。消除地基的全部或部分湿陷量，常采用垫层法、夯实法、挤密法、预浸水法、单液硅化或碱液加固法等处理方法，或采用桩基础穿透全部湿陷性黄土层，或将基础设置在非湿陷性黄土层上。

(2)防水措施。主要包括三方面：一是基本防水措施，在建筑物布置、场地排水、屋面排水、地面防水、散水、排水沟、管道敷设、管道材料和接口等方面，应采取措施防止雨水或生产、生活用水的渗漏；二是检漏防水措施，在基本防水措施的基础上，对防护范围内的地下管道，应增设检漏管沟和检漏井；三是严格防水措施，在检漏防水措施的基础上，应提高防水地面、排水沟、检漏管沟和检漏井等设施的材料标准，如增设可靠的防水层、采用钢筋混凝土排水沟等。

(3)结构措施。减小或调整建筑物的不均匀沉降，或使结构适应地基的变形。

对甲类建筑和乙类中的重要建筑，应在设计文件中注明沉降观测点的位置和观测要求，并应注明在施工和使用期间进行沉降观测。

9.2　膨胀岩土

膨胀岩土是指含有大量亲水矿物，湿度变化时有较大的体积变化，变形约束时产生较大的内应力的岩土，包括膨胀岩和膨胀土。根据收集到的资料，将我国膨胀岩土的分布、成因及地质年代特征列于表 9.8。

表9.8　中国膨胀土分布、成因及地质年代特征一览表

地区		成因	地质年代	地貌特征
四川	成都、广汉、南充、西昌	冲积洪，冰水沉积，残积	$Q_2 \sim Q_3$	Ⅱ级以上阶地，低丘缓坡
云南	鸡街、蒙自、文山	冲积，残、坡积	Q_3	Ⅱ级阶地斜坡
广西	宁明、南宁、贵县	冲、洪积，残、坡积	$Q_3 \sim Q_4$	Ⅰ、Ⅱ级阶地，残丘，岩溶平原与阶地
湖北	郧县、襄樊、荆门、枝江	洪、冲积，湖相沉积，坡、残积	$Q_2 \sim Q_3$ $Q_1 \sim Q_2$	Ⅱ级以上阶地，山前丘陵
安徽	合肥、淮南	冲、洪积，洪积	$Q_3 \sim Q_4$	Ⅱ级阶地，垅岗，Ⅰ级阶地
河南	平顶山、南阳	湖相沉积，冲洪积	Q_1	山前缓坡，垅岗
山东	泗水、临沂、泰安	坡洪积，坡、残积，冲积，洪积，湖相沉积		斜坡地形，一级阶地，河谷平原阶地，山前缓坡
陕西	康平、汉中、安康	残坡积，洪积，冲积	$Q_2 \sim Q_3$	Ⅱ级以上阶地，盆地和阶地，垅岗

根据《岩土工程勘察规范》(GB 50021—2001)中有关规定，具有下列特征的岩土可初判为膨胀土或膨胀岩。

1. 膨胀土

(1)多分布在二级或二级以上阶地、山前丘陵和盆地边缘。

(2)地形平缓，无明显自然陡坎。

(3)常见浅层滑坡、地裂，新开挖的路堑、边坡、基槽易发生坍塌。

(4)裂缝发育，方向不规则，常有光滑面和擦痕，裂缝中常充填灰白、灰绿色黏土。

(5)干时坚硬，遇水软化，自然条件下呈坚硬或硬塑状态。

(6)自由膨胀率一般大于40%。

(7)未经处理的建筑物成群破坏，低层较多层严重，刚性结构较柔性结构严重。

(8)建筑物开裂多发生在旱季，裂缝宽度随季节变化。

2. 膨胀岩

(1)多见于伊利石含量大于20%的黏土岩、页岩、泥质砂岩。

(2)具有前述膨胀土(3)～(7)条特征的岩石。

对于膨胀岩的判定，尚无统一的指标和方法，多年来一直采用综合判定，即按初判和终判两步进行。膨胀岩土的勘察评价，仍然是根据工程情况及地区性经验参照《膨胀土地区建筑技术规范》(GBJ 112—87)进行。当膨胀岩作为地基时，可参照膨胀土的方法判定进行。当膨胀岩作为其他环境介质时，其膨胀性的判定无统一标准。如中国科学院地质研究所将钠蒙脱石含量5%～6%，钙蒙脱石含量11%～14%作为判定标准；铁道部第一勘察设计院以蒙脱石含量8%或伊利石含量20%作为判定标准；也有将干燥饱和吸水率25%作为膨胀岩和非膨胀岩的划分界线。

9.2.1 膨胀土的工程性质

1. 膨胀土的一般性质

由于膨胀土的分布、成因、成土的地质作用多样，其物理力学性质也就有明显的差别。综合我国各地区膨胀土的物理力学指标(表 9.9)，可将其一般性质归纳为以下几点：

(1) 膨胀土的液限 w_L 与塑性指数 I_P 不高，属于低塑性土，与一般黏性土相近。

(2) 天然孔隙比 e 不高，与一般黏性土相近。

(3) 天然含水量 w 接近塑限 w_P，液性指数 I_L 接近于零，土体多呈坚硬、硬塑状态。

表 9.9 膨胀土主要物理力学指标

项目	天然含水量 w/(%)	孔隙比 e	液限 w_L/(%)	塑限 w_P/(%)	塑性指标 I_P	液性指标 I_L	压缩模量 E_s/MPa
范围	20 ～ 30	0.5 ～ 0.8	38 ～ 50	20 ～ 35	18 ～ 25	−0.14 ～ 0.00	9 ～ 12

2. 膨胀土的膨胀性

膨胀土吸水膨胀、失水收缩的性能称为胀缩性。表征膨胀性能强弱的指标一般有自由膨胀率(δ_{ef})、膨胀率(δ_{ep})、膨胀力(p_e)、线缩率(δ_s)、收缩系数(λ_s)等。

(1) 自由膨胀率(δ_{ef})。指人工制备的烘干土样，在水中增加的体积与原体积之比，即

$$\delta_{ef}=\frac{V_w-V_0}{V_0} \tag{9.5}$$

式中，V_0 为土样原有的体积(mL)；V_w 为土样在水中膨胀稳定后的体积(mL)。

(2) 膨胀率(δ_{ep})。指在一定压力作用下，处于侧限条件下的原状土样在浸水膨胀稳定后，土样增加的高度与原高度之比，即

$$\delta_{ep}=\frac{h_w-h_0}{h_0} \tag{9.6}$$

式中，h_w 为土样浸水膨胀稳定后的高度(mm)；h_0 为土样原始高度(mm)。

(3) 膨胀力(P_e)。指原状土样在体积不变时，由于浸水膨胀产生的最大内应力，可为计算土的膨胀变形量和确定地基承载力的标准值提供依据。膨胀力的确定方法是：以各级压力下的 δ_{ep} 为纵坐标，以压力 p 为横坐标，绘制 p-δ_{ep} 曲线，该曲线与横坐标的交点即为该土样的膨胀力(图 9.2)。

(4) 线缩率(δ_s)和收缩系数(λ_s)。线缩率是指土的竖向收缩变形与试样原始高度之比，即

$$\delta_s=\frac{h_0-h}{h_0}\times 100\% \tag{9.7}$$

式中，h_0 为土样的原始高度(mm)；h 为土样在温度 100 ～ 105℃ 烘至稳定后的高度(mm)。

收缩系数的确定，应先根据不同时间的线缩率及相应的含水量绘制收缩曲线(图 9.3)，以原状土样在直线收缩阶段，含水量减小 1% 时的竖向线缩率 δ_s 即为收缩系数 λ_s，按下式计算：

$$\lambda_s=\frac{\Delta\delta_s}{\Delta w} \tag{9.8}$$

式中，$\Delta\delta_s$ 为收缩过程中与两点含水量之差对应的竖向线缩率之差(%)；Δw 为收缩过程中直线变化阶段两点含水量之差(%)。

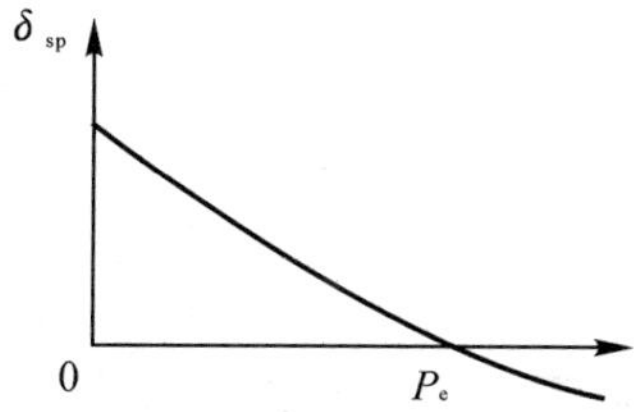

图 9.2　$p-\delta_{ep}$ 曲线

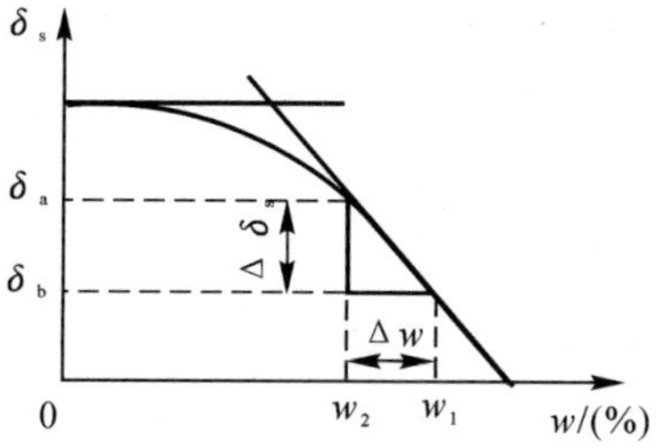

图 9.3　收缩曲线图

(5) 胀缩总率(δ_{eps})。膨胀土具有吸水膨胀，失水收缩，再吸水再膨胀，再失水又收缩的变形特性为膨胀土的膨胀与收缩的可逆性，用胀缩总率 δ_{eps} 表示，即

$$\delta_{eps}=\delta_{epi}+\lambda_s\Delta w \tag{9.9}$$

式中，δ_{epi} 为压力 p_i 下的膨胀率；λ_s 为压力 p_i 下的收缩系数；Δw 为土的含水量可能减少的幅度(%)。

据式(9.9)可以得到：① 如果天然含水量 $w<0.8w_p$，比较低，在干旱地区，基坑开挖后经暴晒的土，式中的 Δw 为零，这时土的胀缩总率即是土的膨胀率。② 如果天然含水量 $w>1.2w_P$，比较高，施加的压力 p_i 等于膨胀力，即 $\delta_{ep}=0$，此时胀缩总率即为收缩率，其值决定含水量可能变化的幅度。若能及时采取措施，控制含水量使变化很小，就可使建筑物地基变形很小。③ 如果 p_i 大于土的膨胀力，则 δ_{epi} 为负值，即压力 p_i 作用下不产生膨胀而出现压缩变形。

(6) 膨胀土各向异性指标。膨胀土由于结构构造特征具有胀缩各向异性。判断胀缩各向异性的指标有 $\alpha_{缩}$ 和 $\alpha_{胀}$，其计算公式如下：

$$\alpha_{缩}=\frac{e_{sl}}{e_{sd}} \tag{9.10}$$

$$\alpha_{胀}=\frac{e_{pl}}{e_{pd}} \tag{9.11}$$

式中，e_{sl}，e_{sd} 分别为收缩试验测定的竖向收缩率和横向收缩率；e_{pl}，e_{pd} 分别为三向膨胀试验测定的竖向膨胀率和横向膨胀率。

当 $\alpha_{缩}$(或 $\alpha_{胀}$)=1 时，表明竖向胀缩和横向胀缩相等，土体为各向同性。当 $\alpha_{缩}$(或 $\alpha_{胀}$)>1 时，即竖向胀缩大于横向胀缩，表明土以竖向胀缩为主，反之，当 $\alpha_{缩}$(或 $\alpha_{胀}$)<1 时，表明土以横向胀缩为主。不同地区膨胀土的膨胀各向异性差别较大，$\alpha_{缩}$ 一般为 0.70～1.50，在广西宁明最高达 3.33，$\alpha_{胀}$ 在陕南、云南为 1.30～2.62，在河南为 0.80～1.00，但在广东湛江则可高达 4.00。

我国部分地区膨胀土的胀缩特性主要指标见表 9.10。

表 9.10　我国部分地区膨胀土的胀缩特性主要指标统计表

地区	土颜色	δ_{ef}/(%)	δ_{ep}/(%)			δ_{50}/(%)	P_e/(kPa)	δ_s/(%)	w_s/(%)	λ_s
			0kPa	50kPa	100kPa					
蒙自	褐黄	40～50	3.30	0.20	<0	3.20	18～55	6.82	18.4～21.2	0.25～0.42
蒙自	灰白	54～135	11.09	2.12	0.74	11.23	4～123	9.50	16.2～18.6	0.31～0.41
鸡街	灰色	43～139	0.1～7.2	0～2.6	0～1.7	4.1	0～250	0.5～4.30	10.5～20.0	0.27～0.89
宁明	灰白	40～93	5.20	2.16	1.50	0.1～4.70	30～360	1.40～9.90	15～18	0.45～0.90
南宁	灰白	40～65	1.60	0.15	<0	0～1.2	12～98	0.8～3.40	18～22	0.20～0.45
贵县	黄色	40～82	2.90	0.01	<0	0～0.5	11～86	2.7～9.7	25～35	0.30～0.65
茂名	杂色	40～62	5.50	0.80	0.05	0～2.04	50～185	0.8～8.9	15～23	0.21～0.69
南阳	灰白	70～158	3.60	1.21	0.56	2.30	56～780	3.9～8.3	7.0～10.0	0.38
平顶山	灰绿	40～99	2.53	0.95	0.03	3.7～5.6	25～250	3.70	8～12	0.30～0.40
合肥	黄色	40～66	3.74	0.77	0.17	5.10	20～115	4.20	12～16	0.34
荆门	黄色	40～77	4.70	1.05	0.51	3.65	32～345	0.76～7.06	11.8～19.5	0.15～0.46
郧县	褐黄	40～70	8.09	1.01	−0.55	2.52	30～60	4.70	11.4	0.49
安康	棕红	40～50	2.43	0.10	0	0.12	10～60	3.50	11.1	0.53
成都	杂色	40～63	2.45	0.59	<0	0.40	10～77	4.10	12～17	0.25～0.35
邯郸	杂色	40～79	3.20	1.20	0	1.70	30～205	3.0～6.1	7.5～10.2	0.23～0.47

9.2.2　膨胀土地基的评判

1. 膨胀土的判别

据我国大多数地区膨胀土和非膨胀土试验指标的统计分析，凡自由膨胀率 $\delta_{ef} \geqslant 40\%$，土中黏粒成分主要由亲水性矿物组成，并具有膨胀土的野外特征和建筑物开裂破坏特征，胀缩性显著的黏性土，就判为膨胀土。

2. 膨胀土的膨胀潜势

研究表明，自由膨胀率能较好反映土中黏土矿物成分、颗粒组成、化学成分和变换阳离子性质的基本特征。土中的蒙脱石矿物愈多，小于 0.002mm 的黏粒在土中占较多分量，且吸附着较活泼的钠、钾离子时，那么土体内部积储的膨胀潜势愈强，自由膨胀率就愈大，土体显示出强烈的胀缩性。调查表明：自由膨胀率较小的膨胀土，膨胀潜势较弱，建筑物损坏轻微；自由膨胀率高的土，具有强的膨胀潜势，则较多建筑物将遭到严重破坏。《膨胀土地区建筑技术规范》(GBJ 112—87) 按自由膨胀率大小划分土的膨胀潜势强弱，以综合分析土的胀缩性高低(表 9.11)。

3. 膨胀土地基的胀缩等级

按《膨胀土地区建筑技术规范》(GBJ 112—87)，对膨胀土胀缩等级以分级胀缩变形量(S_c) 的大小进行划分(表 9.12)。

表 9.11　膨胀土的膨胀潜势分类

自由膨胀率 $\delta_{ef}/(\%)$	膨胀潜势
$40 \leqslant \delta_{ef} < 65$	弱
$65 \leqslant \delta_{ef} < 90$	中
$\delta_{ef} \geqslant 90$	强

表 9.12　膨胀土地基的胀缩等级

分级胀缩变形量 S_c/mm	级别
$15 \leqslant S_c < 35$	Ⅰ
$35 \leqslant S_c < 70$	Ⅱ
$S_c \geqslant 70$	Ⅲ

地基土膨胀变形量 S_c 按下式计算：

$$S_c = \psi_c \sum_{i=1}^{n} \delta_{epi} h_i \tag{9.12}$$

式中，S_c 为地基土的膨胀变形量(mm)；ψ_c 为计算膨胀变形量的经验系数，宜根据当地经验确定，若无可依据经验时，三层及三层以下建筑物可采用 0.6；δ_{epi} 为基础底面下第 i 层土在该层土的平均自重压力与平均附加压力之和作用下的膨胀率，由室内试验确定；h_i 为第 i 层土的计算厚度(mm)；n 为自基础底面至计算深度内所划分的土层数(计算深度应根据大气影响深度确定；有浸水可能时，可按浸水影响深度确定)。

地基土收缩变形量 S_s 按下式计算：

$$S_s = \psi_s \sum_{i=1}^{n} \lambda_{si} \Delta w_i h_i \tag{9.13}$$

式中，S_s 为地基土的收缩变形量(mm)；ψ_s 为计算收缩变形量的经验系数，宜根据当地经验确定，若无可依据经验时，三层及三层以下建筑物可采取 0.8；λ_{si} 为第 i 层土的收缩系数，由室内试验确定；Δw_i 为地基土收缩过程中，第 i 层土可能发生的含水量变化的平均值(以小数表示)；n 为自基础底面至计算深度内所划分的土层数，计算浓度可取大气影响深度，当有热源影响时，应按热源影响浓度确定。具体按《膨胀土地区建筑技术规范》(GBJ 112—87) 规定执行。

地基土胀缩变形量 S 按下式计算：

$$S = \psi \sum_{i=1}^{n} (\delta_{epi} + \lambda_{si} \Delta w) h_i \tag{9.14}$$

式中，ψ 为计算胀缩变形量的经验系数，可取 0.7；其他符号意义同前。

9.2.3 膨胀土地基承载力的确定

膨胀土地基上基础底面设计压力宜大于土的膨胀力地基承载力，膨胀土地基承载力可用下列方法确定：① 载荷试验法，对荷载较大或没有建筑经验的地区。② 计算法，一级工程的地基承载力应采用浸水载荷试验方法确定；宜采用浸水级荷试验方法确定地基的承载力。二级工程宜采用浸水载荷试验；试验时先分级加荷至设计荷载，浸水后再分级加荷至破坏或设计荷载的2倍；二级工程可采用饱和状态下不固结不排水三轴剪切试验计算或根据已有经验确定。③ 经验法，对已有建筑经验地区可根据成功的建筑经验或地区的承载力经验值确定地基的承载力。

我国《膨胀土地区建筑技术规范》(GBJ 112—87) 规定对于一般工程，可参考表9.13确定地基的承载力。需要注意的是，膨胀岩土的承载力一般均较高，但其承载力随含水量的增加而降低，故在确定承载力时不应忽视其含水量的变化。

表9.13　地基承载力 f_a　　(单位：kPa)

含水比 a_w	孔隙比 e		
	0.6	0.9	1.1
<0.5	350	280	200
0.5～0.6	300	220	170
0.6～0.7	250	200	150

注：① 含水比为天然含水量与液限的比值：$a_w = w/w_L$；② 此表适用于基坑开挖时土的天然含水量等于或小于勘察时土的天然含水量；③ 使用此表时应结合建筑物的容许变形值考虑。

9.2.4 膨胀岩土的岩土工程勘察及评价要点

(1) 运用岩土工程测绘和调查重点查明以下内容：① 查明膨胀岩土的岩性、地质时代、成因、产状、分布以及颜色、节理、裂缝等外观特征，并划分场地类型；② 划分地貌单元和场地类型(平坦场地、坡地场地)，查明有无浅层滑坡、地裂、冲淘以及微地貌形态和植被情况；③ 调查地表水的排泄和积聚情况以及地下水类型、水位及变化规律；④ 搜集当地降水量、蒸发量、气温、地温、干湿季节、干旱持续时间等气象资料，查明大气影响深度；⑤ 并调查当地建筑经验。

(2) 勘探工作量应遵守下列规定：① 勘探点宜结合地貌单元和微地貌形态布置；其数量应比非膨胀岩土地区适当增加，其中采取试样的勘探点不应少于全部勘探点的1/2；② 勘探孔深度，除应满足基础埋深和附加应力的影响深度外，尚应超过大气影响深度；控制性勘探孔不应小于8m，一般性勘探孔不应小于5m；③ 在大气影响深度内，每个控制性勘探孔均应采取Ⅰ，Ⅱ级土试样，取样间距不应大于1.0m，在大气影响深度以下，取样间距可为1.5～2.0m；一般性勘探孔从地表下1m开始至5m深度内，可取Ⅲ级土试样，测定天然含水量。

(3) 确定膨胀岩土的工程性质指标。包括一般性指标和表征膨胀岩土胀缩性的自由膨胀率、一定压力下的膨胀率、收缩系数、膨胀力等指标。

(4) 进行胀缩性评价，主要包括膨胀岩土的膨胀潜势分类和膨胀土地基的胀缩等级划分。

(5) 确定膨胀岩土地基承载力。

(6) 膨胀岩土往往在坡度很小时就产生滑动，所以对于边坡及位于边坡上的工程，要特别重视对稳定性的分析验算。验算时应考虑坡体内含水量变化的影响；均质土可采用圆弧滑动法，有软弱夹层及层状膨胀岩土时应按最不利的滑动面验算；具有胀缩裂缝及地裂缝的膨胀边坡，应进行沿裂缝滑动的验算。

(7) 提出膨胀岩土地基处理的措施。膨胀土地基处理可采用换土、砂石垫层、土性改良等方法。并做好防水处理。膨胀土层较厚时，应采用桩基，桩尖支承在非膨胀土层上，或支承在大气影响层以下的稳定层上。膨胀岩以治理为主。

9.3　软　　土

软土是指天然孔隙比大于或等于 1.0，且天然含水量大于液限的细粒土，包括淤泥、淤泥质土、泥炭、泥炭质土等。淤泥和淤泥质土是指在静水或缓慢的流水环境中沉积，经生物化学作用形成的黏性土。这种黏性土含有机质，天然含水量大于液限($w > w_L$)，当天然孔隙比 e 大于 1.5 时，称为淤泥。天然孔隙比小于 1.5 而大于 1.0 时，称为淤泥质土。当土的灼烧量大于 5% 时，称有机质土；大于 60% 时，称泥炭。

9.3.1　软土的工程性质

软土的主要特征是细颗粒成分多、孔隙比大、天然含水量高、压缩性高、有机质含量高、成土年代较近、强度低、渗透系数小。在通常情况下，软土有如下特征指标；

(1) 小于 0.075mm 粒径的土粒占土样总重 50% 以上。

(2) 天然孔隙比 e 大于 1.0。

(3) 天然含水量 w 大于该土的液限 w_L。

(4) 压缩系数 a_{1-2} 在 0.5MPa^{-1} 以上。

(5) 不排水抗剪强度 τ_f，小于 30kPa。

(6) 渗透系数 k 小于 10^{-6}cm/s。

(7) 灵敏度 S_t 在 3 ～ 4 之间。

由此归纳，软土具以下工程性质特征：

(1) 触变性。软土具有触变特征，当原状土受到振动以后，破坏了结构连接，降低了土的强度或很快地使土变成稀释状态。触变性的大小，常用灵敏度 S_t 来表示。软土的 S_t 一般在 3 ～ 4 之间。因此，当软土地基受振动荷载后，易产生侧向及基底面两侧挤出等现象。

(2) 高压缩性。由室内压缩试验得知，软土的大部分压缩变形发生在垂直压力为 100kPa 左右。反映在建筑物的沉降方面为沉降变形量大。

(3) 低强度。不排水抗剪强度小于 30kPa，承载力小于 100kPa。若要提高软土的强度，则必须改善其固结排水条件。

(4) 低透水性。软土透水性弱，一般垂直方向渗透系数在 $1 \times (10^{-6} \sim 10^{-8})$cm/s 之间，对地基排水固结不利，反映在建筑物沉降延续时间长。同时，在加载时期，地基中常出现较高的孔隙水压力，影响地基的强度。

(5) 流变性。软土除排水固结引起变形外，在剪应力作用下，土体还会发生缓慢而长期的剪切变形。对于边坡、堤岸、码头等稳定性不利。

(6) 不均匀性。软土具有微细和高分散的颗粒组成，黏粒层中多局部以粉粒为主，平面分布上有所差异，垂直方向上具明显分选性，作为建筑物地基，则易产生差异沉降。

主要软土地区不同成因类型的软土工程性质指标分别见表9.14。

表9.14　各类软土的物理力学性质指标统计表

成因类型	含水量 $w/(\%)$	重度 $\gamma/(kN\cdot m^{-3})$	孔隙比 e	抗剪强度		压缩系数 a_{1-2} $/MPa^{-1}$	灵敏度 S_t
				内摩擦角 $\varphi/(°)$	黏聚力 c/MPa		
滨海沉积软土	40～100	15～18	1.0～2.3	1～7	0.002～0.02	1.2～3.5	2～7
湖泊沉积软土	30～60	15～19	0.8～1.8	0～10	0.005～0.03	0.8～3.0	
河滩沉积软土	35～70	15～19	0.9～1.8	0～11	0.005～0.003	0.8～3.0	4～8
沼泽沉积软土	40～120	14～19	0.52～1.5	0	0.005～0.02	＞0.5	2～10

9.3.2　软土地基承载力

软土地基承载力应根据室内试验、原位测试和当地建筑经验，并结合以下因素综合确定。其中，用变形控制原则比按强度控制原则更重要。

(1) 根据软土的现场鉴别和物理力学试验指标或 c，φ 值统计指标按《建筑地基基础设计规范》(GB 50007—2002) 中的承载力计算公式计算确定。

(2)利用静力触探及其他原位测试资料与载荷试验或其他相应土性的直接试验结果进行比较、统计而建立的地区性相关公式计算确定。

(3)对于缺乏建筑经验的地区和一级建筑物地基，宜以载荷试验确定。

(4)在总结提高地区的建筑经验的基础上，可以用工程地质类比法确定。

9.3.3　软土的岩土工程勘察及评价要点

(1)通过岩土工程测绘和调查、勘探查明以下内容：①软土成因类型、成层条件、分布规律、层理特征、水平向和垂直向的不均匀性；②地表硬壳层的分布深度、下伏硬土层或基岩的埋深与起伏；③固结历史、应力水平和结构破坏对强度和变形的影响；④微地貌形态和暗埋的塘、浜、沟、坑穴的分布、埋深及其填土的情况；⑤开挖、回填、支护、工程降水、打桩、沉井等对软土应力状态、强度和压缩性的影响；⑥当地工程经验。

(2)通过室内土工试验和一些原位测试方法查明软土的物理力学性质指标。

(3)确定软土承载力：①软土成层条件、应力历史、结构性、灵敏度等力学特性和排水条件；②上部结构的类型、刚度、荷载性质和分布，对不均匀沉降的敏感性；③基础的类型、尺寸、埋深、刚度等；④施工方法和程序；⑤采用预压排水处理的地基，应考虑软土固结排水后强度的增长。

(4)验算地基沉降变形量。可采用分层总和法计算，并乘以经验系数，也可采用应力历史法计算沉降量，再根据当地经验进行修正，必要时应考虑软土的次固结效应。

(5)提出基础形式和持力层的建议，对于上为硬层，下为软土的双层土地基应进行下卧层验算。

(6)提出软土地基处理的措施。处理方法主要有：充分利用软土地基表层的密实土层作为基础的持力层，基础尽可能浅埋；减少建筑物对地基土的附加压力，采用架空地面，减少回填土重量，设置地下室等；采用换土垫层（砂垫层）与桩基，提高地基承载力；采用砂井预压，使土层排水固结。可采用高压喷射、深层搅拌、粉体喷射等方法，将土粒胶结，从而改善土的工程性质，形成复合地基，以提高承载力。

9.4 填　土

由于人类活动而堆填的土，统称为填土。在我国大多数城市的地表面，普遍覆盖着一层人工杂土堆积层。这种填土无论其物质组成、分布特征和工程性质均相当复杂，且具有地区性特点。例如，上海地区多暗滨、暗塘、暗井，常用土和垃圾回填，故有大量的腐殖质；福州市地表层为瓦砾填土，其下部常见一种黏性土质填土。在旧河道、旧湖塘地带，可见一种与淤泥混杂堆填的软弱填土，呈流动或饱和状态。又如，西安市由于古城兴衰、战争等原因，普遍覆盖一层填土，厚度 2～6m，多为瓦砾素土，其间密布古井渗坑，周围土体呈黑绿色。

9.4.1 填土的分类

根据其物质组成和堆填方式，可将填土分为素填土、杂填土、冲填土和压实填土四类。

1. 素填土

由碎石土、砂土、粉土和黏性土等一种或几种土质组成，不含杂质或含杂质很少的土，称为素填土。

（1）按主要组成物质分为：①碎石素填土；②砂性素填土；③黏性素填土。

（2）按堆填时间分为：①老填土，当主要组成物质为粗颗粒，堆填时间在 10a 以上者；或主要组成物质为细颗粒，堆填时间在 20a 以上者，均称为老填土。②新填土，堆填年限低于上述规定者，称为新填土。

素填土的承载力取决于它的均匀性的密实度。在堆填过程中，未经人工压实时，一般密度较差，不宜做天然地基；但堆积时间较长，由于土的自重压密作用，也能达到一定的密实度，如堆积时间超过 10a 的黏性土，超过 5a 的粉土，超过 2a 的砂土，均具有 一定的强度和密实度，可以作为一般建筑物的天然地基。

2. 杂填土

含大量建筑垃圾、工业废料或生活垃圾等杂物的填土。其按组成物质和特征分为：

（1）建筑垃圾土：主要为碎砖、瓦砾、朽木等建筑垃圾组成，有机物含较少。

（2）工业废料土：由现代工业生产的废渣、废料堆积而成，如矿渣、煤渣、电石渣等以及其他工业废料夹少量土类组成。

（3）生活垃圾土：填土中由大量从居民生活中抛弃的废物，诸如炉灰、布片、菜皮、陶瓷片等杂物夹土类组成，一般含有机质和未分解的腐殖质较多。

3. 冲填土

冲填土也叫吹填土，是由水力冲填泥砂形成的填土。

冲填土是我国沿海一带常见的填土之一。主要是由于整治或疏通江河航道，或因工农业生产需要填平或填高江河附近某些地段时用高压泥浆泵将挖泥船挖出的泥砂，通过输泥管，排送到需要填高地段及泥砂堆积区而成。上海黄浦江、天津的海河塘沽、广州的珠江等河流两岸及滨海地段不同程度分布有这种填土。

4.压实填土

素填土经过分层压实(或夯实)称为压实填土。压实填土在筑路、坝堤等工程中经常涉及。

9.4.2 填土的工程性质

由于填土的堆填时间、环境,特别是物质来源和组成成分的复杂和差异,造成填土性质很不均匀,分布和厚度变化缺乏规律,带有极大的人为偶然性,往往在很小的范围内,填土的质量密度会在垂直方向和水平方向变化较大。填土往往是一种欠压密土,具有较高的压缩性,在干旱和半干旱地区,干或稍湿的填土往往具有湿陷性。

填土的工程地质性质主要包括以下几方面:

1. 不均匀性

填土由于物质来源、组成成分的复杂和差异,分布范围和厚度变化缺乏规律性,所以,不均匀性是填土的突出特点,而且在杂填土和冲填土中表现更加显著。例如,冲填土在吹泥的出口处,沉积的土粒较粗,甚至有石块,顺着出口向外围土粒则逐渐变细,并且在冲填过程中,由于泥砂来源的变化,造成冲填土在纵横方向上的不均匀性,故冲填土层多呈透镜体状或薄层状出现。

2. 湿陷性

填土由于堆填时未经压实,所以土质疏松,孔隙发育,当浸水后会产生附加下陷,即湿陷。通常,新填土比老填土湿陷性强,含有炉灰和变质炉灰的杂填土比素填土湿陷性强,干旱地区填土的湿陷性比气候潮湿,地下水位高的地区湿陷性强。

3. 自重压密性

填土属欠固结土,在自身重量和大气降水下渗的作用下有自行压密的特点,压密所需的时间随填土的物质成分不同而有很大的差别,例如,由粗颗粒组成的砂和碎石类素填土,一般回填时间在 2~5a 即可达到自重压密基本稳定;而粉土和黏性土质的素填土则需 5~15a 才能达到基本稳定。建筑垃圾和工业废料填土的基本稳定时间需 2~10a;而含有大量有机质的生活垃圾填土的自重压密稳定时间可长达 30a 以上。冲填土的自重压密稳定时间更长,可达几十年甚至上百年。

4. 压缩性大,强度低

填土由于密度小,孔隙度大,结构性很差,故具有高压缩性和较低的强度。在密度相同的条件下,填土的变形模量比天然土低很多(图 9.4),并且,随着含水量的增大,压缩模量急剧降低(图 9.5)。对于杂填土而言,当建筑垃圾土的组成物以砖块为主时,则性能优于以瓦片为主的土;而建筑垃圾土和工业废料土一般情况下性能优于生活垃圾土,这是因为生活垃圾土物质成分杂乱,含大量有机质和未分解或半分解状态的植物质。对于冲填土,则是由于其透水性弱,排水固结差,土体呈软塑或流塑状态之故。

9.4.3 填土地基承载力

素填土若为堆积时间超过 10a 的黏性土,超过 5a 的黏土,超过 2a 的砂性土,均具有一定的密实度和强度,可作为一般建筑物的天然地基。其承载力可根据室内压缩试验与轻型动力触探试验结果确定。

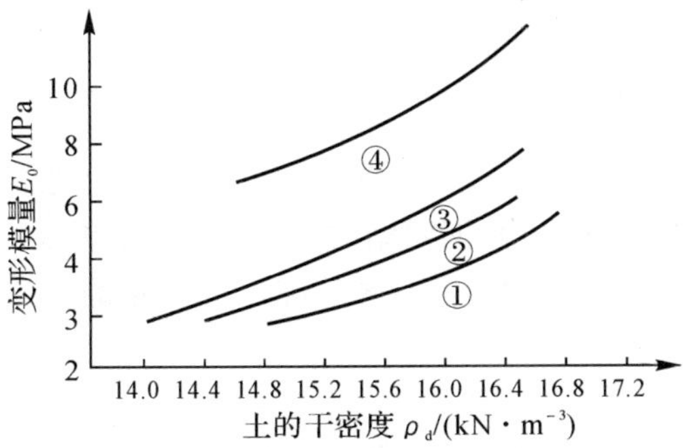

图9.4　土的变形模量与干密度的关系

①,②,③—填土；　④—天然土(I_P=15)

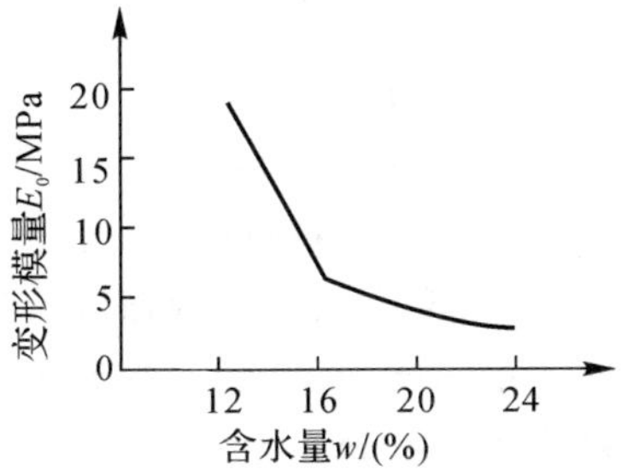

图9.5　填土变形模量与含水量的关系

9.4.4　填土的岩土工程勘察及评价要点

(1)通过岩土工程测绘和调查、勘探查明以下内容：

1）搜集资料，调查地形和地物的变迁，查明填土来源、堆积年限和堆积方式。

2）查明填土的分布范围、厚度、物质成分、颗粒级配及其均匀性、密实性、压缩性和湿陷性。

3）判定地下水对建筑材料的腐蚀性及其与相邻地表水体的水力影响。

4）确定冲填土在冲填期间的排水条件，冲填完成后的固结条件、固结性能和固结状态。

5）查明填土的工程特性指标。主要采用以下测试方法确定：①填土的均匀性和密实度宜采用触探法，并辅以室内试验；②填土的压缩性、湿陷性宜采用室内固结试验或现场载荷试验；③杂填土的密度试验宜采用大容积法；④对压实填土，在压实前应测定填料的最优含水量和最大干密度，压实后应测定其干密度，计算压实系数。

(2)填土工程评价。填土岩土工程评价应包括以下内容：

1）阐明填土的成分、分布和堆积年代，判定地基均匀性、压缩性和密实度；必要时应按厚度、强度和变形特性分层或分区评价。

2）对于堆积年限较长的素填土、冲填土及由建筑垃圾和性能稳定的工业废料组成的杂填土，当较均匀和较密实时可作为天然地基。由有机质含量较多的生活垃圾和对基础有腐蚀性的工业废料组成的杂填土不宜作为天然地基。

3）确定填土地基承载力。

4）当填土底面的天然坡度大于20%时，应验算其稳定性。

(3)提出填土地基处理的措施。对于填土地基采用换土垫层法、表层压实法以及灰土桩、砂桩挤密等方法进行处理。

9.5　多年冻土

多年冻土是指含有固态水、珠结状态持续二年或二年以上的土。当温度条件改变时，多年冻土的物理力学性质随之改变，并可产生冻胀、融陷、热融滑塌等现象。

9.5.1 多年冻土的分类

1. 按冻结时间分

① 季节性冻土：季节性冻土是受季节性的影响，冬季冻结、夏季全部融化。对地基的稳定性影响较大，根据其结构形式可分为整体结构、层状结构、网状结构、扁豆体和楔形体结构。② 多年冻土：多年冻土是冻结状态持续多年(一般是三年以上）不融的冻土。多年冻土常存在于地面下的一定深度，其上部为季节融冻层。

2. 按冻结状态分

① 坚硬冻土：当土的温度低于下列数值时，易呈坚硬冻土，粉砂 -0.3℃，粉土 -0.6℃，粉质黏土 -1.0℃，黏土 -1.5℃。② 塑性冻土：当土的温度在零度以下至坚硬冻土温度的上限之间饱和度 $S_r \leqslant 80\%$ 时，常呈塑性冻土。③ 松散冻土：含水量较小的砂土和碎石土常呈松散冻土。

9.5.2 多年冻土的一般性质

对多年冻土的工程性质起主要作用的是冰的含量及其存在形式。但是冻土中的含冰量是极不稳定的，随着湿度的升降，冰的含量剧烈变化，从而导致冻土的工程地质性质发生相应的显著变化。

冻土的含水性通常用总含水量(w_0）表示，即

$$w_0 = \frac{M_w + M_i}{M_s} \times 100\% \tag{9.15}$$

式中，M_w 为冻土中液态水的质量；M_i 为冻土中固态水的质量；M_s 为矿物颗粒的质量。

多年冻土为不透水层，具有牢固的冰晶胶结联结，从而具有较高的力学性能。抗压强度和抗剪强度均较高，但受湿度和总含水量的变化及荷载作用时间长短的影响，内摩擦角很小，可近似把多年冻土看做理想的黏滞体，在短期荷载作用下，压缩性很低，类似于岩石，可不计算变形，但在长期荷载作用下，冻土的变形增大，特别是温度在近似零度时，变形会更突出。

9.5.3 多年冻土的冻胀性和融陷性

1. 冻胀性

土冻结时体积膨胀，在于水在转化为冰时体积膨胀，从而使土的孔隙度增大。如果土中的原始孔隙空间足以容纳水在冻结时所增大的体积，则冻胀不会发生；只有在土的原始饱和度很高或有新的水分补充时才会发生冻胀。所以对冻胀性的理解应为：土冻结时体积随之增大的性能。因此，常用体积的相对变化量 —— 冻胀率(η) 来表示，即

$$\eta = \frac{V - V_0}{V} \times 100\% \tag{9.16}$$

式中，V_0 为冻结前土的体积；V 为冻结后土的体积。

冻胀性是对多年冻土上层的季节融冻层评价的重要依据。在自然界中，冻胀也常表现为土层表面的隆起，因此，也用冻土冻结前后高度的相对变化来表示其冻胀性，即

$$\eta = \frac{h - h_0}{h} \times 100\% \tag{9.17}$$

式中，h_0 为冻结前土层的高度或冻结带在冻结前的高度；h 为冻结后土层的高度或土的冻结

深度。

按冻胀率对冻土的冻胀性进行分类如下：

当 $\eta \leqslant 1\%$ 时，为不冻胀土；当 $1\% < \eta \leqslant 3.5\%$ 时，为弱冻胀土；当 $3.5 < \eta \leqslant 6\%$ 时，为冻胀性土；当 $\eta > 6\%$ 时，为强冻胀土。

土的冻胀性与含水量有关，当含水量低到一定程度时，土在冻结过程中将不表现出冻胀性，此含水量界限值称为起始冻胀含水量（w_f），它随土的分散度不同而异，一般情况下，随颗粒组成中粗粒组的增加而降低。

2. 融沉性

融沉性对多年冻土地基的评价有着重要的意义。前面已经论及冻土的冻胀性，是在土冻结过程中表现出的性能。而融沉性，则是在土融化过程中表现出的性能，即融沉性是冻土在融化过程中，由于固态冰转化为液态水时体积缩小的性能。在融化过程中，土粒间联结消弱，水分排出，在自重压力下，特别是在外部荷载作用下，多年冻土可能产生较大的压缩变形。

根据融化下沉系数 δ_0 的大小，多年冻土可分为不融沉、弱融沉、融沉、强融沉和融陷五级，并应符合表 9.15 的规定。

多年冻土的融沉性可用室内无侧胀压缩试验测得的平均融化下沉系数 δ_0 表征，即

$$\delta_0 = \frac{h_1 - h_2}{h_1} = \frac{e_1 - e_2}{1 + e_1} \times 100\% \tag{9.18}$$

式中，h_1 和 e_1 分别为冻土试样融化前的高度（mm）和孔隙比；h_2 和 e_2 分别为冻土试样融化后的高度（mm）和孔隙比。

表 9.15　多年冻土的融沉性分类

土的名称	总含水量 w_0 /（%）	平均融沉系数 δ_0	融沉等级	融沉类别	冻土类型
碎石土，砾、粗砂、中砂（粒径小于 0.075mm 的颗粒含量不大于 15%）	$w_0 < 10$	$\delta_0 \leqslant 1$	Ⅰ	不融沉	少冰冻土
	$w_0 \geqslant 10$	$1 < \delta_0 \leqslant 3$	Ⅱ	弱融沉	多冰冻土
碎石土，砾、粗砂、中砂（粒径小于 0.075mm 的颗粒含量大于 15%）	$w_0 < 12$	$\delta_0 \leqslant 1$	Ⅰ	不融沉	少冰冻土
	$12 \leqslant w_0 < 15$	$1 < \delta_0 \leqslant 3$	Ⅱ	弱融沉	多冰冻土
	$15 \leqslant w_0 < 25$	$3 < \delta_0 \leqslant 10$	Ⅲ	融沉	富冰冻土
	$w_0 \geqslant 25$	$10 < \delta_0 \leqslant 25$	Ⅳ	强融沉	饱冰冻土
粉沙、细纱	$w_0 < 14$	$\delta_0 \leqslant 1$	Ⅰ	不融沉	少冰冻土
	$14 \leqslant w_0 < 18$	$1 < \delta_0 \leqslant 3$	Ⅱ	弱融沉	多冰冻土
	$18 \leqslant w_0 < 28$	$3 < \delta_0 \leqslant 10$	Ⅲ	融沉	富冰冻土
	$w_0 \geqslant 28$	$10 < \delta_0 \leqslant 25$	Ⅳ	强融沉	饱冰冻土
粉土	$w_0 < 17$	$\delta_0 \leqslant 1$	Ⅰ	不融沉	少冰冻土
	$17 \leqslant w_0 < 21$	$1 < \delta_0 \leqslant 3$	Ⅱ	弱融沉	多冰冻土
	$21 \leqslant w_0 < 32$	$3 < \delta_0 \leqslant 10$	Ⅲ	融沉	富冰冻土
	$w_0 \geqslant 32$	$10 < \delta_0 \leqslant 25$	Ⅳ	强融沉	饱冰冻土

续表

土的名称	总含水量 w_0 /(%)	平均融沉系数 δ_0	融沉等级	融沉类别	冻土类型
黏性土	$w_0 < w_P$	$\delta_0 \leqslant 1$	Ⅰ	不融沉	少冰冻土
	$w_P \leqslant w_0 < w_P + 4$	$1 < \delta_0 \leqslant 3$	Ⅱ	弱融沉	多冰冻土
	$w_P + 4 \leqslant w_0 < w_P + 15$	$3 < \delta_0 \leqslant 10$	Ⅲ	融沉	富冰冻土
	$w_P + 15 \leqslant w_0 < w_P + 35$	$10 < \delta_0 \leqslant 25$	Ⅳ	强融沉	饱冰冻土
含土冰层	$w_0 \geqslant w_P + 35$	$\delta_0 > 25$	Ⅴ	融陷	含土冰层

注:① 总含水量 w_0 包括冰和未冻水;② 本表不包括盐渍化冻土、冻结泥炭化土、腐殖土、高塑性黏土。

9.5.4 多年冻土的不良地质作用

1.伴随着冻结过程发生的冻土的不良地质作用

(1)冻胀现象:以冻胀丘和拔石为主要现象。

(2)厚层地下冰:在黏土的多年冻土上限附近,常可遇见一层厚度不等的较纯的地下冰层。在山坡下部和一些负地形部位,地下冰层的厚度有时可达到几十厘米,甚至2～3m。它们是在年复一年的冻结凝成冰过程中形成的。

(3)冰椎:冬季在河流水溪河床部位,由于水面封冻,过水断面减小形成阻塞压力,一旦压力大于冰层强度,河水便冲破冰层溢流于冰面形成河冰椎。若以地下水为水源,则形成泉冰椎;冰椎常常阻塞交通,危及行车安全,毁坏工程建筑物。

(4)寒冻石流:寒凉风化形成的碎石在斜坡上由于冻融过程中的重力和流水作用顺坡向下,形成寒冻石流。

(5)寒冻裂隙:在寒冬季节的低温作用下,土石表面的收缩应力大于土石的内聚强度,使其开裂。

2.伴随融化过程发生的冻土的不良地质现象

(1)热融沉陷和热融湖塘。当厚层地下冰消融时,地表发生沉陷,形成垂直下陷的凹地的过程称为热融沉陷。当这些热融沉陷凹地被地表水或地下水注满时就形成了热融湖塘。

(2)热融滑塌。在有厚层地下冰分布的斜坡上,当坡脚处的地下冰在夏季暴露而发生融化时,其上覆融土及植被失去支撑而塌落,掩盖了坡脚及其两侧暴露的冰层,同时却暴露了上方的地下冰层,使它发生融化,产生新的塌落。如此反复滑塌,一直向斜坡上方发展,形成融冻滑塌。融冻滑塌体形成的稀泥物质常顺坡向下流动掩埋道路、壅塞桥涵,使路基湿软,危害其下方和坡上方建筑的稳定和安全。

(3)融冻泥流。缓坡上的细粒土,由于冻融作用而结构破坏,又因下伏冻土层阻隔,土中水分不能下渗,从而使土饱和甚至成为泥浆,沿层面顺坡向下蠕动,这种现象称为融冻泥流。它有表层泥流和深层泥流两种。表层泥流分布广、规模小、流动快;深层泥流以地下冰或多年冻土层为滑动面,长达几百米,宽几十米,移动速度缓慢。融冻泥流极大地威胁着其下方的工程设计及建筑物安全。

9.5.5　多年冻土地基承载力

多年冻土确定地基承载力应结合当地的建筑经验，按下述要求综合确定：①对安全等级为甲级建筑物的应采用载荷试验或其他原位试验方法结合当地建筑经验综合确定；②对于安全等级为乙级建筑物的宜采用载荷试验或其他原位试验确定。当无条件时，对保持冻结状态的地基，可根据冻土的物理力学性质和地温状态确定；对于容许融化的地基，应采用融化土地基的承载力，按实测成果确定；③对丙级建筑物可根据邻近建筑的经验确定。

9.5.6　多年冻土的岩土工程勘察要点

1. 运用岩土工程测绘和调查查明以下内容

(1)多年冻土的分布范围、上限深度。

(2)多年冻土的类型、厚度、总含水量、构造特征，物理力学和热学性质。

(3)多年冻土层上水、层间水、层下水的赋存形式、相互关系及其对工程的影响。

(4)多年冻土的融沉性分级和季节融化层土的冻胀性分级。

(5)厚层地下冰、冰椎、冰丘、冻土沼泽，热融滑塌、热融湖塘、融冻泥流等不良地质作用的形态特征、形成条件、发布范围、发生发展规律及其对工程的危害程度。

2. 勘探点间距与深度

应结合工程和地区的实际情况布置，主要如下：

(1)多年冻土地区勘探点间距，在满足《岩土工程勘察规范》(GB 50021—2001)中对各类岩土工程勘察基本要求的同时，应予以适当加密。特别是在初步勘察和详细勘察阶段要引起注意。

(2)勘探孔深度布置要满足下列要求：①对保持冻结状态设计的地基，不应小于基底以下 2 倍基础宽度，对桩基应超过桩端以下 3～5m；②对逐渐融化状态和预先融化状态设计的地基，应符合非冻土地基的要求；③无论何种设计原则，勘探孔的深度均宜超过多年冻土上限深度的 1.5 倍；④在多年冻土的不稳定地带，应查明多年冻土下限深度，当地基为饱冰冻土或含土冰层时，应穿透该层。

3. 多年冻土岩土工程评价的主要内容

(1)查明多年冻土的物理力学性质、总含水量、融陷性分级。

(2)确定地基承载力。

(3)除次要工程外，建筑物宜避开饱冰冻土、含土冰层地段和冰椎、冰丘、热融湖、厚层地下冰，融区与多年冻土区之间的过渡带，宜选择坚硬岩层、少冰冻土和多冰冻土地段以及地下水位或冻土层上水位低的地段和地形平缓的高地。

4. 多年冻土地区的地基处理措施

一般选择以下处理方法：保护冻结法，宜用于冻层较厚、多年地温较低和多年冻土相对稳定的地带，以及不采暖的建筑物和富冰冻土、饱冰冻土、含土冰层的采暖建筑物或按容许融化法处理有困难的建筑物。容许融化法的自然融化宜用于地基总融陷量不超过地基容许变形值的少冰冻土或多冰冻土地基；容许融化法的预先融化宜用于冻土厚度较薄、多年地温较高、多年冻土不稳定的地带的富冰冻土、饱冰冻土和含土冰层地基，并可采用人工融化压密或挖除换填法进行处理。

9.6 盐渍岩土

盐渍岩土包括盐渍岩和盐渍土。盐渍岩土的判别条件为:①岩土中含石膏、芒硝、岩盐(主要是K,Na,Ca,Mg的氯化物、硫酸盐)、硼酸盐及K、Na的硝酸盐等易溶盐,其含量大于0.3%;②自然环境下具有溶陷、盐胀腐蚀等工程特性。符合以上条件的岩土即称为盐渍岩土。其中,盐渍岩是由含盐较高的天然水体(泻湖、孤海、盐湖等)通过蒸发作用产生的化学沉淀所形成的岩石;盐渍土是当地下水沿土层的毛细管升高至地表或接近地表,经蒸发作用水中盐分被析出并聚集于地表或地表以下土层中所成。

盐渍土的分布也较广泛。如青海、新疆、宁夏等省区的内陆湖泊区和沿海的滨海地区均分布有盐渍土。另外,在平原地带,由于河床淤积或灌溉等原因,也常使土壤盐碱化形成盐渍土。

9.6.1 盐渍岩土的分类

1. 盐渍岩按主要含盐矿物成分分类

按主要含盐矿物成分可分为石膏盐渍岩、芒硝盐渍岩等。

(1)石膏、硬石膏岩。呈白色、浅青灰色、浅红色,主要组成为单矿物岩(石膏或硬石膏),有时为石膏-硬石膏或硬石膏石膏岩,其中有白云岩、石盐和天青石、黄铁矿等矿物混入。

(2)岩盐岩或石盐岩。主要成分为石盐($NaCl$),并含少量其他的氯化物、硫酸盐、黏土、有机质和铁质化合物。在岩盐岩层中,也可以有纹层状构造及与之共生的石膏、硬石膏互层。石盐岩常位于石膏和硬石膏岩的上部,常发现于含红色页岩的沉积岩中,或形成泥砾质石盐岩。

2. 盐渍土按含盐的化学成分分类

(1)氯盐类盐渍土。主要含$NaCl$,KCl,$CaCl_2$,$MgCl$等氯盐。这类土通常有明显的吸湿性,土中盐分易溶解,冰点低。

(2)硫酸盐类盐渍土。主要含Na_2SO_4,$MgSO_4$等硫酸盐。这类土由于所含的Na_2SO_4,$MgSO_4$在溶液结晶时会结合水分子形成结晶水化合物(如$Na_2SO_4 \cdot 10H_2O$,$MgSO_4 \cdot 7H_2O$),体积增大,而在一定湿度条件时会脱水形成无水分子的结晶化合物,体积减小,故有较明显的盐胀性。

(3)碳酸盐类盐渍土。主要含Na_2CO_3,$NaHCO_3$碳酸盐。土中碱性反应强烈,使黏土颗粒发生最大的分散,崩解性强,速度快,并具盐胀性。

盐渍土按含盐的化学成分分类详见表9.16。

表9.16 盐渍土按含盐化学成分分类表

盐渍土名称	$\frac{C(Cl^-)}{2C(SO_4^{2-})}$	$\frac{2C(CO_3^{2-})+C(HCO_3^-)}{C(Cl^-)+2C(SO_4^{2-})}$
氯盐渍土	>2	—
亚氯盐渍土	2~1	—
亚硫酸盐渍土	1~0.3	—
硫酸盐渍土	<0.3	—
碱性盐渍土	—	>0.3

注:表中$C(Cl^-)$为氯离子在100g土中所占的毫摩数,其他离子同。

3. 盐渍土按含盐量划分

在大量工程实践中发现，当土中含盐量超过一定值时，土的工程性能就会发生改变。故为了便于解决工程问题，盐渍土按含盐量分类见表9.17。

表9.17　盐渍土按含盐量分类表

盐渍土名称	平均含盐量/(%)		
	氯及亚氯盐	硫酸及亚硫酸盐	碱性盐
弱盐渍土	0.3～1.0	—	—
中盐渍土	1.0～5.0	0.3～2.0	0.3～1.0
强盐渍土	5.0～8.0	2.0～5.0	1.0～2.0
超盐渍土	＞8.0	＞5.0	＞2.0

9.6.2　盐渍岩土的工程性质

1. 盐渍岩的工程特性

(1)整体性。盐渍岩多为易溶和中溶的化学沉积岩，在地下深处环境下具有整体结构，基本上不存在裂隙(若有裂隙也将为盐类沉淀所充填)并有较高的塑性变形性，不透水。

(2)易溶性。盐渍岩由于所含的各种盐类矿物具有强可溶性或相对高的可溶性，而呈现出易溶性，对工程建设构成潜在危害。如在石膏、硬石膏岩分布的地区，几乎都发育岩溶化现象，尤其是由于水工建筑物的运营，可能会在石膏岩中出现新的岩溶化洞穴，而引起地面塌陷或建筑基础的不均匀沉陷。

(3)膨胀性。硫酸盐类盐渍岩经过成岩脱水作用后形成硬石膏、无水芒硝、钙芒硝等，但在水的作用下具有吸水结晶膨胀性，从而会导致岩体的变形(如大范围形成肠状褶曲、小范围内底鼓等)，使工程建筑破坏。

(4)腐蚀性。主要是硫酸盐类盐渍岩的固有特性。硫酸盐对混凝土的腐蚀机理主要在于进入水中的SO_2，通过毛细力作用进入混凝土中，与水泥中的Ca形成$CaSO_4\cdot 2H_2O$，由于$CaSO_4\cdot 2H_2O$体积膨胀而使混凝土产生结构破坏或Na_2SO_4溶液进人混凝土后，$NaSO_4\cdot 10H_2O$的结晶膨胀(体积增加9.8倍)而使混凝土强烈腐蚀。

2. 盐渍土的工程性质

(1)吸湿性。氯盐类盐渍土含较多的Na^+，由于其水解半径大，水化膨胀力强，故在其周围可形成较厚的水化薄膜，使盐渍土具有较强的吸温性和保水性。

(2)有害毛细水作用。盐渍土中有害毛细水上升能直接引起地基土的浸湿软化和次生盐渍化，从而使土的强度降低，产生盐胀、冻胀，危害工程设施。因此在盐渍土地区，控制地下水位，掌握有害毛细水上升高度是岩土工程问题之一。

(3) 溶陷性。盐渍土浸水后，由于土中可溶盐的溶解，在土自重压力下产生沉陷的现象，称为盐渍土的溶陷性。盐渍土的溶陷性是用溶陷系数δ_0表示的。溶陷系数的测定有室内压缩试验和现场浸水载荷试验两种。

1) 室内压缩试验。适用于土质较均匀、不含粗砾，能采取原状土试样的黏性土、粉土和含少量黏土的砂土。在一定压力p作用下测得下沉量，待下沉稳定后浸水，土体产生溶陷，并测出溶陷终止时的最终溶陷值，按下式计算溶陷系数δ_0。压力p的确定宜采用设计平均压力值，一般采用 200kPa。

$$\delta_0 = \frac{h_p - h'_p}{h_0} \tag{9.19}$$

式中，h_0 为土试样的原始高度(mm)；h_p 为原状土试样加压力至 p 时，下沉稳定后的高度(mm)；h_p' 为上述加压稳定后的土试样，经浸水溶滤，下沉稳定后的高度(mm)。

2) 现场浸水载荷试验法。该法试验设备同一般载荷试验设备相同，承压板的面积一般为 0.25m。对浸水后软弱盐渍土，不应小于 0.5m²，试验基坑宽度不小于承压板宽度的 5 倍。基坑底铺设 5～10cm 厚的砾砂层。试坑深度通常为基础埋深。

按载荷试验方法逐级加荷至预定压力 p。每级加荷后，按规定时间进行观测，等沉降稳定后测得承压板沉降量。然后向基坑内均匀注水，保持水头高为 0.3m，浸水时间根据土的渗透性确定，一般应达 5～12d。观测承压板的沉降，直到沉降稳定，并测定相应的沉降值。

试验土层的平均溶陷系数 δ_0 按下式计算：

$$\delta_0 = \frac{\Delta s}{h} \tag{9.20}$$

式中，Δs 为当承压板压力为 p 时，浸水下沉稳定后所测得试验土层的溶陷量(mm)；h 为承压板下盐渍土湿润深度(可通过钻探取样与试验前含水量对比确定，也可以用瑞利波速法确定)(mm)。

按溶陷系数大小可以把盐渍土划分为溶陷性土和非溶陷性土：

当 $\delta_0 < 0.01$ 时，为非溶陷性土；当 $\delta_0 \geqslant 0.01$ 时，为溶陷性土。

(4) 腐蚀性。盐渍土及其地下水对建筑结构材料具有腐蚀性，腐蚀程度除与土、水中盐类成分及含量有关外，还与建筑结构所处的环境条件有关。

(5) 盐胀性。当土中含有一定量的硫酸盐或碳酸盐时就会发生盐胀。

硫酸盐类盐渍土发生盐胀的主要原因是，当土中含水量、含盐量、温度达到某一条件时，土中的硫酸盐沉淀结晶，体积增大；当温度和含水量变化后，结晶盐又脱水，体积缩小，当含盐量 < 2% 时，盐胀产生的危害较小；当含盐超过 2% 时，盐胀会对工程建筑产生较大危害。当含水量为 18%～22%，温度为 15～－6℃，含盐量超过 2% 时，盐胀值最大。

碳酸盐类盐渍土盐胀则是由于碳酸盐中含有的大量吸附性阳离子，遇水时与胶体颗粒相互作用，在胶体颗粒周围形成结合水薄膜，减少了各颗粒间的黏聚力，使其互相分离，而引起土体盐胀变形。试验表明，当土中 Na_2CO_3 含量超过 0.5% 时，其盐胀量就显著增大。

盐渍土的盐胀性，对工程建设存在潜在危害，因此，在工程实践中对其盐胀性的评价是不可忽视的。

9.6.3　盐渍岩土融陷性、盐胀性、腐蚀性评价

1. 盐渍岩土融陷性评价

按中国石油天然气总公司标准《盐渍土地区建筑规范》(SY/T 0317—97) 计算地基分级溶陷量 Δ 和划分溶陷等级。

(1) 地基分级溶陷量按下式计算：

$$\Delta = \sum_{i=1}^{n} \delta_i h_i \tag{9.21}$$

式中，δ_i 为第 i 层土的溶陷系数；h_i 为第 i 层土的厚度(mm)；n 为基础底面(初勘自地面下 1.5m 算起) 以下至 10m 深度范围内全部溶陷性盐渍土的层数。

(2) 根据分级溶陷量划分地基溶陷等级，按表 9.18 划分。

2. 盐渍岩土盐胀性评价

通过盐渍土盐胀临界深度，评价盐渍土的盐胀性。盐渍土盐胀临界深度是通过野外观测获得的。其方法是：在拟建场地自地面向下 5m 左右深度内，于不同深度处埋设测标，每日定时数次观测气温、各测标的盐胀量及相应深度处的地温变化，观测周期为一年。

3. 盐渍岩土腐蚀性评价

腐蚀性评价见第 6 章有关内容。

表 9.18　盐渍土地基溶陷等级表

溶陷等级	分级溶陷量 Δ/mm
Ⅰ	$70 < \Delta \leqslant 150$
Ⅱ	$150 < \Delta \leqslant 400$
Ⅲ	$\Delta > 400$

注：当 Δ 值小于 70mm 时，按非溶陷性土考虑。

9.6.4　盐渍岩土地基承载力

盐渍岩土地基的承载力可按下列方法确定：①盐渍土承载力。由于盐渍土含盐性质及含盐量的不同，土的工程特性各异，地域性强，目前尚无土工试验指标与载荷试验参数建立的关系，所以载荷试验是获取盐渍土地基承载力的基本方法。如果采用其他原位测试方法，应与载荷试验结果进行对比后再确定。②盐渍岩承载力。可按《建筑地基基础设计规范》(GB 50007—2002)中软质岩石承载力标准值的小值确定(200～500kPa)，并应考虑盐渍岩的水溶性影响。

9.6.5　盐渍岩土的岩土工程勘察及评价要点

1. 盐渍岩土工程地质测绘和调查的主要内容

(1)查明盐渍岩土的成因、分布范围、形成条件、含盐类型、含盐程度以及溶蚀洞穴发育程度和空间分布状况及植物生长状况。

(2)对含石膏为主的盐渍岩，应查明硬石膏的水化深度；对含芒硝较多的盐渍岩，在隧道通过地段应查明地温情况。

(3)查明大气降水的积聚、径流、排泄、洪水淹没范围、冲蚀情况、地下水类型、埋藏条件、水质、水位及其变化。

(4)调查当地工程经验。

2. 盐渍岩土勘探测试工作量布置应符合的规定

(1)勘探工作量布置在符合相关规范规定的基础上，其勘探孔类型、勘探点间距和勘探深度确定均应以查明盐渍岩土分布特征、采取一定原状土试样等为主要前提。

(2)钻探采取岩土试样宜在干旱季节进行。

(3)测定盐渍土中毛细水上升高度值。对粉土、黏性土宜采用塑限含水量法确定，对砂土宜采用最大分子含水量法确定。

(4)对盐胀性盐渍土宜现场测定盐胀临界深度或有效盐胀厚度、总盐胀量，当土中硫酸钠含量不超过 1%时，可不考虑盐胀性。

(5)应根据盐渍土的盐性特征，选用载荷试验等适宜的原位测试方法，对于融陷性盐渍土进行浸水载荷试验确定其融陷性；融陷性指标的测定应根据盐渍土的盐性特征，按湿陷性土的湿陷试验方法进行；

(6)盐渍岩土除进行常规室内试验外，尚应进行融陷性试验和化学成分分析，必要时可对岩土的结构进行显微结构鉴定。

3. 盐渍岩土的岩土工程评价的主要内容

(1)盐渍土的常规物理力学性质指标。

(2)岩土中含盐类型、含盐量以及主要含盐矿物对岩土工程特性的影响。

(3)岩土的融陷性、盐胀性、腐蚀性和场地工程建设的适宜性。

(4)盐渍岩土地基的承载力确定。

(5)盐渍岩边坡的坡度宜比非盐渍岩的软质岩石边坡适当放缓，对软弱夹层、破碎带应部分或全部加以防护。

(6)盐渍岩土对建筑材料的腐蚀性评价应按水、土的腐蚀性评价进行。

4. 提出盐渍岩土的工程防护和地基处理措施

盐渍岩地基通常可采取以下工程防护措施：工程布置应尽量避开主要盐渍岩地层；采用抗硫酸盐水泥注浆；对各类建筑物基础，均应采用防腐蚀措施；设置排水措施、隔水设施和阻水帷幕；施工中禁止用水，开挖时要尽量减少对岩石的扰动，应全断面一次开挖，底板及两边墙开挖后要及时喷射混凝土进行封闭。盐渍土地基一般采取以下地基处理措施：浸水预溶法、强夯法、换土垫层、振冲法、物理化学处理方法等。

9.7 风化岩与残积土

风化岩是指岩石在风化营力作用下，其结构、成分和性质已产生不同程度变异的岩石。残积土是岩石已经完全风化成土而未经搬运，其矿物结晶、结构、构造均不易辨识。

9.7.1 风化岩与残积土分类及其野外特征

风化岩按其风化程度可划分为全风化岩、强风化岩、中等风化岩及微风化岩四种。由硬质岩石风化而成的残积土与由软质岩石风化成的残积土在波速及机械钻进中有较大的差异。表9.19列举了残积土野外特征及进行分类参考指标。

表 9.19 残积土现场特征及参考指标

土类		野外特征	参考指标	
			压缩波速度 $v_p/(m\cdot s^{-1})$	波速比 K_v
残积土	由硬质岩石风化而成	组织结构已全部破坏，矿物成分除石英外，大部分已风化成土状，锹镐易挖掘，干钻易钻进，具可塑性	<500	<0.2
	由软质岩石风化而成	组织结构已全部破坏，矿物成分已全部改变，并已风化成土状，锹镐易挖掘，干钻易钻进，具可塑性	<300	<0.1

花岗岩残积土可按大于2mm颗粒的含量分为砾质黏性土(>20%)、砂质黏性土(≤20%)、黏性土(不含)。

由于岩体风化是一个复杂的地质作用过程，风化的程度、风化速度与当地气候条件、地质构造、地形地貌、水文地质条件等因素密切相关，所以，岩体风化壳的厚度、岩性特征及其风化形式在不同的地区，不同的地貌单元部位均有较大差异。

风化岩与残积土的区分以采用标准贯入试验、波速试验或采取土试样测定无侧限抗压强度几种方法为主。如花岗岩类风化岩与残积土的划分标准见表 9.20。

表 9.20 花岗岩类风化岩与残积土的划分标准

试验方法	划分标准	
	风化岩	残积土
标准贯入试验	$N\geqslant 50$，强风化带 $50>N\geqslant 30$，全风化岩	$N<30$
波速试验	$v_s\geqslant 350$m/s，强风化带 350m/s $>v_s\geqslant$ 250m/s，全风化带	$v_s<250$m/s
无极限抗压强度试验（风干试样）	$q_u\geqslant$ 800kPa，强风化带 800kPa $>q_u\geqslant$ 600kPa，全风化带	$q_u<$ 600kPa

9.7.2 风化岩与残积土地基承载力

（1）对于甲级建筑物和花岗岩类残积土的承载力和变形模量应采用载荷试验确定。

（2）《岩土工程勘察规范》(GB 50021—2001)中提出对地基基础设计等级为乙级、丙级的工程可根据标准贯入试验等原位测试资料，结合当地经验综合确定。

9.7.3 风化岩与残积土的岩土工程勘察及评价要点

1. 风化岩和残积土岩土工程勘察应重点查明的内容

（1）母岩地质年代和岩石名称。

（2）划分风化程度并查明不同风化程度带的埋深及厚度。

（3）岩脉和风化花岗岩中球状风化体（孤石）的分布。

（4）岩土的均匀性、破碎带及软弱夹层的分布。

（5）风化岩节理发育情况及其产状。

（6）地下水赋存条件。

2. 风化岩和残积土的勘察测试应符合的要求

（1）勘察点间距应取《岩土工程勘察规范》(GB 50021—2001)中对各类勘察规定的最小值。

（2）勘察工作除钻探、物探外，必须有一定的井探和槽深工作量。

（3）宜采用原位测试与室内试验相结合，原位测试可采用圆锥动力触探、标准贯入实验、波速测试和荷载试验。

（4）宜在探井中用双重管、三重管采取试样，且每一风化带应不少于 3 组。

（5）室内试验除常规物理力学试验外，对相对于极软岩和极破碎的岩体，可按人工试验要求进行，对残积土，必要时应进行湿陷性和湿化试验。

（6）对花岗岩类残积土应测定其中细粒土的天然含水量、塑限、液限；对边坡工程的残积土尚应做不排水剪切试验。

3.风化岩与残积土的岩土工程评价

主要包括风化岩与残积土的不均匀沉降评价和地基承载力确定，以及边坡变形稳定性问题评价。评价内容包括以下几方面：

(1)对于厚层的强风化带和全风化岩石，宜结合当地经验进一步划分为碎块状、碎屑状和土状；厚层残积土可进一步划分为残积土和可塑残积土，也可根据含砾量划分为黏性土、砂质黏性土和砾质黏性土。

(2)承载力的确定。

(3)建在软硬互层或风化程度不同地基上的工程，应分析不均匀沉降对工程的影响。

(4)对岩脉和球状风化体(孤石)，应分析评价其对地基(包括桩基)的影响，并提出相应建议。

4.风化岩与残积土的地基处理措施

风化岩与残积土地基通常可采取以下工程防护措施：对具有膨胀性和湿陷性的残积土和风化岩在设计施工时应按膨胀土和沉陷性土的要求采取措施；在地基开挖过程中，应根据岩石风化程度确定稳定边坡角；在地下水位以下开挖深基坑时，应采取预先降水或支挡等队护措施。在岩溶地区应对石芽与沟槽间的残积土采取工程措施；对较宽的侵入岩脉、脉岩或球状风化体应根据其岩性、风化程度和工程性质采取换土、挖除等措施。一般情况下，尽可能直接利用。

思考题

1. 特殊性岩土的类别及其主要特点是什么？
2. 湿陷性黄土场地岩土工程勘察有何特殊要求？
3. 简述膨胀土的特点及其勘察要点。
4. 简述软土、填土的工程地质性质及其勘察要点。
5. 简述盐渍土、风化岩与残积土勘察要点。
6. 多年冻土的特点及其勘察要求是什么？

第10章　房屋建筑和构筑物岩土工程勘察

10.1　概　　述

房屋建筑和构筑物系指一般房屋建筑、高层建筑、大型公用建筑、工业厂房及烟囱、水塔、电视电信塔等高耸构筑物。目前对高层建筑划分的标准各国不一致，但绝大多数都以建筑物的层数和高度作为划分依据。如美国规定高度25m以上或7层以上，英国规定高度在24.3m以上，法国规定居住建筑高度在50m以上，而其他建筑高度在28m以上，日本则把8层以上或高度超过31m的建筑称为高层建筑。1972年在国际高层建筑会议上，对高层建筑的起点，统一规定为9层，其高度小于50m；超高层建筑为40层以上，其高度大于100m。

我国根据行业标准《民用建筑设计通则》(JGJ 37)划分确定：①住宅建筑按层数划分：1～3层为低层，4～6层为多层，7～9层为中高层，10层以上为高层；②公共建筑及综合性建筑高度超过24 m为高层(不包括高度超过24 m的单层主体建筑)；③建筑高度超过100 m时，不论住宅或公共建筑均为超高层。

在房屋建筑和构筑物中，常常遇到以下几种主要岩土工程问题。

1. 区域稳定性问题

区域稳定性是工程建设中首先必须注意的问题，其直接影响着工程建设的安全性和经济性。新构造运动、地震是控制地区稳定性的重要因素，特别是在新地区选择建筑地址时更应注意。在强震区兴建房屋建筑与构筑物时，应着重于场地地震效应的分析与评价。

2. 地基稳定性问题

地基稳定性问题主要是研究地基的强度和变形。研究地基稳定性是房屋建筑和构筑物岩土工程勘察中最主要的任务。若建筑物荷载超过地基强度，地基的变形量过大，则会使建筑物出现裂隙、倾斜甚至发生破坏。为了保证建筑物的安全稳定、经济合理和正常使用，必须研究与评价地基的稳定性，提出合理的地基承载力和变形量，使地基稳定性同时满足强度和变形两方面的要求。

3. 斜坡稳定性问题

在斜坡地区兴建建筑物时，斜坡稳定是个重要的岩土工程问题，斜坡的变形和破坏危及斜坡上及其附近建筑物的安全。建筑物的兴建给斜坡施加了外荷载，破坏了其原有的平衡，增加了斜坡的不稳定因素，可能导致其滑动，引起建筑物的破坏。因此，必须对斜坡的稳定性进行评价，对不稳定斜坡提出相应的防治或改良措施。

4. 建筑物的配置问题

大型的工业建筑往往是由工业主厂房、车间、办公大楼、附属建筑及宿舍构成的建筑群。

由于各建筑物的用途和工艺要求不同，它们的结构、规模和对地基的要求不一样，因此，对各种建筑物进行合理的配置，才能保证整个工程建筑物的安全稳定、经济合理和正常使用。

在满足建筑物对气候和工艺方面的条件下，工程地质条件是建筑物配置的主要决定因素，只有通过对场地工程地质条件的调查，才能为建筑物选择较优的持力层，确定合适的基础类型，提出合理的基础砌置深度，为各建筑物的配置提供可靠的依据。

基础的埋置深度一般按以下条件确定：建筑物的用途、有无地下室、设备基础和地下设施，基础的型式及构造；作用在地基上的荷载大小和性质，工程地质和水文地质条件；相邻建筑物的基础埋深以及地基土冻胀和融陷的影响。在满足地基稳定和变形要求前提下，基础埋深尽量浅埋，当上层地基的承载力大于下层土时，宜利用上层土作持力层，但除岩石地基外，基础埋深不宜小于 0.5m。

持力层的选择标准，主要是从地基土中选择岩性均一，结构致密，强度高，层厚大而分布均匀，含水率不大，处在硬塑至可塑的稠度状态，变形量小等非新近沉积的土层，其层面埋深应在当地最大冻深之下并位于地下水位之上，则为理想的持力层。

最后，按岩土工程条件把建筑场地划分为若干区，然后根据各建筑物的特点和要求以及各区建筑物的适宜性，在全场区进行建筑物的合理配置，完成整个建筑群的总体配置工作。

5. 场地水、土的腐蚀性问题

混凝土和钢筋是房屋建筑与构筑物的建筑材料，当混凝土和钢筋埋置于地下水位以下时，必须考虑地下水对混凝土或钢结构的腐蚀性问题。大多数地下水不具有腐蚀性，只有当地下水中某些化学成分（如 HCO^{3-}、SO_4^{2-}、Cl^-、侵蚀性 CO_2 等）含量过高时，才对混凝土或钢结构产生腐蚀。

场地水质的形成与岩土生成环境或污染有关，因此在勘察过程中应通过环境地质调查判定有无形成腐蚀性地下水的环境地质条件，并通过采集水、土样进行水质与土质分析，按照《岩土工程勘察规范》(GB 50021—2001)分别进行腐蚀性评价。

6. 地基的施工条件问题

修建房屋建筑与构筑物基础时，一般都需要进行基坑开挖工作，尤其是高层建筑设置地下室时，基坑开挖的深度更大。在基坑开挖过程中，地基的施工条件不仅会影响施工期限和建筑物的造价，而且对基础类型的选择起着决定性的作用。基坑开挖时，首先遇到的是坑壁应采用多大的坡角才能稳定、能否放坡、是否需要支护，若采取支护措施，采用何种支护方式较合适等问题；坑底以下有无承压水存在，能否造成基坑底板隆起或被冲溃；若基坑开挖到地下水位以下时，会遇到基坑涌水，出现流砂、流土等现象，这时需要采取相应的防治措施，如人工降低地下水位与帷幕灌浆等。影响地基施工条件的主要因素是土体结构特征，土的种类及其特性，水文地质条件，基坑开挖深度、挖掘方法、施工速度以及坑边荷载情况等。

在岩土工程勘察测试结果的基础上进行的岩土工程问题分析评价，是岩土工程勘察报告的精髓和关键部分，对房屋建筑与构筑物而言，地基稳定性（地基承载力和沉降变形）是岩土工程分析评价中的主要问题；对采用桩基或进行深基坑开挖的建筑物，应进行相关的岩土工程问题分析。

10.2　岩土参数的选取

10.2.1　岩土参数的可靠性和适用性

岩土工程参数主要指岩土的物理力学性质指标。一般可分为两类：一类是评价指标，主要用于评价岩土的性状，作为划分地层和鉴定岩土类别的主要依据；另一类是计算指标，主要用于岩土工程设计，预测岩土体在荷载和自然因素及人为因素影响下的力学行为和变化趋势，并指导施工和监测。因此，岩土参数应根据其工程特点和地质条件选用，并分析评价所取岩土参数的可靠性和适用性。

岩土工程参数的可靠性是指参数能正确地反映岩土体在规定条件下的性状，能比较有把握地估计参数真值所在的区间；岩土参数的适用性是指参数能满足岩土工程设计计算的假定条件和计算精度要求。

岩土工程参数的可靠性和适用性主要受岩土体扰动程度和试验方法的影响，所以主要按以下内容进行分析评价：

(1)勘探方法(以钻探为主)；

(2)取样方法和其他因素对试验结果的影响；

(3)土工试验方法和取值标准(室内土工试验和原位测试)；

(4)测试结果的离散程度；

(5)测试方法与计算模型的配套性。

10.2.2　岩土参数的统计分析

1. 工程地质单元体的划分

由于自然界中的岩土体生成条件和所处环境的不同，导致岩土体的性质具有明显的非均一性和各向异性。不同工程地质单元体的岩土参数具有较大的变异性，是一个随机变量。而对于同一工程地质单元体来说，其值域的分布具有相同或相似的规律，可以用数理统计的方法进行分析与处理。因此，在进行岩土参数的统计分析之前，首先应根据拟建场地所处的地貌单元、岩性、成因类型、堆积年代等，对勘探深度范围内所涉及的岩土初步划分工程地质单元(即工程地质层)，然后按工程地质单元体进行岩土参数的统计分析。

2. 各工程地质单元岩土参数的统计分析

由于土的不均匀性，对同一工程地质单元(土层) 取的土样，用相同方法测定的数据通常是离散的，并以一定的规律分布，可以用频率分布直方图和分布密度函数来表达。为了简化上述表示，应采用统计特征值。常用的特征值可以分为两大类：一类是反映资料分布的集中情况或中心趋势的，它们作为某批数据的典型代表，用算术平均值来表示；另一类是反映参数分布的离散程度的，用标准差和变异系数来表征。各工程地质单元的平均值 ϕ_m，标准差 σ_f 和变异系数 δ 的计算式为

$$\phi_m = \frac{1}{n}\sum_{i=1}^{n}\phi_i \tag{10.1}$$

$$\sigma_{\mathrm{f}}=\sqrt{\frac{1}{n-1}\left[\sum_{i=1}^{n}\phi_i^2-\frac{1}{n}\left(\sum_{i=1}^{n}\phi_i\right)^2\right]}=\sqrt{\frac{\sum_{i=1}^{n}\phi_i^2-n\phi_{\mathrm{m}}^2}{n-1}} \tag{10.2}$$

$$\delta=\frac{\sigma_{\mathrm{f}}}{\phi_{\mathrm{m}}} \tag{10.3}$$

式中，ϕ_i 为岩土的物理力学指标数据；n 为区段及层位范围内数据的个数；ϕ_{m} 为岩土参数平均值；σ_{f} 为岩土参数的标准差；δ 为岩土参数的变异系数。

3. 岩土参数的变异性等级与变异系数

标准差虽然是衡量参数离散程度的尺子，但由于它是有量纲的，不能用来比较不同参数的离散性，即无法进行相互比较。因此，《岩土工程勘察规范》(GB 50021—2001) 引入了变异性等级以及变异系数的概念来评价岩土参数的变异特征。

分析岩土参数在垂向和水平方向的变异规律，有助于正确掌握这些参数的变异特性，按变异特性划分力学层位或分区统计指标，或者在岩土力学计算中引入参数变异规律的函数，以估计复杂条件下岩土的反应。

岩土参数在垂向(深度) 上的变异，可划分为相关型与非相关型两类。

(1) 相关型。岩土参数随深度呈有规律的变化。正相关表示参数随深度的增加而增大，负相关表示参数随深度的增加而减小。相关型参数宜结合岩土参数与深度的经验关系，按下式确定剩余标准差，并用剩余标准差计算变异系数。

$$\sigma_{\mathrm{r}}=\sigma_{\mathrm{f}}\sqrt{1-r^2} \tag{10.4}$$

$$\delta=\frac{\sigma_{\mathrm{r}}}{\phi_{\mathrm{m}}} \tag{10.5}$$

式中，σ_{r} 为剩余标准差；r 为相关系数。

目前国内外关于变异系数的研究成果见表 10.1 和表 10.2 。

表 10.1　Ingles 建议的变异系数表

岩土参数			范围值	建议标准值
内摩擦角	φ	砂土类	0.05 ~ 0.15	0.10
		黏性土类	0.12 ~ 0.56	
黏聚力	c(不排水)		0.20 ~ 0.50	0.30
压缩系数	a_{1-2}		0.18 ~ 0.73	0.30
固结系数	C_{v}		0.25 ~ 1.00	0.50
弹性模量	E		0.02 ~ 0.42	0.30
液限	w_{L}		0.02 ~ 0.48	0.10
塑限	w_{P}		0.09 ~ 0.29	0.10
标准贯入击数	N		0.27 ~ 0.85	0.30
无侧限抗压强度	q_{u}		0.06 ~ 1.00	0.40
孔隙比	e		0.13 ~ 0.42	0.25
重度	γ		0.01 ~ 0.10	0.03
黏粒含量	ρ_{c}		0.09 ~ 0.70	0.25

表 10.2　国内研究成果的变异系数表

地区	土类	γ 的变异系数	E_s 的变异系数	φ 的变异系数	c 的变异系数
上海	淤泥质黏土	0.017 ～ 0.020	0.044 ～ 0.213	0.206 ～ 0.308	0.049 ～ 0.089
	液泥质粉质黏土	0.019 ～ 0.023	0.166 ～ 0.178	0.197 ～ 0.424	0.162 ～ 0.245
	暗绿色粉质黏土	0.015 ～ 0.031	—	0.097 ～ 0.268	0.333 ～ 0.646
江苏	黏土	0.005 ～ 0.033	0.177 ～ 0.257	0.164 ～ 0.370	0.156 ～ 0.290
	粉质黏土	0.014 ～ 0.030	0.122 ～ 0.300	0.100 ～ 0.360	0.160 ～ 0.550
安徽	黏土	0.020 ～ 0.034	0.170 ～ 0.500	0.140 ～ 0.168	0.280 ～ 0.300
河南	粉质黏土	0.015 ～ 0.018	0.166 ～ 0.469	—	—
	粉土	0.017 ～ 0.044	0.209 ～ 0.417		

(2) 非相关型。岩土参数随深度呈无规律的随机变化。此时，式(10.4) 中的 $r=0$。

按变异系数的大小可划分变异性的不同等级(变异类型)，它有助于岩土工程师定量地判别和评价岩土参数的变异性，以便统计出不同的参数值。岩土参数变异性等级见表 10.3。

表 10.3　岩土参数的变异性等级

变异系数	$\delta < 0.1$	$0.1 \leqslant \delta < 0.2$	$0.2 \leqslant \delta < 0.3$	$0.3 \leqslant \delta < 0.4$	$\delta \geqslant 0.4$
变异性等级	很低	低	中等	高	很高

根据统计结果，应分析出现误差的原因，并剔除误差数据，剔除误差有不同的标准，常用的有 ±3 倍标准差法，Chauvenet 法和 Grubbs 法等。

当离差满足下式时应剔除：

$$|d| > g\sigma \tag{10.6}$$

式中，$d=\phi_i-\phi_m$；g 为由不同标准给出的系数，当采用±3倍标准差时取3，用其他两法时，由表 10.4 查得。

表 10.4　Chauvenet 法和 Grubbs 法的 g 值

n	Chauvenet 法	Grubbs 法	
		$\alpha=0.05$	$\alpha=-0.01$
5	1.68	1.67	1.75
6	1.73	1.82	1.94
7	1.79	1.94	2.10
8	1.86	2.03	2.32
9	1.92	2.11	2.32
10	1.96	2.18	2.41
12	2.03	2.29	2.55
14	2.10	2.37	2.66
16	2.16	2.44	2.75
18	2.20	2.50	2.82

续表

n	Chauvenet 法	Grubbs 法	
		$\alpha=0.05$	$\alpha=-0.01$
20	2.24	2.56	2.88
22	2.28	2.60	2.94
24	2.31	2.64	2.99
30	2.39	2.75	3.10
40	2.50	2.87	3.24
50	2.58	2.96	3.34

10.2.3 岩土参数的标准值和设计值

岩土参数的标准值 ϕ_k 是岩土工程设计最基本的代表值，是岩土参数的可靠性估值，是在统计学区间估计理论基础上得到的关于岩土参数母体平均值置信区间的单侧置信界限值。母体平均值 μ 可靠性估值 ϕ_k（即标准值）可按下式求得：

$$P(\mu < \phi_k)=\alpha \tag{10.7}$$

α 是一可以接受的小概率，称风险率。符合式(10.4) 的是单侧置信下限，采用此下限时意味着参数母体平均值可以推断为一个大概率大于设计值，而仅有一个小的风险率可能小于此值。

按区间估值理论，估计总体平均值的单侧置信界限值由下式计算：

$$\phi_k=\phi_m\left[1\pm\frac{t_a\sigma}{\phi_m}\right]=\phi_m\left[1\pm t_a\delta\right] \tag{10.8}$$

式中，t_a 为学生氏函数，按风险率 α 和样本容量 n，从有关表中查出。

当采用风险率 $\alpha=0.05$ 时，有以下简化形式：

$$\phi_k=\psi\,\phi_m \tag{10.9}$$

$$\psi=1\pm\left\{\frac{1.704}{\sqrt{n}}+\frac{4.678}{n^2}\right\}\delta \tag{10.10}$$

式中，ψ 为统计修正系数。式中的正负号按不利组合考虑，如 c，φ 值的修正系数应取负号，E_s，a_{1-2} 取正号。统计修正系数 ψ 也可按岩土工程的类型和重要性、参数的变异性和统计数据的个数，根据经验选用。

对于岩土的抗剪强度指标 c，φ 标准值，可按式(10.1)、式(10.2)、式 (10.3) 分别计算出 φ_m，c_m，σ_φ，σ_c，δ_φ，δ_c，再按下式计算内摩擦角和黏聚力的统计修正系数 ψ_φ，ψ_c 和标准值 c_k，φ_k。

$$\psi_\varphi=1-\left(\frac{1.704}{\sqrt{n}}+\frac{4.678}{n^2}\right)\delta_\varphi \tag{10.11}$$

$$\psi_c=1-\left(\frac{1.704}{\sqrt{n}}+\frac{4.678}{n^2}\right)\delta_c \tag{10.12}$$

$$\varphi_k=\psi_\varphi\varphi_m \tag{10.13}$$

$$c_k=\psi_c c_m \tag{10.14}$$

式中，ψ_φ 为内摩擦角的统计修正系数；ψ_c 为黏聚力的统计修正系数；δ_φ 为内摩擦角的变异系数；δ_c 为黏聚力的变异系数；φ_m 为内摩擦角的试验平均值；c_m 为黏聚力的试验平均值。

在岩土工程勘察成果报告中，一般情况下应提供岩土参数的平均值(ϕ_m)、变异系数(δ)、数值范围和资料个数(n)；对于承载能力极限状态计算所需要的岩土参数标准值，应按式(10.7)计算；当设计规范另有专门规定的标准值取值方法时，可按有关规范执行。

10.3　地基承载力确定

地基承载力是指地基受荷后，塑性区(或破坏区)限制在一定范围内不致产生剪切破坏而丧失稳定，且地基变形不超过允许值时的承载能力，以地基承载力特征值表示。地基承载力特征值指由载荷试验测定的地基土压力变形曲线线性变形段内规定的变形所对应的压力值，其最大值为比例界限值。

地基承载力不是一个单纯的岩土力学指标，它不仅取决于岩土本身的性质，还受到基础的尺寸与形状、荷载倾斜与偏心、基础的埋深、地下水位、下卧层性质、上部结构与基础的刚度等多种因素的影响。确定地基承载力时，应根据建筑物的重要性及其结构特点，对上述影响因素作具体分析并予以考虑。

地基承载力的计算应符合下列要求：

(1) 持力层及软弱下卧层的地基承载力验算。

(2) 当高层建筑周边的附属建筑基础处于超补偿状态，且其与高层建筑不能形成刚性整体结构时，应考虑由此造成高层建筑基础侧限力的永久性削弱及其对地基承载力的影响。

(3) 拟提高附属建筑部分基底压力，以加大其地基沉降、减少高低层建筑之间的差异沉降时，应同时验算地基承载力特征值及地基极限承载力，保证建议的地基承载力满足强度控制的要求。

10.3.1　一般规定

(1) 基础底面的压力，应符合下式要求：

当轴心荷载作用时，有

$$p_k \leqslant f_a \tag{10.15}$$

式中，p_k 为相应于荷载效应标准组合时，基础底面处的平均压力值；f_a 为修正后的地基承载力特征值。

当偏心荷载作用时，除符合上式要求外，尚应符合下式要求：

$$p_{kmax} \leqslant 1.2\,f_a \tag{10.16}$$

式中，p_{kmax} 为相应于荷载效应标准组合时，基础底面边缘的最大压力值。

(2) 基础底面的压力，可按下列公式确定：

1) 当轴心荷载作用时，有

$$p_k = \frac{F_k + G_k}{A} \tag{10.17}$$

式中，F_k 为相应于荷载效应标准组合时，上部结构传至基础顶面的竖向力值；G_k 为基础自重和基础上的土重；A 为基础底面面积。

2) 当偏心荷载作用时，有

$$p_{kmax}=\frac{F_k+G_k}{A}+\frac{M_k}{W} \tag{10.18}$$

$$p_{kmin}=\frac{F_k+G_k}{A}-\frac{M_k}{W} \tag{10.19}$$

式中，M_k 为相应于荷载效应标准组合时，作用于基础底面的力矩值；W 为基础底面的抵抗矩；p_{kmin} 为相应于荷载效应标准组合时，基础底面边缘的最小压力值。

当偏心距 $e>b/6$ 时(图 10.1)，p_{kmax} 应按下式计算：

$$p_{kmax}=\frac{2(F_k+G_k)}{3la} \tag{10.20}$$

式中，l 为垂直于力矩作用方向的基础底面边长；a 为合力作用点至基础底面最大压力边缘的距离。

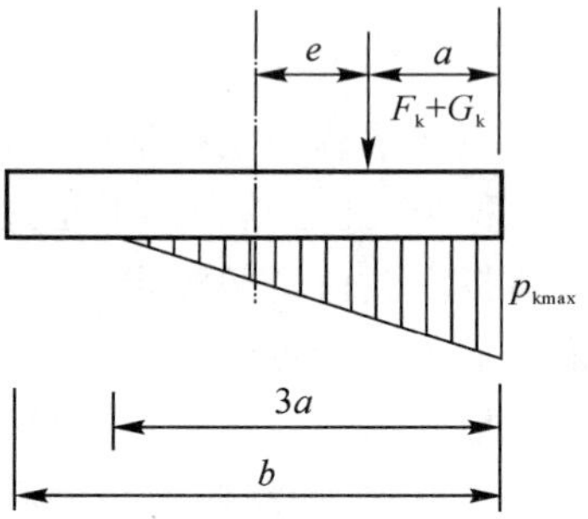

图 10.1　偏心荷载($e>b/6$)下基底压力计算示意

(b 为力矩作用方向基础底面边长)

(3) 当地基受力层范围内有软弱卧层时，应按下式验算：

$$p_z+p_{cz}\leqslant f_{az} \tag{10.21}$$

式中，p_z 为相应于荷载效应标准组合时，软弱下卧层顶面处的附加压力值；p_{cz} 为软卧下卧层顶面处土的自重压力值；f_{az} 为软卧下卧层顶面处经深度修正后地基承载力特征值。

对条形基础和矩形基础，上式中的 p_z 值可按下列公式简化计算：

条形基础

$$p_z=\frac{b(p_k-p_c)}{b+2z\tan\theta} \tag{10.22}$$

矩形基础

$$p_z=\frac{lb(p_k-p_c)}{(b+2z\tan\theta)(l+2z\tan\theta)} \tag{10.23}$$

式中，b 为矩形基础或条形基础底边的宽度；l 为矩形基础底边的长度；p_c 为基础底面处土的自重压力值；z 为基础底面至软弱下卧层顶面的距离；θ 为地基压力扩散线与垂直线的夹角，可按表 10.5 采用。

表 10.5　地基压力扩散角 θ

E_{s1}/E_{s2}	z/b	
	0.25	0.50
3	6°	23°
5	10°	25°
10	20°	30°

注：①E_{s1} 为上层土压缩模量；E_{s2} 为下层土压缩模量；②$z/b<0.25$ 时取 $\theta=0°$，必要时，宜由试验确定；$z/b>0.50$ 时 θ 值不变；③ 对勘察等级为甲级的高层建筑，或工程经验缺乏，或研究程度较低的地区，宜布设载荷试验确定天然地基持力层的承载力特征值和变形参数。

10.3.2　地基承载力的确定

确定地基承载力的原则有两条：

(1) 保证地基不发生强度破坏而丧失稳定性。

(2) 保证建筑物不产生影响其安全与正常使用而产生过大或不均匀的沉降。

关于地基土的变形和强度问题，如何给予一个正确的评价，需要根据特定的建筑物和特定的地基土质条件进行具体的分析确定。一般地，对于硬塑的黏性土层及密实的砂土层，地基变形较小，其变形影响可忽略，主要是地基土的强度对确定地基承载力起控制作用；对于软的黏性土及淤泥质的黏性土，根据以往的实际建筑经验，发现中、小型建筑物大多无强度破坏的情况，主要是过大的沉降，特别是不均匀沉降造成建筑工程的事故发生。

另外，地基、基础和上部结构是一个共同作用的整体，它们是互相约束、互相影响的。当然，地基在其中还是起主导作用的，特别是一些软弱地基和条件复杂的地基，地基土的特性是矛盾的主要方面。同时尚需注意到，当基础和上部结构的整体刚度越大，建筑物差异沉降就越小，地基土的承载力就可以适当地用得高些；对于沉降很敏感的或要求很高的建筑物，则只能用较低的地基承载力。在相同的地基土上，不同建筑物可以采用不同的承载力；在同一建筑物里，例如多跨工业厂房，对不同荷载要求的柱列线，可以采用不同的承载力设计，可以使各个基础之间的不均匀沉降减低到最小程度。

再者，地基土的特性随着施工方法，加荷特性也会产生变化，在某些人为的条件下，工程运行情况也可以作为评价地基承载力过程中考虑的条件。

总之，确定地基承载力是一项科学严谨、必须认真对待的大事。既不能过于保守给值很低而浪费土地资源，也不能过于偏激给值太高，造成建筑物破损。

地基承载力特征值可由公式计算、载荷试验或其他原位测试，并结合工程实践经验等方法综合确定。

1. 按理论公式计算地基承载力

当偏心距 e 小于或等于 0.033 倍基础底面宽度时，根据土的抗剪强度指标确定地基承载力特征值可按下式计算，并应满足变形要求：

$$f_a = M_b \gamma b + M_d \gamma_m d + M_c c_k \tag{10.24}$$

式中，f_a 为由土的抗剪强度指标确定的地基承载力特征值；M_b，M_d，M_c 为承载力系数，按表 10.6 确定；b 为基础底面宽度，大于 6m 时按 6m 取值，对于砂土小于 3m 时按 3m 取值；c_k 为基底下一倍短边宽深度内土的黏聚力标准值。

表 10.6　承载力系数 M_b，M_d，M_c

土的内摩擦角标准值 φ_k/(°)	M_b	M_d	M_c
0	0	1.00	3.14
2	0.03	1.12	3.32
4	0.06	1.25	3.51
6	0.10	1.39	3.71
8	0.14	1.55	3.93
10	0.18	1.73	4.17
12	0.23	1.94	4.42
14	0.29	2.17	4.69
16	0.36	2.43	5.00
18	0.43	2.72	5.31
20	0.51	3.06	5.66
22	0.61	3.44	6.04
24	0.80	3.87	6.45
26	1.10	4.37	6.90

续表

土的内摩擦角标准值 φ_k/(°)	M_b	M_d	M_c
28	1.40	4.93	7.40
30	1.90	5.59	7.95
32	2.60	6.35	8.55
34	3.40	7.21	9.22
36	4.20	8.25	9.97
38	5.00	9.44	10.80
40	5.80	10.84	11.73

注：φ_k 为基底下一倍短边宽深度内土的内摩擦角标准值。

2. 按原位测试确定地基承载力

详见第 4 章有关内容。对于岩石地基承载力特征值，可按岩基载荷试验方法确定。

3. 地基承载力深度和宽度修正

当基础宽度大于 3m 或埋置深度大于 0.5m 时，从载荷试验或其他原位测试、经验值等方法确定的地基承载力特征值，尚应按下式修正：

$$f_a = f_{ak} + \eta_b \gamma (b-3) + \eta_d \gamma_m (d-0.5) \tag{10.25}$$

式中，f_a 为修正后的地基承载力特征值；f_{ak} 为地基承载力特征值；η_b，η_d 分别为基础宽度和埋深的地基承载力修正系数，按基底下土的类别查表 10.7 取值；γ 为基础底面以下土的重度，地下水位以下取浮重度；b 为基础底面宽度，当基宽小于 3m 按 3m 取值，大于 6m 按 6m 取值；γ_m 为基础底面以上土的加权平均重度，地下水位以下取浮重度；d 为基础埋置深度，一般自室外地面标高算起。在填方整平地区，可自填土地面标高算起，但填土在上部结构施工后完成时，应从天然地面标高算起。对于地下室，如采用箱形基础或筏基时，基础埋置深度自室外地面标高算起；当采用独立基础或条形基础时，应从室内地面标高算起。

表 10.7　承载力修正系数

土的类别		η_b	η_d
淤泥和淤泥质土		0	1.0
人工填土 e 或 I_L 大于等于 0.85 的黏性土		0	1.0
红黏土	含水比 $a_w > 0.8$	0	1.2
	含水比 $a_w \leqslant 0.8$	0.15	1.4
大面积压实填土	压实系数大于 0.95，黏粒含量 $\rho_c \geqslant 10\%$ 的粉土	0	1.5
	最大干密度大于 2.1 t/m^3 的级配砂石	0	2.0
粉土	黏粒含量 $\rho_c \geqslant 10\%$ 的粉土	0.3	1.5
	黏粒含量 $\rho_c < 10\%$ 的粉土	0.5	2.0
e 及 I_L 均小于 0.85 的黏性土		0.3	1.6
粉砂、细砂（不包括很湿与饱和时的稍密状态）		2.0	3.0
中砂、粗砂、砾砂和碎石土		3.0	4.4

注：① 强风化和全风化的岩石，可参照所风化成的相应土类取值，其他状态下的岩石不修正；② 地基承载力特征值按《建筑地基基础设计规范》(GB 50007) 附录 D 深层平板载荷试验确定时，η_d 取 0。

对于高层建筑，除应按《建筑地基基础设计规范》(GB 50007) 的有关规定确定地基承载力

特征值 f_{ak} 和修正后的地基承载力特征值 f_a 外，还可按式(10.26)估算地基极限承载力 f_u，除以安全系数[K]以确定实际基础下地基承载力特征值 f_a，[K]值应根据建筑安全等级和土性参数可靠性在 2 ～ 3 之间选取。

$$f_u = \frac{1}{2}N_r\varepsilon_r b\gamma + N_q\varepsilon_q\gamma_0 d + N_c\varepsilon_c c_k \tag{10.26}$$

式中，f_u 为地基极限承载力(kPa)；N_r，N_q，N_c 为地基承载力系数，根据基底下一倍基宽地基组合条件，合理确定组合持力层内摩擦角标准值 φ_k(°)后，按表 10.8 确定；ε_r，ε_q，ε_c 为基础形状修正系数，按表 10.9 确定；b，l 分别为基础(包括箱形基础和筏板基础)底面的宽度与长度(m)，当 $b > 6$m 时，取 $b = 6$m；γ_0，γ 分别为基底以上和基底组合持力层的土体平均重度(kN/m³)，位于地下水位以下且属于隔水层的土层取浮重度，当基底土层位于地下水位以下但属于隔水层时，可取天然重度，如基底以上的地下水与基底标高处的地下水之间有隔水层，基底以上土层的在计算 γ_0 时可取天然重度；d 为基础埋置深度(m)，应根据不同情况按下列规定选取：① 一般自室外地面起算，对于地下室采用箱形或筏板基础时自室外天然地面起算，采用独立柱基或条形基础时，从室内地面起算；② 有填方整平时，可自填土后地面起算，但若填方在上部结构施工完成时，自填方前的天然地面起算；③ 当高层建筑周边附属建筑为超补偿基础时，宜分析和考虑周边附属建筑基底压力低于土层自重压力的影响；c_k 为地基持力层代表性黏聚力标准值(kPa)。

表 10.8　极限承载力 N_c，N_q，N_r 系数表

φ_k/(°)	N_c	N_q	N_r	φ_k/(°)	N_c	N_q	N_r
0	5.14	1.00	0.00	26	22.25	11.85	12.54
1	5.38	1.09	0.07	27	23.94	13.20	14.47
2	5.63	1.20	0.15	28	25.80	14.72	16.72
3	5.90	1.31	0.24	29	27.86	16.44	19.34
4	6.19	1.43	0.34	30	30.14	18.40	22.40
5	6.49	1.57	0.45	31	32.67	20.63	25.99
6	6.81	1.72	0.57	32	35.49	23.18	30.22
7	7.16	1.88	0.71	33	39.64	26.09	35.19
8	7.53	2.06	0.86	34	42.16	29.44	41.06
9	7.92	2.25	1.03	35	46.12	33.30	48.03
10	8.35	2.47	1.22	36	50.59	33.75	56.31
11	8.80	2.71	1.44	37	55.63	42.92	66.19
12	9.28	2.97	1.69	38	61.35	48.93	78.03
13	9.81	3.26	1.97	39	67.87	55.96	92.25
14	10.37	3.59	2.29	40	75.31	64.20	109.41
15	10.98	3.94	2.65	41	83.86	73.90	130.22

续表

$\varphi_k/(°)$	N_c	N_q	N_r	$\varphi_k/(°)$	N_c	N_q	N_r
16	11.63	4.34	3.06	42	93.71	85.38	155.55
17	12.34	4.77	3.53	43	105.11	99.02	186.54
18	13.10	5.26	4.07	44	118.37	115.31	224.64
19	13.93	5.80	4.68	45	133.88	134.88	271.76
20	14.83	6.40	5.39	46	152.10	158.51	330.35
21	15.82	7.07	6.20	47	173.64	187.21	403.67
22	16.88	7.82	7.13	48	199.26	222.31	496.01
23	18.05	8.66	8.20	49	229.93	265.51	613.16
24	19.32	9.60	9.44	50	266.89	319.07	762.86
25	20.72	10.66	10.88				

表 10.8 中：

$$N_q = e^{\pi\tan\varphi_k}\tan^2\left(45° + \frac{\varphi_k}{2}\right) \tag{10.27}$$

$$N_c = (N_q - 1)\cot\varphi_k \tag{10.28}$$

$$N_r = 2(N_q + 1)\tan\varphi_k \tag{10.29}$$

表 10.9　基础形状系数

基础形状	ε_r	ε_q	ε_c
条形	1.00	1.00	1.00
矩形	$1-0.4\dfrac{b}{l}$	$1+\dfrac{b}{l}\tan\varphi_k$	$1+\dfrac{b}{l}\dfrac{N_q}{N_c}$
圆形或方形	0.60	$1+\tan\varphi_k$	$1+\dfrac{N_q}{N_c}$

对于沉降已经稳定的建筑或经过预压的地基，可适当提高地基承载力。

10.4　地基沉降变形计算

建筑物的地基变形计算值，不应大于地基变形允许值。地基变形特征可分为沉降量、沉降差、倾斜、局部倾斜。对于甲、乙级建筑物和部分丙级建筑物，应进行变形计算。

由于建筑地基不均匀、荷载差异很大、体型复杂等因素引起的地基变形，对于砌体承重结构应由局部倾斜控制；对于框架结构和单层排架结构应由相邻柱基的沉降差控制；对于多层或高层建筑和高耸结构应由倾斜值控制；必要时尚应控制平均沉降量。

在必要情况下，需要分别预估建筑物在施工期间和使用期间的地基变形值，以便预留建筑物有关部分之间的净空，考虑连接方法和施工顺序。一般多层建筑物在施工期间完成的沉降量，对于砂土可认为其最终沉降量已完成 80% 以上，对于其他低压缩性土可认为已完成最终沉降量的 50%～80%，对于中压缩性土可认为已完成 20%～50%，对于高压缩性土可认为已完成 5% ~ 20%。

建筑物的地基变形允许值，按表 10.10 规定采用。对表中未包括的建筑物，其地基变形允许值应根据上部结构对地基变形的适应能力和使用上的要求确定。

表 10.10　建筑物的地基变形允许值

变形特征	地基土类别	
	中、低压缩性土	高压缩性土
砌体承重结构基础的局部倾斜	0.002	0.003
工业与民用建筑相邻柱基的沉降差		
(1) 框架结构	$0.002l$	$0.003l$
(2) 砌体墙填充的边排柱	$0.0007l$	$0.001l$
(3) 当基础不均匀沉降时不产生附加应力的结构	$0.005l$	$0.005l$
单层排架结构(柱距为 6m) 柱基的沉降量 /mm	(120)	200
桥式吊车轨面的倾斜(按不调整轨道考虑)		
纵向	0.004	
横向	0.003	
多层和高层建筑的整体倾斜 $H_g \leqslant 24$	0.004	
$24 < H_g \leqslant 60$	0.003	
$60 < H_g \leqslant 100$	0.0025	
$H_g > 100$	0.002	
体型简单的高层建筑基础的平均沉降量 /mm	200	
高耸结构基础的倾斜 $H_g \leqslant 20$	0.008	
$20 < H_g \leqslant 50$	0.006	
$50 < H_g \leqslant 100$	0.005	
$100 < H_g \leqslant 150$	0.004	
$150 < H_g \leqslant 200$	0.003	
$200 < H_g \leqslant 250$	0.002	
高耸结构基础的沉降量 /mm　$H_g \leqslant 100$	400	
$100 < H_g \leqslant 200$	300	
$200 < H_g \leqslant 250$	200	

注：① 本表数值为建筑物地基实际最终变形允许值；② 有括号者仅适用于中压缩性土；③ l 为相邻柱基的中心距离(mm)，H_g 为自室外地面起算的建筑物高度(m)；④ 倾斜指基础倾斜方向两端点的沉降差与其距离的比值；⑤ 局部倾斜指砌体承重结构沿纵向 6 ~ 10m 内基础两点的沉降差与其距离的比值。

对高层建筑和高耸构筑物，除满足对总沉降的大小和不同部位间沉降差的限制外，尚应对高层建筑进行整体倾斜预测分析。分析时，可根据高层建筑角点钻孔的地层分布和土质参数统计结果，结合建筑物荷载分布情况进行估算和判断。对于差异沉降，主要考虑高层和低层、新建与原有建筑之间差异沉降的影响。此外，必要时应进行地基与基础或上部结构共同作用的沉降分析。

建筑物沉降计算涉及到土体内的应力分布、土的应力应变关系、变形参数的选取、土体的侧向变形、次固结变形、上部结构和基础刚度及其与地基共同作用等复杂因素的影响。现今的实用计算，只是考虑最基本的状况，忽略一些次要因素，在做一系列假定简化问题性质的条件下进行的。通过假定简化后，以理论公式计算得到的沉降量，很难与实测值一致，因此计算时一般需用一个经验系数值来修正计算沉降量，使之接近于实际。

房屋建筑与构筑物地基变形量（或地基最终沉降量）的计算，目前最常用的是分层总和法。分层总和法的表达形式有多种，但原理基本相同。常用的几种计算方法如下：

10.4.1 利用平均附加应力系数和压缩模量计算

计算地基变形时，地基内的应力分布，可采用各向同性均质线性变形体理论。其最终变形量可按下式计算：

$$s = \psi_s s' = \psi_s \sum_{i=1}^{n} \frac{p_0}{E_{si}}(z_i \bar{\alpha}_i - z_{i-1}\bar{\alpha}_{i-1}) \tag{10.30}$$

式中，s 为地基最终变形量(mm)；s' 为按分层总和法计算出的地基变形量；ψ_s 为沉降计算经验系数，根据地区沉降观测资料及经验确定，无地区经验时可采用表 10.11 数值；n 为地基变形计算深度范围内所划分的土层数(图 10.2)； p_0 为对应于荷载效应准永久组合时的基础底面处的附加压力(kPa)；E_{si} 为基础底面下第 i 层土的压缩模量(MPa)，应取土的自重压力至土的自重压力与附加压力之和的压力段计算；z_i，z_{i-1} 为基础底面至第 i 层土、第 $i-1$ 层土底面的距离(m)；$\bar{\alpha}_i$，$\bar{\alpha}_{i-1}$ 为基础底面计算点至第 i 层土、第 $i-1$ 层土底面范围内平均附加应力系数。

表 10.11 沉降计算经验系数 ψ_s

$\bar{E}_s$/MPa \ 基底附加压力	2.5	4.0	7.0	15.0	20.0
$p_0 \geqslant f_{ak}$	1.4	1.3	1.0	0.4	0.2
$p_0 \leqslant 0.75 f_{ak}$	1.1	1.0	0.7	0.4	0.2

表 10.11 中的 $\bar{E}_s$ 为变形计算深度范围内压缩模量的当量值，应按下式计算：

$$\bar{E}_s = \frac{\sum A_i}{\sum \frac{A_i}{E_{si}}} \tag{10.31}$$

式中，A_i 为第 i 层土附加应力系数沿土层厚度的积分值。

地基变形计算深度 z_n 如图 10.2 所示，应符合下式要求：

$$\Delta s'_n \leqslant 0.025 \sum_{i=1}^{n} \Delta s'_i \tag{10.32}$$

式中，$\Delta s'_i$ 为在计算深度范围内，第 i 层土的计算变形值；$\Delta s'_n$ 为在由计算深度向上取厚度为 Δz 的土层计算变形值，Δz 见图 10.2 并按表 10.12 确定。

如确定的计算深度下部仍有较软土层时，应继续计算。

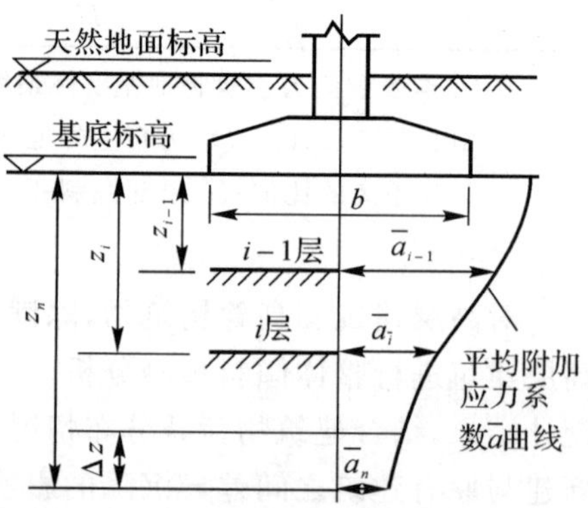

图 10.2 基础沉降计算的分层示意

表 10.12　厚度 Δz 取值

b/m	$b \leqslant 2$	$2 < b \leqslant 4$	$4 < b \leqslant 8$	$8 < b$
Δz/m	0.3	0.6	0.8	1.0

当无相邻荷载影响，基础宽度在 1～30m 范围内时，基础中点的地基变形计算深度也可按下列简化公式计算：

$$z_n = b\,(2.5 - 0.4\ln b) \tag{10.33}$$

式中，b 为基础宽度(m)。

若计算深度范围内存在基岩，z_n 可取至基岩表面；当存在较厚的坚硬黏性土层，其孔隙比小于 0.5，压缩模量大于 50MPa，或存在较厚的密实砂卵石层，其压缩模量大于 80MPa 时，z_n 可取至该层土表面。

计算地基变形时，应考虑相邻荷载的影响，其值可按应力叠加原理，采用角点法计算。

10.4.2　采用压缩指数和回弹指数以考虑应力固结历史计算

当地基由饱和土层组成，次固结变形可以忽略不计时，可根据 Ⅰ 级土样的标准固结试验结果，采用以下计算方法，预测超固结土、正常固结土和欠固结土的地基沉降，并结合地区经验进行修正和判断。

利用标准固结试验获取回弹再压缩指数(C_r)、压缩指数(C_c)、初始孔隙比(e_0)和先期固结压力(p_c)，根据 p_c 与土的有效自重压力 p_z 的比 OCR，确定土的固结状态。当超固结比 OCR 为 1.0～1.2 时，可视为正常固结土；当 OCR＞1.2 时，按超固结土考虑；当 OCR＜1.0 时，为欠固结土。

1. 超固结土

(1) 当超固结土层中的 $p_{0i} + p_{zi} \leqslant p_{ci}$ 时，该层土的固结沉降量可按下式计算：

$$s_i = \frac{h_i}{1+e_{0i}} C_{ri} \lg\left(\frac{p_{0i}+p_{zi}}{p_{zi}}\right) \tag{10.34}$$

式中，s_i 为第 i 层土的固结沉降量(mm)；h_i 为第 i 层土的平均厚度(mm)；e_{0i} 为第 i 层土的初始孔隙比平均值；C_{ri} 为第 i 层土的回弹指数再压缩指数平均值；p_{zi} 为第 i 层土的有效自重压力平均值(kPa)；p_{0i} 为对应于荷载效应准永久组合时，第 i 层土有效附加压力平均值(kPa)；p_{ci} 为第 i 层土的先期固结压力平均值(kPa)。

(2) 当超固结土层中 $p_{0i} + p_{zi} > p_{ci}$ 时，该土层的固结沉降量可按下式计算：

$$s_i = \frac{h_i}{1+e_{0i}} \left[C_{ri} \lg\left(\frac{p_{ci}}{p_{zi}}\right) + C_{ci} \lg\left(\frac{p_{0i}+p_{zi}}{p_{ci}}\right) \right] \tag{10.35}$$

式中，C_{ci} 为第 i 层土的压缩指数平均值。

2. 正常固结土

正常固结土的固结沉降量可按下式计算：

$$s_i = \frac{h_i}{1+e_{0i}} C_{ci} \lg\left(\frac{p_{0i}+p_{zi}}{p_{zi}}\right) \tag{10.36}$$

3. 欠固结土

欠固结土的沉降量可按下式计算：

$$s_i = \frac{h_i}{1+e_{0i}} C_{ci} \lg\left(\frac{p_{0i}+p_{zi}}{p_{ci}}\right) \tag{10.37}$$

地基总沉降量为各土层沉降之和。沉降计算深度对于非软土算至有效附加压力等于土有效自重压力 20% 处，对于软土算至有效附加压力等于有效自重压力 10% 处。当无相邻荷载影响时，亦可按式(10.33) 确定沉降计算深度。在预测建筑物整体倾斜时，可根据高层建筑角点钻孔的地层分布和土质参数统计结果，结合建筑物荷载分布情况进行估算和判断。

当建筑物地下室基础埋置较深时，需要考虑开挖基坑地基土的回弹，该部分回弹变形量可按下式计算：

$$s_c = \psi_c \sum_{i=1}^{n} \frac{p_c}{E_{ci}} (z_i \bar{a}_i - z_{i-1} \bar{a}_{i-1}) \tag{10.38}$$

式中，s_c 为地基的回弹变形量；ψ_c 为考虑回弹影响的沉降计算经验系数，ψ_c 取 1.0；p_c 为基坑底面以上土的自重压力(kPa)，地下水位以下应扣除浮力；E_{ci} 为土的回弹模量，按《土工试验方法标准》(GB/T50123) 确定。

若在同一整体大面积基础上修建多栋高层和低层建筑，应该按照上部结构、基础与地基的共同作用进行变形计算。

10.4.3 利用变形模量计算

对于一般黏性土、软土、饱和黄土和不能准确取得压缩模量值的地基土，如花岗岩残积土、碎石土、砂土、粉土等，可采用地方规范的方法或原位测试与压缩模量的相关公式计算，也可采用变形模量按下式计算沉降量：

$$s = \psi_s p b \eta \sum_{i=1}^{n} \frac{\delta_i - \delta_{i-1}}{E_{0i}} \tag{10.39}$$

式中，s 为地基最终平均沉降量(mm)；p 为对应于荷载效应准永久组合时的基底平均压力(kPa)，地下水位以下扣除水浮力；ψ_s 为沉降经验系数，根据地区经验确定，对花岗岩残积土 ψ_s 可取 1 ；δ_i，δ_{i-1} 为沉降应力系数，可查表 10.13 确定；E_{0i} 为基础底面下第 i 层土按载荷试验求得的变形模量(MPa)；η 为修正系数，可查表 10.14 确定。

表 10.13 δ_i 系数表

$m=\frac{2z}{b}$	圆形基础 $b=2r$	矩形基础 $n=l/b$						条形基础 $n\geqslant 10$
		1.0	1.4	1.8	2.4	3.2	5.0	
0.0	0.000	0.000	0.000	0.000	0.000	0.000	0.000	0.000
0.4	0.067	0.100	0.100	0.100	0.100	0.100	0.100	0.104
0.8	0.163	0.200	0.200	0.200	0.200	0.200	0.200	0.208
1.2	0.262	0.299	0.300	0.300	0.300	0.300	0.300	0.311
1.6	0.346	0.380	0.394	0.397	0.397	0.397	0.397	0.412
2.0	0.411	0.446	0.472	0.482	0.486	0.486	0.486	0.511
2.4	0.461	0.499	0.538	0.556	0.565	0.567	0.567	0.605
2.8	0.501	0.542	0.592	0.618	0.635	0.640	0.640	0.687
3.2	0.532	0.577	0.637	0.671	0.696	0.707	0.709	0.763

续表

$m=\frac{2z}{b}$	圆形基础 $b=2r$	矩形基础 $n=l/b$						条形基础 $n\geqslant 10$
		1.0	1.4	1.8	2.4	3.2	5.0	
3.6	0.558	0.606	0.676	0.717	0.750	0.768	0.772	0.831
4.0	0.579	0.630	0.708	0.756	0.796	0.820	0.830	0.892
4.4	0.596	0.650	0.735	0.789	0.837	0.867	0.883	0.949
4.8	0.611	0.668	0.759	0.819	0.873	0.908	0.932	1.001
5.2	0.624	0.683	0.780	0.884	0.904	0.948	0.977	1.050
5.6	0.635	0.697	0.798	0.867	0.933	0.981	1.018	1.095
6.0	0.645	0.708	0.814	0.887	0.958	1.011	1.056	1.138
6.4	0.653	0.719	0.828	0.904	0.980	1.031	1.092	1.178
6.8	0.661	0.728	0.841	0.920	1.000	1.065	1.122	1.215
7.2	0.668	0.736	0.852	0.935	1.019	1.088	1.152	1.251
7.6	0.674	0.744	0.863	0.948	1.036	1.109	1.180	1.285
8.0	0.679	0.751	0.872	0.960	1.051	1.128	1.205	1.316
8.4	0.684	0.757	0.881	0.970	1.065	1.146	1.229	1.347
8.8	0.689	0.762	0.888	0.980	1.078	1.162	1.251	1.376
9.2	0.693	0.768	0.896	0.989	1.089	1.178	1.272	1.404
9.6	0.697	0.772	0.902	0.998	1.100	1.192	1.291	1.431
10.0	0.700	0.777	0.908	1.005	1.110	1.205	1.309	1.456
11.0	0.705	0.786	0.912	1.022	1.132	1.230	1.349	1.506
12.0	0.710	0.794	0.933	1.037	1.151	1.257	1.384	1.550

注：① l 与 b 分别为矩形基础的长度与宽度(m)；② z 为基础底面至该层土底面的距离(m)；③ r 为圆形基础的半径(m)。

表 10.14　η 系数表

$m=\frac{2z_n}{b}$	$0<m\leqslant 0.5$	$0.5<m\leqslant 1$	$1<m\leqslant 2$	$2<m\leqslant 3$	$3<m\leqslant 5$	$5<m\leqslant\infty$
η	1.00	0.95	0.90	0.80	0.75	0.70

按上式计算沉降时，地基压缩层深度 z_n，按下式计算确定：

$$z_n=(z_m+\xi b)\beta \tag{10.40}$$

式中，z_m 为与基础长宽比有关的经验值(m)，按表 10.15 确定；ξ 为折减系数，按表 10.15 确定；β 为调整系数，按表 10.16 确定。

表 10.15　z_m 值和 ξ 系数表

l/b	1	2	3	4	$\geqslant 5$
z_m	11.6	12.4	12.5	12.7	13.2
ξ	0.42	0.49	0.53	0.60	1.00

表 10.16 β系数表

土　类	碎石土	砂　土	粉　土	黏性土、花岗岩残积土	软　土
β	0.30	0.50	0.60	0.75	1.00

由地基不均匀引起的倾斜可按各角点的钻孔柱状图和物理力学指标，分别按基础中心点计算沉降，然后乘以与实测沉降对比所取得的经验系数以获得各角点处的沉降值，据此近似计算出基础倾斜值。

若按上述方法计算的地基变形值小于或等于建筑物地基变形允许值，则认为该地基已符合设计要求；反之，则需改变设计方案，或采用工程措施来改善地基的变形条件。

当场地、地基整体稳定且持力层为完整、较完整的中、微风化岩体时，可不进行地基变形验算。其余地基的变形计算应按国家标准《建筑地基基础设计规范》(GB 50007) 规定，亦可按手册规定的其他方法计算分析。在地基沉降预测中宜考虑地基土层渗透性、后期地面填方和相临建筑的影响。

10.5　地基稳定性计算

地基稳定性可采用圆弧滑动面法进行验算。最危险的滑动面上诸力对滑动中心所产生的抗滑力矩与滑动力矩应符合下式要求：

$$M_R/M_S \geqslant 1.2 \tag{10.41}$$

式中，M_S 为滑动力矩；M_R 为抗滑力矩。

位于稳定土坡坡顶上的建筑，当垂直于坡顶边缘线的基础底面边长小于或等于 3m 时，其基础底面外边缘线至坡顶的水平距离(图 10.3) 应符合下式要求，但不得小于 2.5m：

对于条形基础 $$a \geqslant 3.5b - \frac{d}{\tan\beta} \tag{10.42}$$

对于矩形基础 $$a \geqslant 2.5b - \frac{d}{\tan\beta} \tag{10.43}$$

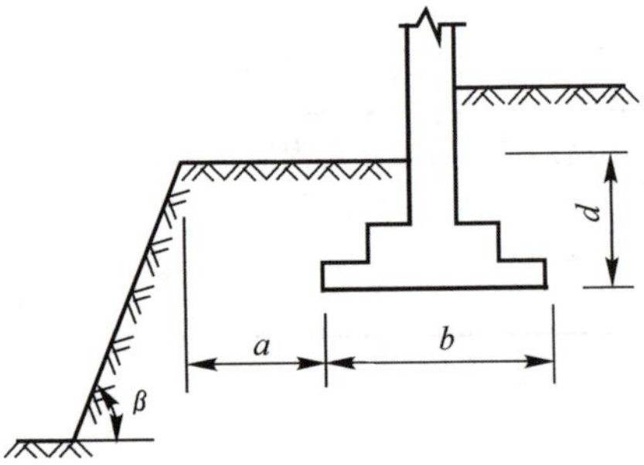

图 10.3　基础底面外边缘线至坡顶的水平距离示意图

式中，a 为基础底面外边缘线至坡顶的水平距离；b 为垂直于坡顶边缘线的基础底面边长；d 为基础埋置深度；β 为边坡坡角。

当基础底面外边缘线至坡顶的水平距离不满足式(10.42)、式(10.43) 的要求时，可根据基底平均压力按式(10.41) 确定基础距坡顶边缘的距离和基础埋深。

当边坡坡角大于 45°，坡高大于 8m 时，尚应按式(10.41) 验算坡体稳定性。

10.6　桩基岩土工程问题

在房屋建筑和构筑物的基础设计中，桩基础是常考虑的基础形式之一。桩基础具有施工方便、承载力高、沉降量小等优点。实践证明，桩基础不但可以减小平均沉降，而且能有效地控制整体倾斜。因此，在甲级建筑物中，桩基础是较普遍采用的方案。

在房屋建筑与构筑物桩基础岩土工程评价中，单桩承载力的确定是最主要的内容。此外，尚需合理选择桩基础类型与桩端持力层，因此本节主要讨论这两个问题；关于桩的负摩擦力估算，以及对群桩基础的群桩承载力与群桩沉降验算，可参阅《高层建筑岩土工程勘察规程》(JGJ 72—2004) 和《建筑桩基技术规范》(JGJ 94—94) 有关内容。

10.6.1　桩基类型及持力层的选择

在现场岩土工程勘测的基础上，对桩基岩土工程评价首先应考虑桩基类型与桩端持力层的合理选择。桩基选择应根据工程性质、地质条件、施工条件、场地周围环境及经济指标等综合考虑确定。一般可按表 10.17 选择。

表 10.17　桩基选择的原则

内　　容	应符合下列规定
桩基持力层选择	a. 持力层宜选择层位稳定的压缩性较低的可塑-坚硬状态黏性土，中密以上的粉土、砂土、碎石土、残积土及不同风化程度的基岩。 b. 桩基持力层厚度宜超过 6 ～ 10 倍的桩径；扩底桩的持力层厚度宜超过 3 倍扩底直径；且均不宜小于 5m。 c. 持力层不应选择在可液化土层湿陷性土层或软土层中。 d. 对于打(压) 入桩，应考虑沉桩的可能性
[illegible]选择	a. 当持力层顶面起伏不大(坡度小于 10%)、周围环境允许且沉桩可能时，可采用钢筋混凝土预制桩。 b. 当荷载较大，桩较长或需穿越一定厚度的坚硬土层，且选用较重的锤、锤击过程中可能使桩身产生较大锤击应力时，宜采用预应力桩；或经方案比较，证明技术、经济合理可行时，也可采用钢管桩。 c. 当土层中有难以清除的孤石或有硬质夹层，岩溶地区及基岩面起伏大的地层，均不宜采用钢筋混凝土预制桩、预应力桩和钢桩，可采用混凝土灌注桩或钢桩。 d. 当场地周围环境保护要求较高，采用钢筋混凝土预制桩或预应力桩难以控制沉桩挤土影响时，可采用混凝土灌注桩或钢桩。 e. 当有可靠工程经验，经技术充分论证，确保成桩质量时，也可采用其他有效桩型

10.6.2　单桩承载力的确定

单桩承载力应通过现场静载荷试验确定。估算单桩承载力时应结合地区的经验，根据静力触探试验、标准贯入试验或旁压试验等原位测试参数进行计算，并参照地质条件类似的试桩资料综合确定。单桩承载力特征值可按下式确定：

$$R_a = Q_u / [K] \tag{10.44}$$

式中，R_a 为单桩竖向承载力特征值(kN)；Q_u 为单桩竖向极限承载力(kN)；$[K]$ 为安全系数，$[K]=2$。

当以静力触探试验(单桥、双桥) 确定预制桩的单桩竖向极限承载力，根据标准贯入试验锤击数，确定预制桩、预应力管桩、沉管灌注桩的单桩竖向极限承载力，以及根据岩石风化程度、单轴极限抗压强度和岩体完整程度估算嵌岩灌注桩单桩竖向极限承载力，可参阅《高层建筑岩土工程勘察规程》(JGJ 72—2004) 有关内容。

10.7 深基坑开挖的岩土工程问题

兴建房屋建筑和构筑物基础，一般都需要进行基坑开挖，尤其在建筑密集的城市中兴建超高层建筑时，为了利用有限的空间及降低基底的净压力，往往设有 1 ～ 3 层地下室，有的甚至达 6 层，基坑深度一般都超过 5m，有的达数十米。深浅基坑的划分界线在我国还没有统一标准，在国外有人建议把深度超过 6m 的基坑定为深基坑，小于 6m 的则为浅基坑。浅基坑(包括浅基础的基坑开挖) 的岩土工程问题一般较少且不很严重；深基坑的岩土工程问题一般较为复杂且有的较为严重，因此对深基坑应重视岩土工程问题的分析与评价。

基础牢固与否是关系到建筑物安全稳定的首要问题，而基础施工大多从基坑开挖开始。基坑开挖过程中，常遇到基坑壁过量位移或滑移倒塌、坑底卸荷回弹(或隆起)、坑底渗流(或突涌)、基坑流砂等基坑稳定性问题。为防止或抑制这些问题，使基坑开挖与基础施工顺利进行，需要采取相应的防护措施。

10.7.1 深基坑稳定性

1. 基坑底卸荷回弹(隆起)

基坑开挖是一种卸荷过程，开挖愈深，初始应力状态的改变就愈大，这就不可避免地引起坑底土体的隆起变形，有的甚至可能由于受到过大的剪应力而导致基底隆起失效。基坑回弹(隆起) 不只限于基坑的自身范围，而且要波及四邻地面，引起地面挠曲，对邻近建筑物或设施均产生影响，应引起注意。必要时要组织施工开挖过程中坑内外地面的变形监测，供及时分析趋势和采取措施之需。

在软至中等强度的黏性土($c_u \approx 12 \sim 50kPa$) 中进行深基坑开挖时，基坑底抗隆起……可按下式进行验算(计算模式如图 10.4 所示)：

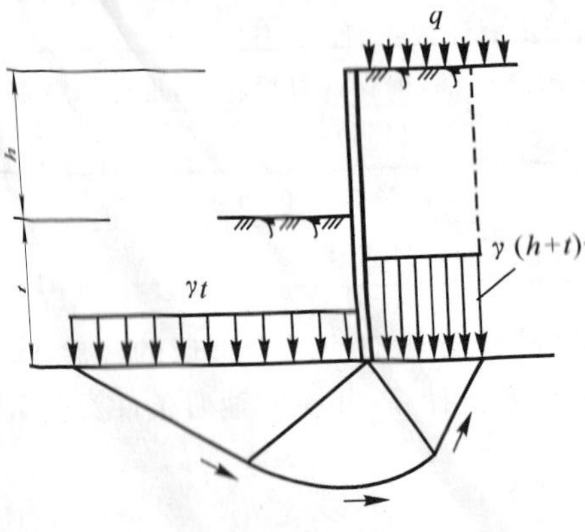

图 10.4 基坑底抗隆起稳定性验算

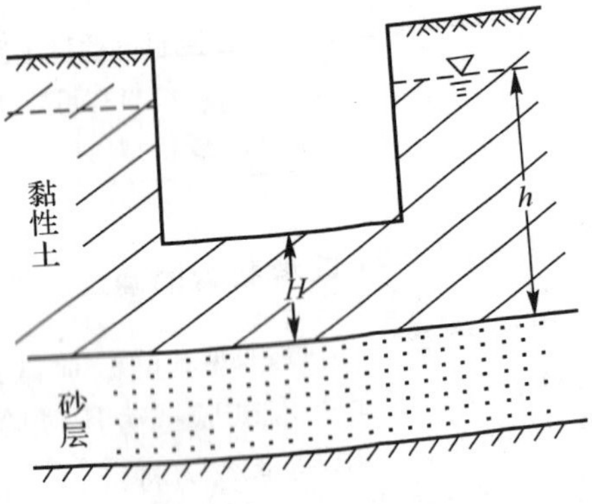

图 10.5 基坑开挖示意图

$$\gamma_{D}=\frac{N_{c}\tau_{0}+\gamma t}{\gamma(h+t)+q} \tag{10.45}$$

式中，N_c 为承载力系数，$N_c=5.14$；τ_0 为由十字板试验确定的总强度(kPa)；γ_D 为入土深度底部土隆起抗力分项系数，即抵抗基底隆起的安全系数，一般要求 $\gamma_D \geqslant 1.4$；t 为支护结构入土深度(m)；h 为基坑开挖深度(m)；q 为地面均布荷载(kPa)。

控制基坑回弹(隆起)的措施可采用降低地下水位、冻结法或在基坑开挖后立即浇铸相等重量的混凝土，使基坑的回弹量尽可能减小。

2. 基坑底渗透稳定性

如果基坑在黏性土中开挖，且坑底下有承压水存在时，当上覆土层减少到一定程度时，承压水水头压力便冲破基坑底板造成渗流(或突涌)现象(图 10.5)。基坑底抗渗流稳定性可按下式验算：

$$\gamma_{rw}=\frac{\gamma_{m}H}{\gamma_{w}h} \tag{10.46}$$

式中，γ_m 为透水层(砂层)以上黏性土的饱和重度(kN/m^3)；H 为透水层顶面至基坑底面的垂直距离(m)；γ_w 为水的重度(kN/m^3)；h 为承压水头高于透水层顶面的高度(m)；γ_{rw} 为基坑底土层渗透稳定抗力分项系数。

为使基坑底不因渗流而丧失稳定性，一般要求 $\gamma_{rw} \geqslant 1.2$，如果验算的 $\gamma_{rw} < 1.2$，应采取必要的措施，如降水等。

3. 基坑流砂问题

当基坑底以上黏性土中夹有砂或粉土，且地下水位较高，基坑开挖揭露这些夹层时，或者当基坑底部为砂土或粉土，随着基坑开挖加深，水力坡度加大，当动水压力超过砂土或粉土颗粒自重使土颗粒悬浮时，砂或粉土与水一起涌于基坑中，便产生流砂现象。

是否产生流砂现象可按下式验算：

$$I_{cr}=(\rho_{s}-1)(1-n) \tag{10.47}$$

式中，I_{cr} 为临界水力坡度；ρ_s 为土的颗粒密度；n 为土的孔隙度，以小数计。

当实际水力坡度 I 大于 I_{cr} 时，将发生流砂现象，实际中还要考虑一个大于 1.0 的安全系数。影响流砂现象的因素较多，主要是土的颗粒级配、结构及埋藏条件等。当深挖时水力坡度超过临界水力坡度，又具有以下条件时，就更容易产生流砂现象。

(1) 土的颗粒组成中，黏粒含量小于 10%，粉、砂粒含量大于 75%。

(2) 土的不均匀系数小于 5。

(3) 土的含水量大于 30%。

(4) 土的孔隙比大于 0.75(或土的孔隙度大于 43%)。

(5) 在黏性土有砂夹层的土层中，砂土或粉土层的厚度大于 25cm。

流砂现象的产生，一方面将严重影响施工；另一方面因流砂使地下掏空，可导致土体丧失稳定性或地面产生塌陷，危及相邻建筑物的安全。防止流砂的措施主要有人工降低地下水位、打板桩或加固坑壁以增长渗流途径减小实际水力坡度等。

4. 基坑边坡整体稳定性

在房屋建筑与构筑物的基坑开挖中，在没有采用支护结构之前，基坑边坡(一般为黏性土)

整体稳定性一般采用极限平衡理论中的条分法（多采用瑞典条分法）进行估算，从而可确定最危险的滑动面。对于采用支护结构的基坑，稳定性验算仍采用条分法，验算时应将支护结构所产生的抗滑力矩计入总的抗滑力矩之中。

对于桩、墙式围护结构的基坑，其整体稳定性可按下式验算：

当无地下水时，有

$$\gamma_{rs}=\frac{\sum(q+\gamma h)b\cos\alpha_i\tan\varphi+\sum cl+M_p/R}{\sum(q+\gamma h)b\sin\alpha_i} \tag{10.48}$$

式中，h 为土条高度（m）；α_i 为土条底面中心至圆心连线与垂线的夹角（°）；l 为每一土条弧面的长度（m）；q 为地面超载（kPa）；b 为土条宽度（m）。

当坑内外有地下水位差时（图 10.6），有

$$\gamma_{rs}=\frac{\sum(q+\gamma_1 h_1+\gamma'_2 h_2+\gamma'_3 h_3)b\cos\alpha_i\tan\varphi+cl+M_p/R}{\sum(q+\gamma_1 h_1+\gamma_2 h_2+\gamma_3 h_3)b\sin\alpha_i} \tag{10.49}$$

式中，h_1 为每一土条浸润线（地下水位渗流线）以上的高度（m）；γ_1 为与 h_1 相应的天然重度（kN/m^3）；h_2 为浸润线以下坑内水位以上土条高度（m）；γ'_2，γ_2 为与 h_2 相应的土的浮重度与饱和重度（kN/m^3）；h_3 为坑内水位以下土条高度（m）；γ'_3 为与 h_3 相应的土的浮重度（kN/m^3）；M_p 为每延米中的桩产生的抗滑力矩（kN·m/m）；γ_{rs} 为基坑整体稳定性抗力分项系数；R 为滑动圆弧半径（m）。

为保证基坑的整体稳定，一般要求 $\gamma_{rs}\geqslant 1.1\sim 1.2$，如果黏性土中不计渗流力作用时，应满足 $\gamma_{rs}\geqslant 1.40$。对于支护桩、圆弧切桩时每延米中桩产生的抗滑力矩 M_p 由下式和图 10.7 计算确定。

$$M_p=R\cos\alpha_i\sqrt{\frac{2M_c h_i\gamma(K_p-K_a)}{d+\Delta d}} \tag{10.50}$$

式中，α_i 为桩与滑弧切点至圆心连线与垂线的夹角；M_c 为每根桩身的抗弯弯矩（kN·m/单桩）；h_i 为切桩滑弧面至坡面的深度（m）；γ 为 h_1 范围内土的重度（kN/m^3）；K_p，K_a 分别为土的被动与主动土压力系数；d 为桩径（m）；Δd 为两桩间的净距（m）。

对于地连墙支护 $d+\Delta d=1.0$m。

当滑动弧面切于锚杆时，应计入弧外锚杆抗拉力对圆心产生的抗滑力矩。

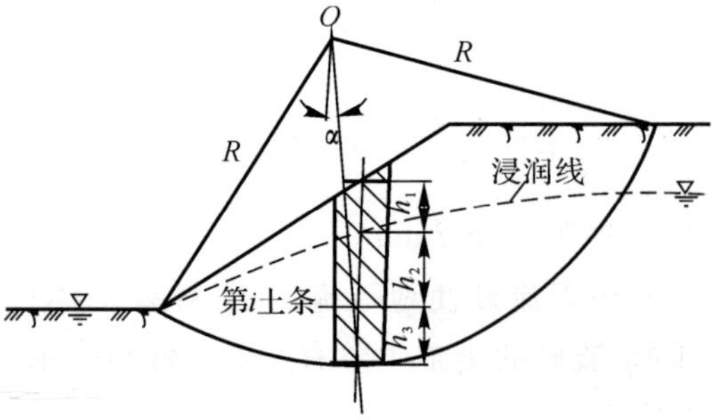

图 10.6　整体稳定性验算图

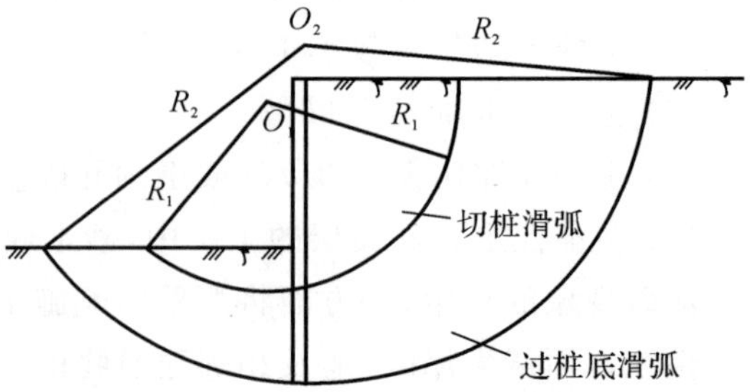

图 10.7　桩抗力力矩计算

10.7.2　地下水控制

当基坑开挖至地下水位以下时，为了防止因地下水作用而引起的渗流、流砂、管涌、坑底隆起、边坡滑塌以及坑外地层过度变形等，保证施工过程中处于疏干和稳态的工作条件下进行开挖，必须做好对地下水的控制工作。基坑工程控制地下水的方法有降低地下水位与隔离地下水两类。对于弱透水地层中的浅基坑，当基坑环境简单、含水层较薄、降水深度较小时，可考虑采用集水明排的方法进行降水；在其他情况下宜采用降水井降水、隔水措施或隔水、降水综合措施。

基坑地下水控制设计应具备下列资料：

(1)地层各分层的岩性厚度及顶底板高程；

(2)地下水的类型、地下水位标高与动态规律以及各含水层之间的水力联系；

(3)各含水层的补给、径流条件、基坑与附近大型地表水源的距离关系及其水力联系；

(4)各含水层的水文地质及与降水相关的岩土工程参数；

(5)基坑开挖深度、尺寸，基坑周围建筑与地下管线基础情况，基坑支护结构类型；

(6)基坑工程施工季节内的气象资料及基坑维持时间。

1. 基坑降水

基坑降水常用的方法是明沟排水和井点降水。明沟排水就是在基坑内或基坑外设置排水沟、集水井(坑)，用抽水设备将地下水从集水井(坑)中排出。井点降水是将带有滤管的降水工具沉没到基坑四周的土中，利用各种抽水工具，在不扰动土结构情况下，将地下水位下降至基坑底部以下，以利基坑的开挖。井点降水在深基坑中应用较广，下面将着重介绍该方法。

工程降水方法可参考表 10.18 选用。实际中应根据基坑规模、槽深、环境条件、各土层渗透性和降低水位的深度等合理选择工程降水方法。

表 10.18　降低地下水位方法的适用范围

技术方法	适用地层	渗透系数/(m·d^{-1})	降水深度/m
明排井	黏性土、粉土、砂土	<0.5	<2m
真空井点	黏性土、粉土、砂土	0.1～20	单级<6m，多级<20m
电渗井点	黏性土、粉土	<0.1	按井的类型确定
引渗井	黏性土、粉土、砂土	0.1～20	根据含水层条件选用
管井	砂土、碎石土	1.0～200	>5m
大口井	砂土、碎石土	1.0～200	<20m

基坑降水首先应进行基坑降水内容的设计，设计内容主要有：①确定降水井类型；②降水井系统的布设，包括井数、井深、井距、井径、过滤管、过滤层、单井出水量、水位与地面沉降的监测等；③预测降水效果，包括基坑内外典型部位的最终稳定水位及水位降深随时间的变化，降水引起的沉降及对邻近建筑物、地下管线等的影响；④设置回灌井时，应进行回灌系统的设计。

井点的平面布置尽可能使井点能包围基坑，并考虑地下水流向、降水深度和土质等因素，布置成环形、U 形或线形，目的是使基坑中心水位降到最低。当基坑宽度小于 6m，降深不超过 5m 时，可采用单层轻型井点；若要求降水深度大于 5m、基坑宽度大于 6m 时，可采用多层轻型井点；井点距坑边约 0.5 ～ 1.0m。

基坑降水的井数、井深、井距及单井出水量等可通过计算确定。

(1) 井点管的埋设深度。井点管的埋深必须满足使地下水位下降到基坑底面以下 0.5 ～ 1.0m 的要求，可由下式确定(图 10.8)：

$$h = h_1 + h_2 + \Delta h + iL_1 + L \tag{10.51}$$

式中，h 为井点管底部的埋设深度(m)；h_1 为基坑底面离原地下水位的距离(m)；h_2 为地下水位到集水总管的距离(m)，为了充分发挥井点的效率，一般把总管放在距地下水位以上 0.5 ～ 1.0m 的平台上；Δh 为水位降低后地下水位距基底面的安全距离(m)，一般为 0.5 ～ 1.0m；L_1 为井点管中心线到基坑中心线的水平距离(m)；i 为水力坡度，一般可取 1/10；L 为滤管长度(m)。

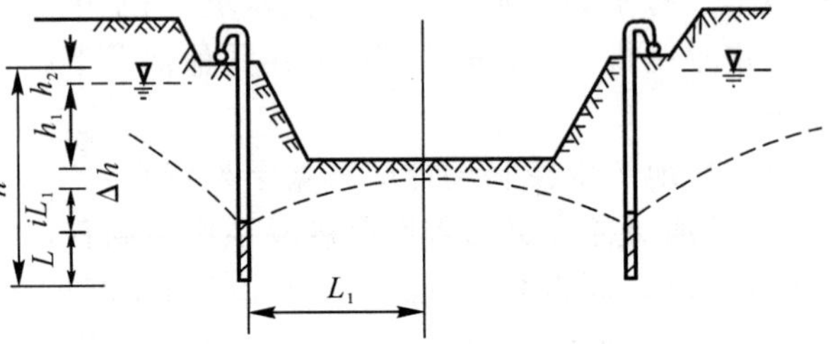

图 10.8　井点管埋设深度图

求算出 h 后，为安全计，一般宜再增加 $\frac{1}{2}L$。

(2) 基坑总涌水量。当矩形基坑的长宽比小于 5，或基坑宽度小于抽水影响半径 R 的两倍时，基坑的总涌水量 $Q(m^3/d)$ 为

$$Q = 1.366K \frac{(H^2 - h^2)}{\lg \frac{R + r_0}{r_0}} \tag{10.52}$$

或

$$Q = 1.366K \frac{(2H - s)s}{\lg \frac{R + r_0}{r_0}} \tag{10.53}$$

式中，K 为土的渗透系数(m/d)；H 为含水层厚度(m)；h 为抽水时井点系统中心的降水深度到不透水层顶面的高度(m)，即 $h = H - s$；s 为设计水位降深(m)；R 为抽水影响半径(m)，可根据稳定流抽水试验确定，或用经验数据；r_0 为基坑换算半径(m)，矩形或不规则形基坑 $r_0 = 0.564\sqrt{F}$，F 为基坑面积。

(3) 单井干扰出水量 $q(m^3/d)$：

$$q = \pi \times 2r \times L\sqrt{\frac{K}{15}} \tag{10.54}$$

式中，$2r$ 为滤管的直径(m)；L 为滤管长度(m)，一般取 1.0 ～ 1.7m。

(4) 降水井数量 n 与井点间距 a 计算如下：

$$n = Q/q \tag{10.55}$$

$$a = l/(n - 1) \tag{10.56}$$

式中，l 为沿基坑周边布置降水井的总长度(m)；a 为降水井间距，一般要求大于 $15d$(d 为滤管外径)。

为了防止井点管因故堵塞或漏气而影响抽水效率，往往把计算所得的井点数量 n 再增加 10% 左右。

(5) 降水引起的地面沉降。地下水位下降后，地基应力发生变化，地面出现沉降，井点降水

引起周围地面的最终沉降可按下式计算：

$$S_{\infty}=\sum(\alpha_{i1-2}\Delta P_i\cdot\Delta h_i)/(1+e_{0i}) \tag{10.57}$$

式中，S_{∞} 为最终沉降量（mm）；α_{i1-2} 为第 i 层土 100 ～ 200kPa 的压缩系数（kPa^{-1}）；e_{0i} 为第 i 层土的初始孔隙比；Δp_i 为第 i 层土因降水产生的附加应力（kPa）；Δh_i 为第 i 层土的厚度（mm）。

基坑降水引起的地基变形加上基坑开挖本身引起的地基变形，对周围的建筑物、地下管线以及其他设施必然产生影响，当环境对这类影响的承受能力有限时，必须采取措施以减轻或防止对周围环境的影响，如在降水井与受保护对象之间设置回灌井、回灌砂井、砂沟或设置固体帷幕、水力帷幕等。

（6）监测工作。在基坑降水过程中，必须做好监测工作，监测内容主要包括：对降水井应定时测定地下水位，及时掌握井内地下水位的变化，确保水泵正常运行；在基坑中心或群井干扰最小处及基坑四周，宜布设一定数量的观测孔，定时测定地下水位，掌握基坑内外地下水位的变化；临近基坑的建筑物及各类地下管线应设置沉降点，定时观测其沉降，掌握沉降量及变化趋势。

基坑降水的停止降水时间宜根据工程实际要求及地下结构施工情况确定。

2. 基坑隔水

基坑隔水就是采取隔离地下水的措施，阻止地下水向基坑内流动。主要措施有地下连续墙、连续排列的排桩墙、隔水帷幕、坑底水平封底隔水等。

采用隔水应因地制宜，必须查清场区及邻近场地的地层结构、水文地质特征，了解地下水渗流规律、基坑出水量、隔水帷幕内外的水压力差和坑底浮力，以此作为隔水帷幕或封底底板厚度设计的依据。隔水帷幕及封底底板设计应经过计算分析或结合已有工程经验进行，必要时应通过现场试验，确定设计方案、施工参数，并采取保证质量的措施。采用地下连续墙或隔水帷幕隔离地下水，宜将其插入含水层底板以下 2 ～ 3m，隔水帷幕渗透系数宜小于 1.0×10^{-7} cm/s。

根据场地的工程地质和环境条件，有时可采取基坑隔离地下水措施（全封闭隔离地下水除外）与降水井降低或疏干坑内地下水措施结合使用。

10.8　房屋建筑与构筑物岩土工程勘察要点

10.8.1　勘察的主要内容

房屋建筑与构筑物岩土工程勘察的主要内容包括以下几方面：

（1）查明场地和地基的稳定性、地层结构、持力层和下卧层的工程特性、土的应力历史和地下水以及不良地质作用等；如：

1）大的断裂构造的位置关系、规模、力学性质、与场地和地基利用的关系、活动性及其与区域和当地地震活动的关系。

2）岩土层的种类、成分、厚度及坡度变化等，对岩土层特别是基础下持力层（天然地基或桩基等人工地基）和下卧层的岩土工程性质，特别是黏性土层的岩土工程性质，宜从应力历史的角度进行解释与研究。

3)在强震作用下场地与地基岩土内可能产生的不利地震效应,如饱和砂土液化、松软土震陷、斜坡滑坍、采空区地面塌陷等。

4)潜水和承压水层的分布、水位、水质、各含水层之间的水力联系,获得必要的渗透系数等水文地质计算参数。

5)滑坡或不稳定斜坡的存在,可能的危害程度。

6)岩溶作用的程度及其对地基可靠性的影响。

7)人为的或天然的因素引起的地面沉降、挠折、破裂或塌陷的存在及其危害等。

(2)提供满足设计、施工所需的岩土参数,确定地基承载力,预测地基变形性状。

(3)提出地基基础、基坑支护、工程降水和地基处理设计与施工方案的建议。

(4)提出对建筑物有影响的不良地质作用的防治方案建议。

(5)对于抗震设防烈度等于或大于 6 度的场地,进行场地与地基的地震效应评价。

10.8.2 勘察阶段的划分及各阶段任务要求

房屋建筑与构筑物的岩土工程勘察阶段一般划分为可行性研究勘察、初步勘察与详细勘察阶段,施工勘察不作为一个固定阶段。场地条件复杂或有特殊要求的工程,宜进行施工勘察。场地较小且无特殊要求的工程可合并勘察阶段。当建筑物平面布置已经确定,且场地或附近已有岩土工程资料时,可根据实际情况,直接进行详细勘察。

1. 可行性研究勘察——选址勘察

场(厂)址选择涉及的问题是多方面的,它是一项既包括政治、经济和技术内容,又有高度原则性和广泛技术性的复杂工作。在技术上又是多种技术专业的综合。选择一个好场(厂)址,特别是一个大型工业企业厂址,一般需要有建设、设计、工艺、电力、道路、地质(工程地质、水文地质)以及气象、水文、地震等各个专业人员参加,共同组成一个选址组,协同地按既定的目标和要求进行工作。这里要讨论的则是在场(厂)址选择中工程地质方面应做的工作。

选址的岩土工程勘察目的,是为了取得拟选场(厂)址的主要工程地质资料,对拟选场(厂)址的稳定性和适宜性做出岩土工程评价。岩土工程评价作为场(厂)址选择的条件之一要列入选址报告。

(1) 选址勘察的主要工作。选择场(厂)址勘察一般采取搜集和分析研究有关资料与现场调查研究相结合的方法。在这基础上,对拟选场地的主要工程地质条件提出评价意见。这个评价意见系指对拟选场地的工程地质条件的全局性评价;对于各建筑地段的局部性的岩土工程问题,则可以在下一阶段勘察工作中解决。例如在黄土分布的地区选址,影响建厂的主要岩土工程问题是黄土塬边或黄土沟谷的滑坡和边坡稳定性,以及黄土湿陷类型、湿陷等级等。这些问题有的影响到能否建厂,有的影响建厂的投资和速度。在石灰岩、红黏土分布的山区选址,主要是要调查研究岩溶发育程度,基岩面埋深和起伏,红黏土分布及其边坡稳定情况,土洞的有无及其发育程度等。一般说来,不良地质作用发育的场地,有的不宜选为场(厂)址,有的需耗费巨资方能治理。这些问题在几个场(厂)址方案的比较中和最后确定建设地点时,是必须考虑的。当然,对地基土条件的好坏也应尽可能在选址时给予足够的注意,因为它们对设计方案、投资和建设速度也有很大的影响。

这一阶段的工作重点是对拟建场地的稳定性和适宜性做出评价，其任务要求主要如下：

1）搜集区域地质、地形地貌、地震、矿产、当地的工程地质、岩土工程和建筑经验等资料。

2）在充分搜集和分析已有资料的基础上，通过踏勘了解场地地层、构造、岩性、不良地质作用及地下水等工程地质条件。

3）当拟建场地工程地质条件复杂，已有资料不能满足要求，应根据具体情况进行工程地质测绘及必要的勘探工作。

4）当有两个或两个以上拟建场地时，应进行比选分析。

（2）选址中一般应避开的地区或地段。在确定建筑场地时，在工程地质条件方面，宜避开下列地区或地段：

1）不良地质作用发育且对场地稳定性有直接危害或潜在威胁，如有大型滑坡或滑坡群，强烈发育的岩溶、塌陷、泥石流等。

2）地震基本烈度较高，可能存在有地震断裂带及地震时可能发生滑坡、山崩、地陷的场地，或有分布广泛、厚度较大、埋藏浅的饱和粉细砂、粉土、淤泥和淤泥质土、冲填土、松软的人工填土场地。

3）洪水或地下水对建筑场地有严重不良影响。

4）地下有未开采的有价值矿藏或未稳定的地下采空区。

2. *初步勘察*

（1）任务与要求。初步勘察是在可行性勘察基础上，根据已掌握的资料和实际需要进行工程地质测绘和调查以及勘探测试工作，对场地内各建筑地段的稳定性做出评价，并为确定建筑物总平面布置、主要建筑物地基基础工程方案及对不良地质作用的防治工程提供资料和建议。其主要工作内容如下：

1）搜集拟建工程的有关文件、工程地质和岩土工程资料以及工程场地范围的地形图。

2）初步查明地质构造、地层结构、岩土工程特性、地下水埋藏条件。

3）查明场地不良地质作用的成因、分布、规模、发展趋势，并对场地的稳定性做出评价。

4）对抗震设防烈度等于或大于6度的场地，应对场地和地基土的地震效应做出初步评价。

5）季节性冻土地区，应调查场地土的标准冻土深度。

6）初步判定水和土对建筑材料的腐蚀性。

7）高层建筑初步勘察时，应对可能采取的地基基础类型、基坑开挖与支护、工程降水方案进行初步分析评价。

（2）勘探工作。初步勘察应在搜集分析已有资料的基础上，根据需要进行工程地质测绘与调查，以及物探，然后进行勘探和测试工作。

1）勘探点、线布置要求。初步勘察的勘探点、线布置应符合下列要求：

ⅰ）勘探线应垂直地貌单元、地质构造和地层界线布置。

ⅱ）每个地貌单元均应布置勘探点，在地貌单元交接部位和地层变化较大的地段，勘探点应予加密。

ⅲ）在地形平坦地区，可按格网布置勘探点。

ⅳ）对岩质地基，勘探线和勘探点的布置，勘探孔的深度，应根据地质构造、岩体特征、风化情况等，按地方标准或当地经验确定。

2)勘探点、线间距的确定。对于土质地基，勘探点、线间距的确定可按表 10.19 确定，局部异常地段应予以加密。控制性勘探点宜占勘探点总数的 1/5～1/3，且每个地貌单元均应有控制性勘探点。

表 10.19　初步勘察勘探点、勘探线间距

间距 地基复杂程度等级	勘探线间距/m	勘探点间距/m
一级(复杂)	50～100	30～50
二级(中等复杂)	75～150	40～100
三级(简单)	150～300	75～200

3)勘探孔深度的确定。初步勘察勘探孔的深度可按表 10.20 确定。勘探孔包括钻孔、探井和原位测试孔等。

表 10.20　初步勘察勘探孔深度

勘探孔类别 工程重要性等级	一般性勘探孔/m	控制性勘探孔/m
一级(重要工程)	≥15	≥30
二级(一般工程)	10～15	15～30
三级(次要工程)	6～10	10～20

当遇到下列情况之一时，应适当增减勘探孔深度：

ⅰ)当勘探孔的地面标高与预计整平地面标高相差较大时，应按其差值调整勘探孔深度。

ⅱ)在预定深度内遇见基岩，除控制性勘探孔仍钻入基岩适当深度外，其他勘探孔达到确认的基岩后即可终止钻进。

ⅲ)在预定深度内有厚度较大，且分布均匀的坚实土层(如碎石土、密实砂、老沉积土等)时，除控制性勘探孔应达到规定深度外，一般性勘探孔的深度可适当减小。

ⅳ)当预定深度内有软弱土层时，勘探孔深度应适当增加，部分控制性勘探孔应穿透软弱土层或达到预计控制深度。

ⅴ)对重型工业建筑应根据结构特点和荷载条件适当增加勘探孔深度。

(3)取样和原位测试。为了解岩土体的岩土工程性质在水平和垂直方向的变化规律，适当选择某些坑孔取原状土样进行室内试验和一定数量的原位测试工作，取土试样和进行原位测试的勘探孔(井)宜在平面上均匀分布。初步勘察中采取试样和进行原位测试应符合下列要求：

1)采取土试样和进行原位测试的勘探点应结合地貌单元、地层结构和土的工程性质布置，其数量可占勘探点总数的 1/4～1/2。

2)采取土试样的数量和孔内原位测试的竖向间距，应按地层特点和土的均匀程度确定；每层土均应采取土试样或进行原位测试，其数量不宜少于 6 个。

(4)水文地质工作。为初步查明地下水对工程的影响，应进行下列水文地质工作：

1)调查含水层的埋藏条件,地下水类型、补给排泄条件,各层地下水位,调查其变化幅度,必要时应设置长期观测孔,监测水位变化。

2)当需绘制地下水等水位线图时,应根据地下水的埋藏条件和层位,统一量测地下水位。

3)当地下水可能浸湿基础时,应采取水试样进行腐蚀性评价。

3. 详细勘察

(1)任务与要求。详细勘察一般是在工程平面位置,地面整平标高,工程的性质、规模、结构特点已经确定,基础形式和埋深已有初步方案的情况下进行的,是各勘察阶段中最重要的一次勘察。详细勘察应按单体建筑物或建筑群提出详细的岩土工程资料和设计、施工所需的岩土参数;对建筑地基做出岩土工程评价,并对地基类型、基础形式、地基处理、基坑支护、工程降水和不良地质作用的防治等提出建议。主要应进行下列工作:

1)搜集附有坐标和地形的建筑总平面图,场区的地面整平标高,建筑物的性质、规模、荷载、结构特点,基础形式、埋置深度,地基允许变形等资料。

2)查明不良地质作用的类型、成因、分布范围、发展趋势和危害程度,提出整治方案的建议。

3)查明建筑范围内岩土层的类型、深度、分布、工程特性,分析和评价地基的稳定性、均匀性和承载力。

4)对需进行沉降计算的建筑物,提供地基变形计算参数,预测建筑物的变形特征。

5)查明埋藏的河道、沟浜、墓穴、防空洞、孤石等对工程不利的埋藏物。

6)查明地下水的埋藏条件,提供地下水位及其变化幅度。

7)在季节性冻土地区,提供场地土的标准冻结深度。

8)判定水和土对建筑材料的腐蚀性。

(2)勘探工作。详细勘察勘探点布置和勘探孔深度,应根据建筑物特性和岩土工程条件确定。对于岩质地基,应根据地质构造、岩体特性、风化情况等,结合建筑物对地基的要求,按地方标准或当地经验确定;对于土质地基,详细勘察的勘探点间距可按表10.21确定。

对于高层建筑,根据其勘察等级,勘探点间距应控制在15～35 m范围内,并符合下列规定:

ⅰ)甲级宜取较小值,乙级可取较大值。

ⅱ)在暗沟、塘、浜、湖泊沉积地带和冲沟地区;在岩性差异显著或基岩面起伏很大的基岩地区;在断裂破碎带、地裂缝等不良地质作用场地,勘探点间距宜取小值并可适当加密。

ⅲ)在浅层岩溶发育地区,宜采用物探与钻探相配合进行,采用浅层地震勘探和孔间地震CT或孔间电磁波CT测试,查明溶洞和土洞发育程度、范围和连通性。钻孔间距宜取小值或适当加密,溶洞、土洞密集时宜在每个柱基下布设勘探点。

表10.21　详细勘察勘探点的间距

地基复杂程度等级＼间距	勘探点间距/m
一级(复杂)	10～15
二级(中等复杂)	15～30
三级(简单)	30～50

1)勘探点的布置要求。详细勘察的勘探点布置应符合下列要求:

ⅰ)勘探点宜按建筑物周边线和角点布置,对无特殊要求的其他建筑物可按建筑物或建筑群的范围布置。

ⅱ)同一建筑范围内的主要受力层或有影响的下卧层起伏较大时，应加密勘探点，查明其变化。

ⅲ)重大设备基础应单独布置勘探点；重大的动力机器基础和高耸构筑物，勘探点不宜少于3个。

ⅳ)勘探手段宜采用钻探与触探相配合，在复杂地质条件、湿陷性土、膨胀岩土、风化岩和残积土地区，宜布置适量探井。

ⅴ)详细勘察高层建筑勘探点的平面布设，应根据高层建筑平面形状、荷载的分布情况进行，并应符合下列规定：

ⓐ当高层建筑平面为矩形时应按双排布设，为不规则形状时，应在凸出部位的角点和凹进的阴角布设勘探点；

ⓑ在高层建筑层数、荷载和建筑体形变异较大位置处，应布设勘探点；

ⓒ对勘察等级为甲级的高层建筑应在中心点或电梯井、核心筒部位布设勘探点；

ⓓ单栋高层建筑的勘探点数量，对勘察等级为甲级的不应少于5个，乙级不应少于4个。控制性勘探点的数量不应少于勘探点总数的1/3且不少于2个；

ⓔ高层建筑群可按建筑物并结合方格网布设勘探点。相邻的高层建筑，勘探点可互相共用。

2) 勘探深度的要求。详细勘察阶段勘探孔深度应按照地基设计原则确定。地基设计原则一般有按承载力计算的地基设计和按变形验算进行的地基设计。因此，勘探深度也应分别考虑。详细勘察的勘探深度自基础底面算起，应符合下列规定：

ⅰ)勘探孔深度应能控制地基主要受力层，当基础底面宽度不大于5m时，勘探孔的深度对条形基础不应小于基础底面宽度的3倍，对单独柱基不应小于1.5倍，且不应小于5m。

ⅱ)对高层建筑和需作变形计算的地基，控制性勘探孔的深度应超过地基变形计算深度；高层建筑的一般性勘探孔应达到基底下0.5～1.0倍的基础宽度，并深入稳定分布的地层。

ⅲ)对仅有地下室的建筑或高层建筑的裙房，当不能满足抗浮设计要求，需设置抗浮桩或锚杆时，勘探孔深度应满足抗拔承载力评价的要求。

ⅳ)当有大面积地面堆载或软弱下卧层时，应适当加深控制性勘探孔的深度。

ⅴ)在上述规定深度内当遇基岩或厚层碎石土等稳定地层时，勘探孔深度应根据情况进行调整。

除此以外，详细勘察的勘探深度尚应符合下列规定：

ⅰ)地基变形计算深度，对中、低压缩性土可取附加压力等于上覆土层有效自重压力20%的深度；对于高压缩性土层可取附加压力等于上覆土层有效自重压力10%的深度。

ⅱ) 建筑总平面内的裙房或仅有地下室部分(或当基底附加压力$p_0 \leqslant 0$时) 的控制性勘探孔的深度可适当减小，但应深入稳定分布地层，且根据荷载和土质条件不宜少于基底下0.5～1.0倍基础宽度。

ⅲ) 当需进行地基整体稳定性验算时，控制性勘探孔深度应根据具体条件满足验算要求。

ⅳ) 当需确定场地抗震类别而临近无可靠的覆盖层厚度资料时，应布置波速测试孔，其深度应满足覆盖层厚度的要求。

ⅴ) 大型设备基础勘探孔深度不宜小于基础底面宽度的2倍。

ⅵ) 当需要进行地基处理时，勘探孔的深度应满足地基处理设计与施工要求；当采用桩基时，勘探孔的深度应满足下卧层验算要求；对需验算沉降的桩基应超过地基变形计算深度。

高层建筑详细勘察阶段勘探孔的深度应符合下列规定：

ⅰ）控制性勘探孔深度应超过地基变形的计算深度。

ⅱ）控制性勘探孔深度，对于箱形基础或筏形基础，在不具备变形深度计算条件时，可按下式计算确定：

$$d_c = d + \alpha_c \beta b \tag{10.58}$$

式中，d_c 为控制性勘探孔的深度（m）；d 为箱形基础或筏形基础埋置深度（m）；α_c 为与土的压缩性有关的经验系数，根据基础下的地基主要土层按表 10.22 取值；β 为与高层建筑层数或基底压力有关的经验系数，对勘察等级为甲级的高层建筑可取 1.1，对乙级可取 1.0；b 为箱形基础或筏形基础宽度，对圆形基础或环形基础，按最大直径考虑，对不规则形状的基础，按面积等代成方形、矩形或圆形面积的宽度或直径考虑（m）。

ⅲ）一般性勘探孔的深度应适当大于主要受力层的深度，对于箱形基础或筏形基础可按下式计算确定：

$$d_g = d + \alpha_g \beta b \tag{10.59}$$

式中，d_g 为一般性勘探孔的深度（m）；α_g 为与土的压缩性有关的经验系数，根据基础下的地基主要土层按表 10.22 取值。

表 10.22　经验系数 α_c，α_g 值

类别＼土类	碎石土	砂土	粉土	黏性土（含黄土）	软　土
α_c	0.5 ～ 0.7	0.7 ～ 0.9	0.9 ～ 1.2	1.0 ～ 1.5	2.0
α_g	0.3 ～ 0.4	0.4 ～ 0.5	0.5 ～ 0.7	0.6 ～ 0.9	1.0

注：表中范围值对同一类土中，地质年代老、密实或地下水位深者取小值，反之取大值。

ⅳ）一般性勘探孔，在预定深度范围内，有比较稳定且厚度超过 3 m 的坚硬地层时，可钻入该层适当深度，以能正确定名和判明其性质；如在预定深度内遇软弱地层时应加深或钻穿。

ⅴ）在基岩和浅层岩溶发育地区，当基础底面下的土层厚度小于地基变形计算深度时，一般性钻孔应钻至完整、较完整基岩面；控制性钻孔应深入完整、较完整基岩 3 ～ 5 m，勘察等级为甲级的高层建筑取大值，乙级取小值；专门查明溶洞或土洞的钻孔深度应深入洞底完整地层 3 ～ 5 m。

ⅵ）在花岗岩残积土地区，应查清残积土和全风化层的分布深度。计算箱形基础或筏形基础勘探孔深度时，其 α_c 和 α_g 系数，对残积砾质黏性土和残积砂质黏性土可按表 10.22 中土的值确定，对残积黏性土可按黏性土的值确定，对全风化岩可按碎石土的值确定。在预定深度内遇基岩时，控制性钻孔深度应深入强风化岩 3 ～ 5 m，勘察等级为甲级的高层建筑宜取大值，乙级可取小值。一般性钻孔达强风化岩顶面即可。

ⅶ）评价黄土的湿陷性、砂土和粉土地震液化、确定场地覆盖层厚度、查明地下水渗透性等专门用途的钻孔深度应按有关规范的要求确定。

ⅷ）在断裂破碎带、冲沟地带、地裂缝等不良地质作用发育场地及位于斜坡上或坡脚下的高层建筑，当需进行整体稳定性验算时，控制性勘探孔的深度应满足评价和验算的要求。

(3) 取样与测试。详细勘察时，取试样和原位测试工作应符合下列要求：

1) 采取土试样和进行原位测试的勘探点数量，应根据地层结构、地基土的均匀性和设计要求确定，对地基基础设计等级为甲级的建筑物每栋不应少于 3 个。

2) 每个场地每一主要土层的原状土试样或原位测试数据不应少于 6 件(组)。

3) 在地基主要受力层内，对厚度大于 0.5m 的夹层或透镜体，应采取土试样或进行原位测试。

4) 当土质不均匀时，应增加取土数量或原位测试工作量。

对于高层建筑，采取不扰动土试样和原位测试勘探点的数量不宜少于全部勘探点总数的 2/3，勘察等级为甲级的单幢高层建筑不宜少于 4 个。采取不扰动土试样或进行原位测试的竖向间距，基础底面下 1.0 倍基础宽度内宜按 1 ～ 2 m，以下可根据土层变化情况适当加大距离。采取岩土试样和进行原位测试应符合下列规定：

1) 每幢高层建筑每一主要土层内采取不扰动土试样的数量或进行原位测试的次数不应少于 6 件(组) 次。

2) 在地基主要受力层内，对厚度大于0.5 m的夹层或透镜体，应采取不扰动土试样或进行原位测试。

3) 当土层性质不均匀时，应增加取土数量或原位测试次数。

4) 岩石试样的数量各层不应少于 6 件(组)。

5) 地下室侧墙计算、基坑边坡稳定性计算或锚杆设计所需的抗剪强度试验指标，各主要土层应采取不少于 6 件(组) 的不扰动土试样。

6) 对勘察等级为甲级的高层建筑、或工程经验缺乏、或研究程度较差的地区，宜布设载荷试验确定天然地基持力层的承载力特征值和变形参数。

(4) 地下水。根据拟建建筑的工程需要，应采用调查与现场勘察方法，查明地下水的性质和变化规律，提供地下水参数；针对地基基础形式、基坑支护形式、施工方法等情况分析评价地下水对地基基础设计、施工和环境影响，预估可能产生的危害，提出预防和处理措施的建议。

当已有丰富经验或场地水文地质条件简单，且有常年地下水监测资料的地区，地下水的勘察可通过调查方法掌握地下水的性质和规律；当地下水的变化或含水层的水文地质特性对地基评价、地下室抗浮和工程降水有重大影响时，宜进行专门的地下水勘察，并应符合表 10.23 的要求。

表 10.23　勘察方法及要求

勘察方法	勘察要求
地下水调查	1. 地下水的类型和主要含水层及其渗透性； 2. 地下水的补给排泄条件、地表水与地下水的水力联系； 3. 历史最高地下水位、最低地下水位及近 3～5 年水位变化趋势和主要影响因素； 4. 区域性气象资料； 5. 有否地下水污染源

续表

勘察方法	勘察要求
专门的地下水勘察	1.查明地下水类型、水位及其变化幅度； 2.与工程相关的含水层相互之间的补给关系； 3.测定地层渗透系数等水文地质参数； 4.对缺乏常年地下水监测资料的地区，应在初步勘察阶段设置长期观测孔或孔隙水压计； 5.对与工程结构有关的含水层，应采取水样进行水质分析； 6.在岩溶地区，应查明场地岩溶裂隙水的主要发育特征及其不均匀性

地下水位的量测应符合下列规定：

1)遇地下水时应量测水位。

2)稳定水位应在初见水位后经一定的稳定时间后量测。

3)对多层含水层的水位量测，应采取止水措施，将被测含水层与其他含水层隔开。

4)《岩土工程勘察规范》(GB 50021—2001)规定：初见水位和稳定水位可在钻孔、探井或测压管内直接量测，稳定水位的间隔时间按地层的渗透性确定，对砂土和碎石土不得少于0.5h，对粉土和黏性土不得少于8h，并宜在勘察结束后统一量测各孔(井)内水位。量测读数至厘米，精度不得低于±2cm。

5)测定地下水流向可用几何法，量测点不应少于呈三角形分布的3个观测孔，孔距宜50～100m；地下水流速的测定可用指示剂法或充电法。

含水层渗透系数及导水系数等水文地质参数宜采用钻孔或探井抽水试验、注水试验或压水试验求得，试验应符合下列规定：

1)抽水试验宜三次降深，最大降深宜接近工程设计所需的地下水位降深标高。

2)对砂土和粉土的注水试验，可采用试坑单环法；对黏性土可采用试坑双环法；试验深度较大时可采用钻孔法。

3)压水试验宜按工程特点、岩层条件及渗透特性划分试验段，按需要确定试验的起始压力、最大压力和压力级数。孔隙水压力的测定应符合《岩土工程勘察规范》(GB 50021—2001)的规定。

地下水对工程的作用和影响应按下列内容评价：

1)对基础、地下结构应考虑在最不利组合情况下，地下水对结构的上浮作用。

2)验算边坡稳定时，应考虑地下水及其动水压力对其的不利影响。

3)采取降水措施时，在地下水位下降的影响范围内，应考虑地面沉降及其对工程的危害。

4)当地下水位回升时，应考虑可能引起的回弹和附加的浮托力等。

5)在有水头压差的粉细砂、粉土地层中，应评价产生潜蚀、流砂、管涌的可能性。

6)在地下水位下开挖基坑，应评价降水或截水措施的可行性及其对基坑稳定和临近工程的影响。

7)对地下水以下的工程结构，应评价地下水对混凝土或金属材料的腐蚀性。

8)对软质岩石、强风化岩石、残积土、湿陷性土、膨胀土和盐渍岩土，应评价地下水的聚集和散失所产生的软化、崩解、湿陷、胀缩和潜蚀等有害作用。

9)在冻土地区,应评价地下水对土的冻胀和溶陷的影响。

采取降低地下水位的措施应满足下列要求:

1)施工中地下水位应保持在基坑底面以下0.5～1.5m。

2)降水过程中应防止土颗粒的流失。

3)防止深层承压水引起的突涌,必要时应采取措施降低基坑下的承压水头。

4)降水后对既有建筑物和地下管线等设施的影响评价及防护措施。

4. 施工勘察

施工勘察不是一个固定勘察阶段,而是在一定的需要下进行的勘察工作,其目的是配合设计、施工单位,解决与施工有关的岩土工程问题,并提供相应的勘察资料。它不仅包括施工阶段的勘察工作,还包括可能在施工完成后进行的勘察工作(如检验地基加固效果等)。

基坑或基槽开挖后,岩土条件与勘察资料不符或发现必须查明的异常情况时,应进行施工勘察;在工程施工或使用期间,当地基土、边坡体、地下水等发生未曾估计到的变化时,应进行监测,并对工程和环境的影响进行分析评价。

(1)当有下列情况时应进行施工勘察:

1)对较重要建筑物的复杂地基,需进行施工验槽。

2)基槽开挖后,地质条件与原勘察资料不符,有可能需做较大的设计修改时。

3)深基础施工设计及施工中需进行的测试工作。

4)研究地基处理、加固方案,需进行设计和检验工作时。

5)需进一步查明及处理地基中的不良地质作用,如溶洞或土洞发育,自重湿陷性黄土厚度较大且下限不清等。

6)对施工中出现的边坡失稳等地质问题需进行观察及处理等。

(2)施工勘察的主要工作内容有以下几种:

1)施工验槽。系检查核对原勘察资料,与设计、施工单位一起研究与处理地基问题。按具体情况,可进行基坑地质素描,划分及实测地层界线,查明人工填土等对地基有较大影响的地层的分布及其均匀性,调查地下水位有无变化等情况,必要时应进行补充勘探测试工作。

2)地基处理、加固的勘察。应根据地基处理、加固方法确定勘察内容。

3)深基础施工勘察。为深基础施工进行的勘察,要根据不同的施工方法,确定勘察内容。

10.9 岩土工程勘察报告实例

10.9.1 前言

1. 拟建工程概况

拟建工程主要由主楼(宾馆部分)、办公楼和裙楼三部分组成,总占地面积约4 030m^2。场地东西长为76.6m,南北宽为57m,各子项工程见表10.24。

表 10.24　各子项工程特征一览表

项目	主楼	办公楼	裙楼
地上层数/层	22	10～12	3
地下室层数/层	1	1	1
基础埋深/m	6	6	6
简化的基础尺寸/m	35×21	23×22	65×20
结构类型	框剪	框剪	框架
基础类型	筏基＋桩基		

2. 勘察目的与任务

根据《岩土工程勘察规范》(GB 50021—2001)，本工程重要性等级为一级，属甲级岩土工程勘察。勘察目的是针对建筑物特征提供详细的岩土工程资料和设计所需岩土参数，对建筑物地基做出确切的分析和评价，对基础设计、地基处理等做出分析论证。为此，勘察中应解决以下几方面的主要问题：

(1)查明建筑场地内的地层结构，地基土均匀性；查明持力层及下卧层的分布情况，提供各层土的物理力学性质指标、承载力及压缩模量值等。

(2)根据地层情况及地基土力学性质，在承载力验算和变形分析的基础上，对适宜的基础形式做出评价，对地基基础方案选择提出建议。

(3)对基坑边坡稳定性做出评价，提出基坑放坡坡率和坡面保护措施，必要时，做出边坡支护方案建议。

(4)查明地下水情况，判明地下水对基础设计和施工的影响。

(5)提供抗震设计有关参数，判明场地内有无可液化土层，判定场地土类型和建筑场地类型。

3. 勘察工作依据及勘探工作布设

(1)勘察工作遵循的规范、规程。本次勘察遵守《高层建筑岩土工程勘察规程》(JGJ 72—2004)、《岩土工程勘察规范》(GB 50021—2001)、《建筑地基基础设计规范》(GB 50007—2002)、《建筑抗震设计规范》(GB 50011—2001)、《建筑桩基技术规范》(JGJ 94—94)、《土工试验方法标准》(GB/T 50123—1999)、《建筑结构荷载规范》(GB 50009—2001)等。以下有代号者以代号简称。

(2)勘探工作的布设。

1)为查明场地地层结构，布设勘探点 14 个，针对各建筑物基础埋深、基础尺寸和基础形式，确定勘探点间距及勘探点深度。勘探点间距：主楼为 20～25 m，裙楼为 30 m 左右，兼顾角点及层数变化较大部位。勘探点深度：主楼控制孔深为 58.0 m，一般性孔深为 30～35 m，办公楼控制孔深为 55 m，一般性孔深为 30～35 m，裙楼孔深为 15 m。

2)为查明并提供地基土的物理力学性质指标，从钻孔中采取原状土样进行物理、力学性质试验。为评价基坑边坡稳定性及利用强度指标计算地基承载力，以静三轴试验提供抗剪强度

指标 c_{uu}，φ_{uu}值。为确定地基土的压缩模量 E_s，以固结试验测定各层土在不同应力段的 E_s 值。

3）为查明地震地质条件，采用单孔检层法在钻孔中进行波速测试。

4）为综合判定地基土的力学性质和地基土的均匀性，并为进一步判别液化和桩基评价提供参数，布设了静力触探、标准贯入试验等原位测试。

4. 完成的工作量

各勘探点的平面布置见图 10.9，工作量统计见表 10.25。

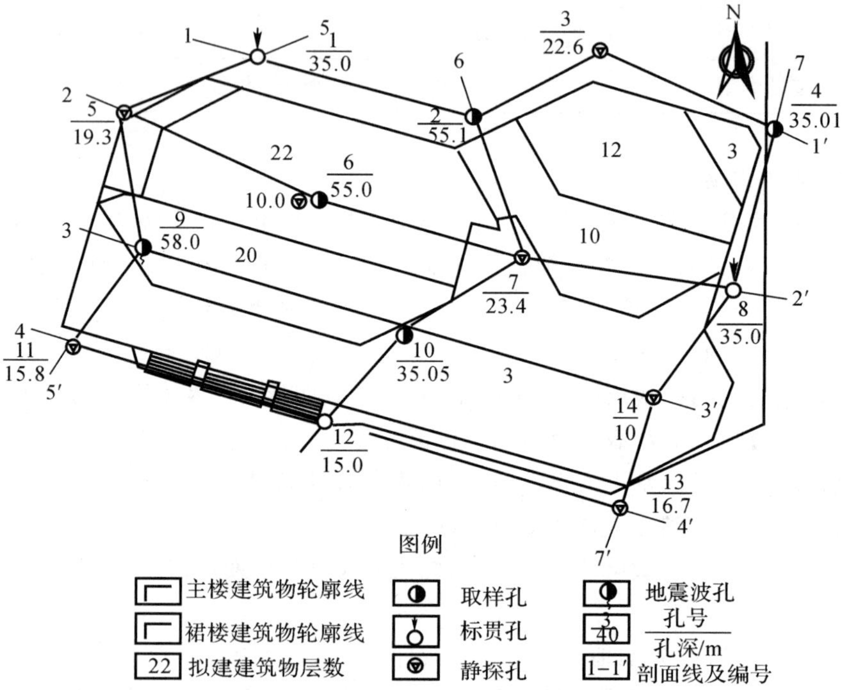

图 10.9　岩土工程勘察平面布置图

表 10.25　勘察工作量汇总表

项目		数量
取样钻孔	总进尺/m	324.5
	孔数/个	8
静力触探孔	总进尺/m	128.0
	孔数/个	7
原位测试	标准贯入/次	98
	波速测试/点次	36
取样	原状土样/件	115
	扰动土样/件	114

项目		数量
室内试验	物理性质试验/组	126
	固结试验（常规）/个	85
	颗粒分析/个	21
	静三轴剪切试验/组	23
	快剪试验/组	13
	比重计分析/个	17
	高压固结试验/个	31

5. 勘探、试验方法

(1)钻探。采用 DPP100—3 型钻机施工,钻进方法为水位以上干钻,水位以下回转钻进,泥浆护壁,严格控制回次进尺,全孔取芯,平均岩芯采取率在 90 %以上。

(2)钻孔中取原状土样。使用取土器规格:面积比为 10%,内间隙比为 1%,外间隙比为 0,刃口角度为 10°,内径为 100 m m ,长度为 20cm。取样方法:上部静压取土,下部较硬地层采取重锤少击法取土。

(3)标准贯入试验。采用标准 63.5kg 的重锤,以自动落锤法进行试验,试验前严格清孔,并严格掌握贯入尺寸。

(4)静力触探。采用原装 20t 液压静力触探车,双桥探头,自动记录仪,试验前对探头严格标定。

(5)波速测试。测试方法采用单孔检层法,在井孔附近的水平地面上放置长方形震源木板,以汽车作为重物压在木板上,使木板与地面紧密接触,用铁锤水平向敲击木板两端而激发剪切波,把拾震器下到孔中,并使其紧靠孔壁,震源木板激发震动时,地震波穿过土层传到拾震器,拾震器的三分量检波器接收信号,通过电缆传到地震仪,分别采集钻孔中三个方向的地震信息,并按正反两方向敲击,对比分析反相记录,以确定剪切波速,确保正确读取波速初值。

(6)土工试验。严格按照(GB/T 50123—1999)的规定进行。

10.9.2　场地工程地质条件

1. 场地环境条件

拟建场地西侧为一煤场,北邻为一拆迁空地,南、东两边为马路,工程场地环境比较简单,周围无高大、重要建筑物。

2. 地形地貌

拟建场地原为民房,拆迁后,表层有较多建筑垃圾,地面略有起伏,高差为 0.7 m 左右,绝对高程为 95.7～96.4 m 。地貌属黄河冲积平原,商城古城河沿场地西半部通过,致使上部地层结构比较复杂。

3. 地层

根据钻探、静力触探、标贯试验,结合土工试验成果对地基土进行岩性和力学特征分层,其分层结果详见图 10.10,地层自上而下描述见表 10.26。

表 10.26　地层岩性一览表

序号	地层代号	土的定名	岩　性　描　述	地层厚度/m	层底深度/m
①	Q_{4-3}^{ml}	填土	杂色～灰黄,稍湿,松散,上部 1.0 m 左右为杂填土,以碎砖瓦、灰渣、建筑垃圾为主,下部渐变为以粉土为主含少量碎砖块的素填土	2.4～3.5	2.4～3.5
②	Q_{4-3}^{al}	新近堆积粉土	浅黄色,很湿,稍密～中密,含氧化铁,偶见碎砖、灰渣、蜗牛壳碎片,局部夹砂层及淤泥,该层分布不均	1.5～2.6	4.4～6.0

续表

序号	地层代号	土的定名	岩性描述	地层厚度/m	层底深度/m
③	Q_{4-3}^{al}	新近堆积粉土	灰黑色～暗灰色，湿～饱和，稍密～中密，含有质、瓷片、小砾石，偶见煤渣、灰渣，底部含砂量大。该层分布不均，厚度变化较大，西部较厚，东部较薄	1.0～4.2	5.5～9.5
④	Q_3^{al}	粉土	灰黄～黄褐色，很湿～饱和，稍密～中密，含钙结核、氧化铁，局部夹砂。该层分布不均，厚度变化比较大，在西部5－5'和6－6'剖面之间尖灭	0～2.7	8.0～9.5
⑤	Q_3^{al}	粉土夹粉砂透镜体	灰黄～黄褐色，饱和，中密，含氧化铁及蜗牛壳	2.3～4.4	11.3～12.6
⑥	Q_3^{al}	粉土夹粉砂	灰黄～黄褐色，饱和，中密～密实，含蜗牛壳，偶见钙质，层理清晰	3.6～4.8	15.7～17.3
⑦	Q_3^{al}	粉细砂	灰黄～黄褐色，饱和，中密，成分以长石、石英为主，含蜗壳，偶见钙质结核	3.2～4.4	20.0～20.7
⑧	Q_3^{al}	粉土	灰黄～黄褐色，饱和，中密，含砂量高，偶见蜗牛壳，含钙质结核。局部多云母，色杂	2.2～3.0	22.6～23.5
⑨	Q_3^{al}	中细砂	黄褐色，饱和，密实，成分以石英、长石为主，含云母，偶见小礁石，夹粉土，含黏粒较多	6.4～8.6	29.0～31.6
⑩	Q_2^{al+pl}	粉土	褐红色，饱和，中密～密实，局部为粉质黏土，含大量钙质结核，局部富集成层，含氧化铁	3.6～6.2	35.0～36.2
⑪	Q_2^{al+pl}	粉土	浅棕红色，饱和，密实，局部为粉质黏土，呈硬塑状态，含氧化铁及铁锰结核，虫孔发育	3.3～3.6	39.0～39.8
⑫	Q_2^{al+pl}	粉质黏土	浅棕红色，很湿，硬塑，铁锰结核较多，含钙质结核，局部胶结成岩	8.9	48.2～48.7
⑬	Q_2^{al+pl}	粉土	褐黄色，饱和，密实，夹有粉质黏土，呈硬塑状态，局部夹粉砂，含铁锰结核	最大揭露厚度9.8	未揭穿，至58.0

4. 地下水

(1)地下水类型及埋深。地下水属潜水类型，钻探期间从钻孔测得水位埋深为9.0 m左右，但表层局部受原有上下管道渗漏影响，使表层因浸水而产生软化现象。

(2)地下水对设计和施工的影响评价。因地下水位在基础底面以下，地下水对基础开挖和基础施工不会产生影响。

5. 不良地质作用

建筑场地范围内未发现不良地质作用。

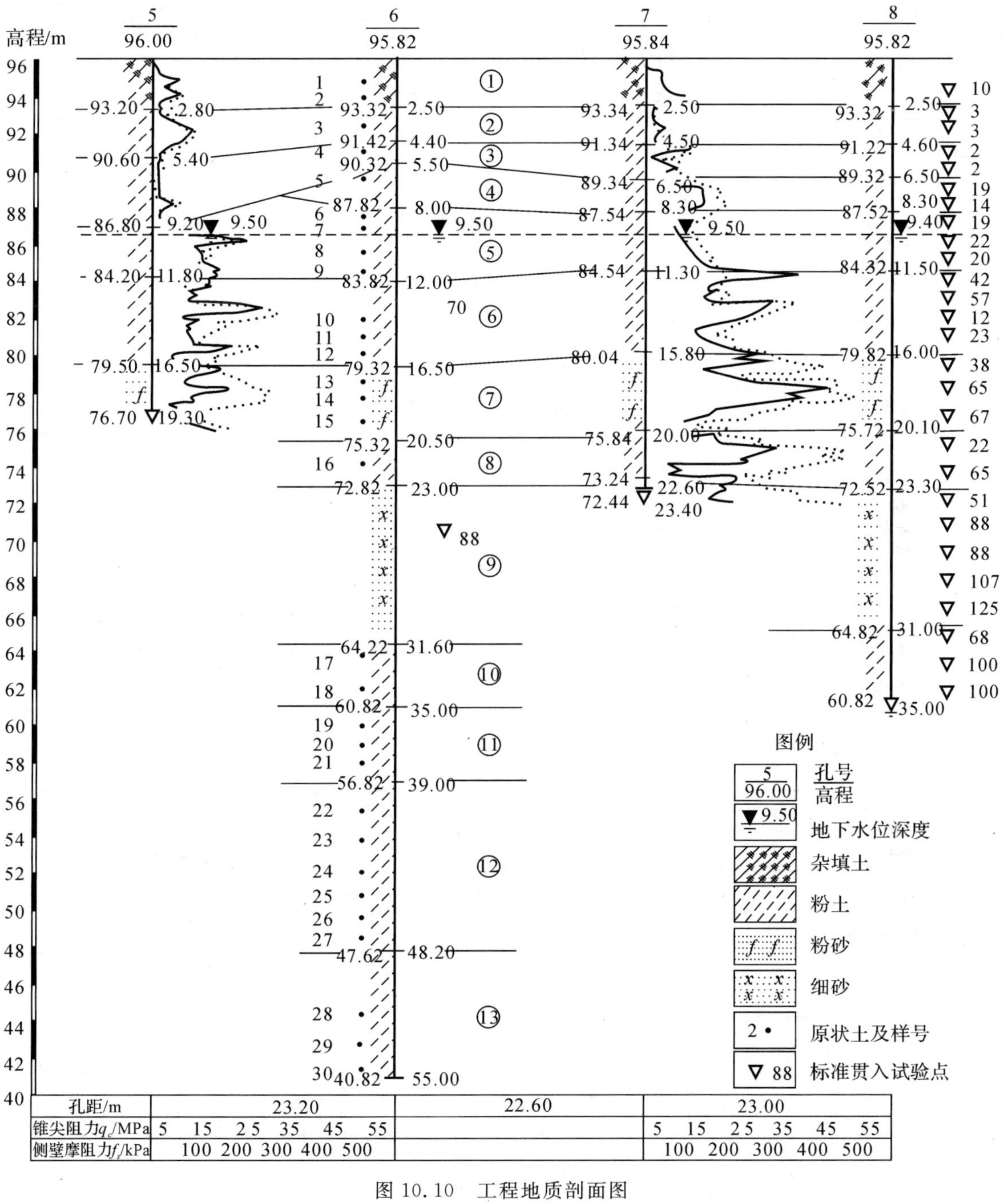

图 10.10　工程地质剖面图

10.9.3　地基土的工程特性

1. 地基土的物理力学性质指标统计

(1)各层土的物理性质指标统计。各层土的物理性质指标统计方法是,先将试验结果异常值进行舍弃,然后分层统计,并且舍去上、下大小值各 10 %后得统计结果(表 10.27)。

(2)静三轴剪切试验成果统计。根据静三轴剪切试验结果,按《建筑地基基础设计规范》

(GB 50007—2002)的地基规范方法对试验结果进行统计分析，并结合原位测试指标按经验公式和区域性经验，提出建议值，列于表 10.28 中。

表 10.27　土的物理性质统计表

层号	特征值	含水量 w /(%)	重度 γ /(kN·m^{-3})	比重 G	孔隙比 e	饱和度 S_r /(%)	液限 w_L /(%)	塑限 w_P /(%)	塑性指数 I_P	液限指数 I_L
①	样本数	4	4	7	4	4				
	最大值	24.0	16.71	2.71	1.005	90				
	最小值	12.5	14.72	2.69	0.819	47				
	平均值	17.8	15.91	2.70	0.913	68				
	标准差			0.008						
	变异系数			0.003						
②	样本数	6	13	6	7	7	12	11	12	6
	最大值	22.2	17.56	2.71	0.911	93	26.4	20.7	9.3	0.45
	最小值	21.0	16.93	2.69	0.872	82	17.3	12.2	4.0	0.29
	平均值	21.5	17.24	2.70	0.892	86	23.5	17.1	7.0	0.38
	标准差	0.472	0.012	0.240	0.008	4.007	3.061	2.992	1.660	0.050
	变异系数	0.022	0.017	0.013	0.003	0.047			0.237	0.133
③	样本数	6	7	9	7	6	8	10	9	7
	最大值	22.4	18.65	2.72	1.113	97	27.1	22.3	10.0	1.35
	最小值	17.1	16.71	2.71	0.657	89	19.3	12.9	6.3	−0.27
	平均值	20.5	17.73	2.71	0.858	92	22.9	16.4	8.0	0.57
	标准差	2.079	0.824	0.004	0.108	3.25	2.087	3.635	1.433	0.582
	变异系数	0.101	0.42	0.002	0.164	0.035			0.178	1.019
④	样本数	7	5	10	5	6	11	11	10	6
	最大值	20.7	18.66	2.71	0.744	99	27.7	20.6	9.3	0.36
	最小值	17.0	18.40	2.70	0.705	89	21.1	13.5	7.1	0.13
	平均值	19.4	18.50	2.70	0.723	94	24.4	16.6	8.1	0.2
	标准差	1.346		0.005		3.886	2.101	2.444	0.064 3	0.100
	变异系数	0.069		0.002		0.041			0.079	0.396
⑤	样本数	8	8	14	8	8	14	13	10	6
	最大值	23.9	18.68	2.71	0.836	100	27.2	19.9	8.6	0.56
	最小值	20.3	17.72	2.69	0.680	91	21.6	15.0	7.1	0.42
	平均值	22.1	18.20	2.70	0.765	97	24.8	17.6	8.0	0.49
	标准差	1.208	0.383	0.009	0.043	3.359	2.007	1.617	0.495	0.049
	变异系数	0.055	0.019	0.003	0.070	0.035			0.062	0.099

续表

层号	特征值	含水量 w /(%)	重度 γ /(kN·m^{-3})	比重 G	孔隙比 e	饱和度 S_r /(%)	液限 w_L /(%)	塑限 w_P /(%)	塑性指数 I_P	液限指数 I_L
⑥	样本数	11	13	15	13	11	7	10	10	12
	最大值	22.5	18.92	2.71	0.802	100	27.0	20.1	7.5	0.38
	最小值	20.3	17.90	2.68	0.663	94	26.8	18.4	6.3	−0.15
	平均值	21.1	18.42	2.70	0.745	98	26.9	19.4	7.0	0.16
	标准差	0.775	0.344	0.008	0.034	2.377	0.082	0.574	0.398	0.182
	变异系数	0.037	0.017	0.003	0.059	0.024			0.057	1.121
⑧	样本数	9	9	8	9	9	10	10	8	9
	最大值	23.4	18.78	2.71	0.827	100	29.4	23.1	8.8	0.72
	最小值	19.9	18.05	2.71	0.705	94	24.2	15.9	7.5	−0.007
	平均值	21.4	18.39	2.71	0.770	97	27.2	19.0	8.2	0.24
	标准差	1.406	0.293	0.000	0.037	2.330	1.084	2.266	0.493	0.272
	变异系数	0.066	0.014	0.000	0.063	0.024			0.060	1.125
⑩	样本数	9	10	12	7	11	12	9	12	11
	最大值	25.3	20.31	2.72	0.658	100	32.7	21.7	11.1	0.64
	最小值	22.1	19.38	2.71	0.636	92	22.1	19.2	6.9	0.15
	平均值	23.8	19.88	2.72	0.647	97	28.5	20.1	9.1	0.37
	标准差	1.042	0.289	0.005	0.008	2.787	3.514	0.964	1.363	0.164
	变异系数	0.044	0.015	0.002	0.013	0.029			0.149	0.440
⑪	样本数	7	7	7	7	7	7	7	7	7
	最大值	28.3	19.09	2.72	0.799	96	31.2	21.0	10.2	0.99
	最小值	22.3	18.38	2.71	0.727	78	28.4	19.7	8.7	0.23
	平均值	25.5	18.86	2.72	0.772	90	29.5	20.2	9.4	0.57
	标准差	2.928	0.331	0.005	0.031	8.231	1.193	0.614	0.624	0.326
	变异系数	0.115	0.018	0.002	0.040	0.092			0.067	0.569
⑫	样本数	10	10	11	7	10	10	11	8	10
	最大值	26.2	19.83	2.73	0.707	100	36.0	22.0	14.7	0.40
	最小值	24.4	19.46	2.71	0.691	97	33.5	20.0	13.6	0.24
	平均值	25.2	19.66	2.72	0.700	99	34.8	21.0	14.3	0.31
	标准差	0.600	0.127	0.006	0.007	1.307	0.807	0.668	0.373	0.049
	变异系数	0.024	0.006	0.002	0.009	0.013			0.026	0.157

续表

层号	特征值	含水量 w /(%)	重度 γ /(kN·m^{-3})	比重 G	孔隙比 e	饱和度 S_r /(%)	液限 w_L /(%)	塑限 w_P /(%)	塑性指数 I_P	液限指数 I_L
⑬	样本数	6	6	6	6	6	5	6	6	6
	最大值	25.3	20.21	2.72	0.734	100	30.1	21.0	11.3	0.79
	最小值	20.5	18.93	2.69	0.605	89	27.8	17.8	7.0	0.15
	平均值	23.4	19.76	2.71	0.658	96	29.3	19.5	9.0	0.47
	标准差	1.628	0.459	0.012	0.051	4.757		1.085	1.056	0.232
	变异系数	0.070	0.023	0.004	0.077	0.049			0.167	0.498

表 10.28　静三轴试验成果统计表

项目		层号				
		①	②	③	④	⑤
ϕ_{uu}/(°)	样本数	3	8	6	6	6
	最大值	32.0	34.0	24.0	34.0	32.0
	最小值	30.9	24.3	4.0	29.0	28.3
	平均值	31.4	27.3	16.2	31.5	30.6
	标准差		3.92	8.65	1.98	1.46
	建议值	26.0	26.0	10.0	30.0	31.0
c_{uu}/(kPa)	最大值	40.0	15.0	32.0	20.0	15.0
	最小值	30.0	5.0	10.0	10.0	12.0
	平均值	35.3	11.1	21.7	14.3	13.3
	标准差		3.18	7.93	5.65	1.11
	建议值	8.0	8.0	21.0	12.0	12.0

(3)静力触探成果统计。对静力触探成果按厚度加权平均值法进行统计，结果见表 10.29。

表 10.29　静力触探成果统计表

层号	样本数 n /次	锥头阻力 q_c/MPa			侧壁阻力 f_s/MPa			比贯入阻力 p_s/MPa
		最大值	最小值	平均值	最大值	最小值	平均值	
②	7	5.0	1.6	2.4	43.0	17.0	31.8	2.62
③	7	2.2	0.7	1.3	36.0	9.0	20.8	1.42
④	5	12.6	7.5	10.0	250.0	75.0	171.7	11.1
⑤	7	8.6	7.2	7.6	140.0	70	108.6	8.3
⑥	6	14.0	6.8	10.6	160.0	85	135.8	11.5
⑦	4	22.5	7.5	18.8	260	160	208.6	19.9
⑧	2	10.0	6.0	8.4	260	205	238	9.9

(4)标准贯入试验成果统计。对现场原位测试标准贯入试验原始击数进行杆长修正后,击数统计修正结果见表 10.30。

表 10.30　标准贯入试验成果统计表

层号	样本数 n	最大值	最小值	平均值 μ	标准差 δ	统计修正值 n
②	6	20	3.0	9.1	6.76	4.6
③	6	6.1	0.9	3.7	2.21	2.22
④	2	16.6	11.8	14.2		12.0
⑤	9	19.8	9.7	15.0	3.00	13.4
⑥	12	43.7	9.2	31.6	13.00	25.4
⑦	11	49.8	23.9	36.3	10.9	30.9
⑧	3	15.0	11.8	13.1		11.5
⑨	21	79.4	22.8	48.1	15.8	42.4
⑩	5	45.5	27.3	39.1	—	31.5

(5)波速测试成果统计。各层土纵、横波速值见表 10.31。

表 10.31　各层土纵、横波速值表

层号	横波波速 $v_s/(m\cdot s^{-1})$	纵波波速 $v_p/(m\cdot s^{-1})$	层号	横波波速 $v_s/(m\cdot s^{-1})$	纵波波速 $v_p/(m\cdot s^{-1})$
①	177.87	276.69	⑧	289.33	494.66
②	220.67	353.71	⑨	315.15	532.77
③	244.98	437.30	⑩	340.39	547.09
④	250.10	453.20	⑪	354.10	705.78
⑤	232.22	385.10	⑫	372.51	754.35
⑥	279.22	483.50	⑬	411.81	867.48
⑦	262.10	472.46			

2. 各层土承载力特征值

根据静力触探和标准贯入试验、抗剪强度指标(理论公式法)以及土工试验成果等方法,分别进行各层土承载力特征值的计算。根据计算结果综合分析,确定各层土承载力特征值的建议值(表 10.32)。

表 10.32　各层土承载力(kPa)特征值

层号	理论公式	静探指标换算	标贯估算	建议采用值
②	120	150		120
③	115	110		110
④	223	260		210
⑤	190	250		190

续表

层号	理论公式	静探指标换算	标贯估算	建议采用值
⑥	206	250		200
⑦		300	267	260
⑧	200	250		200
⑨			340	340
⑩	200			200
⑪	180			180
⑫	271			270
⑬	220			220

3. 各层土的压缩模量标准值及压缩性评价

根据室内测试结果统计和静力触探确定的各层土的压缩模量见表 10.33，结合区域经验，综合确定各土层的压缩模量标准值的建议值，各土层的压缩性评价并列于表 10.33。

表 10.33　各层土压缩模量(E_{s1-2})标准值及压缩性评价表

层号	土工试验统计平均值/MPa	静探换算值/MPa	建议值/MPa	压缩性评价
②	8.5	10.4	7.8	中等
③	4.4	6.0	5.4	中高
④	14.9	18.0	14.9	中低
⑤	14.8	18.0	13.6	中低
⑥	17.0	18.0	14.5	中低
⑦		25.0	25.0	低压缩性
⑧	13.2	18.0	14.5	中低
⑨			35.0	低压缩性
⑩	7.9		8.0	中等
⑪	7.7		7.7	中等
⑫	9.5		11.0	中等
⑬	14.5		14.5	中低

4. 场地地下水、土对建材腐蚀性评价

(1)地下水对建材腐蚀性评价。按《岩土工程勘察规范》(GB 50021—2001)规范划分，场地环境类别为Ⅱ类。水质分析结果表明，该场地地下水对混凝土结构和钢筋混凝土结构中的钢筋均无腐蚀性。

(2)场地土对建材腐蚀性评价。据场地土腐蚀性分析结果，按《岩土工程勘察规范》(GB

50021—2001)规范判定，场地土对混凝土结构及钢筋混凝土结构中的钢筋均无腐蚀性。

10.9.4　场地地震效应

1. 地震动参数

根据波速测试成果，按经验公式，计算所得各土层的动弹性模量、动剪切模量及动泊松比列于表 10.34 中。

表 10.34　地震动参数表

层号	动弹模量 E_d/MPa	动剪切模量 G_d/MPa	动泊松比 μ_d	层号	动弹模量 E_d/MPa	动剪切模量 G_d/MPa	动泊松比 μ_d
②	218.6	92.5	0.181	⑧	419.4	169.1	0.240
③	297.6	117.0	0.271	⑨	493.9	200.6	0.230
④	325.3	127.0	0.281	⑩	546.1	230.6	0.184
⑤	264.5	108.9	0.214	⑪	627.9	235.7	0.332
⑥	393.7	157.4	0.25	⑫	731.9	273.4	0.339
⑦	354.6	138.8	0.28	⑬	877.5	323.9	0.335

2. 建筑抗震设防参数

据《建筑抗震设计规范》(GB 50011—2001)规范，场地抗震设防烈度为 7 度，设计基本地震加速度值为 0.15g。

3. 液化可能性评价

根据标准贯入试验结果和黏粒含量分析结果，按照《建筑抗震设计规范》(GB 50011—2001)的要求进行饱和粉土、粉细砂，液化可能性评价，并按单孔单点法计算液化指数，结果见表 10.35 。经综合分析，本场地不存在可液化土层。

表 10.35　液化判别及液化指数计算表

孔号	水位深度/m	层号	土名	ρ_c/(%)	d_s/m	$N_{63.5}$/击	N_{cri}/击	d_i/m	$\left(1-\frac{N_i}{N_{cri}}\right)\times d_i w_i$	判别结果
1	7.2	③	粉土	8.0	1.8	7.0	3.5	1.1	0.00	不液化
				10.0	8.8	6.0	3.5	1.2	0.00	不液化
		⑤	粉土	10.0	9.8	17.0	3.8	0.8	0.00	不液化
				8.0	10.8	12.0	4.6	1.0	0.00	不液化
				6.8	11.8	15.0	5.4	1.3	0.00	不液化
		⑥	粉土夹砂	3.0	12.8	46.0	8.8	0.7	0.00	不液化
				8.3	13.8	8.0	5.6	1.0	0.00	不液化
				3.0	14.8	49.0	1.0	0.7	0.00	不液化

续表

孔号	水位深度/m	层号	土名	ρ_c/(%)	d_s/m	$N_{63.5}$/击	N_{cri}/击	d_i/m	$\left(1-\frac{N_i}{N_{cri}}\right)\times d_i w_i$	判别结果
8	7.5	④	粉土	11.0	7.8	14.0	2.9	0.8	0.00	不液化
		⑤	粉土	6.5	8.8	19.0	4.2	1.0	0.00	不液化
				8.6	9.8	22.0	4.0	1.0	0.00	不液化
				5.3	10.8	20.0	5.6	1.2	0.00	不液化
		⑥	粉土夹砂	3.0	11.8	42.0	8.0	0.8	0.00	不液化
				3.0	12.8	50.0	8.60	1.0	0.00	不液化
				5.3	13.8	12.0	6.9	1.0	0.00	不液化
				4.1	14.8	23.0	8.4	0.7	0.00	不液化
12	8.8	⑤	粉土	11.9	9.3	14.0	2.9	1.0	0.00	不液化
				10.0	10.3	13.0	3.5	1.0	0.00	不液化
				8.2	11.3	17.0	4.2	0.7	0.00	不液化
		⑥	粉土夹砂	3.0	12.3	28.0	7.5	0.8	0.00	不液化
				3.0	13.3	46.0	8.1	1.0	0.00	不液化
				3.0	14.3	39.0	8.7	1.2	0.00	不液化

4. 建筑场地类别

按《建筑抗震设计规范》《GB 50011－2001》规范表 4.1.1 条划分，拟建场地属抗震有利地段。

根据波速测试结果，结合附近资料，分析判定场地覆盖层厚度小于 80 m，15 m 范围内横波波速厚度加权平均值为 227.5 m/s ，属中软场地土，建筑场地类别为Ⅱ类。

10.9.5 基础方案分析与论证

1. 荷载估算

按建设单位提供的拟建建筑物平面布置图，按经验估算钢筋混凝土结构荷载；主楼及办公楼地下每层单位面积荷载标准值取 13.0kPa ；裙楼部分单位面积荷载标准值取 16.0kPa；地下一层单位面积荷载标准值取 20kPa；基础底板按厚度 1.5 m 考虑，其单位面积上荷载为 37.5kPa ；由此得各子项工程基底压力标准值见表 10.36。

表 10.36　各子项工程基底压力估算值表

子项工程名称	主楼	办公楼	裙楼
基底压力标准值/kPa	352.5	222.5	105.5
基底压力设计值/kPa	440.6	278.1	131.8

注：基底压力设计值＝基底压力标准值×1.25。

2. 天然地基方案分析

(1)地基均匀性评价。根据建设单位提供任务委托书中地下室高度估算，基础底板埋深在地表下 6.0 m 左右，此时，地基持力层分别为第③，④层，由于第③，④层厚度变化较大，必须对地基均匀性进行评价。

根据《高层建筑岩土工程勘察规范》(JGJ 72—2004)中第 8.2.4 条规定评价如下：第③层属中高压缩性地基，主楼部位持力层坡度为 12%，办公楼部位持力层坡度为 10.8 %，均大于 10 %；地基持力层及第一下卧层在基础宽度方向上的厚度差值最大值为 2.7 m，大于 $0.05b$；由于第③层 Q_{4-3}^{al} 属新近堆积土，工程性质较差，第④层工程性质较好，二者差异较大。综合分析，基础埋深 6 m 时为不均匀地基。

(2)地基土强度验算。对持力层第③、④层，根据理论公式计算及经按深度修正综合确定承载力特征值后与各子项工程基底压力比较，验算持力层承载力是否满足上部荷载要求，对比结果见表 10.37。

表 10.37　地基强度验算对比表

子项工程名称	主楼	办公楼		裙楼	
持力层层号	③	③	④	③	④
地基承载力特征值/kPa	208	208	380	208	380
基底压力设计值/kPa	440.6	278.1	278.1	131.8	131.8
结果对比	$P>f$	$P>f$	$P<f$	$P<f$	$P<f$

从表 10.37 对比结果可以看出，主楼、办公楼地基持力层承载力不能满足要求，需采用桩基础，考虑地下室连通的整体性，裙楼可采用柱下桩基，以免主楼、办公楼与裙楼接合部位产生过大的差异沉降。

3. *桩基础方案分析*

(1)桩基设计参数。桩基设计参数是根据各层土的物理性质指标、标贯击数和静力触探结果分析后，结合桩的类型、入土深度、地下水位，按《建筑桩基技术规范》(JGJ 94—94)提供设计参数(表 10.38)。

表 10.38　桩基设计参数表

层号	钻孔灌注桩		沉管灌注桩	
	桩周土摩阻力标准值 q_s/kPa	桩端土承载力标准值 q_p/kPa	桩周土摩阻力标准值 q_s/kPa	桩端土承载力标准值 q_p/kPa
②	30		30	
③	20		20	
④	33		30	
⑤	30		25	
⑥	30		28	
⑦	40		38	
⑧	30		25	
⑨	45	550	40	1800
⑩	30	220	30	1500
⑪	30	220	25	1200

(2)单桩承载力估算及经济指标对比。按表 10.38 所提供桩基设计参数，以相同地质条件

(9 号孔地层)选择第⑨层细砂作为桩端持力层,对不同桩型、不同布桩方式作单桩承载力估算,并与主楼荷载条件下对比是否满足要求,并且按现行××省建筑工程定额及建筑材料市场价估算经济指标,对桩型选择提供依据,估算结果见表 10.39。

表 10.39　单桩承载力及经济指标估算表

桩型	桩径/m	布桩方式	基底压力/kPa	桩间距/m	单桩承担荷载面积/m²	桩长/m	单桩承载力标准值/kN	单桩需承担设计值/kN	单桩承载力设计值/kN	单方混凝土造价/(元/m²)	单方混凝土承载力标准值/kN	单桩承载力设计值可否满足要求
钻孔灌注桩	0.6	正方形	440.6	1.8	3.24	19	1 265	1 427.5	1 518	800		可
						20	1 350	1 427.6	1 820	800		可
		正三角形	440.6	1.8	2.81	19	1 265	1 238.1	1 518	800	235.5	可
						20	1 350	1 238.1	1 620	800	238.7	可
						18	1 130	1 238.1	1 356	800	222.1	可
	0.8	正方形	440.6	2.4	5.76	19	1 755	2 537.8	2 106	810		否
						20	1 869	2 537.8	2 243	810		否
		正三角形	440.6	2.4	4.99	19	1 755	2 198.6	2 106	810		否
						20	1 869	2 198.6	2 243	810		可
沉管灌注桩	0.6	正方形	440.6	1.8	3.24	19	1 516	1 427.5	1 819	560	282	可
						20	1 592	1 427.5	1 910	560	281.5	可
		正三角形	440.6	1.8	2.81	19	1 516	1 238.1	1 819	560	282	可
						20	1 592	1 238.1	1 910	560	381.5	可
						18	1 508	1 238.1	1 806	560	396.4	可

(3)桩基类型选择。桩型选择应根据地层条件、当前施工设备及技术水平,结合经济指标综合考虑后选择合理桩型。

从地层条件来看,第④层及其以下土层属老地层,第④,⑥层比贯入阻力 p_s 值一般大于 12 MPa,标贯击数平均值第⑥层为 33.5 击。按沉桩经验判断如采用沉管灌注桩沉桩困难,应采用钻孔灌注桩。但从表 10.39 经济对比指标看,沉管灌注桩单方混凝土造价低于钻孔灌注桩单方混凝土造价 200~240 元,采用沉管灌注桩是比较经济的。

通过以上分析,建议采用钻孔灌注桩,其桩径 d=0.6 m,梅花形布桩,桩长为 19.0 m,入土深度为 25 m。但如果能取得建设单位的支持,通过试桩,采用引孔沉管灌注桩。即通过引孔消除地层的沉桩困难,尔后采用沉管灌注桩,可降低综合造价(定额规定引孔费及泥浆外运费合计 130 元/m³ 左右)。采用这种施工工艺,每立方米混凝土可比钻孔灌注桩降低 100 元左右。因而从总造价看,经济效益是可观的,且成桩质量较钻孔桩导管灌注可靠,桩端承载力可更好地发挥作用。如果本工程采用引孔沉管灌注桩工艺,桩基设计参数可参照钻孔灌注桩侧壁摩阻力和沉管灌注桩桩端承载力作试桩设计,桩长 L=18 m,桩径 d=0.6 m,引孔直径可采用 d=0.55 m。然后以静压试验结果修正工程桩长。

(4)群桩承载力验算。对群桩基础按实体基础考虑,不考虑桩身段实体基础的应力扩散。以主楼荷载计算,实体基础基底压力 $p=630.6$kPa 。桩端持力层第⑨层细砂承载力设计值为 $F=639.2$kPa,计算得 $p_z+p_{cz}=490.6\text{kPa}<F$。故下卧层亦满足强度要求。从表 10.39 可知,采用钻孔灌注桩、桩径 $d=0.6$ m ,桩长 $L=19$ m,单桩承载力 $R_k=1\ 265$kN。梅花形布桩,桩间距 $s=1.8$ m 时,主楼平面尺寸按 $23\times35=805\text{m}^2$,可布桩 286 根,群桩提供承载力 $R_{k群}=286\times1\ 265=361\ 790$ kN。总荷载 $N=805\times440.6=354\ 683$kN,$N<R_{k群}$,群桩承载力满足上部荷载的要求;同时办公楼荷载低于主楼,其桩端持力层,下卧层强度,群桩承载力亦可满足要求,但布桩时,按实际荷载核算,桩间距应大于主楼桩间距。

(5)群桩沉降分析。按《建筑桩基技术规范》(JGJ 94—94)推荐的视群桩为一实体基础,采用分层总和法,考虑相邻基础影响,按表 10.40 中各土实际应力段压缩模量 E_s 计算主楼、办公楼的沉降量。计算结果:主楼沉降量为 37.0mm,办公楼的沉降量为 16.7mm,主楼和办公楼之间的沉降差为 20.3mm,满足《建筑桩基技术规范》(JGJ 94—94)要求。

表 10.40　沉降计算 E_s 取值表

层号	⑨	⑩	⑪	⑫	⑬
沉降计算 E_s 取值/MPa	35	27	24	30	35

10.9.6　基坑开挖方案分析与论证

1. 基坑开挖对环境的影响分析

拟建工程场地环境条件比较简单,周围 20 m 距离内没有建筑物,加上地下水埋藏较深,故基坑开挖放坡条件较好,不会对环境造成不良影响。

2. 开挖方案的选择及边坡坡率的选定

由于场地周围环境条件较好,本工程基坑开挖可采用放坡方案,放坡坡率为 1∶0.5。

3. 圆弧法验算边坡稳定性及坡面保护措施

当采用 1∶0.5 坡率放坡时,采用圆弧法计算边坡稳定性,安全系数 $K=1.1$ 是安全的。但坡顶 2.8 m 范围内不能有堆载。为防止施工期间雨水及施工用水对坡面冲刷而引起塌方,开挖后应对坡面采用水泥砂浆护面,坡顶应有导水沟,防止雨水和施工用水流进基坑,浸湿坡角引起塌方。

10.9.7　结论与建议

(1) 本工程场地在地貌上属于黄河冲积平原,场地地形基本平坦,无不良地质作用,适宜兴建高层建筑及多层建筑。

(2) 本场地勘察深度范围内查明有 13 层土层,浅部①～③层为填土层和全新世新近堆积的粉土,分布不稳定,底板深度为 5.5 ～5.9 m ;中部④～⑨层为上更新统冲积中细砂、粉土及粉土与粉细砂互层,中密一密实,分布较稳定,底板深度为 29.0 ～31.6 m ;下部揭露地层为中更新统冲积的密实粉土和硬塑粉质黏土,分布稳定。除第⑦,⑨层砂土为低压缩性土外,其余各土层均为中等压缩性土。各层土的物理性质指标见表 10.26,抗剪强度指标见表 10.28,地基土承载力值见表 10.32,桩基参数见表 10.38。

(3) 根据 1∶400 万《中国地震烈度区划图》(1990),该地地震设防烈度为 7 度;经判别场地内地下水位以下的粉土和砂土不会液化，9.0 m 以下无软弱土层分布，无震陷可能，属抗震有利地段；本场地土属中软场地土，Ⅱ类建筑场地，设计时可按上述条件考虑抗震设防措施。

(4) 场地地下水属潜水，勘察期间，地下水位埋深 9.0 m ，相应标高为 87.42 m，水位年变化幅度在 1.0 m 左右；因基坑开挖较浅，地下水不会对其造成影响；场地地下水、土对混凝土结构及钢筋混凝土结构中的钢筋均无腐蚀性。

(5) 经对天然地基分析，基础埋深 6 m 时为不均匀地基；根据建筑物估算荷载及地层特征且主楼地基承载力不能满足要求，建议采用钻孔灌注桩，桩径为 0.6 m ，桩长为 19 m，入土深度为25 m，主楼采用梅花形布桩，桩间距为 1.8 m，群桩承载力可满足预估最大基底压力设计值(440.6kPa)的要求。若取得建设单位支持，通过试桩采用引孔沉管灌注桩，则可取得较好的经济效益。采用引孔沉管灌注桩时，设计参数可按钻孔灌注桩侧壁摩阻力和沉管灌注桩桩端承载力参数做试桩设计。桩长为 18 m，桩径为 0.6 m，引孔直径为 0.55 m。然后以试桩结果修正工程桩桩长。预估群桩沉降量主楼不超过 40mm，办公楼不超过 20 mm。

(6) 基坑开挖建议采用放坡方案，坡率可选用 1∶0.5 ，坡顶在 2.8 m 范围内避免堆载，坡面和坡角应注意采取防水措施，防止雨水或施工用水流进坑内浸湿坡角引起塌方。

(7) 建议基础底板施工完成后即进行建筑物沉降观测；施工过程中应加强施工监理工作，尤其对混凝土灌注桩施工质量的监理；对桩基宜先做试桩来确定单桩承载力，并选择合适的施工设备。工程桩宜采用做静载和动测相结合方法检验。

(8) 基坑开挖后注意施工检验工作。

思 考 题

1. 房屋建筑和构筑物的主要岩土工程问题有哪些？
2. 工程地质单元体的划分有何意义？
3. 什么是地基承载力？确定地基承载力的原则是什么？
4. 什么是地基承载力特征值？确定地基承载力特征值的方法有哪些？
5. 简述地基沉降变形的计算方法。
6. 简述桩基持力层选择的原则。
7. 试述深基坑开挖的岩土工程问题。
8. 房屋建筑和构筑物岩土工程勘察的阶段划分及其主要任务是什么？
9. 详细勘察阶段确定勘探孔深度的一般原则有哪些？
10. 详细勘察阶段取试样和原位测试应符合哪些要求？
11. 施工勘察的目的是什么？在哪些情况下需进行施工勘察？

第 11 章　地下洞室岩土工程勘察

11.1 概　　述

人工挖掘或天然存在于岩土体内，具有一定断面形状和尺寸，并有较大的延伸长度，可作为各种用途的构筑物统称为地下洞室，也称之为地下建筑或地下工程。随着经济建设的高速发展，地下洞室的应用将会越来越广，规模和埋深也将越来越大。目前，地下洞室最大埋深可达 2 500m，跨度已超过 50m。

地下洞室按其用途可分为交通隧道、水工隧洞、矿山巷道、地下厂房和仓库、地下铁道及地下军事工程等类型；按其内壁是否有内水压力作用可分为无压洞室和有压洞室两类；按其断面形状可分为圆形、椭圆形、拱形、城门洞形、矩形及梯形等类型（图 11.1）；按洞室轴线与水平面的关系可分为水平硐室、竖井和倾斜洞室三类；按围岩介质类型可分为土洞和岩洞两类；另外还有人工洞室与天然洞室之分。

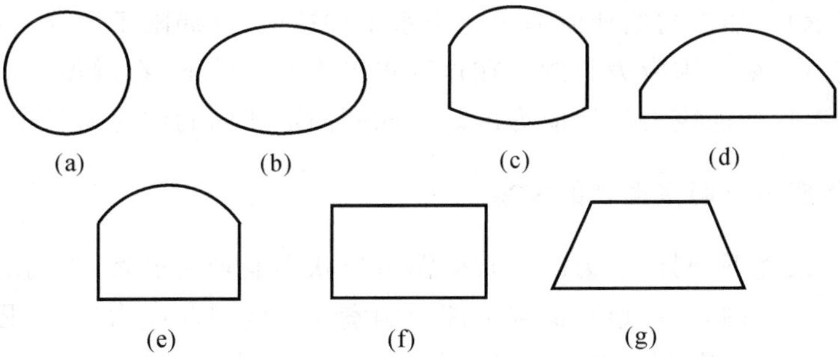

图 11.1　常见洞室的断面形状

（a）圆形；（b）椭圆形；（c）封闭拱形；

（d）抛物线拱形；（e）城门洞形；（f）矩形；（g）梯形

地下洞室的特点是全部埋藏在地下岩土体内，它的安全、经济和正常使用都与其所处的地质环境特征密切相关。地下洞室周围的岩体简称围岩。狭义上的围岩是指洞室周围受到开挖影响，大体相当于地下洞室宽度或平均直径 3 倍左右范围内的岩体。围岩的性质直接影响地下洞室的稳定与安全。各种类型的地下洞室，所产生的岩土工程问题不尽相同，对地质条件的要求也不同，因而所采用的研究方法和研究内容也是有区别的。

地下洞室最主要的岩土工程问题是围岩稳定性问题。地下洞室岩土工程问题包括：围岩压力评价、洞口位址选择论证、围岩变形与破坏分析等方面。地下洞室岩土工程勘察的任务就是为不同设计阶段所要解决的岩土工程问题提供必要地质依据。

11.2 地下洞室围岩应力分布特征

天然应力是指天然存在于岩土体内而与人为因素无关的应力，也称初始地应力、原岩应力、一次应力。天然应力由自重应力和构造应力构成。

地下洞室开挖前，岩土体处于天然地应力平衡状态，称为一次应力状态或初始应力状态。洞室开挖后，由于在岩土体内形成了自由表面，岩土体中的应力平衡状态受到破坏而产生应力重分布，以达到新的平衡，形成新的应力状态，称为重分布应力状态，也叫二次应力。

在重分布应力的作用下，洞室围岩将向洞内变形、位移，如果围岩重分布应力超过了岩体的承受能力，围岩将产生破坏。因此，为防止围岩变形、破坏，保证洞室稳定，需要对围岩进行支护和衬砌，支护结构上就会受到变形与破坏的围岩施加的压力。这种由于围岩的变形与破坏而作用于支护和衬砌上的压力称为围岩压力。

11.2.1 洞体应力与最大主应力的关系

洞体应力是初始应力在洞室周围的重新分布，所以初始应力状态对洞体应力重新分布起主导作用。在有些情况下，地应力主要由岩石自重应力场构成，这时铅直应力为最大主应力，而水平应力很小。洞体由于这种铅直受力条件(图 11.2)，理论上在拱顶及洞底可能出现拉应力区(用“－”号表示)，在拱脚及洞脚部位产生很大切向压应力，在边墙亦有较大的铅直切向压应力(用“＋”号表示)。如果初始地应力主要由水平构造应力(局限于地壳运动较强烈的地区)组成，这时水平应力为最大主应力。洞体在这种水平受力条件下，在拱顶及拱底切向应力为压应力，而在边墙上出现切向应力的拉应力区。不同断面形状的洞体应力状态是不一样的。

11.2.2 洞体应力与洞室形状的关系

在一定的受力条件下，洞体应力的分布受洞室形状影响较为显著，不同的洞形其应力集中的部位及范围不一样。例如，在铅直荷载下圆形洞室在两侧切向应力集中(图 11.2(a))，而水平椭圆形洞室在两侧切向应力集中更明显(图 11.2(b))，范围更大，而且在洞顶及洞底出现拉应力区。城门洞形洞体，拱脚及洞脚部位切向压应力集中(图 11.2(c))，而在梯形洞室的边角应力更为集中，并且在顶部及底部出现更大范围的拉应力区(图 11.2(d))。一般地，圆形洞的洞体应力条件较好；椭圆形洞只有在长轴平行荷载方向时才比较有利，如果长轴与荷载方向斜交或垂直，这时应力条件比圆形洞差。在边墙岩体稳定的情况下，城门洞形的洞体较梯形洞有利。

11.2.3 洞体应力与岩体结构的关系

图 11.3 表明岩体中一组发育的节理产状对应力分布的影响。在这里假定岩体为弹性材料，但是由于发育一组节理成为不连续介质，节理的抗剪强度很低，不能承受及传递很大的剪应力，而且不能承受拉应力。从图 11.3 可以看出，对于同样的圆形洞，同样的受力条件，节理产状导致洞体应力大小及主应力方向的显著变化。圆形洞的应力集中在两侧(图 11.3(b))，但在节理的影响下，洞体最大的切向应力可能有三种方向及部位：①节理与洞体受力垂直，或交角较大时(大于 60°)，在洞周边与节理垂直相交的部位上产生最大切向应力，它垂直于节理

(图 11.3(e),(f));②节理与洞体受力方向接近平行,或交角较小时(小于 30°),则在洞周边与节理相切部位产生最大切向应力,它平行于节理(图 11.3(c));③当节理与洞体受力方向 45°斜交时,在洞周边与节理垂直及相切的两个部位产生相等的最大切向应力(图 11.3(d))。此外,由图还可看到洞顶及洞底部位主应力的方向及大小,也和节理的产状有密切关系。

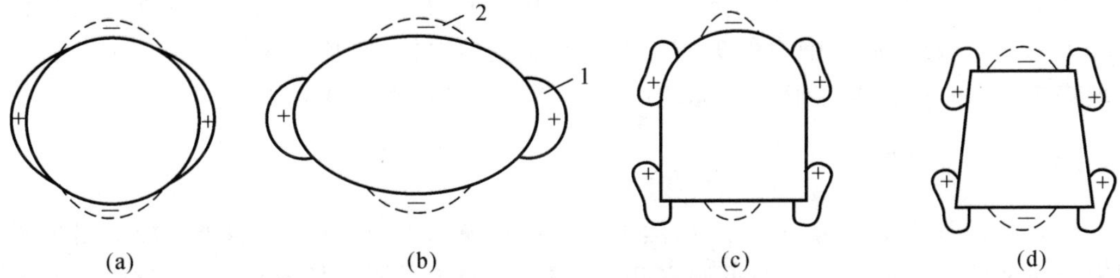

图 11.2　各种断面形状的洞体应力状态比较

1—压应力集中区;　2—拉应力集中区

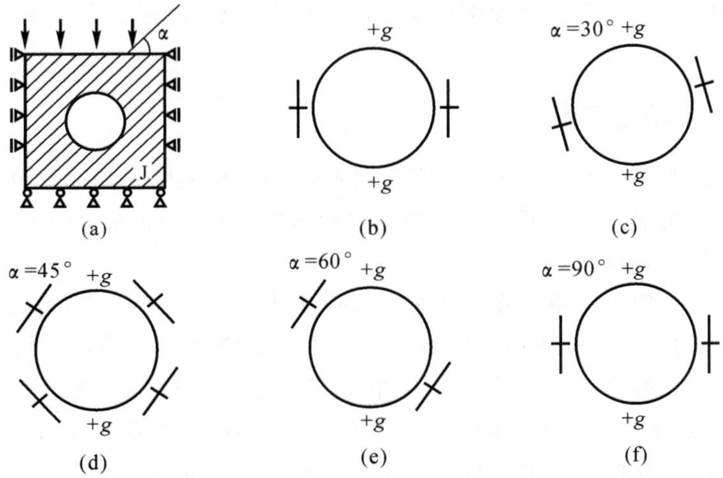

图 11.3　结构面产状对洞体应力分布的影响

(a) 力学模型;　(b)～(f) 应力状态;

J—结构面;　α—结构面与荷载夹角;　g—拱顶应力

11.2.4　洞体应力与岩体特性的关系

一般说,在具有线性应力应变关系的岩体中,洞壁能够承受巨大的应力集中,所以直接在洞体的侧壁产生最大的应力集中。如果岩体具有弹塑性特征,应力应变关系是非线性的,当洞壁应力超过弹性极限后,岩石出现屈服现象,应变速率加大,洞壁不能承受切向应力的集中,于是最大切向应力部位向洞体外侧转移,且距洞壁有一定距离。在此范围内,岩体有了较大变形而松弛,对洞体稳定不利。所以,由于岩体变形特性的不同,开挖后实际的洞体变形及稳定条件是不一样的。应力分布的不对称与初始应力状态及岩体力学性质的不均一性及各向异性有关。对于各向异性岩体,其各向异性轴的方向,与洞体受力方向、洞室对称轴的方向一致时,则应力分布比较对称,否则将是不对称的。而当应力分布不对称时,则洞体衬砌及岩体变形亦不对称,容易产生偏倾压力,对洞体的支护及衬砌很不利。

11.3 围岩的变形与破坏

洞室开挖后，如果没有及时设置支护结构，当围岩应力超过了围岩强度时，便会失稳破坏；即使设置了支护结构，但支护结构抵抗围岩压力和变形的能力不足，也会造成支护结构和围岩的破坏失稳。一般地，洞室围岩的破坏可发生在洞室的顶板、两帮和底板。

现将常见形式的围岩变形与破坏的产生条件和形成机理论述如下。

11.3.1 局部破坏

整体状结构及块状结构的岩体，虽然不发生大规模的失稳和破坏，但仍可能会出现洞室周边围岩小块体的局部掉块。在地下洞室开挖过程中，施工导洞扩挖时预留的岩柱，易产生劈裂破坏，也具有脆性破裂的特征。有时在整体及块状坚硬岩体中，由于结构面的存在，沿其端部延展易于产生岩体开裂应变。在这种情况下，岩体的抗开裂强度可能比岩石的单轴抗压强度低一个数量级。因此，在有大量节理平行洞壁的岩体中，应注意避免在主体洞室开挖之前就对邻近的支导洞做永久衬砌。

11.3.2 块体滑动与冒落

块状、厚层状以及一些均质坚硬的层状岩体受软弱结构面的切割形成分离块体，在重力和围岩应力作用下，有可能向由于开挖产生的临空面方向移动，而形成块体的滑动，有时还会产生块体的转动、倾倒等现象。

洞室开挖后，原岩应力的重分布在顶板可能产生不利于稳定的拉应力，顶板围岩会在自重及上覆岩层压力作用下发生竖直向下的变形。如果洞室跨度不大，而且顶板岩层坚硬完整而少被节理裂隙切割，在两帮岩石的约束下，顶板岩石仍能保持稳定状态。如果洞室跨度较大，或者顶板岩层软弱或被多组节理裂隙切割而破碎，围岩中原有节理裂隙就会扩展，在拉应力作用下产生新的破裂面，这些新生的节理裂隙也会不断扩展。顶板岩石中这些原有和新生的节理裂隙相互汇合交截，使顶板岩石更加破碎。这些岩石块体在重力作用下可能与围岩母体脱离，突然塌落而发生冒顶。如果不是在松散土层、岩石破碎带中，顶板岩石冒落后可能形成塌落拱，如图 11.4(a)、图 11.4(b)所示。洞室发生冒顶破坏，与顶板围岩的结构面和风化程度等因素密切有关。如结构面发育强烈的所有坚硬岩石和砂质页岩、泥质砂岩、钙质页岩、钙质砂岩、云母片岩、千枚岩、板岩地段经常发生顶板塌落(图 11.4(c))。而在断层破碎带、裂隙密集带附近顶板塌落最为严重。在特别破碎软弱的岩土层中开挖水平硐室，发生冒顶后，顶板围岩并不能形成压力拱，必须设置顶板及时超前支护结构，才能防止冒顶破坏的发生。

11.3.3 层状岩体的弯曲折断

弯曲折断现象多发生在层状岩体中，尤其是在夹有软岩的互层状岩体中最为常见。然而在一些大型的地下工程中，受一组极发育的结构面控制的似层状岩体，也可以产生类似的弯折破坏。

层状岩体围岩的变形破坏主要受岩层产状及岩层组合等因素控制。其破坏形式主要有沿层面张裂、折断塌落、弯曲内鼓等。不同产状围岩的变形破坏形式如图 11.5 所示。

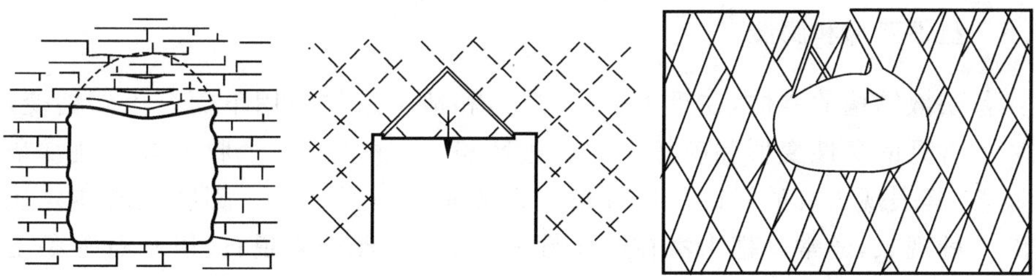

(a)　(b)　(c)

图 11.4　围岩冒顶破坏

在水平层状围岩中，洞顶岩层可视为两端固定的板梁，在顶板压力下，将产生下沉弯曲、开裂。当岩层较薄时，如不支撑，任其发展，则将逐层折断而塌落，最终形成如图 11.5(a)所示的三角形塌落体。

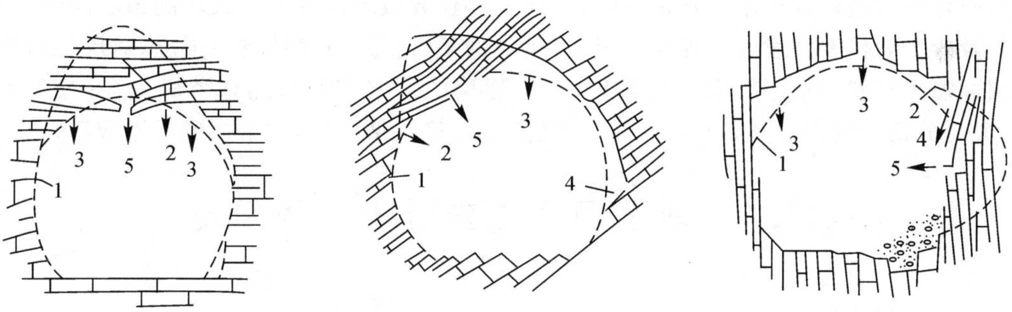

(a)　(b)　(c)

图 11.5　层状围岩变形破坏特征

(a)水平层状岩体；(b)倾斜层状岩体；(c)直立层状岩体

1—设计断面轮廓线；2—破坏区；3—崩塌；4—滑动；5—弯曲、张裂及折断

在倾斜层状围岩中，常表现为沿倾斜方向一侧岩层弯曲塌落，另一侧边墙岩块滑移等破坏形式，形成不对称的塌落拱，这时将出现偏压现象(图 11.5(b))。

在直立层状围岩中，当天然应力比值系数 $\lambda < \frac{1}{3}$ 时，洞顶由于受拉应力作用，使之发生沿层面纵向拉裂，在自重作用下岩柱易被拉断塌落。侧墙则因压力平行于层面，常发生纵向弯折内鼓，进而危及洞顶安全(图 11.5(c))。但当洞轴与岩层走向有一定交角时，围岩稳定性就会大大改善。经验表明，当这一交角大于 20°时，边墙不易失稳。

11.3.4　碎裂岩体的松动解脱

在隧洞施工中，较大规模的塌落和滑动多发生在由构造挤压破碎、节理密集以及岩脉穿插的破碎地段，亦即在碎裂结构岩体中。当岩体中泥质结构面数量较少时，围岩具有一定的承载能力，但是在张力和振动力作用下容易松动、解脱(溃散)成为碎块散开或脱落。一般在洞顶呈现崩塌，在边墙上则表现为滑塌或碎块的坍塌。

11.3.5 塑性变形和膨胀

有些具备松散结构的岩体，在重力、围岩应力和地下水的作用下而产生塑性变形，并导致围岩的破坏。常见的塑性变形和破坏形式有边墙挤入、底鼓及洞径收缩等。通常塑性变形的时间效应显著，其表现为有的衬砌受压开裂往往要延续一段时间。膨胀是岩体体积随时间变化而增大的一种现象，通常是把由潜在膨胀性的岩石（如含有蒙脱石、伊利石等黏土矿物或含硬石膏的岩石）吸水后引起的体积应变看做膨胀，这是由物理化学效应产生的结果。例如华北地区某地下工程处于一种次火山岩中，岩石中的斑晶是由蒙脱石构成，水沿岩体中的裂隙渗透，导致岩体产生整体膨胀，并且具有塑性变形和破坏的性质。岩体吸水膨胀造成洞底鼓起15 cm高，鼓起部分的表面有宽约12 cm的张裂缝，并且使衬砌的边墙严重开裂，拱顶亦被错开。

以上介绍的岩体变形与破坏的5种形式，既有区别又有联系。由于岩体结构类型的不同，变形与破坏的表现形式也不一样。同时，还应当抓住导致岩体变形与破坏的核心问题。例如，对松软及碎裂岩体要注意它的泥质含量，评价它的塑性变形及整体抗剪强度；对层状岩体应注重对层面特征产状和层厚等问题的调查，因为岩层的弯张变形与此有密切关系；对于块状岩体，一般要分析结构体的形态与产状特征，尤其是不稳定结构体，常常造成崩塌或滑动。

11.4 地下洞室特殊岩土工程问题

11.4.1 涌水

当地下洞室施工穿越含水层时，不可避免地会使地下水涌进洞内，给施工带来困难。地下水也常是造成塌方和使围岩丧失稳定的重要原因。地下水对不同围岩的影响程度是不尽相同的。其主要表现可归纳为如下几个方面：①以静水压力的形式作用于洞室衬砌；②使岩质软化，并使其强度降低；③促使围岩中的软弱夹层泥化，减少层间阻力，易于造成岩体滑动；④含水层由于大量的地下水的流出，在动水压力作用下，将出现流沙及渗透变形；⑤如地下水的化学成分中含有害化合物（硫酸、二氧化碳、硫化氢、亚硫酸）时，对衬砌将产生侵蚀作用；⑥最为不利的影响是发生突然的大量涌水。这种突然涌水常造成停工和人身伤亡事故，工程上常称其为“灾难性涌水”。

造成地下洞室突然大量涌水的条件是：①洞室穿过溶洞发育的石灰岩地区，尤其是遇到地下暗河系统时，可能有大量的突然涌水，其涌水量可达每小时数百至几千立方米；②洞室通过厚层的含水砂砾石层，其涌水量可达每小时几立方米；③遇到断层破碎带，特别是它又与地表水连通时，也会发生大量的涌水，涌水量一般也在每小时几十至几百立方米。

在地下洞室涌水预测中，不仅要预报出洞身涌水量，而且要预报出集中涌水准确地点、涌出的形式及方向，以便有效地设计排水方式，准备排水设备和正确选择施工方法。对砂砾石层中地下水涌水的预报，把握性比较大。可利用矿床水文地质学中矿床坑道疏干公式计算其涌水量。目前岩溶地下水的预报还缺少比较好的方法，因为水文地质学中计算矿坑疏干的那些公式，大多不实用。为了准确预报岩溶地下水的涌水，必须首先摸清岩溶的发育规律、地下暗河系统及其与地表水的排泄、补给关系；然后，利用均衡法计算。

水压的预报要比涌水量简单些，因为它几乎总是高于地下洞室位置的水头的简单函数。水压可能是很大的，特别是在承压含水层中。在考虑从地下洞室岩石分离某一含水层的厚度时应注意到水压。然而遗憾的是，水文地质情况很少这样容易地阐明，致使精确的水量估算不能够达到要求。

硫酸盐溶液，即硫化水很易腐蚀混凝土，因此必须调查水质。对流自含石膏和硬石膏层的水应予以特别的注意。含黄铁矿的岩石也可能引起水含硫酸盐。如同黄铁矿那样，在泥质岩里也可能存在磁黄铁矿分解产生的腐蚀钢和混凝土的硫酸和硫酸铁溶液。

11.4.2　有害气体

天然存在的气体能够充满岩石中的孔隙和空隙。很多气体是危险的，例如甲烷（CH_4），即沼气，可在上石炭统煤系中碰到。甲烷比空气轻，并易于从它原来的地点逸出。它不仅有毒而且易燃，并且与空气混合时剧烈爆炸。如 2005 年 12 月 22 日下午 2 时，四川都江堰至汶川高速公路董家山隧道发生瓦斯爆炸，造成 43 人遇难。二氧化碳（CO_2）和一氧化碳（CO）都是有毒的，前者比空气重而且聚集在地下洞室底部附近。一氧化碳稍微比空气轻，并且像二氧化碳和甲烷一样，在上石炭统煤系中被发现。二氧化碳也可能与火山沉积物和石灰岩伴生。硫化氢（H_2S）比空气重，而且毒性强，与空气混合时也要爆炸。这种气体可通过有机物质的分解或火山活动产生。硫化氢可被水吸收，然后变成对混凝土有害的液体。二氧化硫（SO_2）是一种无色、有刺激性、使人窒息的气体。它易溶于水中形成硫酸溶液。它一般与火山散发物伴生或者可通过黄铁矿的氧化分解产生。

对于有害气体，需查明气体的种类和性质。在隧洞开挖过程中，遇到有害气体，至少影响施工工期，有的甚至引起事故。

11.4.3　地温

除输水地下洞室外，地下洞室内的温度一般是不重要的，除非地下洞室埋深很大。通过围岩的冷却作用使输水地下洞室水温降低，有时仅降几度就可引起冰的形成，从而减小水的通道。当岩体开挖揭露时，释放的热量取决于原岩的温度、岩石的热学性质、岩石揭露的时间长短、岩体揭露的面积的大小和形状、岩石的湿度、气流速度、地球内部的温度以及空气的湿度。当地下洞室揭露地热异常区时，可造成洞温升高，给施工造成困难。

在深地下洞室内高温会使施工更加困难。实际上，高温和岩体压力限制地下洞室开挖的深度。然而，采用新式岩石力学技术已经减少岩爆的发生，因此，高温就成为较重要的限制。地下洞室空气的湿度总是高的，在饱和空气中当温度超过 25℃时，劳动效率降低，温度达到 35℃时，劳动效率几乎为零。采取增加通风量、喷水或冷却空气的方法能够改善工作条件。当原岩温度超过 40℃时，空气冷却是基本的改善方法。在南非，金矿巷道在地面向下延伸达 3.5km，并且已记载原岩温度高达 54℃。

岩体温度随深度的增加取决于地热梯度。地热梯度本身又与所涉及物质的热传导率成反比，即

$$地热梯度 \approx 0.05/k \quad (℃/m) \tag{11.1}$$

式中，k 为热传导率。

尽管地热梯度随地区而变化，但根据岩石的类型和构造，按平均值它以深度每增加 30～35 m 温度升高 1℃的变化率递增。在地质构造稳定的地区，平均梯度是每 60～80 m 增加 1℃，而在火山区它可能是每 10～15 m 深度增加 1℃。山脉下的地热梯度比平原下的大；至于谷地，情况恰恰相反。因此，在一条地下洞室内测到的地热梯度不能假设在另一地下洞室中也存在。

在钻孔中安放温度计能够测到地温。当温度达到稳定时做出量测。量测结果能以地温线的形式绘在地下洞室纵剖面上。在施工期间可能出现的热水流也应该标示。

11.4.4 岩爆

在坚硬而无明显裂隙的完整岩体中开挖洞室，若地应力比较高或洞室埋深较大，洞体围岩存储着大量的弹性应变能，应变能的突然释放，产生一种冲击地压，使围岩产生急剧的脆性破坏，随即向洞外弹出或抛出大小不等的岩片或岩块，有时伴有气浪和巨响，这就是岩爆。大型岩爆常伴有强烈的震动，对地下开挖和地下采掘事业造成很大的危害。

岩爆的产生需要具备两方面的条件：高储能体的存在，且其应力接近于岩体强度是岩爆产生的内因；附加荷载的触发则是其产生的外因。就内因来看，具有储能能力的高强度、块体状或厚层状的脆性岩体，就是围岩内的高储能体，岩爆往往也就发生在这些部位。从岩爆产生的外因方面看主要有两个方面：一是机械开挖，爆破以及围岩局部破裂所造成的弹性振荡；二是开挖的迅速推进或累进性破坏所引起的应力突然向某些部位的集中。

在地下开挖的实际进程中，如果在围岩的某些部位形成了高储能体，且其应力已接近于岩体的强度时，则上述一些元素所引起的应力急剧变化，即使其量级很小，也可使高储能体内的应力迅速超载，从而使其发生剧烈的脆性破坏，突然释放的弹性能一部分消耗于破碎岩石，其余部分则转化为动能，将岩片抛出。

按发生的部位及所释放的能量，岩爆有不同的类型。

在一些深矿坑中，常发生称之为冲击地压或矿山打击的大型岩爆。常伴随着强烈的震动、气浪和巨响，破坏力极大。这类岩爆发生之前，常可觉察到支护上或煤柱中压力的增大，有时还会出现霹雳声或振动，但有时则没有明显的预兆。

在深埋隧道或其他类型地下洞室中所发生的岩爆，多属中小型者。其中有一类岩爆发生时发出如机枪射击的劈劈啪啪的响声，故被称为岩石射击。

11.5 地下洞室围岩的分类及质量分级

11.5.1 地下洞室围岩的分类

不同类型地下洞室的围岩分类基本相似，即采用多因素、多指标、定性描述与定量评价相结合的原则进行。本书以公路隧道为例，将地下洞室围岩划分为 6 类（表 11.1）。在具体工程实践中，除参考表 11.1 对围岩分类外，还应引用各类波速、岩层的完整系数、岩石质量指标和岩体的质量指标等参数进行综合分析、研究，最后分段确定围岩类别。

表 11.1　隧道围岩分类

类别	围岩主要工程地质条件		围岩开挖后的稳定状态（坑道跨度 5m 时）
	主要工程地质特征	结构特征和完整状态	
Ⅵ	硬质岩石（饱和抗压极限强度 $R_b >$ 60MPa（600kgf/cm^2））：受地质构造影响轻微，节理不发育，无软弱面（或夹层）；层状岩层为厚层，层间结合良好	呈巨块状整体结构	围岩稳定，无坍塌，可能产生岩爆
Ⅴ	硬质岩石（$R_b >$ 30MPa（300kgf/cm^2））：受地质构造影响较重，节理较发育，有少量软弱面（或夹层）和贯通微张节理，但其产状及组合关系不致产生滑动；层状岩层为中层或厚层，层间结合一般，很少有分离现象；或为硬质岩石偶夹软质岩石	呈大块状砌体结构	暴露时间长，可能会出现局部小坍塌，侧壁稳定，层间结合差的平缓岩层，顶板易塌落
Ⅴ	软质岩石（$R_b \approx$ 30MPa（300kgf/cm））：受地质构造影响轻微，节理不发育；层状岩层为厚层，层间结合良好	呈巨块状整体结构	
Ⅳ	硬质岩石（$R_b >$ 30MPa（300kgf/cm^2））：受地质构造影响严重，节理发育，有层状软弱面（或夹层），但其产状及组合关系尚不致产生滑动；层状岩层为薄层或中层；层间结合差，多有分离现象，或为硬、软质岩石互层	呈块（石）碎（石）状镶嵌结构	拱部无支护时可产生小坍塌，侧壁基本稳定，爆破震动过大易坍
Ⅳ	软质岩石（R_b = 5～30MPa（50～300kgf/cm^2））：受地质构造影响较重，节理较发育；层状岩层为薄层、中层或厚层；层间结合一般	呈大块状砌体结构	
Ⅲ	硬质岩石（$R_b >$ 30MPa（300kgf/cm^2））：受地质构造影响很严重，节理很发育；层状软弱面（或夹层）已基本被破坏	呈碎石状压碎结构	拱部无支护时可产生较大的坍塌，侧壁有时失去稳定
Ⅲ	软质岩石（R_b = 5～30MPa（50～300kgf/cm^2））：受地质构造影响严重，节理发育	呈块（石）碎（石）状镶嵌结构	
Ⅲ	土： 1. 略具压密或成岩作用的黏性土及砂性土； 2. 一般钙质、铁质胶结的碎、卵石土、大块石土； 3. 黄土（Q_1，Q_2）	1. 呈大块状压密结构； 2.3. 呈巨块状整体结构	

续表

类别	围岩主要工程地质条件		围岩开挖后的稳定状态（坑道跨度 5m 时）
	主要工程地质特征	结构特征和完整状态	
Ⅱ	石质围岩位于挤压强烈的断裂带内，裂隙杂乱，呈石夹土或土夹石状	呈角（砾）碎（石）状松散结构	围岩易坍塌，处理不当会出现大坍塌，侧壁经常小坍塌，浅埋时易出现地表下沉（陷）或坍至地表
	一般第四系的半干硬—硬塑的黏性土及稍湿至潮湿的一般碎、卵石土圆砾，角砾土及黄土（Q_3，Q_4）	非黏性土呈松散结构，黏性土及黄土呈松软结构	
Ⅰ	石质围岩位于挤压极强烈的断裂带内，呈角砾、砂、泥松软体		围岩极易坍塌变形，有水时土砂常与水一剂涌出，浅埋时易坍至地表
	软塑状黏性土及潮湿的粉细砂等	黏性土呈易蠕动的松软结构 砂性土呈潮湿松散结构	

11.5.2 地下洞室围岩的质量分级

地下洞室围岩的质量分级应与洞室设计采用的标准一致，无特殊要求时可根据现行国家标准《工程岩体分级标准》(GB 50218—94)执行。地下铁道围岩类别应按现行国家标准《地下铁道、轻轨交通岩土工程勘察规范》(GB 50307)执行。本节以国标《工程岩体分级标准》(GB 50218—94)为例，对洞室围岩质量分级进行讨论。

国标《工程岩体分级标准》(GB 50218—94)提出按岩体基本质量指标 BQ 对岩体进行分级，BQ 的表达式为

$$BQ = 90 + 3\sigma_c + 250K_v \tag{11.2}$$

式中，σ_c 为岩石(块)饱和单轴抗压强度(MPa)；K_v 为岩体完整性系数。

应用时，当 $\sigma_c > 90K_v + 30$ 时，以 $\sigma_c = 90K_v + 30$ 和 K_v 代入式(11.2)计算 BQ 值；当 $K_v > 0.04\sigma_c + 0.4$ 时，以 $K_v = 0.04\sigma_c + 0.4$ 和 σ_c 代入式(11.2)计算 BQ 值。K_v 用声波试验资料按下式确定：

$$K_v = \left(\frac{v_{pm}}{v_{pr}}\right)^2 \tag{11.3}$$

式中，v_{pm} 为岩体纵波速度；v_{pr} 为岩块纵波速度。当无测试资料时，也可用岩体体积节理数(单位岩体体积内结构面条数)J_v，查表 11.2 求得 K_v 值。

表 11.2 J_v 与 K_v 对照表

J_v/(条·m^{-3})	< 3	$3 \sim 10$	$10 \sim 20$	$20 \sim 35$	> 35
K_v	> 0.75	$0.75 \sim 0.55$	$0.55 \sim 0.35$	$0.35 \sim 0.15$	< 0.15

岩体的基本质量指标主要考虑了组成岩体岩石的坚硬程度和岩体完整性。依据 BQ 值和岩体质量定性特征将岩体划分为如表 11.3 所示的 5 级。

表 11.3　围岩质量分级表

质量级别	岩体基本质量的定性特征	岩体基本质量指标(BQ)
Ⅰ	坚硬岩($\sigma_c > 60$MPa)，岩体完整($K_v > 0.75$)	> 550
Ⅱ	坚硬岩($\sigma_c > 60$MPa)，岩体较完整($K_v = 0.75 \sim 0.55$)； 较坚硬岩($\sigma_c = 60 \sim 30$MPa)，岩体完整($K_v > 0.75$)	$550 \sim 451$
Ⅲ	坚硬岩($\sigma_c > 60$MPa)，岩体较破碎($K_v = 0.55 \sim 0.35$)； 较坚硬岩($\sigma_c = 60 \sim 30$MPa) 或较硬岩互层，岩体较完整($K_v = 0.75 \sim 0.55$)； 较软岩($\sigma_c = 30 \sim 15$MPa)，岩体完整($K_v > 0.75$)	$450 \sim 351$
Ⅳ	坚硬岩($\sigma_c > 60$MPa)，岩体破碎($K_v = 0.35 \sim 0.15$)； 较坚硬岩($\sigma_c = 60 \sim 30$MPa)，岩体较破碎至破碎($K_v = 0.55 \sim 0.15$)； 较软岩($\sigma_c = 30 \sim 15$MPa) 或较硬岩互层，且以软岩为主，岩体较完整至较破碎($K_v = 0.75 \sim 0.35$)； 软岩($\sigma_c = 15 \sim 5$MPa)，岩体完整至较完整($K_v = 0.75 \sim 0.55$)	$350 \sim 251$
Ⅴ	较软岩($\sigma_c = 30 \sim 15$Mpa)，岩体破碎($K_v = 0.55 \sim 0.35$)； 软岩($\sigma_c = 15 \sim 5$MPa)，岩体较破碎至较破碎($K_v = 0.55 \sim 0.15$)； 全部极软岩($\sigma_c < 5$MPa) 及全部极破碎岩($K_v < 0.15$)	$\leqslant 250$

当洞室围岩处于高天然应力区或围岩中有不利于稳定的软弱结构面或地下水存在时，岩体的基本质量指标应进行修正，修正值[BQ] 按下式计算：

$$[BQ] = BQ - 100(K_1 + K_2 + K_3) \tag{11.4}$$

式中，K_1 为地下水影响的修正系数，按表 11.4 确定；K_2 为主要软弱结构面产状影响的修正系数，按表 11.5 确定；K_3 为天然应力影响的修正系数，按表 11.6 确定。

表 11.4　地下水影响修正系数(K_1)表

K_1　　BQ 地下水出水状态	> 450	$450 \sim 351$	$350 \sim 251$	< 250
潮湿或点滴状出水	0	0.1	$0.2 \sim 0.3$	$0.4 \sim 0.6$
淋雨状或涌流状出水，水压 $\leqslant 0.1$MPa 或单位出水量 < 10L/(min·m)	0.1	$0.2 \sim 0.3$	$0.4 \sim 0.6$	$0.7 \sim 0.9$
淋雨状或涌流状出水，水压 > 0.1MPa 或单位出水量 > 10L/(min·m)	0.2	$0.4 \sim 0.6$	$0.7 \sim 0.9$	1.0

表 11.5　主要软弱结构面产状影响修正系数(K_2)表

结构面产状及其与洞轴线的组合关系	结构面走向与洞轴线夹角 $\alpha < 30°$，倾角 $\beta = 30° \sim 75°$	结构面走向与洞轴线夹角 $\alpha > 60°$，倾角 $\beta > 75°$	其他组合
K_2	0.4 ~ 0.6	0 ~ 0.2	0.2 ~ 0.4

表 11.6　天然应力影响修正系数(K_3)表

K_3 BQ / 天然应力状态	> 550	550 ~ 451	450 ~ 351	350 ~ 251	< 250
极高应力区	1.0	1.0	1.0 ~ 1.5	1.0 ~ 1.5	1.0
高应力区	0.5	0.5	0.5	0.5 ~ 1.0	0.5 ~ 1.0

注：极高应力指 $\sigma_c/\sigma_{max} < 4$，高应力指 $\sigma_c/\sigma_{max} = 4 \sim 7$；$\sigma_c$ 为岩石饱和单轴抗压强度；σ_{max} 为垂直洞轴线方向平面的最大天然应力。

根据修正值[BQ]的岩体分级，仍按表 11.3 进行。各级岩体的物理力学参数和围岩自稳能力可按表 11.7 和表 11.8 评价。

表 11.7　岩体物理力学参数表

岩体基本质量级别	重度 γ /(kN·m^{-3})	抗剪断峰值强度		变形模量 E_0/GPa	泊松比 μ
		内摩擦角 φ/(°)	黏聚力 c/MPa		
Ⅰ	> 26.5	> 60	> 2.1	> 33	< 0.2
Ⅱ		60 ~ 50	2.1 ~ 1.5	33 ~ 20	0.2 ~ 0.25
Ⅲ	26.5 ~ 24.5	50 ~ 39	1.5 ~ 0.7	20 ~ 6	0.25 ~ 0.3
Ⅳ	24.5 ~ 22.5	39 ~ 27	0.7 ~ 0.2	6 ~ 1.3	0.3 ~ 0.35
Ⅴ	< 22.5	< 27	< 0.2	< 1.3	> 0.35

表 11.8　地下工程围岩自稳能力表

岩体级别	自稳能力
Ⅰ	跨度 ≤ 20m，可长期稳定，偶有掉块，无塌方
Ⅱ	跨度 10 ~ 20m，可基本稳定，局部可发生掉块或小塌方，跨度 < 10m，可长期稳定，偶有掉块
Ⅲ	跨度 10 ~ 20m，可稳定数日至 1 个月，可发生小至中塌方；跨度 5 ~ 10m，可稳定数月，可发生局部块体位移及小至中塌方；跨度 < 5m，可基本稳定
Ⅳ	跨度 > 5m，一般无自稳能力，数日至数月内可发生松动变形、小塌方，进而发展为中至大塌方。埋深小时，以拱部松动破坏为主，埋深大时，有明显塑性流动变形和挤压破坏；跨度 ≤ 5m，可稳定数日至 1 个月
Ⅴ	无自稳能力

注：① 小塌方：塌方高度 < 3m，或塌方体积 < 30m^3；② 中塌方：塌方高度 3 ~ 6m，或塌方体积 30 ~ 100m^3；③ 大塌方：塌方高度 > 6m，或塌方体积 > 100m^3。

11.6　地下洞室围岩稳定性评价

围岩稳定性评价是地下洞室岩土工程研究的核心，一般采用定性评价与定量评价相结合的方法进行。定性评价是根据工程设计要求对洞址区的工程地质条件进行综合分析，并按一定的标准和原则对洞室围岩进行分类和分段，找出可能产生失稳的部位、破坏形式及其主要影响因素。定量评价是根据一定的判据对围岩进行稳定性定量计算。目前工程上常用稳定性系数来反映围岩的稳定性。所谓稳定性系数是指围岩强度与相应的围岩应力之比，常用 η 表示。当 $\eta=1$ 时，围岩处于极限平衡状态；当 $\eta>1$ 时，围岩稳定；当 $\eta<1$ 时，围岩不稳定。实际评价时，为安全起见，应有一定的安全储备，因此常将 η 除以一个大于 1 的安全系数。

11.6.1　定性评价

地下洞室围岩稳定性不仅取决于岩体本身性质及其所处的天然应力、地下水等地质环境条件，还与洞室规模、断面形状及施工方法等工程因素密切相关。因此，地下洞室围岩的失稳破坏实际上是这些因素综合影响的结果。对一般埋深和规模不太大的地下洞室，围岩的破坏与失稳总是发生在围岩强度薄弱部位，不稳定的地质标志较为明显。通常能够通过一般地质调查工作予以查明。但对埋深和规模较大的地下洞室，由于围岩应力的作用明显增大，不稳定的地质因素较为复杂，围岩稳定性的研究与评价也就较为困难和复杂。如非线弹性问题、弹塑性问题和流变问题等，都可能在这类洞室中出现。

大量的实践经验表明，一般地下洞室围岩的失稳与破坏通常发生在下列部位：① 破碎松散岩体或软弱岩类分布区，包括岩体中的风化和构造破碎带以及力学强度低、遇水易软化、膨胀崩解的黏土质岩类分布区；② 碎裂结构岩体及半坚硬层状结构岩体分布区；③ 坚硬块状及厚层状岩体中，在多组软弱结构面切割并在洞壁上构成不稳定分离体的部位；④ 洞室中应力急剧集中的部位，如洞室间的岩柱和洞室形状急剧变化的部位，常易产生应力型破坏。以上这些部位通常是围岩失稳的部位，特别是在有地下水活动的情况下，最容易形成大规模的塌方。因此，选择地下洞室场址时，应尽量避开以上不稳定部位或减少这类不稳定地段所占的比重。

对于一般地下洞室，围岩稳定的地质标志也是比较明确的，如新鲜完整的坚硬或半坚硬岩体，裂隙不发育，没有或仅有少量地下水活动的地区以及新鲜的坚硬岩体，裂隙虽较发育，但均紧密闭合且连续性较差，不能构成不稳定分离体，且地下水活动微弱或没有的地区，洞室围岩通常是十分稳定的。

地质条件介于上述两大类之间者，是属于稳定性较好至较差的过渡类型。

11.6.2　定量评价

1. 围岩的整体稳定性计算

对于整体状或块状岩体，可视为均质的连续介质，其围岩稳定性分析，除研究局部不稳定影响外，应着重于围岩整体稳定的力学计算。计算方法是根据围岩重分布应力计算或实测结果，求出围岩中的最大拉应力或压应力，将其与岩体的抗拉或抗压强度比较，来评价围岩的稳定性。

地下洞室洞壁处的弹性应力为 $\sigma_\theta=\alpha\sigma_h+\beta\sigma_v$，式中 α,β 为应力集中系数。这时洞壁围岩的

稳定条件为

$$\sigma_{\theta c} \leqslant \frac{\sigma_c}{F_s} \tag{11.5}$$

$$\sigma_{\theta t} \leqslant \frac{\sigma_t}{F_s} \tag{11.6}$$

式中，$\sigma_{\theta c}$，$\sigma_{\theta t}$ 分别为洞壁处最大的环向压应力和拉应力；σ_c，σ_t 分别为岩体饱和抗压与抗拉强度；F_s 为安全系数，一般取 $F_s = 2$。

2. 围岩的局部稳定性计算

在裂隙岩体中，由于结构面的切割，在围岩的某些部位形成不稳定分离体。如图 11.6 所示，若结构面走向与洞轴线平行，可取垂直于洞轴的剖面进行研究。

(1) 洞顶分离体的稳定性。如图 11.6 所示，在洞顶由 L_1，L_2 两组结构面切割成三角形分离体 ABC。结构面的倾角为 α，β，抗拉强度为 T_{j1}，T_{j2}，分离体底宽为 L_3，则分离体的高度 b 为

$$b = \frac{L_3}{\cot\alpha + \cot\beta} \tag{11.7}$$

由于分离体是悬挂在洞顶的，失稳时 L_1 和 L_2 被拉开，而分离体单位长度重量 W_1 和抗拉力 T 为

$$W_1 = \frac{1}{2} L_3 b \rho g = \frac{L_3^2 \rho g}{2(\cot\alpha + \cot\beta)} \tag{11.8}$$

$$T = T_{j1} L_1 + T_{j2} L_2 \tag{11.9}$$

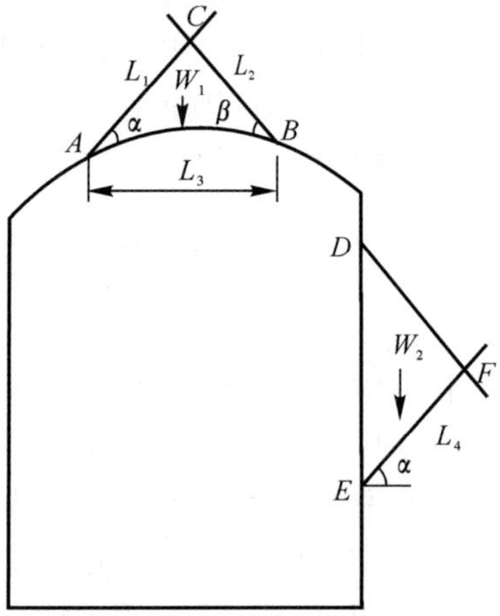

图 11.6　洞顶洞壁分离体稳定性计算

所以分离体的稳定性系数 η 由式(11.8) 和式(11.9) 得

$$\eta = \frac{T}{W_1} = \frac{2(T_{j1}L_1 + T_{j2}L_2)(\cot\alpha + \cot\beta)}{L_3^2 \rho g} \tag{11.10}$$

当 $\eta \geqslant 2$ 时，分离体稳定，反之不稳定。

(2) 侧壁分离体的稳定性。如图 11.6 所示，侧壁分离体在自重 W_2 的作用下沿 L_4 滑移，而后缘切割面 L_2 的抗拉强度可忽略。这时分离体 DFE 的稳定性系数为

$$\eta = \frac{W_2 \cos\alpha \tan\varphi + cL_4}{W_2 \sin\alpha} \tag{11.11}$$

式中，c，φ 分别为结构面 L_4 的黏聚力和内摩擦角；α 为结构面 L_4 的倾角。

11.6.3　地下洞室围岩的稳定措施

保护洞室围岩稳定包括两方面的意思：其一是保护洞室围岩原有的强度和承载能力，如及时封闭围岩以防风化，及时衬砌阻止围岩产生过大变形和松动；其二是赋予围岩一定的强度，使其稳定性有所提高，如给围岩注浆、封闭裂隙、用锚杆加固危岩等。

支护结构常有以下几种：①锚杆；②喷射混凝土；③钢筋混凝土衬砌；④可缩性金属支架等。这几种支护结构或单一采用，或采用其中两种甚至两种以上的联合支护。要根据洞室围岩的好坏和洞室的情况(宽度、高度和使用要求)来确定。

锚喷支护作为保护洞室围岩稳定的措施之一，它是一种先进的支护手段，故成为目前维护的主要方法。

11.7　地下洞室位址选择

11.7.1　地下工程总体位置的选择

在进行地下工程总体位置选择时，首先要考虑区域稳定性，此项工作的进行主要是收集当地的地震地质、区域地质等资料，进行综合地质分析和评价。特别是对区域性深大断裂交会处，近期活动断层和现代构造运动较为强烈的地段，尤其要引起注意。

一般认为，具备下列条件是适合建洞的：基本地震烈度一般小于 8 度，历史上地震烈度及震级不高，无毁灭性地震；区域地质构造稳定，工程区无区域性断裂带通过，附近没有发震构造；第四纪以来没有明显的构造活动。

区域稳定性问题解决以后，即地下工程总体位置选定后，进一步就要选择建洞山体，一般认为理想的建洞山体具有以下条件：

(1)在区域稳定性评价基础上，将洞室选择在安全可靠的地段。

(2)建洞区构造简单，岩层厚且产状平缓，构造裂隙间距大、组数少，无影响整个山体稳定的断裂带。

(3)岩体完整，层位稳定，且具有较厚的单一的坚硬或中等坚硬的地层，岩体结构强度不仅能抵抗静力荷载，而且能抵抗冲击荷载。

(4)地形完整。山体受地表水切割破坏少，没有滑坡、塌方等早期埋藏和近期破坏的地形。无岩溶或岩溶很不发育，山体在满足进洞生产面积的同时，又有 50～100m 覆盖厚度的防护地层。

(5)地下水影响小，水质满足工程建设要求。

(6)无有害气体及异常地热。

(7)其他有关因素，例如与运输、供给、动力源、水源等因素有关的地理位置等。

上述因素实际上往往不能全部具备，应根据具体情况综合考虑。

11.7.2　洞口选择的工程地质条件

洞口的工程地质条件，主要是考虑洞口处的地形及岩性、洞口底部的标高、洞口的方向等问题。至于洞口数量和位置(平面位置和高程位置)的确定必须根据工程的具体要求结合所处山体的地形、工程地质及水文地质条件等慎重考虑。因为出入口位置的确定，一般来说，基本上就决定了地下洞室的轴线位置和洞室的平面形状。

1. 洞口的地形和地质条件

洞口要选择在松散、覆盖层薄、山体坡度较陡(大于 30°)的一面，且有完整岩层作顶板的地段。最好设置在岩层裸露的地段，以免切口刷坡时刷方太大，破坏原来的地形地貌而暴露目标。洞口一般不宜设在悬崖绝壁之下，特别是在岩层破碎地带，容易发生山崩和土石塌方，堵塞洞口和交通要道。要避开冲沟或溪流源头，避开滑坡、崩塌、泥石流等不良地质作用发育或洪水淹没的地段。洞外还应有相应规模的弃渣场地。

2. 洞口底标高的选择

洞底的标高一般应高于谷底最高洪水位以上 0.5～1.0m 的位置(千年或百年一遇的洪水

位)，以免在山洪暴发时，洪水泛滥倒灌流入地下洞室；如若离谷底较近，易聚集毒气，各个洞口的高程不宜相差太大，要注意洞室内部工艺和施工时所要求的坡度，便于各洞口之间的道路联系。

3. 洞口方向

一般来说，山体北坡较陡，岩石风化程度较轻，岩石较坚固。洞口位置应选在面对高山和沟谷不宽的山体的北坡背阴处。洞口设置分散，最好不要在同一方向上设置。如受到地形限制，一定要在同一方向上设立若干个洞口，则各个洞口之间要保持一定距离。特别要注意洞口不要面对常年主导风向，以免毒气侵入洞室。

4. 洞门边坡的不良地质作用

洞门边坡的不良地质作用与一般自然山坡和人工边坡相同。但在选择洞口时，必须将进出口地段的物理地质作用调查清楚。洞口应尽量避开易产生崩塌、剥落和滑坡等地段，或易产生泥石流和雪崩的地区，以免对工程造成不必要的损失。

11.7.3 洞室轴线选择的工程地质条件

洞室轴线的选择主要是由地层岩性、岩层产状、地质构造、地应力、水文地质条件等方面综合分析来考虑确定。

1. 布置洞室的岩性要求

洞室工程的布置对岩性的要求是：尽可能在地层岩性均一、层位稳定、整体性强、风化轻微、抗压与抗剪强度都较大的岩层中通过。一般说来，凡没有经受剧烈风化及构造影响的大多数岩层都适宜修建地下工程。岩浆岩和变质岩大部分均属于坚硬岩石，如花岗岩、闪长岩、辉长岩、辉绿岩、安山岩、流纹岩、片麻岩、大理岩、石英岩等。在这些岩石组成的岩体内建洞，只要岩石未受风化，且较完整，一般的洞室(地面下不超过200～300m，跨度不超过10m)的岩石强度是不成问题的。也就是说，在这些岩石组成的岩体内建洞，其围岩的稳定性取决于岩体的构造和风化程度等方面。在变质岩中有部分岩石是属于软质的，如黏土质片岩、绿泥石片岩、千枚岩和泥质板岩等，在这些岩石组成的岩体内建洞容易崩塌，影响洞室的稳定性。

沉积岩的岩性比较复杂，总的来说比上述两类岩石差。在这类岩石中较坚硬的有石灰岩、硅质胶结的石英砂、砾岩等，较软弱的岩石有泥质页岩、黏土岩、泥砂质胶结的砂、砾岩和部分凝灰岩等，这些较软弱的岩石往往具有易风化的特性，在这类岩体中建洞易产生变形和崩塌，或只有短期的稳定性。

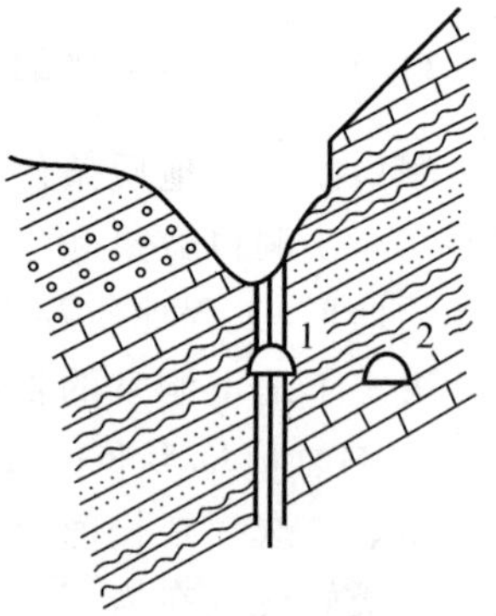

图11.7 断层与隧道位置选择
1—最差； 2—较好

2. 地质构造与洞室轴线的关系

(1) 断裂构造。洞室轴线要选择与区域构造线、岩层及主要节理走向垂直或大角度相交的方向。区域性断层破碎带及节理密集带往往不利于围岩稳定，应尽量避开。若不能避开时，则应垂直其走向以最短距离通过或与构造线以45°～65°的交角通过。在新构造运动活跃地区，应避免通过主断层或断层交叉处。同一岩性内的压性断层，往往上盘较破碎，应选择从其影响较小的下盘通过。图11.7中的方案2无疑要比方案1优越。

在断裂破碎带地区，洞室位置的布置应特别慎重。一般情况下应避免洞室轴线沿断层带的轴线布置，特别在较宽的破碎带地段，当破碎带中的泥砂及碎石等尚未胶结成岩时，绝对不允许建筑洞室工程，因为断层带的两侧岩层容易发生变位，导致洞室的毁坏；断层带中的岩石又多为破碎的岩块及泥土充填，且未被胶结成岩，最易崩落，同时也是地表水渗漏的良好通道，故对地下工程危害极大，如图 11.8 中的 1 号洞室。

当洞室轴线与断层垂直时（图 11.8 中的 2 号洞室），虽然断裂破碎带在洞室内属局部地段，但在断裂破碎带处岩层压力增加，有时还能遇到高压的地下水，影响施工。若断层两侧为坚硬致密的岩层，容易发生相对移动。特别遇到有几组断裂纵横交错的地段，洞室轴线应尽量避开。因为这些地段除本身压力增高外，还应考虑压力沿洞室轴线及其他相应方向重新分布，这是由几组断裂切割形成的上大下小的楔形山体可能将其自重传给相邻的山体，而使这些部位的地层压力增加（图11.9）。

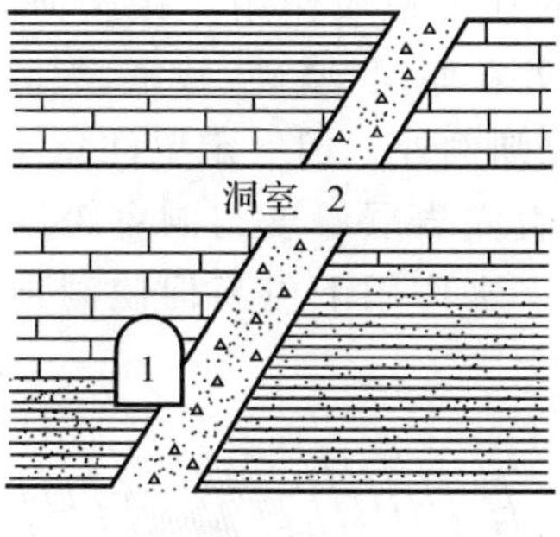

图 11.8　洞室轴线与断层轴线示意图

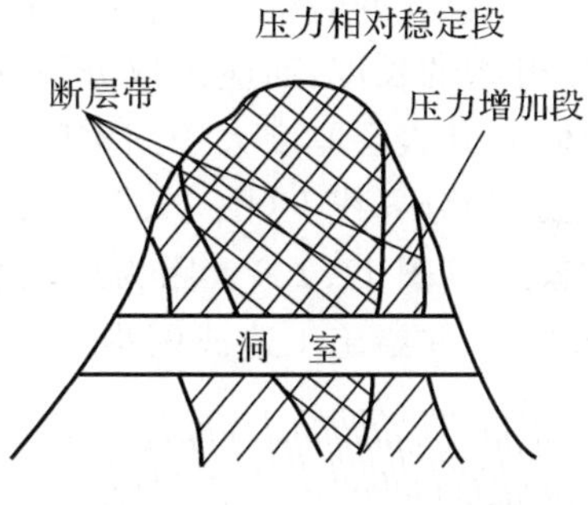

图 11.9　洞室被几组断裂切割示意图

在新生断裂或地震区域的断裂，因还处于活动时期，断裂变位还在复杂的持续过程中，这些地段是不稳定的，不宜选作地下工程场地。若在这类地段修建地下工程，将会遇到巨大的岩层压力，且易发生岩体坍塌，压裂衬砌，造成结构物的破坏。

总之，在断裂破碎带地区，洞室轴线与断裂破碎带轴线所成的交角大小，对洞室稳定及施工的难易程度关系很大。如洞室轴线与断裂带垂直或接近垂直，则所需穿越的不稳定地段较短，仅是断裂带及其影响范围岩体的宽度；若断裂带与洞室轴线平行或交角甚小，则洞室不稳定地段增长，并将发生不对称的侧向岩层压力。

(2)褶曲构造。

1)当洞室轴线平行于岩层走向时，根据岩层产状要素和厚度不同有如下三种情况：

ⅰ)在水平岩层中（岩层倾角$<5°\sim10°$），若岩层薄，彼此之间联结性差，又属于不同性质的岩层，在开挖洞室（特别是大跨度的洞室）时，常常发生塌顶，因为此时洞顶岩层的作用如同过梁，它很容易由于层间的拉应力达到极限强度而导致破坏。如果水平岩层具有各个方向的裂隙，则常常造成洞室大面积的坍塌。因此，在选择洞室位置时，最好选在层间联结紧密、厚度大（即大于洞室高度两倍以上者）、不透水、裂隙不发育，又无断裂破碎带的水平岩体部位，这样对于修建洞室是有利的（图 11.10）。

ⅱ)在倾斜岩层中，一般说来是不利的，因为此时岩层完全被洞室切割，若岩层间缺乏紧密联结，又有几组裂隙切割，则在洞室两侧边墙所受的侧压力不一致，容易造成洞室边墙的变形（图 11.11）。

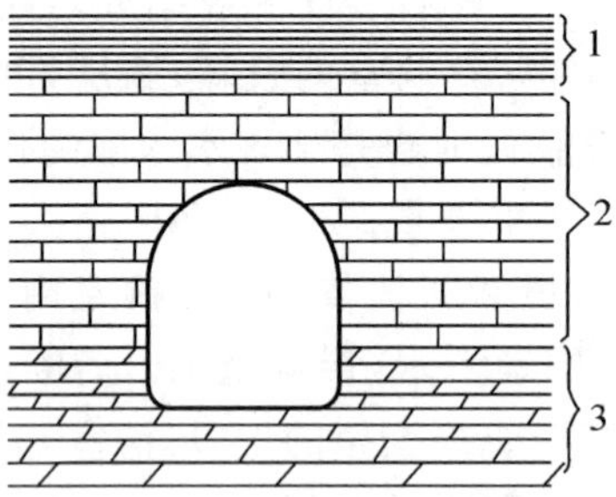

图 11.10　水平岩层中的洞室

1—页岩；　2—石灰岩；　3—泥灰岩

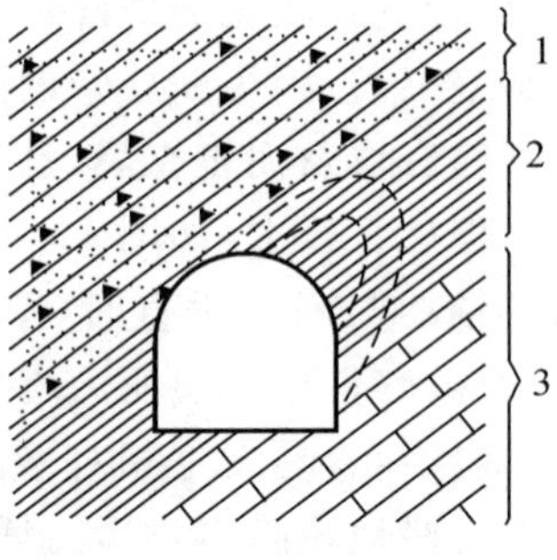

图 11.11　倾斜岩层中的洞室

1—砾岩；　2—页岩；　3—石灰岩

ⅲ)在近似直立的岩层中，出现与上述倾斜岩层类似的动力地质作用。在这种情况下，最好限制洞室开挖的长度，而应采取分段开挖。若整个洞室处在厚层、坚硬、致密、裂隙又不发育的完整岩体内，其岩层厚度大于洞室跨度一倍或更大，情况则例外。但一定要注意不能把洞室选在软硬岩层的分界线上(图 11.12)，也不能将洞室置于直立岩层厚度与洞室跨度相等或小于跨度的地层内(图 11.13)。因为地层岩性不一样，在地下水作用下更易促使洞顶岩层向下滑动，破坏洞室，并给施工造成困难。

图 11.12　陡立岩层中的洞室

1—石灰岩；　2—页岩

图 11.13　陡立岩层岩性分界面处洞室

1—石灰岩；　2—页岩

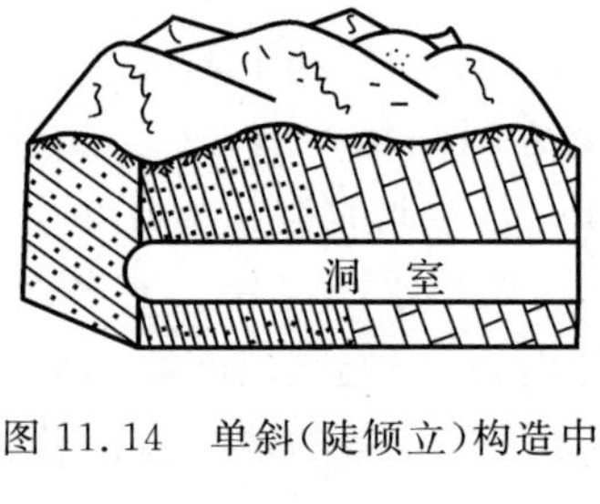

图 11.14　单斜(陡倾立)构造中洞室

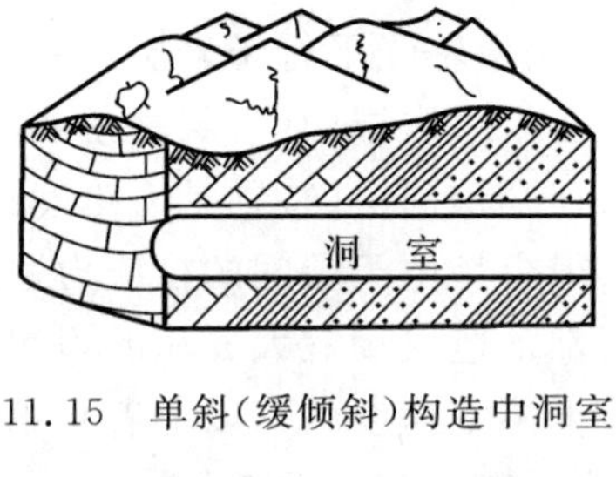

图 11.15　单斜(缓倾斜)构造中洞室

2)当洞室轴线与岩层走向垂直正交时，为较好的洞室布置方案。因为在这种情况下，当开挖导洞时，由于导洞顶部岩石应力再分布的结果，断面形成一抛物线形的自然拱，因而由于岩层被开挖对岩体稳定性的削弱要小得多。其影响程度取决于岩层倾角大小和岩性的均一性。

ⅰ)当岩层倾角较陡，各岩层可不需依靠相互的内聚力联结而能完全稳定。因此，若岩性均一，结构致密，各岩层间联结紧密，节理裂隙不发育，在这些岩层中开挖地下工程最好（图 11.14）。

ⅱ）当岩层倾角较平缓，洞室轴线与岩层倾斜的夹角较小，若岩性属于非均质的、垂直或斜交层面、节理裂隙又发育时，在洞顶就容易发生局部石块坍落现象，洞室顶部常出现阶梯形特征（图 11.15）。

3）当洞室轴线与褶曲轴垂直时，背斜地层呈拱状，岩层被切割成上大下小的楔体，故洞室内坍落的危险较小（图 11.16（b））。向斜地层呈倒拱状，岩层被切割成上小下大的楔体，最易形成洞顶坍落，且常有大量的承压地下水。因此，应尽量避免横穿向斜褶曲打隧道（图 11.16（c））。此外，当岩层倾斜面向着开挖面倾斜时（图 11.16（a））比岩层背向开挖面（图 11.16（d））好。

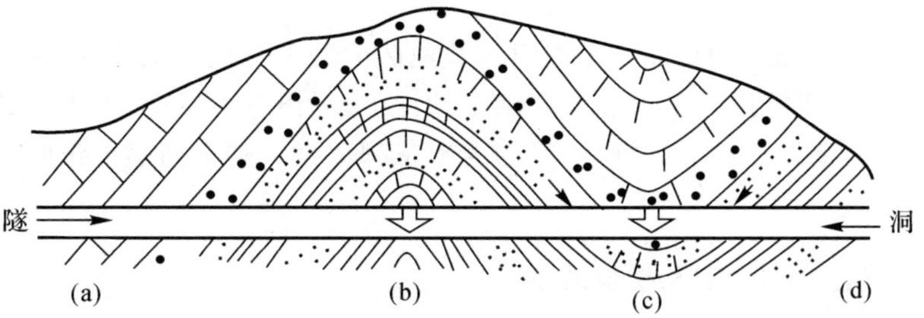

图 11.16　隧洞垂直穿过褶皱地层走向示意图

（a）岩层向开挖面倾斜；（b）背斜轴部；（c）向斜轴部；（d）岩层背向开挖面倾斜

4）当洞室轴线与褶曲轴线重合时，洞室置于背斜核部，从顶部压力来看，因为在背斜轴部岩层本身能形成自然拱圈，有利于围岩稳定，可以认为比通过向斜轴部优越；但另一方面，背斜轴部的岩层处于张力带，张裂隙发育，岩层破坏强烈，故在轴部设置洞室一般是不利的（图 11.17 中 3 号洞室）。要避免洞室轴线从冲沟、山洼等地表水和地下水汇集的地段通过。

当洞室轴线沿向斜轴线开挖时（图 11.17 中 1 号洞室），由于向斜轴部岩体破碎，地下水富集，不利于围岩稳定，对工程的稳定性极为不利，洞室轴线应予避开。

若必须在褶曲岩层地段修建地下工程，可以将洞室轴线选在背斜或向斜的两翼，（图 11.17 中 2 号洞室），此时，顶部及侧部均处于受剪切力状态，在发育剪切裂隙的同时，由于地下水的存在，将产生动水压力，因而倾斜岩层可能产生滑动而引起压力的局部加强。在结构设计时应该慎重分析，并采取加固措施。

图 11.17　褶曲构造与洞室位置选择

1，3—不利；　2—较好

3．地应力方向选择

在高地应力地区，洞室轴线选择时不要垂直最大主应力，如果可能，最好平行于最大主应力，避免洞壁受最大主应力作用。地下洞室最怕应力差大，如果避开最大主应力，就使洞室受的应力差小一些，对洞体稳定性有利，在高边墙大型地下洞室建筑中更应该注意这个问题。另外，洞室长轴应与最大主应力方向平行，洞的截面形状，即洞的长轴与短轴之比应该与最大主应力与最小主应力匹配，这在地下工程设计中非常重要。当最大主应力不太大时，最好与之垂直，以改善周边应力状态。

以前，很少接触过水平应力大于垂直应力的情况，长期以来把垂直应力看做是最大主应力，导致地下洞室设计上出现了许多不合理的情况。另外，在具体工程实际中，最大主应力和最小主应力的分布并不是垂直的或水平的，而是与水平面成一个角度，在这种情况下，就要在洞室结构设计上想办法。

4. 水文地质条件选择

应尽可能绕避松散饱水岩层、含高压水的断层破碎带及岩溶化岩石。在岩溶化岩石中通过时，应避免在地下水水平循环带布置洞室。

11.8 地下洞室岩土工程勘察要点

地下洞室岩土工程勘察的目的，是查明建筑地区的岩土工程地质条件，选择优良的建筑场址、洞口及轴线方位，进行围岩分类和围岩稳定性评价，提出有关设计、施工参数及支护结构方案的建议，为地下洞室设计、施工提供可靠的岩土工程依据。整个勘察工作应与设计工作相适应地分阶段进行。

11.8.1 可行性研究勘察及初步勘察

本阶段勘察的目的是选择优良的地下洞室位址和最佳轴线方位。勘察内容包括：①搜集已有地形、航卫片、区域地质、地震及岩土工程等方面的资料；②调查各比较洞线地貌、地层岩性、地质构造及物理地质现象等条件，查明是否存在不良地质因素，如性质不良岩层、与洞轴线平行或交角很小的断裂和断层破碎的存在与分布等；③调查洞室进出口和傍山浅埋地段的滑坡、泥石流、覆盖层等的分布，分析其所在山体的稳定性；④调查洞室沿线的水文地质条件，并注意是否有岩溶洞穴、矿山采空区等存在；⑤进行洞室工程地质分段和初步围岩分类。

勘察方法以工程地质测绘为主，辅以必要的物探、钻探与测试等工作。测绘比例尺一般为1∶5 000～1∶25 000。对可行性研究阶段的小比例尺测绘可在遥感资料解释的基础上进行。

本阶段的勘探以物探为主，主要用于探测覆盖层厚度及古河道、岩溶洞穴、断层破碎带和地下水的分布等。钻探孔距一般为200～500m，主要布置在洞室进出口、地形低洼处及有岩土工程问题存在的地段。钻探中应注意收集水文地质资料，并根据需要进行地下水动态观测和抽、压水试验。试验则以室内岩土物理力学试验为主。

11.8.2 详细勘察

本阶段勘察是在已选定的洞址区进行，勘察内容包括：①查明地下洞室沿线的工程地质条件。在地形复杂地段应注意过沟地段、傍山浅埋地段和进出口边坡的稳定条件。在地质条件复杂地段，应查明松软、膨胀、易溶及岩溶化地层的分布，以及岩体中各种结构面的分布、性质及其组合关系，并分析它们对围岩稳定性的影响。②查明地下洞室地区的水文地质条件，预测涌水及突水的可能性、位置及最大涌水量。在可溶岩分布区还应查明岩溶发育规律，溶洞规模、充填情况及富水性。③确定岩体物理力学参数，进行围岩分类，分析预测地下洞室围岩及进出口边坡的稳定性，提出处理建议。④对大跨度洞室，还应查明主要软弱结构面的分布和组合关系，结合天然应力评价围岩稳定性，提出处理建议。⑤提出施工方案及支护结构设计参数的建议。

本阶段工程地质测绘、勘探及测试等工作同时展开。测绘主要补充校核可行性研究及初步勘察阶段的地质图件。在洞室进出口、傍山浅埋及过沟等条件复杂地段，可安排专门性工程地质测绘，比例尺一般为 1∶1 000～1∶2 000 或更大。钻探孔距一般为 100～200m，城市地区洞室的孔距不宜大于 100m，洞口及地质条件复杂的地段不宜少于 3 个孔。孔深应超过洞底设计标高为 3～5m，当遇破碎带、溶洞、暗河等不良地质作用时，还应适当调整其孔距和孔深。在水文地质条件复杂地段，应有适当的水文地质孔，以求取岩层水文地质参数。坑、洞探主要布置在进出口及过沟等地段，同时结合孔探和坑、洞探，以围岩分类为基础，分组采取岩样进行室内岩土力学试验及原位岩土体力学试验，测定岩石、岩土体和结构面的力学参数。对于埋深很大的大型洞室，还须进行天然应力及地温测定，在条件允许时宜进行模拟试验。

11.8.3　施工勘察

本阶段勘察主要根据导洞所揭露的地质情况，验证已有地质资料和围岩分类，对围岩稳定性和涌水情况进行预测预报。当发现与地质报告资料有重大不符时，应提出修改设计的建议。

本阶段的工作主要是编制导洞展示图，比例尺一般为 1∶50～1∶200，同时进行涌水与围岩变形观测。必要时可进行超前勘探，对不良地质条件进行超前预报。超前勘探常用地质雷达、水平钻孔及声波探测等手段，超前勘探预报深度一般为 5～10m。

思　考　题

1. 地下洞室常见的岩土工程问题有哪些？
2. 常见围岩变形与破坏的形式有哪些？
3. 岩爆发生的条件是什么？
4. 如何进行围岩稳定性评价？
5. 试分析围岩应力重分布的特征。
6. 试述洞室轴线选择应考虑的地质因素。
7. 提高围岩稳定性的工程措施有哪些？
8. 简述地下洞室的勘察要点。

第 12 章　道路工程岩土工程勘察

道路是陆地交通运输的干线，由公路和铁路共同组成运输网络，其中铁路运输量占首位，铁路是国民经济的动脉，在我国的政治、经济、国防上发挥着巨大作用。近年来我国高速公路飞速发展，高等级公路网络已初具规模。

桥梁是在道路跨越河流、山谷或不良地质作用发育地段而修建的构筑物，是道路的重要组成部分。随着我国道路的迅速发展，道路地质复杂程度也随着增加，因此，桥梁的数量与规模在道路中的比例越来越大，它是道路选线时的重要因素之一。所以，除特大、大桥梁需单独进行勘察外，一般桥梁岩土工程勘察属道路岩土工程勘察的一部分。上述两者虽有密切联系，但它们对工程地质条件的要求不同，本章将分别论述。

12.1　道路工程岩土工程勘察

12.1.1　概述

公路与铁路在结构上虽各有其特点，但两者却有许多相似之处：①它们都是线型工程，往往要穿过许多地质条件复杂的地区和不同地貌单元，使道路的结构复杂化；②在山区线路中，崩塌、滑坡、泥石流等不良地质作用都是道路的主要威胁，而地形条件又是制约线路的纵向坡度和曲率半径的重要因素（表 12.1 和表 12.2）；③两种线路的结构都是由三类建筑物所组成：第一类为路基工程，它是线路的主体建筑物（包括路堤和路堑）；第二类为桥隧工程（如桥梁、隧道、涵洞等），它们是为了使线路跨越河流、深谷、不良的工程地质和水文地质条件地段，穿越高山峻岭或使线路从河、湖、海底以下通过等；第三类是防护建筑物（如明硐、挡土墙、护坡、排水盲沟等）。在不同线路中上述各类建筑物的比例也不同，主要决定于线路所经地区工程地质条件的复杂程度。

表 12.1　铁路线路纵向坡度与最小曲率半径总表

铁路等级	特	Ⅰ	Ⅱ	Ⅲ
行车速度/($km \cdot h^{-1}$)	200	120	100	80
线路最小曲率半径 R/m	1 500～4 000	800～1 200	550～700	350～500
线路最大纵向坡度/(‰)		6～12	12	15
隧道最小曲率半径 R/m	>3 500	>800	>500	>350

注：山区铁路线路的 R 不小于 250m。

表 12.2　公路线路纵向坡度与最小曲率半径总表

公路等级	高速公路				一		二		三		四	
计算行车速度/(km·h^{-1})	120	100	80	60	100	60	80	40	60	30	40	20
最大纵坡/(%)	3	4	5	5	4	6	5	7	6	8	6	9
极限最小半径/m	650	400	250	125	400	125	250	60	125	30	60	15

公路与铁路的岩土工程问题大体相似，本章除特别说明外，皆以公路工程岩土工程勘察为例进行讨论。

12.1.2　路基工程主要岩土工程问题

道路路基包括路堤、路堑和半路堤、半路堑式等。在平原地区修建道路路基比较简单，岩土工程地质问题较少，但在丘陵区，尤其是在地形起伏较大的山区修建铁路时，路基工程量较大，往往需要通过高填或深挖才能满足线路最大纵向坡度的要求。因此，路基的主要岩土工程问题是：路基边坡稳定性问题，路基基底稳定性问题，道路冻害问题以及天然建筑材料问题等。

1. 路基边坡稳定性

路基边坡包括天然边坡、傍山线路的半填半挖路基边坡以及深路堑的人工边坡等。

任何边坡都具有一定的坡度和高度，在重力作用下，边坡岩土体均处于一定的应力状态，在河流的冲刷或工程的影响下，随着边坡高度的增长和坡度的加大，其中应力状态也不断改变。当剪应力大于岩土体的抗剪强度时，边坡即发生不同形式的变形与破坏。其破坏形式主要表现为滑坡、崩塌和错落。

土质边坡的变形主要决定于土的矿物成分，特别是亲水性强的黏土矿物及其含量，在地下水的作用下，黏土的膨胀使土体的强度显著降低，加速边坡的变形。影响土质边坡稳定性的因素，除受地质(成分、结构和成因类型)、水文地质和自然因素影响外，施工方法是否正确也有很大关系。如违反开挖顺序，或在坡体上堆土加载，修建水池及其他建筑物，不合理地开挖便道以及爆破等都能引起滑坡的发生和发展。

岩质边坡的变形主要决定于岩体中各种软弱结构面的性状及其组合关系，它对边坡的变形起着控制作用。在人工边坡形成临空面的条件下，必须具体分析被切割的山体中各种软弱结构面可能起滑动和切割岩体的作用，只有同时具备临空面、滑动面和切割面三个基本条件，岩质边坡的变形才有发生的可能。影响岩质边坡稳定性的主要因素是岩石性质、构造情况、岩体结构类型、水文地质条件、边坡要素及其规模以及施工条件等。此外，岩石的风化、大气降水的冲刷、地下水的渗流、温差的变化、干湿的交替、裂隙充填物的吸水膨胀等作用、坡体上的堆积加载、地震以及人类的工程活动等都能促使边坡变形的发生和发展。

由于开挖路堑而形成的人工边坡，改变了天然山坡的稳定条件，加大了山坡的陡度和高度，使山坡的边界条件发生变化，破坏自然山坡原有应力状态以及岩土体的原生结构，加大临空面，使岩土体暴露于地表，不仅受到大气降水的冲刷和侵蚀，而且又经受各种风化营力的作用，加速岩土体的风化进程，导致岩土体强度的降低，促进山坡不稳定因素的发展。同时，开挖的临空面又往往使各类软弱结构面(层面、节理面、断层面、古滑坡面等)组合而成的滑落体失去支持，为山坡的失稳创造了条件。此外，有时因开挖而切割含水层，地下水渗出产生动水压力，或因渗水冻结而产生冻胀力，更进一步破坏了山坡岩土体的稳定性。

路堑边坡不仅可能产生工程滑坡，而且在一定条件下，还能引起古滑坡复活。由于古滑坡发生时间较长，在各种外营力的长期作用下，其外表形迹早已被改造成平缓的山坡地形，若不注意观察，很难发现。当施工开挖使其滑动面临空时，很易引起处于休止阶段的古滑坡重新活动，造成边坡不稳定。

山区道路，即使线路在较平缓的山坡地段通过，有时路基必须采用深挖方案，就需重视该地段深挖路堑边坡的稳定性问题，这是因为有些平缓山坡的工程地质条件较复杂，岩性种类繁多，风化程度各异，基岩面起伏不平，其上又常为第四纪冲积、坡积、洪积、冰积等成因类型的土层所覆盖，土体多由砂类土和碎石类土所组成，其中常含有不规则的黏土透镜体，土层饱水后呈软塑-流塑状态，在这种地方开挖路堑，往往出现边坡变形问题。

人工边坡一经开挖，有的立即发生变形，威胁施工的安全，也有的需要相当长时期才发生变形，使道路的正常运营受到影响。滑坡变形对路基的危害程度，主要决定于滑坡的性质、规模、滑体中含水情况以及滑动面的倾斜程度。只有掌握滑坡变形发生和发展的规律，才能得出正确的结论，提出有效的防治措施，减少或避免滑坡对道路工程的危害。

边坡稳定性分析必须建立在正确的地质分析基础上，首先要求对地质环境充分了解，找出滑坡发生演变的主导因素，确定滑坡的边界条件，正确选取计算参数，然后选择适用的计算公式，按力学分析法进行计算，评定边坡的稳定性。在一定条件下，也可采用工程地质类比法进行边坡稳定性分析，此法主要是把已有边坡的设计经验应用于工程地质条件、斜坡类型及其模式等相似的新边坡，通过类比，对边坡的稳定性进行评价，最终确定其坡角和坡高。

不稳定边坡的治理原则是以防为主，及时根治。防治的含义包括线路绕避规模较大而难以整治的斜坡地段；消除或改变促使边坡稳定性恶化的主导因素，防止发生危害性较大的破坏。常用的治理措施包括：①修筑锚杆挡墙，成排设置抗滑桩、抗滑明硐等支挡性建筑物；②对于规模小的滑体或不良的地质体可全部消除，但对规模大的滑坡，则主要采用上部刷方、下部填方（所谓“削头补足”的办法）来减缓坡度、增加斜坡的稳定性，或者改变边坡结构，降低坡高；③修筑天沟、侧沟、盲沟、支撑渗沟及堵塞滑坡裂缝等，防止地表水和地下水渗入滑体内，避免岩土因受湿而抗滑力进一步降低；④有时在边坡表面上，局部或全部用灰浆或沥青进行抹面，喷射水泥砂浆，修筑浆砌片石或混凝土护坡，采用骨架支撑式护坡及种植草皮等，以防止大气降水对边坡面的冲刷和岩石风化；⑤有些情况下可采用掺砂翻夯、硅化法、焙烧法等土质改良方法，提高土体的力学强度，使边坡达到稳定。

2. 路基基底变形与稳定性

路基基底稳定性多发生于填方路堤地段，其主要表现形式为滑移、挤出和塌陷。一般路堤和高填路堤对路基基底的要求是要有足够的承载力，它不仅承受车辆在运营中产生的动荷载，而且还承受很大的填土压力，因此，基底土的变形性质和变形量的大小主要决定于基底土的力学性质、基底面的倾斜程度、软层或软弱结构面的性质与产状等。此外，水文地质条件也是促进基底不稳定的因素，它往往使基底发生巨大的塑性变形而造成路基的破坏。如路基底下有软弱的泥质夹层，当其倾向与坡向一致时，若在其下方开挖取土或在上方填土加重，都会引起路堤整个滑移；当高填路堤通过河漫滩或阶地时，若基底下分布有饱水厚层淤泥，在高填路堤的压力下，往往使基底产生挤出变形；也有的由于基底下岩溶洞穴的塌陷而引起路堤严重变形。

路基基底若为软黏土、淤泥、泥炭、粉砂、风化泥岩或软弱夹层所组成，应结合岩土体的地质特征和水文地质条件进行稳定性分析，若不稳定时，可选用下列措施进行处理：①放缓路堤边坡，扩大基底面积，使基底压力小于岩土体的允许承载力；②在通过淤泥软土地区时路堤两侧修筑反压护道；③把基底软弱土层部分换填或在其上加垫层；④采用砂井预压排除软土中的水分，提高其强度；⑤架桥通过或改线绕避等。

3. 道路冻害

道路冻害包括冬季路基土体因冻结作用而引起路面冻胀和春季因融化作用而使路基翻浆。结果都会使路基产生变形破坏，甚至形成显著的不均匀冻胀和路基土强度发生极大改变，危害道路的安全和正常使用。

道路冻害具有季节性。冬季，在负气温长期作用下，路基土中水的冻结和水的迁移作用，使土体中水分重新分布，并平行于冻结界面而形成数层冻层，局部地段尚有冰透镜体或冰块，因而使土体体积增大(约 9%)而产生路基隆起现象；春季，地表冰层融化较早，而下层尚未解冻，融化层的水分难以下渗，致使上层土的含水量增大而软化，强度显著降低，在外荷作用下，路基出现翻浆现象。翻浆是道路严重冻害的一种特殊现象，它不仅与冻胀有密切关系，而且与运输量的大小有关。在冻胀量相同的条件下，交通频繁的地区，其翻浆现象更为严重。

翻浆对铁路影响较小，但对公路的危害比较明显。

影响道路冻胀的主要因素是：负气温的高低；冻结期的长短；路基土层性质和含水情况；土体的成因类型及其层状结构；水文地质条件；地形特征和植被情况等。

根据水的补给情况，道路冻胀的类型可分为表面冻胀和深源冻胀两种，前者是在地下水埋深较大地区，由于大气降水和地表水渗入和积聚于路基中而迅速冻结形成的，其主要原因是路基结构不合理，或养护不周，致使道路排水不良造成的，其冻胀量较小，一般为 30～40mm，最大达 60mm，但也有不发生地表变形的。深源冻胀多发育在冻结深度大于地下水埋深或毛细管水带接近地表的地区。路堑基底为粉质黏性土，冻结速度缓慢，地下水补给源丰富，水分迁移强，极易形成深源冻胀，其冻胀量较大，一般为 200～400mm，最大达 600mm，尤其是不均匀冻胀对于要求较高的道路来说，危害极大。

防止道路冻害的措施有：①铺设毛细割断层，以断绝补给水源；②把粉、黏粒含量较高的冻胀性土换为粗分散的砂砾石抗冻胀性土；③采用纵横盲沟和竖井，排除地表水，降低地下水位，减少路基土的含水情况；④提高路基标高；⑤修筑隔热层，防止冻结向路基深处发展等。

4. 建筑材料

路基工程需要天然建筑材料的种类较多，包括道碴、土料、片石、砂和碎石等。它不仅在数量上需要量较大，而且要求各种建材产地沿线两侧零散分布，但在山区修筑高路堤时却常遇土料缺乏；在平原区和软岩山区，常常找不到强度符合要求的护坡片石和道碴等，因此，寻找符合要求的天然建材有时成为道路选线的关键性问题。通常采用的措施有：①用高桥代替高路堤的设计方案；②“移线就土”；③替代材料等措施。

12.1.3　路线选择工程地质论证

路线选择是由多种因素决定的，地质条件是其中的一个重要的因素，也是控制性的因素。

路线方案有大小方案之分，大方案是指影响全局的路线方案，如越甲岭还是越乙岭，沿 A 河还是沿 B 河，一般是属于选择路线基本走向的问题；小方案是指局部性的路线方案，如走垭口左边还是右边，沿河右岸还是左岸，一般是属于线位方案。工程地质因素不仅影响小方案的选择,有的也影响大方案的选择。

下面以分山岭区与平原区两种情况进行阐述。

1. 山岭区

(1)沿河线。由于沿河路线的纵坡受限制不大,便于为居民点服务,有丰富的筑路材料和水源可供施工、养护使用,在路线标准、使用质量、工程造价等方面往往优于其他线型,因此它是山区选线优先考虑的方案。但在深切的峡谷区,如两岸张裂隙发育,高陡的山坡处于极限平衡状态时,采用沿河线则应慎重考虑。

沿河线路线布局的主要问题:①路线选择走河流的哪一岸;②路线放在什么高度;③在什么地点跨河。关于第③个问题将在桥渡部分详细讨论,这里的讨论只涉及①,②两个问题。

路线选择走河流的哪一岸,应结合河谷的地貌、地质条件进行分析比较。为了避让不利地形和不良地质地段,还可考虑跨河换岸。

为求工程节省、施工方便与路基稳定,路线宜选择在有山麓缓坡、较低阶地可利用的一岸,尽可能避让大段的悬崖峭壁。

在积雪和严寒地区,阴坡和阳坡的差异很大,路线宜尽可能选择在阳坡一岸,以减少积雪、翻浆、涎流冰等病害。

在顺向谷中,路线应注意选择在基岩山坡较稳定、不良地质作用较少的一岸。在单斜谷中,如为软弱岩层或有软弱夹层时,一般应选择在岩层倾向坡里的一岸(图 12.1);如为坚硬岩层时,则应结合地貌考虑,选择较为有利的一岸。

在断裂谷中,两岸山坡岩层破碎、裂隙发育,对路基稳定很不利。如不能避免沿断裂谷布线时,应仔细比较两岸出露岩层的岩性、产状和裂隙情况,选择相对有利的一岸。

在山地河谷中,常常会遇到崩塌、滑坡、泥石流、雪崩等不良地质作用。如两岸皆有,应通过详细调查分析,选择比较有利的一岸;如规模大、危害重且不易防治时,则应考虑避让。跨河到对岸避让时,还应考虑上述不良地质作用可能冲击对岸的范围(图 12.2)。

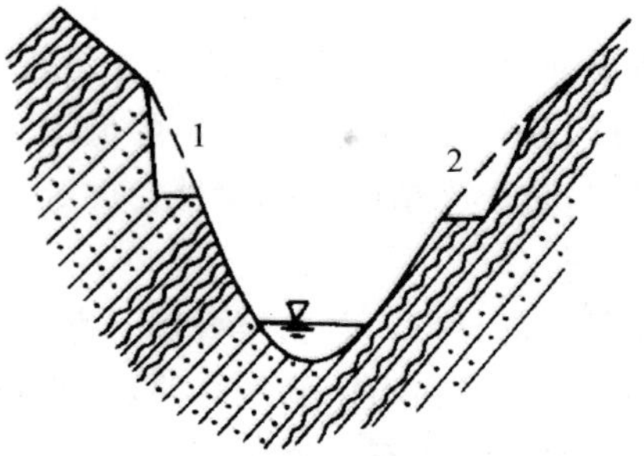

图 12.1 单斜谷图

1—有利部位; 2—不利部位

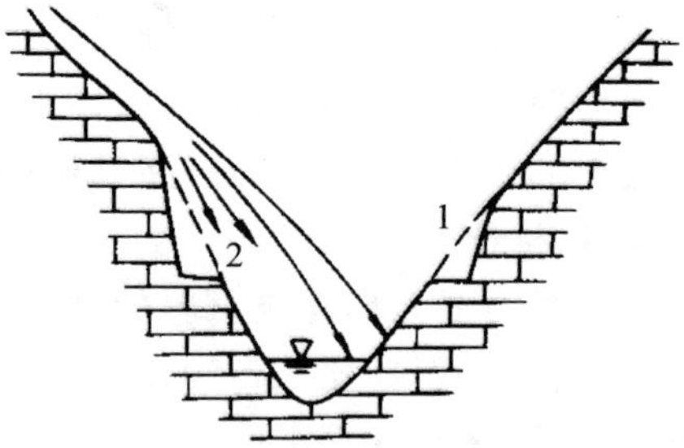

图 12.2 山地河谷

1—有利部位; 2—不利部位

在强震区的沿河线,更应注意避让悬崖峭壁以及大型不良地质作用地段;避免沿断裂破碎带布线并努力争取地质地貌条件对抗震有利的河岸。

沿河线的线位高低,应根据河岸的地质地貌条件以及河流的水流情况来考虑。

沿河线按其高出设计洪水位的多少,有高线、低线之分。高线一般位于山坡上,基本不受洪水威胁,但路线较曲折,回旋余地小;低线路基一侧临水,边坡常受洪水威胁,但路线标准较高，回旋余地大。

在有河流阶地可利用时，通常认为利用一级阶地定线是最适当的，因为这种阶地可保证路线高出洪水位，同时由于阶地本身受切割破坏较轻，故工程较省。

在无河流阶地可利用时，为保证沿河低线高出洪水位以上，免遭水淹，勘察时应该仔细调查沿线洪水位，作为控制设计的依据。同时应采取切实有效的防护措施，以确保路基的稳定和安全。

在强震区，当河流有可能为崩塌、滑坡、泥石流等暂时阻塞时，还应估计到这种阻塞所造成的淹没以及溃决时的影响范围，合理确定线位和标高。

(2)越岭线。横越山岭的路线，通常是最困难的，一上一下需要克服很大的高差，常有较多的展线。

越岭线布局的主要问题：①垭口选择；②过岭标高选择；③展线山坡选择。这三者是相互联系、相互影响的，不能孤立的考虑，而应当综合考虑。

越岭方案可分路堑与隧道两种。选择哪种方案过岭，应结合山岭的地形、地质和气候条件考虑。

下列情况可以考虑隧道方案：①采用较短隧道可以大大缩短路线长度，改善路线标准时；②在高寒山区采用隧道可以避免或大大减轻冰、雪灾害时；③地面崩塌、滑坡等不良地质作用较发育时。

不同的越岭方案有不同的考虑。对于路堑过岭方案，选择标高最低的垭口和适宜展线的山坡是非常重要的；对于隧道过岭方案，选择标高最低的垭口是没有重要意义的，而应选择可以用较低标高和较短隧道通过的垭口。

关于隧道岩土工程问题，将在地下洞室部分详细讨论，这里着重讨论路堑方案的一些岩土工程问题。

(1)垭口选择。垭口是越岭线的控制点，在符合路线基本走向的前提下，要全面考虑垭口的标高、地形地质条件和展线条件来选择。

通常应选择标高较低的垭口，特别是在积雪、结冰地区，更应注意选择低垭口，以减少冰、雪灾害。

对宽厚的垭口，只宜采用浅挖低填方案，过岭标高基本上就是垭口标高。对瘠薄的垭口，常常采用深挖方式，以降低过岭标高，缩短展线长度，这时就要特别注意垭口的地质条件。

断层破碎带型垭口，对深挖特别不利。由单斜岩层构成的垭口，如为页岩、砂页岩互层、片岩、千枚岩等易风化、易滑动的岩层组成时，对深挖也常常是很不利的。

(2)展线山坡。山坡线是越岭线的主要组成部分，选择垭口的同时，必须注意两侧山坡展线条件的好坏。评价山坡的展线条件，主要看山坡的坡度、断面形式和地质构造，山坡的切割情况，以及有无不良地质作用等。

坡度平缓而又少切割的山坡有利于展线。陡峻的、被深沟峡谷切割的山坡，对展线是不利的。

山坡岩层的岩性和地质构造对于路基稳定有极大影响。如为倾斜岩层(倾角$>10°\sim15°$)，且路线方向与岩层走向大致平行时，则应注意岩层倾向与边坡的关系(图 12.3)。

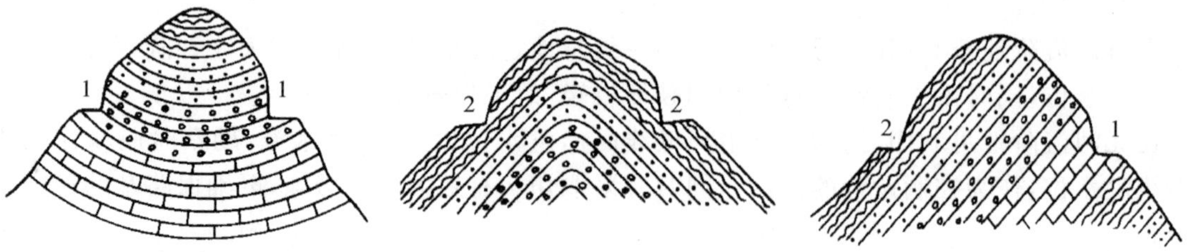

图 12.3 地质构造的影响
(a)向斜山； (b)背斜山； (c)单斜山
1—有利部位； 2—不利部位

实际工程中尚应结合岩层情况来综合考虑。如虽为倾斜岩层，但路线方向与岩层走向的交角大于 40°～50°时，也属于有利情况。接近水平的岩层，如由软硬相间的岩层组成，受差异风化的作用，可形成阶梯状山坡，此种山坡是否稳定主要看坚硬岩层的厚薄及裂隙情况。

在山坡上可能遇到各种不良地质作用，调查时应予以特别注意。最常见的是滑坡和崩塌，关于这些不良地质作用在第 8 章中已有详细介绍。在北方及高寒山区，还要考虑积雪、涎流冰等问题，这就要注意研究坡向和风向、泉水和地下水。在某些高山地区还可能有雪崩。在有雪崩的山坡上，一般应避免在同一坡上布设多条路线。

2. 平原区

地面水特征是首先应考虑的因素。为避免水淹、水浸，应尽可能选择地势较高处布线，并注意保证必要的路基高度。在排水不畅的众河汇集的平原区、大河河口地区，尤应特别注意。

地下水特征也是应该仔细考虑的重要因素。在凹陷平原、沿海平原、河网湖区等地区，地势低平，地下水位高，为保证路基稳定，应尽可能选择地势较高、地下水位较深处布线。同时，应该注意地下水变化的幅度和规律。不同地区，可能有不同的变化规律。如灌区主要受灌溉水的影响，水位变化频繁，升降幅度大；又如多雨的平原区，主要受降水的影响，大量的降水不仅使地下水位升高，而且会形成广泛的上层滞水。

在北方冰冻地区，为防治冻胀与翻浆，更应注意选择地面水排泄条件较好、地下水位较深、土质条件较好的地带通过，并保证规范规定的路基最小高度。

在有风沙流、风吹雪的地区，要注意路线走向与风向的关系，确定适宜的路基高度，选择适宜的路基横断面，以避免或减轻道路的沙埋、雪阻灾害。

在大河河口、河网湖区、沿海平原、凹陷平原等地区，常常会遇到淤泥、泥炭等软弱地基的问题，勘察时应予以注意。

在广阔的大平原内，砂、石等筑路材料往往是很缺乏的，应借助地形图、地质图认真寻找。

另外，对于强震区还应特别注意以下几点：

(1)路线应尽量避开地势低洼、地基软弱的地带，选择地势较高、排水较好、地下水位较深、地基内无软弱层(粉细砂和软黏土)的地带通过，同时注意路基排水、路基压实等工作，以避免严重的喷水冒砂，并减轻路基开裂、下沉等震害。

(2)不应沿河岸、水渠布线，不得已时，应远离河岸、水渠，以防强震时河岸滑移危害路基，并避免严重的喷水冒砂。

(3)对于铁路和重要公路，应尽量避免沿发震断层两侧危险地带布线；无法绕避时则应垂直于发震断裂通过。

12.1.4　道路工程岩土工程勘察

道路工程岩土工程勘察的任务是运用工程地质学的理论和方法，去认识道路通过地带的工程地质条件，为道路的设计和施工提供依据和指导，以正确处理工程建筑与自然条件之间的关系，充分利用有利条件，避免或改造不利条件，使修建的道路能更好地实现多快好省的要求。

道路是一种线形建筑物，它有着很大的长度，常常穿越许多自然条件十分不同的地区。道路又主要是一种表层建筑物，它受地质、地理因素的影响。因此，道路工程岩土工程勘察无论在内容、要求与方法上都有其自己的特点。

道路工程岩土工程勘察，包括新建道路与改建道路的勘察工作，均应按照规定的设计程序分阶段进行。常用的设计阶段与步骤是：踏勘、初察与详察。不同勘察阶段，对岩土工程勘察工作有不同的要求，在广度、深度和重点等方面都是有差别的，可查阅有关规程、细则或手册。岩土工程勘察一般不应超越阶段的要求，也不应将工作遗留到下一阶段去完成。

在可行性研究阶段的岩土工程勘察工作是收集资料、现场核对和概略了解地质条件，下面着重介绍初步勘察和详细勘察阶段的工作内容。

1. *初步勘察阶段*

本勘察阶段的基本任务主要是对已确定的路线范围内所有路线摆动方案进行勘察对比。确定路线在不同地段的基本走法，并以比选和稳定路线为中心，全面查明路线最优方案沿线的工程地质条件。

下面重点介绍路线、路基、小桥涵和互通式立交工程的初勘要点。

(1)路线初勘。

1)勘察内容。路线初勘应重点查明与选择路线方案和确定路线走廊有关的地质问题，具体内容有如下方面：沿线的地形、地貌和地质构造；不良地质、特殊性岩土的类型、性质及分布；大型路基工程场地的地质条件；路基填筑材料的来源；预测可能产生工程地质病害的地段、病害性质及对工程方案的影响。

2)勘察范围。勘察工作包括路线各比较方案。沿路线两侧各宽150～200m，不良地质和特殊岩土分布路段，应视查明岩土工程问题的需要和对路线可能影响的情况扩大勘察范围。

3)资料要求。路线勘察的资料有如下要求：

ⅰ)路线工程地质说明书。沿线地质概况、不良地质和特殊性岩土类型、分布、特性；工程地质条件对路线方案和线位的影响。评价不同路线方案的优缺点，推荐最优的路线方案。

ⅱ)路线工程地质图。该图主要显示勘察工程地质概况以及与各路线方案的相应关系。比例尺为1∶50 000～1∶200 000，标示内容主要有：地层(划分至组)或成因类型分界线；地层代表性产状，主要的地质构造线，地震基本烈度界线，大地貌单元界线，不良地质和特殊性岩土的类别、位置(用符号表示)工程地质分区及分区说明表；工程地质综合柱状图；路线工程地质纵断面示意图或区域代表性地质断面示意图。

ⅲ)工程地质平面图。利用路线图作底图编制，比例尺为1∶10 000～1∶20 000。不良地质地段另绘比例尺为1∶2 000～1∶10 000的工程地质平面图，较详尽地显示路线的工程地质条件。图上标示的内容为：基岩地层界线(划分至组)，组以下按工程地质岩组划分；第四系按成因类型划分至统；地质构造，岩层与节理的代表性产状，断裂与褶曲的位置与产状；工程地质区划界线及地质构造；不良地质和特殊性岩土范围界线；地下水露头点；地震基本烈度界线；地质观察点、勘探点、测试点位置；各段代表性地层小柱状图。

ⅳ)工程地质纵断面图。水平比例尺用 1∶2 000～1∶20 000，垂直比例尺相应地用 1∶200～1∶2 000。不良地质地段应另绘水平比例尺为 1∶2 000～1∶10 000、垂直比例尺相应地为 1∶100～1∶1 000 的工程地质纵断面图。图中示出试坑、钻孔编号、孔深、岩土类型界限及地质构造等。图中下部各栏示出地质概况、地貌类型、试坑与钻孔的地面标高及桩号等。

(2)路基初勘。

1)一般路基初勘。勘察重点是与地基稳定和边坡稳定及设计有关的地质问题，主要内容有：岩石的名称、岩性、产状、风化破碎程度及风化层厚度；表土类别、名称；密实程度、含水状态；地下水和地表水的活动情况。

勘察资料要求有路基工程地质条件分段说明、工程地质纵断面图、代表性工程地质横断面图和勘探、测试资料汇总表。

2)高路堤初勘。勘察重点是：调查地层层位、层厚、土质类别，调查地下水埋深、分布，确定土的承载能力、抗剪指标和压缩指标；判定在路堤附加荷载作用下，地基沉降和滑移的稳定性；地层中的软弱层应作为重点。但当土质地基为软土时，应按《公路软土地基路堤设计和施工技术规范》(JTJ 017)的有关规定执行。

调查与测绘内容：采用初测路线平面图，按 1∶5 000 精度控制进行地调和测绘，结合勘探资料，编绘路段工程地质平面图；选定路段的控制横断面位置，控制横断面在纵向上一般每 200m 设 1 个，地层变化不大时，可以每 500m 设 1 个，或每个工段不得少于 2 个；用 1∶100～1∶200的比例尺编绘控制横断面图，左右应超过路堤底宽至少 20m。

勘探内容要点如下：每 1 个控制横断面上，包括露头、挖探、简便钻探、触探、物探等勘探点不得少于 2 个；勘探深度对小于 2～4m 的覆盖层应达到基岩面，对于深厚土层应不小于路堤高度并穿过软土层；高填路段及地质构造处，视需要可采用少量钻孔，孔径应满足采样测试的要求。

勘察资料要求有路段工程地质说明书、路段地质平面略图、提供处理方案建议和详勘工作建议。

3)陡坡路堤初勘。陡坡路堤的勘察重点为：对于填筑在等于或陡于 1∶2 的斜坡上及存在可能沿斜坡滑动的路堤(包括半填路堤)，应查明其沿斜坡或下卧基岩面滑动破坏的可能性；调查斜坡上覆盖土层的层位、层厚、土类，斜坡下卧基岩岩石的倾斜度、岩性、产状、风化程度，斜坡地表水和地下水的情况；确定土层和岩土界面的抗滑、抗剪指标。

4)深路堑初勘。深路堑应以如下内容作为勘察重点：对于初拟的路堑边坡高度大于或等于 20 m 者，或边坡高度虽小于 20 m，但需要特殊处理者，均应对开挖边坡的土层、岩层及沿软弱结构面滑动的稳定性进行调查；调查岩土组成情况、岩土界面坡度和倾向、岩石风化程度；调查土质边坡的土层层位、层厚；调查边坡岩层层位、产状、岩性、软弱夹层和构造结构面情况，结构面抗剪、抗滑指标；调查地形、地貌、水文地质情况，特别是地面水活动情况和地下水埋藏及渗流情况。

5)支挡工程初勘。支挡工程的勘察重点为如下三项内容：

ⅰ)勘察支挡工程构造物位置处承重地基的地层岩性、地质构造、水文条件。重点是探查下卧软弱地层的存在及分布。

ⅱ)掌握支挡工程构造物承重地层的物理力学指标。

ⅲ)论证、推荐优选的支挡工程方案。

6)河岸防护工程初勘。河岸防护工程的勘察重点如下：

ⅰ)对于临河、沿河的低位路线的河岸和下边坡，当存在水流冲刷失稳，并需要设置河岸防护和疏导水流工程的路段，应进行调查。

ⅱ)调查岸坡地层岩性、地质构造、地形、地貌、不良和特殊地质现象的现状和发展趋势。

ⅲ)调查河段的水力特征、冲淤变化规律。

ⅳ)调查防护工程及导流工程构造物位置基底地层、岩土组成、岩土物理力学指标。

7)改河(沟渠)工程初勘。改河(沟渠)工程勘察重点如下：

ⅰ)对因路线或桥梁的需要，初拟的河道、沟渠改道地段应列项调查。

ⅱ)调查原河段的水流、水力特征，冲刷、淤积规律，原河段的性质、类型和发育阶段。

ⅲ)调查改移河道地段的地形地貌，水文条件、地层岩性、地质构造。

ⅳ)评价改移河道地段的工程地质与水文条件，预测改移河道后两岸和下游岸坡的水流冲刷稳定性及设防护工程的必要性。

(3)小桥涵初勘。小桥涵初勘的重点：勘察小桥、涵洞的台、墩处地基的地层岩性、地质构造，重点是查明地基覆盖层厚度及承载力，基岩埋深，风化程度及承载力，掌握地层在路幅宽度方面的变化。

小桥涵调查与测绘，应通过工程地质调查、目测和简易测绘，结合勘探资料，测绘小桥轴线、墩台轴线和涵洞轴线的地质断面图，比例尺与路基横断面图相同。

小桥涵的勘探，应在小桥的轴线、墩台轴线、涵洞轴线上，布置包括露头、挖探、简易钻探、触探和物探等，勘探点不少于 1 个，其深度应达到构造物要求的持力层，遇软弱地基应穿过厚层覆盖层中的软弱地层。

小桥涵的测试，应利用露头、挖探、简易钻探采样进行目测和测试。结合勘探进行原位测试。

小桥涵勘察的资料，应充分利用沿线其他工程勘探资料，提供小桥、涵洞地质调查材料表与勘探点柱状图。对地质条件复杂的场地，拟按表列出项目和内容，包括小桥轴线、墩台轴线、涵洞轴线在中线位，左右边线的地层层位、岩土名称、承载力、地下水位等，并附有对小桥涵基础埋深或地基处理、基础类型建议的文字说明。

此外，对于特殊地质条件下的小桥涵，应提出存在的特殊问题及详勘工作建议。

(4)互通式立交工程初勘。互通式立交工程勘察重点为如下三项内容：①调查区段内的地层岩性、地质构造、地形地貌、水文条件和特殊、不良地质问题；②调查区段内的桥位、隧址、高填路堤、陡坡路堤、深路堑和支挡工程等的地质条件；③确定有关地层的物理力学指标。

互通式立交工程的调查与测绘，应采用 1∶2 000 地形图，精度按 1∶5 000 控制，对立交工程区段进行工程地质调绘，结合勘探资料编绘互通式立交工程地质平面图。而且应按立交桥(包括墩台)主交叉路线、匝道路线分段进行工程地质测绘，结合勘探资料编绘分段地质纵断面图。

互通式立交工程的勘探应兼顾立交桥墩、台轴线在立交桥轴线上布置勘探点，包括露头、挖探、简易钻探、触探和物探等。测试工作应结合勘探工作采用原位测试方法，进行土层物理力学指标的测定；利用露头、挖探，简易钻探取样，进行目测和测试、对比分析，判定岩土物理力学指标的范围值。在钻孔中取样进行室内试验。

互通式立交工程的资料包括：互通式立交工程地质说明书，包含评价立交工程地质条件，提出立交工程布置、立交形式的建议，及对重点、特殊处理工程布置方案与详勘工作提出建议；互通式立交工程区段工程地质平面图，互通式立交桥中的特大、大、中桥桥位工程地质平面图和纵断面、交叉路线轴线纵断面、匝道路线纵断面图等；岩土地层物理力学指标汇总表。

2.详细勘察阶段

道路（路基）的详细勘察是根据已有标准的初步设计文件中所规定的修建原则、设计方案、技术要求等资料，对各种类型的工程建筑物（桥、隧、站场等）位置有针对性地进行详细的岩土工程勘察。最终确定道路路线和构造物的布设位置，查明构造物地基的地质构造、工程地质及水文地质条件，准确提供工程和基础设计、施工必需的地质参数。

详细勘察阶段的内容要求如下：

准备工作：充分研究初勘资料，确切掌握初步设计审批的有关内容，了解设计意图，明确勘察重点。参与路线方案的研究和现场调查工作，了解各方案沿线的工程地质情况。拟订勘察作业计划，落实人员和技术装备。

调查与测绘：在现场对初勘资料进行核实、补充和修正，进一步查明沿线的工程地质条件。对有价值的局部路线方案、新发现的不良地质和特殊性岩土地段、增设的大型工程的场地和新增沿线筑路材料料场，均参照初勘阶段规定的要求，并按详勘的广度和深度进行调查和测绘。

勘探：工作重点布设在不良地质和特殊性岩土路段及工程构造物位置。勘探点的数量、间距、深度，应能满足查明工程地质条件和施工图设计的需要。勘探中如需要变更要求，应征得委托方的同意，方可实施。

测试：应重点布设在不良地质和特殊性岩土路段及工程构造物所在处，获取评价地质条件和工程设计所需的地质参数。测试的项目、数量、方法，视工程地质条件、工程类别和设计计算的需要确定，各类地质参数应准确，重要的数据宜采用多种方法进行测试。

(1)路基详勘。

1)一般路基详勘。一般路基详勘的重点：①沿路线按微地貌特征分段，查明各段的地质结构、岩土类别、土的密度和含水状态，基岩风化情况，地下水埋深、变化规律和地表水活动情况；②确定路基基底的稳定性，边坡结构形式及坡度；③确定设置支挡构造物和排水工程的位置；④划分土石工程等级。

一般路基的勘探，多沿路线中线布设，对于土质路基段，一般在初勘探点之间增加勘探点；当探点间地质条件变化较大时，应适当增加勘探点，必要时中线两侧也应布设，深度一般为2～4m。

一般路基的测试，应按地质条件分段布设测试点，并分层采取代表性样品进行室内试验或在代表性地段做原位测试。测试间距可按间隔一个勘探点进行，但每一分段均应有测试孔。土的含水量按深度0.5m，1.0m，2.0m，4.0m取样测试。

一般路基详勘的资料要求是对高速公路应编写路基工程地质条件分段说明，主要内容为：地貌条件、岩土组成、地表水、地下水情况；分段代表性地质横断面图或柱状图；勘探、测试资料。一般公路可在工程地质平面图中表示。

2)高路堤详勘。高路堤详勘的重点：①对已确定存在沉降和滑移问题的高填路堤的初拟处理方案，应落实其有关地层层位、层厚、岩土类别、分布范围和水文条件；②对有关地层进行取样试验和现场测试，掌握设计所需的各种物理力学指标数据，特别是固结和抗剪指标。

调查与测绘内容：采用详勘路线平面图，精度按1：2 000控制进行地调和测绘，加密地质点，补充地调测绘工作，编绘路段工程地质平面图；综合调绘和初勘资料，核定控制横断面位置和数量，一般应每 100m 设 1 个，地质条件变化不大者，可以每 300m 设 1 个，或每个工段设 2～3个；控制横断面图宽度应超过编绘范围，即应超过路堤底左右各 20m，采用 1：100～1：200 的比例尺。

勘探内容要点如下：每 1 个控制横断面上，至少应设 1 个钻孔或每一工段至少应设 2 个钻孔，铺以触探、挖探、简易钻探在内，每个控制横断面上应不少于 3 个探点；勘探深度结合设计方案的需要决定，钻探应穿过软土层。

测试工作：钻孔应分层采样进行室内试验，试验项目按设计要求需要确定，测试应以软弱地层作为重点。原位测试应结合勘探工作进行。

勘察资料要求有如下三项内容：①路段工程地质详勘说明书，评价有关地层物理、力学指标及其使用条件，提供设计方案优化的建议；②路段工程地质平面图、纵断面图、控制横断面图，并应附勘探工作基础资料图表；③地层物理力学指标汇总表，并应附测试工作基础资料图表。

3)陡坡路堤详勘。陡坡路堤的详细勘察重点主要有两项内容：①对于已确定存在不稳定性问题的斜坡路堤的各种初拟处理方案，应查明有关的地层岩性、地质构造、水文地质条件；②对有关地层可能滑动的岩土界面进行测试并掌握其各种物理力学指标，重点是抗滑、抗剪指标，以满足设计需要。

调查与测绘要求如下：①采用详勘路线平面图，精度按 1：2 000 控制，加密地质点，补充工程地质调查和测绘工作，测绘路段工程地质平面图；②综合调绘资料，核定控制横断面位置及数量，一般应每 100m 设 1 个，地质条件变化不大者，可以每 300m 设 1 个，或每个工段设 2～3个；③控制横断面采用 1：100～1：200 比例尺编图，测绘范围应上下超过陡坡路堤宽至少 20m。

勘探与测试要求如下：①每一个控制横断面上至少应设 1 个钻孔，或每个工程至少应设 2 个钻孔，辅以触探、挖探、简易钻探等在内，每个控制横断面上应不少于 3 个勘探点；②勘探深度一般应达到预计滑动面（土层、岩土界面或岩体软弱结构面）以下；③钻探应以预计的滑动界面岩土为主，分层取样，进行室内试验，试验内容按设计方案需要确定，以抗剪、抗滑指标为重点，层位测试应结合勘探工作进行。

陡坡路堤的详细勘察资料应提供路段详勘地质说明书，路段工程地质平面图、纵断面图、控制横断面图，并附勘察工作基础资料图表、地层物理力学性质指标汇总表。

4)深路堑详勘。深路堑应以如下内容作为勘察重点：①对已确定存在开挖边坡稳定问题路段的设计方案，应查明其地层岩性、地质构造、水文地质条件及可能滑坍影响范围；②对可能滑坍的边坡土体和岩体的结构面的测试，应掌握设计所需的各种物理力学指标，重点是抗剪、抗滑指标。

调查与测绘要求：①一般采用详勘路线平面图，精度按1：2 000控制，加密地质点，进行补充调查和测绘工作，结合勘探资料测绘路段工程地质平面图，必要时可在大比例的地形图中填绘工程地质平面图；②规模大、地质条件复杂的工段，应另测绘 1：200～1：500 比例尺的工程地质平面图;③综合调绘资料,核定控制横断面位置及数量,一般应每 100m 设一个,根据地层变化和边坡高度可以加密到 50m 或放宽到 200m 设 1 个,或每个工段不少于 2 个;④控制横断面采用 1∶100～1∶200 比例尺绘图,测绘范围应根据地层岩性、地质构造、地形地貌、水文条件所影响的滑坍范围确定,对路线中线可不必进行对称测绘。

5)支挡工程详勘。支挡工程的勘察重点是对已定支挡工程位置处承重地基的地层岩性、地质构造和设计所需物理力学指标进行核实。

支挡工程的调查与测绘,一般可进行针对性的补充工作,采用详勘路线平面图,精度按 1∶2 000控制调绘地质平面图,并进行核定支挡工程布局和控制的横断面位置。

支挡工程的勘探,要求在控制横断面上的支挡位置增设钻探孔 1 个,对土层地基钻探应穿过软弱层,或设计基底以下 3m。对浅薄土层覆盖的岩石地基应钻入岩面以下 3m。全裸露岩石地基或浅薄土层覆盖,工程地质条件良好者可不增设钻孔。

6)河岸防护工程。河岸防护工程的勘察重点在于对已定的河岸防护和导流工程的地基地层岩性、地质构造和承重地层的物理力学指标,进一步勘察核实。

调查与测绘要点有如下两个方面:①采用详测路线平面图,精度按 1∶2 000 控制,加密地质点,进行补充调查和测绘,结合勘探资料测绘路段工程地质平面图,必要时可在大比例的地形图中填绘工程地质平面图;②核定防护和导流工程的布局和控制横断面位置。

勘探工作应在控制横断面上的防护、导流工程位置上适量增设钻探孔 1 个,辅以挖探、简便钻探或触探,勘探孔深应视具体情况而定。

河岸防护工程勘察资料要求如下:①河岸防护及导流工程详勘说明书,应论证工程布局的合理性,承重地基的稳定性、地基岩土物理力学指标及使用条件,提供防护工程措施优选建议,地基处理方法建议;②河岸防护和导流工程轴线地质纵断面图;控制横断面图,并附勘探工作基础资料图表;③提供地基岩土物理力学性质指标汇总表,附测试工作基础资料图表。

7)改河(沟渠)工程详勘。改河(沟渠)工程勘察重点如下:对已定的改河(沟渠)方案及其河岸防护、导流工程进一步核实其所涉及的开挖区段和构造物地基的地层岩性;对地质构造和水文地质条件,以及防护、导流工程构造物地基岩土的物理、力学指标等进一步查明。

调查与测绘内容要求如下:①对改河方案变动部分进行补充调查和测绘,精度控制和平面图比例尺与初勘相同;②大型的防护、导流工程应测绘 1∶200～1∶500 平面图,并补充调查与测绘工作。精度按 1∶1 000 控制,编绘工程地质平面图,核定构造物和改河道的控制横断面位置。

(2)小桥涵详勘。对存在不良地质问题的小桥涵或移位、新增小桥涵地基的地层岩性、地质构造及岩土承载力进行补充地质勘探,提供资料的方式及内容与初勘相同。

(3)互通式立交工程详勘。互通式立交岩土工程勘察重点为如下内容:应对已确定设计方案的互通式立交工程中的桥梁墩台、特殊和不良地质路段、重点工程路段,进一步查明地层岩性、地质构造和设计所需的各类岩土物理、力学指标。

互通式立交工程的调查与测绘,应采用详勘路线平面图对互通式立交区段进行补充调查测绘工作。

互通式立交工程的勘探应对桥位和高路堤增补钻孔,以查明地基地层层位、岩性、地质构造。测试工作针对承重地层进行原位测试或采样,并进行室内试验,试验项目按桥梁、不良地质和重点工程项目设计和地基设计的需要确定。

互通式立交工程的资料包括：互通式立交工程地质说明书，论证立交工程区段地质条件，对特殊性岩土和不良地质地段、重点工程路段应作专项论证。互通式立交工程区段工程地质平面图，特殊和不良地质路段及重点工程路段的局部工程地质平面图，控制纵、横断面图，附勘探工作基础资料图表；岩土地层物理力学指标汇总表，附测试工作基础资料图表。

12.2　桥梁工程岩土工程勘察

12.2.1　概述

当道路跨越河流、山谷或与其他交通线路交叉时，为了道路的畅通和安全，往往要修桥梁。它是道路建筑工程中的重要组成部分。

桥梁是由正桥、引桥和导流等工程组成，正桥是主体，位于河两岸桥台之间，桥墩均位于河中。引桥是连接正桥与原线的建筑物，常位于河漫滩或阶地之上，它可以是高路堤或桥梁；导流建筑包括护岸、护坡、导流堤和丁坝等，是保护桥梁等各种建筑物的稳定、不受河流冲刷破坏的附属工程。

按桥梁结构可分为梁桥、拱桥和钢架桥等，而跨越间歇性水流、无水的山涧或干谷等地段的桥梁，均称为旱桥。不同类型的桥梁，对地质有不同的要求。当梁桥为静定结构时，各桥孔是独立的，相互之间没有联系，对地质条件的适应范围较广；拱桥受力时，在拱脚处产生垂直和向外的水平力，因此，对拱脚处地基的地质条件要求较高，最好建在坚硬而完整的基岩上。所以，地质条件是选择桥梁结构的主要依据。

桥墩台主要岩土工程问题包括桥墩台地基稳定性、桥台的偏心受压及桥墩台地基的冲刷问题等，分述如下：

1. 桥墩台地基稳定性问题

桥墩台地基稳定性主要取决于墩台地基中岩土体的允许承载力，它是桥梁设计中最重要的力学数据之一，它对选择桥梁的基础和确定桥梁的结构型式起决定性作用，影响造价极大，是一项关键性的资料。

虽然桥墩台的基底面积不大，但经常遇到地基强度不一，岩土体软弱或软硬不均等现象，严重影响桥基的稳定性。在溪谷沟床、河流阶地、古河湾及古老洪积扇等处修建桥墩台时，往往遇到强度很低的饱水淤泥和其他软土层，也有时遇到较大的断层破碎带，近期活动的断裂，或基岩面高低不平，风化深槽，软弱夹层，囊状风化带，软硬悬殊的界面或深埋的古滑坡等地段，均能使桥墩台基础产生过大沉降或不均匀下沉，甚至造成整体滑动，不可忽视。

桥墩台地基为土基时，其允许承载力的计算方法和基本原理与大型工业民用建筑物地基是相同的，但是超静定结构的大跨度桥梁，对不均匀沉降特别敏感，故其地基允许承载力必须取保守值；而岩质地基允许承载力主要决定于岩体的力学性质、结构特征以及水文地质条件，一般按道路工程技术规范规定，根据岩石强度、节理间距、节理发育程度等来确定地基的允许承载力。但对断层、软弱夹层及易溶岩等，则应通过室内试验及现场原位测试等慎重确定，对风化残积层按碎石类土确定地基的允许承载力。

2. 桥台的偏心受压问题

桥台除了承受垂直压力外，还承受到岸坡的侧向主动土压力，在有滑坡的情况下，还受到滑坡的水平推力，使桥台基底总是处在偏心荷载状态下；桥墩的偏心荷载，主要是由于机动车在桥梁上行驶突然中断而产生的，对桥墩台的稳定性影响很大，必须慎重考虑。

工程实践中常采用材料力学中的偏心受力公式来计算矩形平面的桥基，尤其是桥台基底的总压力。

3. 桥墩台地基的冲刷问题

桥墩和桥台的修建，使原来的河槽过水断面减小，局部增大了河水流速，改变了流态，对桥基产生强烈冲刷，有时可把河床中的松散沉积物局部或全部冲走，使桥墩台基础直接受到流水冲刷，威胁桥墩台的安全，因此，桥墩台基础的埋深，除决定于持力层的埋深与性质外，还应满足下列要求：

1)在无冲刷处，除坚硬岩石地基外，应埋置在地面以下不小于 1m 处。

2)在有冲刷处，应埋置在墩台附近最大冲刷线以下不小于表 12.3 规定的数值。

3)基础建于抗冲刷较差的岩石上(如页岩、泥岩、千枚岩和泥砾岩等)，应适当加深。

表 12.3　墩台基础在最大冲刷线以下的最小埋深表

<table>
<tr><td colspan="3">净冲刷深度/m</td><td><3</td><td>≥3</td><td>≥8</td><td>≥15</td><td>≥20</td></tr>
<tr><td rowspan="3">在最大冲刷线以下的最小埋深/m</td><td colspan="2">一般桥梁</td><td>2.0</td><td>2.5</td><td>3.0</td><td>3.5</td><td>4.0</td></tr>
<tr><td rowspan="2">特大桥及其他重要桥梁</td><td>设计流量</td><td>3.0</td><td>3.5</td><td>4.0</td><td>4.5</td><td>5.0</td></tr>
<tr><td>检算流量</td><td colspan="5">按设计流量所列值再增 1/2</td></tr>
</table>

注：①净冲刷深度是自计算冲刷的河床面算起的冲刷总深度，即一般冲刷与局部冲刷的和(据铁路工程地质手册略有修改)；②最大冲刷深度可按 300 年一遇最高洪水位深度的 40%计算。

12.2.2　桥址选择工程地质论证

桥址的选择应从经济、技术和使用观点出发，使桥址与线路互相协调配合，尤其是在城市中选择铁路与公路两用大桥的桥址时，除考虑河谷水文、工程地质条件外，尚要考虑市区内的交通特点，线路要服从于桥址，而桥址的选择一般要考虑下列几个方面的问题：

(1)桥址应选在河床较窄、河道顺直、河槽变迁不大、水流平稳、两岸地势较高而稳定、施工方便的地方。避免选在具有迁移性(强烈冲刷的、淤积的、经常改道的)河床、活动性大河湾、大砂洲或大支流汇合处。

(2)选择覆盖层薄、河床基底为坚硬完整的岩体。若覆盖层太厚，应选在无漫滩相和牛轭湖相淤泥或泥炭的地段，避免选在尖灭层发育和非均质土层的地区。

(3)选择在区域稳定性条件较好、地质构造简单、断裂不发育的地段，桥线方向应与主要构造线垂直或大交角通过。桥墩和桥台尽量不置于断层破碎带和褶皱轴线上，特别在高地震基本烈度区，必须远离活动断裂和主断裂带。

(4)尽可能避开滑坡、岩溶、可液化土层等发育的地段。

(5)在山区峡谷河流选择桥址时，力争采用单孔跨越。在较宽的深切河谷，应选择两岸较低的地方通过，要求两岸岩质坚硬完整，地形稍宽一些，适当降低桥台的高度，降低造价，减少施工的困难。

12.2.3　桥梁工程岩土工程勘察要点

桥梁是道路工程的附属建筑物，除特大型或重要桥梁外，一般不单独编制设计任务书，而桥梁的设计仅包括初步设计和技术设计两个阶段，且只有当道路初步设计被批准之后，才编制桥梁初步设计，对于工程规模较小而工程地质条件又简单的桥梁，其岩土工程勘察工作可在一个阶段完成。

1. 初步设计阶段岩土工程勘察要点

初步设计阶段岩土工程勘察的任务是在几条桥线比较方案范围内，全面查明各桥线方案的一般工程地质条件，并着重对桥线方案起控制作用的重大复杂地段进行详细勘察，特别是对其中关键性岩土工程问题与不良地质作用的深部情况加以深入剖析，从技术可能性和经济合理性进行综合对比，为选择一条最优的桥线方案提供重要的工程地质依据。

2. 技术设计阶段岩土工程勘察要点

技术设计阶段岩土工程勘察的任务是在已选的最优方案基础上，按规范要求增加钻探、试验和原位测试工作量，着重查明个别墩基特殊的工程地质条件和局部地段存在的严重岩土工程问题，为桥线选择基础类型及其最佳位置以及施工方法等提供必要的工程地质资料。

12.2.4　桥基岩土工程勘察中应注意的问题

桥基岩土工程勘察的任务是为桥梁墩台设计提供地质资料，方法是在调查与测绘的基础上进行勘探工作。对于大、中桥，目前均采用以钻探为主，辅以物探的方法。这种综合的勘探方法，能够互相补充，可收到事半功倍的效果。勘察的结果应提出：①桥位处的河床地质断面图；②钻孔柱状断面图与钻探记录；③水、土的化验与试验资料。

桥基岩土工程勘察应注意的主要问题如下：

1. 钻孔布设

钻孔布设应在桥位工程地质调查与测绘的基础上进行，以避免盲目性。

钻孔数量取决于：①设计阶段；②桥位地质条件；③拟采用的基础类型。

在初步设计阶段，一般布设 3～5 个钻孔；在技术设计阶段，钻孔数应不少于墩台数。如采用沉井基础，或基础在倾斜、锯齿状的基岩面上时，应增加辅助钻孔，复杂时每一墩台需要 4～5 个钻孔。

钻孔一般布设在桥梁中心线上。为了避免钻穿具有承压水的岩层而引起基础施工困难，也可布设在墩台以外。为了解沿河床方向基岩面的倾斜情况，在桥梁的上下游可加设铺助钻孔。

2. 钻孔深度

钻孔深度取决于河床地质条件、基础类型与基底埋深。

河床地质条件包括河床地层结构、基岩埋深、地基承载力、可能的冲刷深度等。基础类型要区分明挖、深井与桩基等。

如遇基岩，要求钻入基岩风化层 1～3m。这一点在山区河流上尤应注意，以免把孤石错定为基岩。

钻孔的大概深度可参考表 12.4。

表 12.4　钻孔深度参考表

<table>
<tr><th rowspan="2">顺序号</th><th colspan="2" rowspan="2">土层名称</th><th colspan="2">钻孔深度/m</th></tr>
<tr><th>大桥</th><th>中桥</th></tr>
<tr><td>1</td><td colspan="2">岩石</td><td colspan="2">应在风化岩石下不少于 3m</td></tr>
<tr><td>2</td><td>砂砾</td><td rowspan="3">由河底最大计算冲刷标高算起</td><td>15</td><td>10</td></tr>
<tr><td>3</td><td>砂</td><td>20</td><td>15</td></tr>
<tr><td>4</td><td>黏质土</td><td>30</td><td>25</td></tr>
<tr><td>5</td><td colspan="2">软黏土</td><td colspan="2">低于荷重土层表面以下不得少于 15m</td></tr>
</table>

3. 操作规程

为保证钻探工程的质量，钻进过程中要认真对待取样、鉴别、记录这些环节。每隔 1m 深度应取样，每次变层要取样。为使样品尽可能保持原来状态，应注意选择钻头和钻进方法。记录要仔细，对所使用的钻具、进尺、取样以及钻进中的感觉等均应详细记录。在鉴别样品时，应与调查测绘结果对照，避免发生重大错误。

思　考　题

1. 简述路基工程的主要岩土工程问题。
2. 道路工程现场勘察的目的和任务是什么？
3. 如何进行路线选择的工程地质论证？
4. 桥梁工程的主要岩土工程问题有哪些？
5. 简述道路工程岩土工程勘察要点。
6. 简述桥梁工程岩土工程勘察要点。
7. 桥基岩土工程勘察应注意哪些问题？
8. 进行桥址选择时应考虑哪些问题？

第 13 章　水利水电工程地质勘察

13.1 概　　述

自然界中，水能资源是一种廉价的、不污染环境、且具有再生性的能源，世界上许多国家都在开发利用它。现今工业发达国家水能资源的开发利用程度一般均在 40%以上，其中英国、法国、瑞士、意大利等国已超过 90%。

我国地域辽阔，江河纵横，流域面积超出 1 000km^2 的大江河有 1 500 多条，水能资源十分丰富，理论蕴藏量 6.76 亿千瓦，居世界首位。其中，可资开发利用的为 3.78 亿千瓦。早在春秋战国时期，我们的祖先就兴修了名扬于世的都江堰、郑国渠和灵渠等输水、灌溉工程，隋朝建成的大运河，连接海河、黄河、淮河和长江四大流域，至今仍是世界上最长的运河。新中国建立后，水利水电事业更是飞速发展。据统计，全国已建成的水库有近十万座，总库容数亿立方米，其中 1 亿立方米以上的大型水库数百座。15m 以上的水坝有 18 000 多座，其中 100m 以上的高坝 13 座。大、中型水电站 96 座，其中装机容量在 25 万千瓦以上的大型水电站 21 座。葛洲坝、刘家峡、丹江口、新安江、龚咀、乌江渡、白山、新丰江等一批骨干工程，已为工农业建设发挥了重要作用。

尽管我国的水利水电事业已经有了长足发展，但与世界上一些工业发达国家相比，水能资源开发利用程度仍有较大差距。要充分开发、利用水能资源，就需要兴修水利水电工程(水工建筑物)。当前，一般要求水工建筑物应具有如下作用：①调洪排洪；②农田灌溉；③水力发电；④水力交通；⑤水生养殖；⑥城市及工业给排水等。为此，水工建筑物设计时总是要考虑综合利用，使其尽可能地发挥最大效益。所以，水工建筑物的主要部分往往是由挡水、溢洪、输水、发电和航运等建筑物组成的复杂建筑群，统称为水利枢纽。挡水坝、泄洪闸是这些建筑物中的主体工程，其上游形成的人工湖泊称为水库。

水工建筑物不同于其他建筑物，有其自身的特点。

首先是水对建筑物的多种作用，这些作用中最主要的是水对建筑物的静压力和动压力，巨大的静水压力对水工建筑物的稳定性有特别重要的意义，它是确定建筑物各部尺寸的主要依据；动水压力、扬压力等的作用，渗透水流流速增大，潜蚀能力加强，使水工建筑物建成后问题更为复杂。

其次，因水工建筑物的建成，而使广大范围内(库区及相邻地段)的水文和水文地质条件发生变化。这种变化就可能引起水库岸坡再造、水库渗漏、水库淤积和坝下游河床冲刷等作用。水文地质条件的变化主要是广大范围内的地下水回水，引起农田的沼泽化、盐渍化，并使矿坑涌水量增加等。水荷载、空隙水压力的增大还会引起水库诱发地震等问题，危及建筑物安全。

第三，必须重视勘察、设计、施工全过程，否则，后果极其严重。例如 1959 年失事的法国马尔帕塞坝高出河床 60m，库容仅 4 700m^3，属于中型坝。失事后库内洪水汹涌奔向下游，下游水位瞬时上涨为深7～15m、宽1km的巨流，以70km/h的速度向下游冲去，历时达45min，坝下游10km的弗雷茹斯(Frejus)城沦为废墟，马赛——尼瑟铁路被冲毁约500m，附近公路、供电和供水线路几乎全部遭到破坏。据不完全统计，这次事故中396人丧生，约2 000住户受到不同程度的损害，估计经济损失达5 000万美元，类似事故在国外水工建筑史上并不少见。

水工建筑物是能够使广大范围内自然环境发生显著变化的建筑物，它所给予地壳的人为荷载是巨大的，因此，在这类建筑物的设计过程中，无论从环境保护，还是建筑物安全、正常使用和经济方面来考虑，都需要给以充分的地质论证。需要从地质方面论证的问题主要有坝址、水库、引水渠道、隧洞等位置的选择，水库蓄水后对区域稳定、区域水文地质条件的影响，各种建筑物的稳定和正常工作条件以及它们的施工条件等。因为水工建筑物工程地质勘察所涉及的范围广，遇到的工程地质问题多，水坝、水库、引水渠道又各有其不同的问题，所以本章分别论述水坝、水库、引水渠道等各种水工建筑物类型、对工程地质条件的要求、存在的主要工程地质问题，最后讨论各勘察阶段的工作要点。

需要说明的是，由于水利水电工程的特殊性、复杂性，至今在水利水电系统仍沿用"工程地质勘察"的术语，而并未使用"岩土工程勘察"这一术语，且争议较大。因此，本书对水利水电工程仍使用"工程地质勘察"这一术语，待新规范颁布后，再行修改。

13.2 水坝工程地质

13.2.1 水坝类型及其对工程地质条件的要求

水坝起拦挡水流、抬高上游水位的作用，是水工建筑物中的主要建筑。水坝类型较多，不同类型的水坝其工作特点和对工程地质条件的要求不同。按筑坝的材料不同，主要可分为散体堆填坝和混凝土(或浆砌石)坝两大类。前者是适应于较大变形的柔性结构，又可分为土坝、堆石坝、干砌石坝等；而后者则是变形敏感的相对刚性结构，按结构又可分为重力坝、拱坝和支墩坝等。

1. 土坝

土坝是利用当地土料堆筑而成的历史最悠久、采用最广泛的坝型。它有很多优点：①可以就地取材、造价相对较低；②结构简单，施工容易，既可以大规模机械化施工，又可以半机械化施工；③属柔性结构物，抗震性能好；④对地质条件要求低，几乎在所有条件下均可修建；⑤寿命较长，维修简单，后期加高、加宽均较容易。因此，各国坝工建设中所占比例最大。我国15m以上的水坝中，土坝占95%；美国土坝比例占45%，日本占86%。有些国家采用这种坝型堆筑高坝，如苏联、加拿大和美国。

土坝对工程地质条件的要求如下：

(1)坝基有一定强度。由于土坝允许产生较大的变形，故可以在土基(软基)上修建。但它是以自身的重力抵挡库水的推力而维持稳定的结构物，体积很大，荷载被分布在较大面积上，所以要求坝基材料具有一定承载能力和抗剪强度。选择坝址时，应避免淤泥软土层，膨胀、崩解性较强的土层，湿陷性较强的黄土层以及易溶盐含量较高的岩层作为坝基。考虑到高坝地基产生的沉陷量较大，坝体应采取超高建筑的形式设计，使超高等于所计算的最终沉降量。

(2)坝基透水性要小。坝基若是深厚的砂卵石层或岩溶化强烈的碳酸盐岩类，则不仅会产生严重的渗漏，影响水库蓄水效益，而且可能会出现渗透稳定问题。在河谷地段地下水位较低、岩石透水性较强的碳酸盐岩地区建坝，常会出现“干库”。因此，在查明以上条件后，要进行防渗设计。

(3)附近应有数量足够、质量合乎要求的土料，包括一般的堆填料和防渗黏土料，它直接影响坝的经济条件和坝体质量。

(4)要有修建溢洪道的合适地形、地质条件。需要修建溢洪道是土坝的特点，在选坝时必须考虑有无修建溢洪道的有利地形、地质条件，否则会增加工程布置的复杂性和造价。

2. 堆石坝(干砌石坝)

坝体用石料堆筑(干砌)而成，它也是一种就地取材的古老坝型。现今由于机械化施工和定向爆破技术的不断发展，堆石坝已成为经济坝型的一种。

堆石坝对工程地质条件要求与土坝大致相同，但地基要求要高些。一般岩基均能满足此种坝的要求；而松软的淤泥土、易被冲刷的粉细砂、地下水位较低的强烈岩溶化地层，则不适于修建此种坝型。此外，采用刚性斜墙防渗结构的堆石坝，应修建在岩基上，修建堆石坝的另一重要条件是坝址区要有足够的石料，其质量的要求是有足够的强度和刚度及有较高的抗风化和抗水能力。

3. 重力坝

重力坝也是一种常见坝型，有混凝土重力坝和浆砌石重力坝。由于它结构简单，工作可靠、安全，对地形适应性好，施工导流方便，易于机械化施工，速度快，使用年限长，养护费用低，安全性好，所以重力坝在近代发展很快，在各种坝型中的比例仅次于土坝。目前，世界上最高的重力坝是瑞士的大狄克逊(Grand Dixence)坝，高为 285m。

重力坝的特点是重量大，依靠其自重与地基间产生的摩擦力来抵抗坝前库水等的水平推力，保持大坝稳定。同时，还利用其自重在上游面产生的压应力，足以抵消库水等在坝体内和坝基接触面上产生的拉应力，使之不致发生拉张破坏。重力坝在满足抗滑稳定及无拉应力两个主要条件的同时，坝体内的压应力通常是不高的。如一座高达 70m 的重力坝，其坝体最大压应力一般不超过 2MPa。所以材料强度未能被充分利用，不经济。同时，由于基础面较宽，地基面上的压应力也是不高的。

浇筑混凝土坝体时，由于温度效应会使其产生裂缝。为了克服上述缺点和节省材料，近数十年来国内外创造发展了宽缝式、空腹式、空腹填碴式及预应力式等新型重力坝。

重力坝对工程地质条件的要求如下：

(1)坝基岩石的强度要高。要求坝基岩石坚硬完整，有较高的抗压强度，以支持坝体的重量。同时，也应具有较大的抗剪强度，以利于抗滑稳定性。因此，一般要求重力坝修建在坚硬的岩石地基上，软基是不适宜的。当坝基中有缓倾角的软弱夹层、泥化夹层和断层破碎带等软弱结构面时，对重力坝的抗滑极为不利，尤其是那些倾向与工程作用力方向一致的缓倾角结构面。坝基中若有河流覆盖层和强风化基岩时，需清除或加固。

(2)坝基岩石的渗透性要弱。坝基岩石中的缝隙，会产生渗漏及扬压力，对水库蓄水效益和坝基抗滑稳定均不利。特别是强烈岩溶化地层及顺河向的大断裂破碎带，在坝址勘察时应十分注意，对它们的处理常常是复杂和困难的。

(3)就近应有足够的、合乎质量要求的砂砾石和碎石等混凝土骨料，它往往是确定重力坝型的依据之一。

4. 拱坝

拱坝在平面上呈圆弧形，凸向上游，拱脚支撑于两岸。作用于坝体上的库水压力等，借助于拱的推力作用传递给拱端两岸的山体，并依靠它的支承力来维持稳定。

拱坝是一个整体的空间壳体结构。从水平切面上看，它是由许多上下等厚或变厚的拱圈叠成，大部分荷载即由拱的作用传递到两岸山体上。在铅直断面上，则是由许多弯曲的悬臂梁组成，少部分荷载依靠梁的作用传递给坝基。由于拱是推力结构，只要充分利用它的作用，即可充分发挥材料强度。典型的薄拱坝，比起相同高度的重力坝可节省混凝土量在80%，如法国的托拉(Tora)拱坝高为85m，其最大厚度仅2.4m。因而，拱坝是一种经济合理的坝型；但它的施工技术要求很高。

拱坝具有较强的抗震性能和超载能力。位于阿尔卑斯山区的瓦依昂(Vaiont)双曲拱坝，高为261.6m，当1963年10月9日水库左岸的高速巨大滑坡体进入库内时，激起250m高的涌浪，高150m的洪波溢过坝顶泄向下游，而坝体却安全无恙。

拱坝的上述结构特点，决定了它对工程地质条件的特殊要求如下：

(1)坝址应为左右对称的峡谷地形。河谷高宽比(L/H)应小于2，愈狭窄的"V"字形峡谷，愈有利于发挥拱坝的推力结构作用。若地形不对称，就需开挖或采取结构措施使之对称。

(2)坝基及拱端应座落在坚硬、完整、新鲜、均匀的基岩上，上、下游岸坡和拱端岩体稳定，且无与推力方向一致的软弱结构面存在。

(3)拱坝要求变形量小，特别应注意地基的不均匀沉降和潜蚀等现象。

5. 支墩坝

支墩坝是由相隔一定距离的支墩和向上游倾斜的挡水盖板组成。库水压力等由盖板经支墩传递给地基。为了增加支墩的整体性和侧向稳定性，支墩还常设有加劲梁。根据盖板的形状不同，支墩坝可分为平板坝、大头坝和连拱坝。

支墩坝是一种轻型坝，它的特点是能比较充分地利用材料强度，能利用上游面的水重帮助坝体稳定，扬压力对它的作用很小，因此，可节省大量材料。

支墩坝对工程地质条件要求较低，可修建在各种地基上，在地基较差的河段中修建支墩坝时，通常设有基础板，把荷载分布在地基上，以免除由不均匀沉陷而产生扭应力。支墩坝可修建在较宽阔的河谷中，但要求两岸坡度不宜过陡，否则，必须做一段重力墩来过渡。

由于支墩坝的轴方向整体性差和对坝肩岩体变形抵抗能力低，在强震区和坝肩存在蠕滑体时，不宜选用此种坝型。

13.2.2 坝址区主要工程地质问题

1. 坝基渗漏问题

坝基渗漏是指水库蓄水以后由于坝上、下游的水头差，使库水在一定的压力下通过坝基岩土体的透水层向下游渗漏。其结果首先是影响水库的蓄水效益，渗漏量不大时，会延长库水蓄积时间；渗漏严重时，水库大部或全部丧失效益。其次是渗流产生的压力会对坝体的稳定带来不良影响，表现为扬压力和动水压力两个方面，前者减小了重力坝的有效应力而不利于抗滑稳定，后者对岩土的冲刷，产生坝基渗透变形，也不利于坝体稳定。另外，渗漏还可能引起下游地区的浸没、沼泽化及边坡失稳等不良地质作用。

(1)坝基渗漏条件分析。构成坝基渗漏必须满足两个条件：存在渗漏通道和渗漏通道的良好贯通性。渗漏通道透水性的强弱决定了渗漏量的大小，而渗漏通道连通性则决定渗透水流是否通得过。只有上游(库区)有入口、下游有出口，中间能连通，水流才能沿渗漏通道漏出。

渗漏通道一般是指具有较强透水性能的岩土体，可归纳为三种类型：透水层、透水带和岩溶管道。

透水层主要为第四纪砂、卵石层，胶结不良的砂、砾岩层也有一定的透水性，但比较微弱。具有气孔构造的火山岩，如玄武岩、流纹岩等，因气孔为裂隙沟通也常有较强的透水性。

透水带主要是断层破碎带和裂隙密集带。在岩体中这是主要渗漏通道，当破碎较为严重而充填物较少时，其透水性很强。但其宽度一般有限，与透水层不同，多呈带状分布，因而称为透水带。

岩溶管道是在可溶性岩石分布地区，当岩溶发育强烈的岩层通过坝区时，由溶洞、暗河及岩溶裂隙等互相连通而构成的管道，可能造成严重的坝基渗漏。这类渗漏通道的透水性极不均匀，在工程地质勘察中应进行专门试验予以确定。

下面讨论渗漏通道的连通性。

对砂、砾石层等松软岩层来讲，连通性主要决定于地层结构特征，而这又与地貌发育情况密切有关。一般山区河流，上游河床覆盖层多由单一的粗粒物质组成，厚度不大，不透水夹层较少。所以透水层的连通性是良好的。中下游河床覆盖层细粒成分增多，厚度也随之增加，地层常呈多层结构型式。山前冲积扇边缘地区则以细粒为主，粗粒物质成薄层与细粒物质多层相间。这些多层结构沉积物的连通性就比较差，有些层尖灭，有的则是连通的，并与其他透水层形成综合体。在中下游的多层结构沉积常是上部层总的透水性较弱，下部层透水性相对较强，表现为双层结构的特点。这就使下部强透水层因缺乏入口和出口而失掉连通性。这时的上部弱透水层等于天然防渗铺盖，应当加以保护，取土筑坝时不应使之破坏。若已受河流冲刷，冲沟切割面部分受到破坏，则应在坝前一定范围用铺盖办法将其修补完整。

在多层结构情况下还应注意相对隔水层的厚度、延伸情况及其完整性。有的厚度较小，易被渗透水流击穿，不起隔水作用；有的延伸不远即行尖灭；有的在沉积当时即部分被冲刷掉以致残缺不全；在这些情况下，其上下透水层互相联系，成为一个含水层。只有厚度较大、延伸较远、比较完整的隔水层才能起隔水作用。当其埋深不很大时，可用截水墙把其上面的透水层隔断，将其连通性破坏掉，以达防渗目的。

对基岩透水层、透水带来讲，连通性受地质构造的控制。纵向河谷(岩层走向与河流流向平行)透水层的连通性良好，横向河谷透水层连通性较差，或者只有入口没有出口，或者只有出口没有入口，而且倾斜的隔水层常将其隔住，无论倾向上游还是倾向下游，倾角是大还是小，都不能兼顾入口、出口和通道。只有在向斜构造(图 13.1)情况下，或透水层与透水带相组合(图 13.2)，透水岩层才能具有良好的连通性。在这种情况下，坝基不但存在渗漏问题，而且其抗滑稳定性也是很差的，一般不宜选作坝址。

(2)坝基渗漏计算。坝基渗漏量计算方法很多，一般可归纳为三种：①解析法解法，按照经典水文地质公式计算渗流量，但对地质条件作了相当简化，多为近似公式和经验公式；②模拟试验法，有电模拟和数值模拟两种，可模拟不同条件下的渗漏问题；③数值解法，多用有限元或有限差分法，它可以处理各种复杂边界条件和非均质问题，是目前发展的趋势。

根据专业及课程需要，这里仅介绍一些常用的水力学方法计算公式。

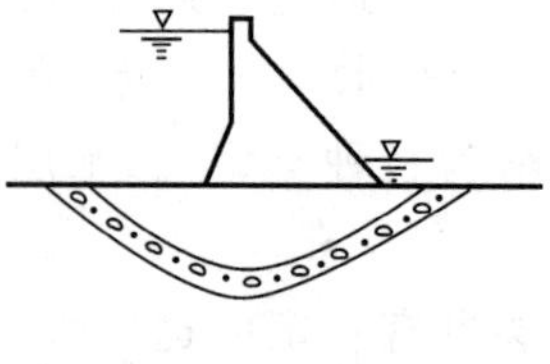

图 13.1　透水层在向斜情况下的连通性示意图

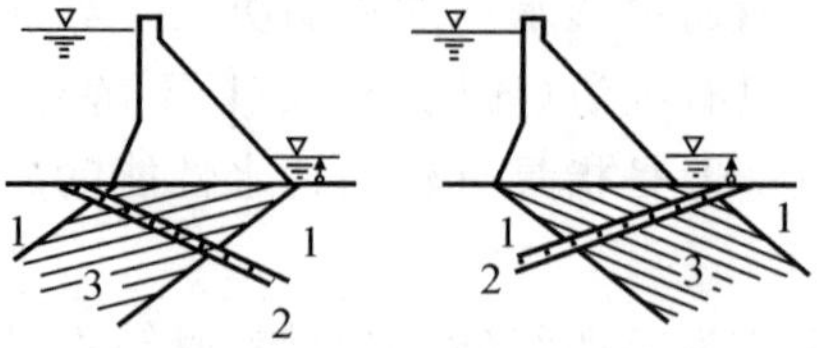

图 13.2　坝基透水层与透水带组合而连通示意图
1—透水层；2—断层破碎带；3—隔水层

假设坝基为单一而较均匀的松软土层(砂土、砾石层等)。在此情况下坝下渗漏量可按下式求算：

$$q = KHq_r \tag{13.1}$$

式中，q 为坝基单宽剖面渗漏量($m^3/(d \cdot m)$)；K 为透水层渗透系数；H 为坝上、下游水位差；q_r 为"计算流量"($m^3/(d \cdot m)$)，可按图 13.3 求出。由图 13.3 可见，当$\dfrac{T}{2b} > 6$时，增加$\dfrac{T}{2b}$而 q_r 的数值增加很少；T 为透水层的厚度；$2b$ 为坝底宽(图 13.4)，均以 m 为单位。

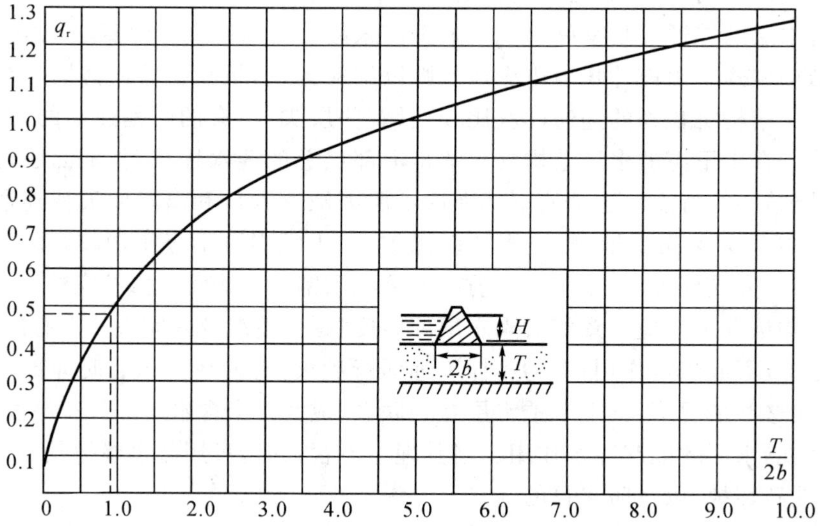

图 13.3　q_r 与$\dfrac{T}{2b}$关系曲线图

土坝底宽一般很大，透水层厚度很少能超过它的 4 倍，所以 q_r 一般为小数。

如果透水层的厚度不超过坝基宽度($\dfrac{T}{2b} < 1.0$)，则可按下式计算：

$$q = KH\frac{T}{2b+T} = K\frac{H}{2b+T}T \tag{13.2}$$

当坝基透水层夹有透水性或大或小的夹层，或二者交互成层，以致透水层的渗透系数不均一时，应先计算渗透系数的平均值，再行计算。

如果坝基由两层透水性差别显著的透水层构成时，如图 13.5 所示，则按下式计算单宽剖面渗漏量：

$$q=\frac{H}{\frac{2b}{K_2T_2}+2\sqrt{\frac{T_1}{K_1K_2T_2}}} \tag{13.3}$$

式(13.3)适用于上层为弱透水的黏性土层，下层为强透水的砂砾石层，这是常见的双层结构情况。如果层序与上述相反，即强透水层在上，弱透水层在下，则计算时可将下层黏性土层当作隔水层处理，而按单层透水层计算通过砂砾石层的渗漏量。

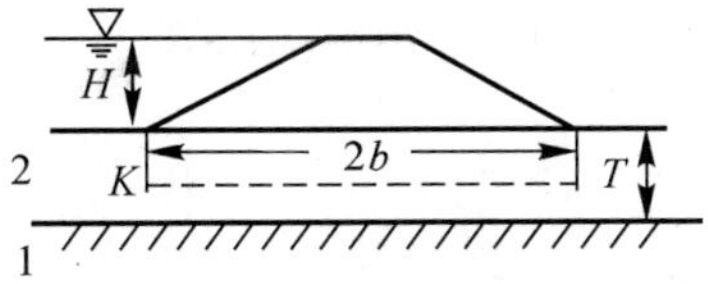

图 13.4　单层透水坝基

1— 隔水层；　2— 透水层

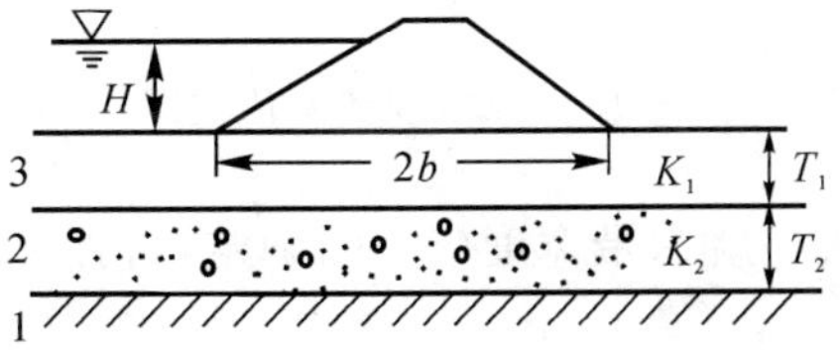

图 13.5　双层透水坝基

1— 隔水层；　2— 强透水层；　3— 弱透水层

T_1— 上层厚度；　T_2— 下层厚度

在上述计算中所得 q 系单宽剖面渗漏量，而整个坝基渗漏量 Q 尚须按下式计算：

$$Q=qB \quad (\mathrm{m^3/d}) \tag{13.4}$$

式中，B 为坝轴线方向整个渗漏带宽度(m)。

实际上，沿河谷横断面各段的地质结构常是不同的，例如靠近河两岸和中部往往不同，且有的段可能存在埋藏古河床。这样各段透水层的厚度、透水性的强弱、不透水层或透镜体的分布等都可能有所不同，有的段可能为集中渗漏带。遇此情况，应先分段计算渗漏量，再计算渗漏总量，计算结果比较准确。

由上面的计算方法可以看出，坝基渗漏量的大小主要决定于透水层的渗透系数和透水层的厚度。此外，各层的组合情况、厚度及其相对位置，也有很大影响。坝的高度和坝基宽度则影响到上、下游水位差(水头)和渗径长度，因而决定了渗透水流的水力坡降，对渗漏量的计算也很重要。这些因素均应全面考虑。

这里仅举了松软土坝基渗漏量的计算方法，并对条件进行了简化。至于基岩坝基，由于条件复杂，透水性很不均一，如何准确计算，尚需进一步研究。

在基岩坝基中应研究各种可能渗漏通道，如层面、不整合面、断层、透水岩层的各自特点及其连通性，在有隔水层情况下它们之间的水力联系。在坝址勘察中常用压水试验了解岩体的透水性，在详勘时也有时用单孔抽水试验与压水试验相配合，求取渗透系数。在某些大型水利枢纽也有时采取群孔抽水试验以检查压水试验的成果，应用这些资料作出坝基渗透剖面图，找出可能的集中渗漏带。

2. 绕坝渗漏问题

(1) 绕坝渗漏条件分析。在坝接头的岸边地带，若岩土具有一定的透水性，就可能形成库水绕过坝肩岸边地带向坝下游渗漏。筑坝后，由于库水位的抬高，与坝相接的岸边地带处于两种水流的作用下，其一是原来即向河谷流动的地下水流，另一为由坝上游水库绕过坝肩地带的渗透水流(图 13.6)。这两种水流相互作用的结果决定了绕坝渗漏带的宽度。水库的壅高愈大则绕渗带的宽度愈大；相反，岸坡流来的地下水流量愈大，则绕渗带的宽度愈小。

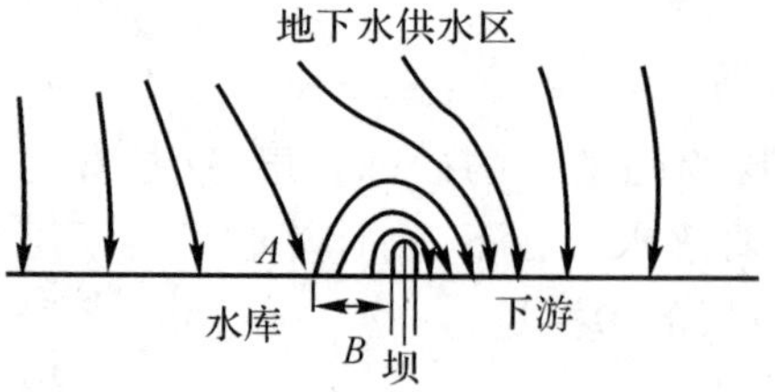

图 13.6　绕坝渗漏流线图

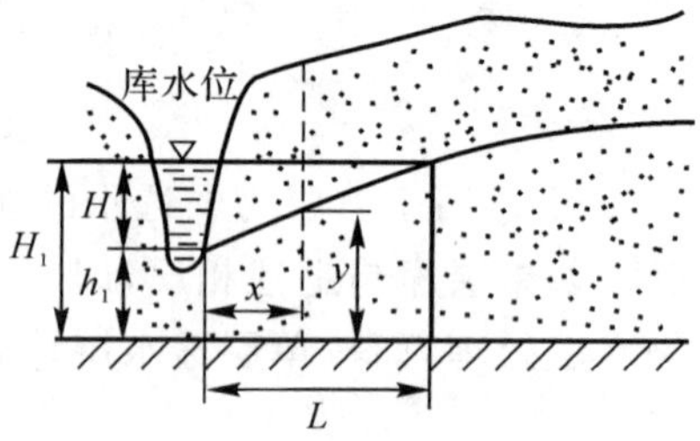

图 13.7　计算剖面图

关于绕渗带宽度(B)的确定,可按下式求得：

$$B=\frac{L}{\pi} \tag{13.5}$$

式中,L 为水库壅水前潜水位相当于水库正常高水位的一点距库岸之距离(图 13.7)。

如果经勘探已测得 L 的数值则可直接按上式确定 B,如果 L 值未知,则可按下列公式求出：

1) 在无压水情况下(图 13.7),有

$$L=\frac{H_1^2-h_1^2}{y^2-h_1^2}x \tag{13.6}$$

式中,h_1 为河水位高出隔水层顶板的高度;y 为距河岸 x 距离处钻孔中含水层厚度;H_1 为水库正常高水位高出隔水层顶板的高度;H 为坝前水库壅水高度(有效水头)。

2) 在有压水情况下,有

$$L=\frac{H}{H_x}x \tag{13.7}$$

式中,H_x 为距河岸 x 处钻孔中承压水位高出河水位的高度。

(2) 绕坝渗漏计算。绕坝渗漏也有多种计算方法,目前主要采用水力学方法。此法假设岸边流线形状与坝接头建筑物轮廓相似,均为有规则的几何曲线,且沿流线流速不变。此外,绕坝渗漏属三维流,而计算假定为二维流,所以它是一种近似计算方法。

在确定了 B 之后,即可按下面公式计算每一岸的绕坝渗流量：

对潜水型,有

$$Q=0.366KH(h_1+H_1)\lg\frac{B}{r_0} \tag{13.8}$$

式中,r_0 为半圆周的半径,此半圆周的长度等于绕流围线的周长(图 13.8);其他符号意义同前。

当绕渗宽度因缺乏资料而无法求得时,绕坝渗漏量可按下式粗略求出：

$$Q\approx KH(h_1+H_1) \tag{13.9}$$

对承压水型,有

$$Q=0.732KHT\lg\frac{B}{r_0} \tag{13.10}$$

式中,T 为承压含水层厚度(m);其他符号意义同前。

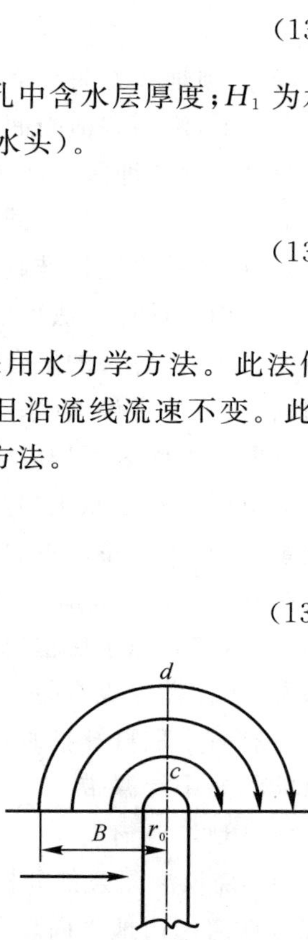

图 13.8　流线近圆形绕坝渗漏

r_0—第一条流线的圆半径

粗略计算可按下式：

$$Q \approx 2KHT \tag{13.11}$$

以上的计算方法适用条件为：水库和下游的岸线为直线，隔水层顶板为水平的，岩土为均质的。

岸线为直线的平直型河谷，水流在绕过坝肩渗漏时，其入渗和排泄条件较差。当岸坡在坝肩上、下游有规模较大的支流沟谷发育时，就使坝肩上游迎水面的入渗和下游的排泄条件大为改善，增强了绕坝渗漏的严重程度。在这种条件下，且含水层为倾斜的，为了进行渗漏量的计算，须先绘制近似的流线，把渗漏范围分成若干个渗流带（图 13.9(a)），逐一计算每一渗流带的渗漏量（ΔQ），将其总和在一起，即为该岸的绕坝渗漏量。ΔQ 可按下式计算：

$$\Delta Q = K\Delta b\left(\frac{h_1 + H_1}{2}\right)\frac{H}{l} \tag{13.12}$$

式中，Δb 为某一水流带长条的宽度；l 为某一水流带长条的长度；其他符号意义同前。

在有压水情况下，用下式计算：

$$\Delta Q = K\Delta bT\,\frac{H}{l} \tag{13.13}$$

上述计算方法适用于岸坡为松软土的情况，如洪积扇、宽阶地堆积等。

基岩岸坡条件较为复杂，只有在经过详细的工程地质研究后，方可根据具体情况参酌应用。除断层破碎带外，基岩（非可溶性的）透水主要靠裂隙和层面等，其分布和透水性很不均匀，渗透系数各不相同，可分带计算。

比较危险的是处于渗透带范围内的具有自上游到下游连通性很好的透水带，这种透水带可以由断层破碎带、岩石风化带、岩溶管道等构成。发育方向与流线近于平行的开张节理裂隙（图 13.9(b)），也常成为大量渗漏的通道。凡此，在研究绕坝渗漏中均应注意。应通过勘探和水文地质试验查明坝肩斜坡的地质构造，测定岩土体的透水性指标。查明岸坡的地下水浸润曲线，以确定 l 值。还应查明隔水层的分布、厚度和产状。

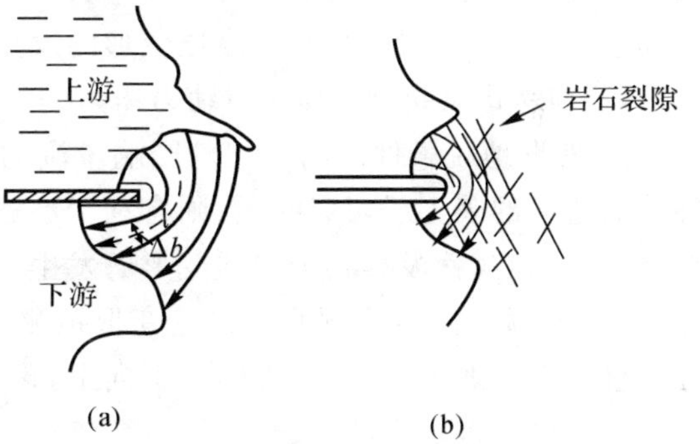

图　13.9

(a) 坝肩上、下游有冲沟，含水层倾斜条件下绕渗流线图；
(b) 岩石裂隙与绕坝渗漏关系示意图

3. 坝基渗透稳定问题

(1) 坝基渗透变形的形式。渗透变形是指土体在渗透水流作用下其颗粒发生移动或颗粒成分及土的结构发生改变的现象。渗透变形的形式主要有管涌和流土两种。

管涌：在渗流作用下，单个土颗粒发生独立移动的现象。管涌一般发生在不均粒系数较大的砂砾层中，它既可以发生在地下水逸出段，又可能发生于土体内部粗粒骨架的孔隙中。当坝基土体的粗粒骨架孔隙中能被携带走的细颗粒含量较少时，并不影响坝体的稳定。而当坝基的细粒物质被渗流从粗粒孔隙中携带走后，形成管状孔洞，土体的结构和强度遭到破坏，造成地面塌陷时，即会危及坝体安全。这种管涌称之为发展型管涌。

流土：是一定体积的土颗粒在渗流作用下同时发生移动的现象，在粉细砂土和黏聚力弱的亚砂土中最为常见。在坝下游坡脚渗透水流逸出处，当其动水压力超过土体自重时，即可产生流土。此外，随着条件变化，管涌也可转化为流土。

(2) 影响坝基渗透稳定的宏观地质因素。坝基产生渗透变形的必要条件是地下水动力条件和土石的粒度成分条件,但在实践中获知,还受工程因素和宏观地质因素等的影响。宏观地质因素指的是坝基地层结构和地形地貌条件。

1) 坝基地层结构。在单一结构型情况下,若为砂卵(砾)石层,一般地说会发生管涌型的渗透变形,而其强烈程度则取决于细颗粒的含量。若粗粒骨架孔隙中细颗粒成分较多,且能被渗流不断携走的情况下,往往发生强烈管涌。

在多厚层和多薄层结构型情况下,是否会发生渗透变形,主要取决于表层黏性土的性质、厚度和完整程度。如果黏性土较厚而完整,且抗剪强度较大,即使下层砂砾石的水头梯度较大,也不易发生渗透变形。如果黏性土较薄或不完整,则在坝下游土层的某些部位自重小于渗流的动水压力时,黏性土层即被顶鼓,产生裂缝,以至冲溃、浮动,发生流土而形成破坏区,下层的管涌或流土可相继发生。如果下层砂砾石层由坝上游向下游逐渐变厚,由于过水断面变大而削减了动水压力,则不利于渗透变形的发生,反之,如果砂砾石层向下游逐渐变薄,甚至尖灭,则动水压力逐渐增大,有利于渗透变形的发生。表层黏性土的自重压力(若固结压密程度较高的话,还应考虑其抗剪强度)与动力压力的大小关系,是决定渗透变形能否发生的控制因素。

2) 地形地貌条件。沟谷切割影响渗流的补给、渗径长度和出口条件。若坝上、下游的沟谷将弱透水的表土层切穿的话,则有利于渗透的补给,渗径缩短而加大水力梯度,并使下游的渗流出口临空,就极有利于渗透变形的发生。

(3) 坝基渗透变形预测。渗透变形预测是坝基渗透稳定性评价的主要内容。坝下游坡脚处系渗透水流逸出段,渗流方向由下向上,该地段最容易发生渗透变形,所以需重点预测坝下游渗透上升段范围内的渗透变形,只要该地段实际水力梯度超过了允许水力梯度后,就可能发生渗透变形。

预测的步骤如下:

1) 判定渗透变形的类型(形式)。

2) 确定坝基各点(主要是下游坝脚处)的实际水力梯度。

3) 确定临界水力梯度。

4) 确定允许水力梯度。

5) 划分出可能发生渗透变形的范围。

渗透变形的类型可按土的细粒含量判别:

$$\left.\begin{aligned}&\text{当 } P_c \geqslant \frac{1}{4(1-n)} \times 100\% \text{ 时} \quad \text{流土}\\&\text{当 } P_c < \frac{1}{4(1-n)} \times 100\% \text{ 时} \quad \text{管涌}\end{aligned}\right\} \tag{13.14}$$

式中,P_c 为土的细粒颗粒含量,以质量分数计(%);n 为土的孔隙率(%)。

实际水力梯度的确定是在查明坝基地层结构和渗透系数的基础上进行的,方法较多,有理论计算法、绘制流网法、水电比拟法和观测法等。绘制流网法比较简便,而且可靠性甚高,它可以确定坝基任一点的水力梯度,是常用的方法。初步确定时可采用理论计算法。它是根据渗流类型、地层结构和渗流方向等选用计算公式。

如果坝基为双层结构,且土层厚度稳定、透水性均一,则在平面流情况下,坝下游渗流上升段的平均水力梯度计算公式为

$$I_{cr}^{上升}=\frac{H_1-H_2}{2M_1+2b\sqrt{\frac{K_1}{K_2}\frac{M_1}{M_2}}} \tag{13.15}$$

式中，H_1，H_2 分别为坝上、下游水位(m)；M_1，M_2 分别为上、下土层的厚度(m)；K_1，K_2 分别为上、下土层的渗透系数；$2b$ 为坝底宽度(m)。

坝基下水平渗流段的水流大部分在下层渗流，该段的平均水力梯度可按直线比例法确定，即

$$I_{cr}^{水平}=\frac{H_3-H_4}{2b} \tag{13.16}$$

式中，H_3，H_4 分别为上、下游坝脚处下层土的测压水位(m)。

确定临界水力梯度的方法也比较多，有计算法、图表法和试验法等。对于流土来说，根据土的类型及其致密程度，可选择不同的计算公式。而管涌由于处于粗颗粒孔隙中的细颗粒单独运动，受力条件比较复杂，同时土的颗粒组成、排列方式等也复杂多样，因此目前还没有理想的计算公式，一般采用图表法和试验确定临界水力梯度。

流土的临界水力梯度计算公式如下：

对黏性土，有

$$I_{cr}=\frac{\gamma'}{\gamma_w}(1+\tan\varphi)+\frac{c}{\gamma_w}L \tag{13.17}$$

式中，γ'，γ_w 分别为土的浮重度及水的重度；$\tan\varphi$，c 分别为土的摩擦系数及黏聚力；L 为破坏面长度。

对砂土，有

$$I_{cr}=\frac{\gamma'}{\gamma_w}(1+\tan\varphi) \tag{13.18}$$

对砂砾石、砂卵石，有

$$I_{cr}=\frac{4+0.1\eta}{\eta} \tag{13.19}$$

式中，η 为土的不均匀系数。

砂土和砂砾土管涌临界水力梯度，可按图 13.10 和图 13.11 大致确定。

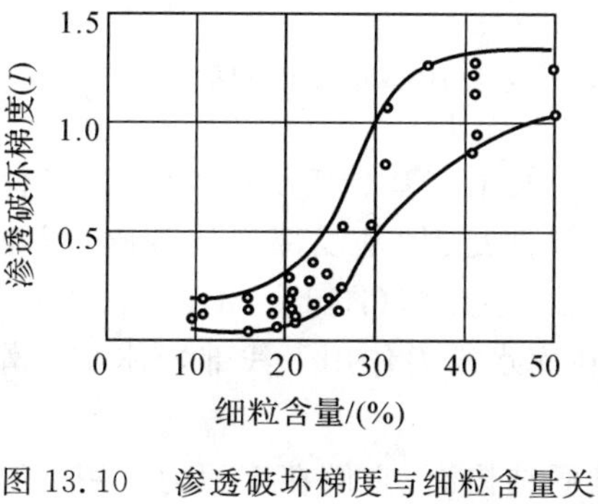

图 13.10　渗透破坏梯度与细粒含量关系图

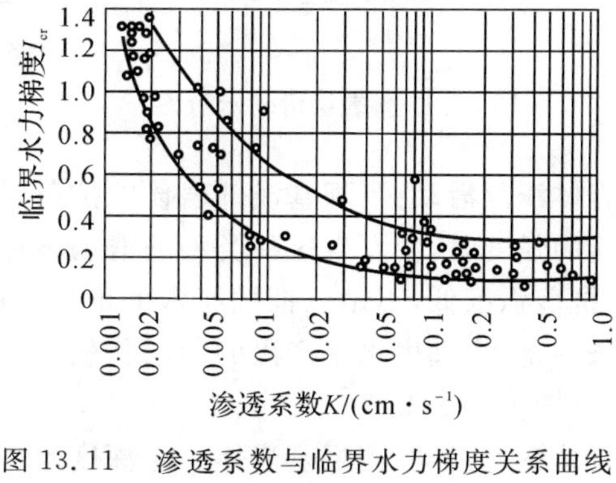

图 13.11　渗透系数与临界水力梯度关系曲线

试验法是确定临界水力梯度最直接、可靠的方法，有室内试验和现场试验。室内试验即取样在室内大型渗透仪或管涌仪中进行。对大型工程且坝基工程地质条件又比较复杂时，则应进

行现场试验。

确定允许水力梯度时，首先要确定安全系数。安全系数与地基土性质及建筑物等级有关。根据经验，一般对在固定水头差作用下发生连续管涌现象的危险性管涌土，选用安全系数2～3；而非危险性管涌土，选用安全系数1.5～2.5较为合适。安全系数确定后，即可获得允许水力梯度：

$$I_{允} = \frac{I_{cr}}{m} \tag{13.20}$$

式中，I_{cr}为临界水力梯度；m为安全系数。不同土的允许水力梯度参考值列于表13.1中。

表 13.1 各种土允许水力梯度参考值

土的类别	$I_{允}$
密实黏土	0.5～0.4
粗砂、砾石	0.3～0.25
轻亚黏土	0.25～0.2
中砂	0.2～0.15
细砂	0.1～0.12

允许水力梯度确定后，以实际水力梯度与之比较，若实际水力梯度大于允许水力梯度，是危险的，反之，是安全的。

坝基渗漏及渗透变形的防治，可采取以下措施：

1）对松散土体坝基：垂直截渗（黏土截水槽、灌浆帷幕、混凝土防渗墙）、水平铺盖、排水减压（排水沟、减压井）和反滤盖重等。

2）对裂隙岩体坝基：灌浆帷幕、排水孔、防渗井、斜墙铺盖等。

4. 坝基抗滑稳定问题

（1）坝基滑动破坏的类型。修建在岩基上的刚性坝，坝基可能的滑动破坏类型有三种，即表层滑动、岩体浅部滑动及岩体深部滑动。

表层滑动：是坝体混凝土底面与基岩接触面之间发生的平面剪切破坏（图13.12）。它主要受接触面剪力强度的控制。当坝基岩体坚硬完整、无控制滑移的软弱结构面存在，岩体强度远大于混凝土与基岩接触面的强度时，就可能发生此种型式的滑动破坏。接触面的摩擦系数值，是控制坝体稳定的主要指标。

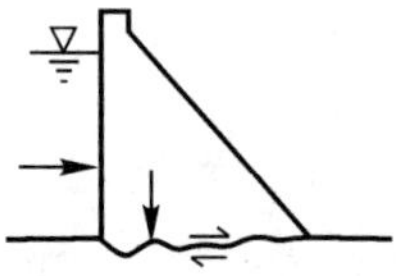

图 13.12 表层滑动示意图

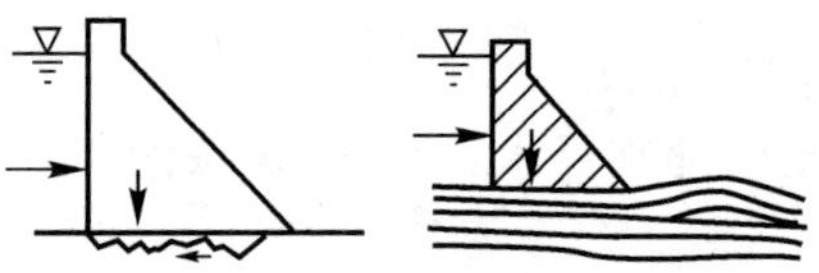

(a) (b)

图 13.13 岩体浅部滑动示意图

岩体浅部滑动：当坝基浅部岩体的抗剪强度既低于混凝土与基岩接触面的强度，又低于深部岩体的强度时，便发生这种类型的滑动破坏。产生的条件是：坝基浅部岩体破碎，裂隙网络发育，抗剪强度低，不足以抵抗库水的推力。破坏面往往呈参差状（图13.13(a)）。此外，另有一种条件是：坝基由水平产出的薄层状软弱岩层组成，在库水推力作用下浅部岩体发生滑移弯曲破坏（图13.13(b)）。

岩体深部滑动：当坝基岩体一定深度范围内存在软弱结构面，它们在工程力作用下组合成危险滑移体时，就可能发生深部滑动（图13.14）。此时岩体强度将主要由岩体中抗剪强度最低的软弱结构面控制，许多工程实例表明，该弱面一般是缓倾角的软弱结构面，称之为滑移控制面。由于这种滑移型式较多，边界条件也比较复杂，所以是工程地质重点研究的对象。

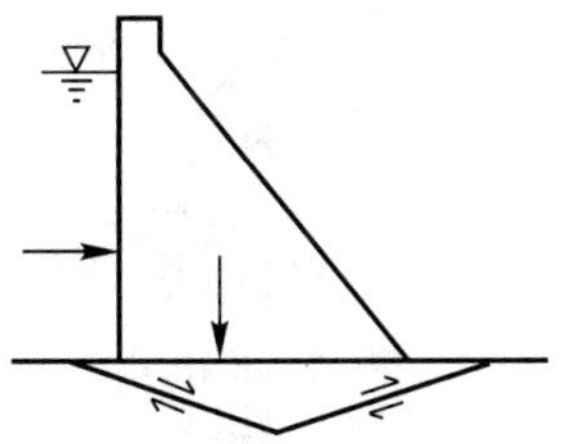

图 13.14　岩体深部滑动示意图

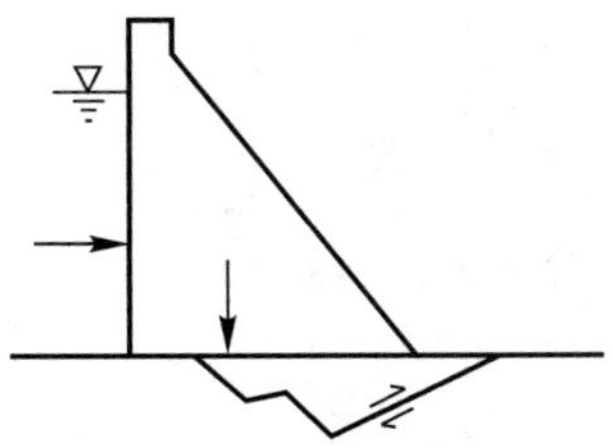

图 13.15　混合滑动示意图

此外，当坝基岩体不均一，强度高低不等，或局部地段存在组成深部滑动的软弱结构面时，地基滑动破坏将可能部分在坝基接触面上，部分在岩体软弱结构面上发生，即为混合滑动(图 13.15)。

(2) 影响坝基抗滑稳定性的因素。坝基抗滑稳定性决定于坝所受到的各种作用力与坝基抵抗滑动的力之间的平衡关系。所以对此问题分析时，应从所受之力与抵抗力两方面进行考虑。

坝所受到的作用力包括：

1) 坝体自重与设备重量。坝体自重决定于坝高和结构形式；坝上设备主要为闸门、坝上的桥及移动式吊车等。

2) 水压力。这是作用于坝面的主要荷载，包括静水压力(决定于库水深度)和动水压力(溢流时产生的水压力)。

3) 扬压力。这是影响坝基抗滑稳定性的重要因素之一，它是坝基下的地下水压力，由浮托力和渗透压力两部分组成。扬压力能够减小压应力的作用，从而降低潜在滑移面上的摩擦力，这对重力坝影响很大。起初人们对扬压力认识不足，美国圣・弗兰西斯坝和意大利泽尔毕诺坝因此而失事后，经过总结教训和原型观测，才逐渐摸清扬压力的某些规律。

浮托力(W_1)是下游水位至坝底的水柱高度 H_2 所形成的上举力，系静水压力。在整个坝底，这种压力是均匀分布的(图 13.16(a))其大小决定于坝下游的河水位，即

$$W_1 = \gamma_w H_2 \tag{13.21}$$

式中，γ_w 为水的重度(kN/m^3)；H_2 为坝下游水位至坝底水柱高度(m)。

渗透压力是由于坝上、下游水位差形成的渗透水流作用在坝底的上举力。坝踵下面的渗透压力为 $\gamma_w H$(H 为上、下游水位差)，由于渗透水流经过坝基岩石裂隙渗流过程中沿程受到阻力，造成水头损失，至下游坝脚(坝趾)时渗透压力即变为零，因此，渗透压力(W_2)在坝下的分布，理论上呈三角形(图 13.16(a))。

浮托力与渗透压力之和即为扬压力(u)，即

$$u = W_1 + W_2 \tag{13.22}$$

根据大量实测资料分析，当坝基设有防渗帷幕和排水孔时，能够有效地减小渗透压力。所以，目前修建在岩基上的大坝均采取灌浆帷幕。设有灌浆帷幕的坝基渗透压力呈折线分布，如图 13.16(b) 所示。在坝踵处渗透压力为 $\gamma_w H$，帷幕中心处则大为降低，约为全水头渗透压力的 50% ～ 70%，即 $W_2 = \alpha_1 \gamma_w H$，其中 α_1 称为渗透压力系数，我国《混凝土重力坝设计规范》规定 $\alpha_1 = 0.45 \sim 0.60$。

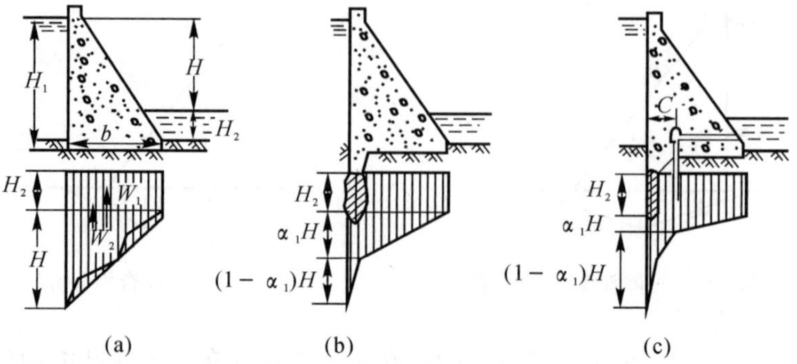

图 13.16　坝基扬压力强度的分布与坝底形状关系示意图

(a) 坝底为平面；(b) 具有上游灌浆帷幕；(c) 具有上游灌浆帷幕与排水设施

排水设施在降低渗透压力方面的效果不见得比灌浆帷幕差，甚至效果更为显著。当坝基仅设有排水而无防渗帷幕时，渗透压力也会有一个转折点，排水处的渗透压力为 $\alpha_2\gamma_w H$，α_2 也是渗透压力系数，$\alpha_2 \approx 0.5$。但是只作排水而不作帷幕一般是不容许的，因为这可能引起坝基岩体的渗透冲刷，危及大坝安全。

当今大坝多是既设置灌浆帷幕，也有排水设施。这样，渗透压力的分布就会有两个转折点(图 13.16(c))。坝基不同点处的扬压力如图 13.17 所示。浮托力呈矩形分布，压力强度为 $\gamma_w H_2$；渗透压力呈折线分布，在帷幕中心线为 $\alpha_1\gamma_w H(\alpha_1 = 0.4 \sim 0.7)$，在排水孔中心线上为 $\alpha_2\gamma_w H$(此时 $\alpha_2 = 0.2 \sim 0.4$，比单独排水时为小)，在坝趾处为零。

为了有效地减小坝基扬压力，许多大坝还在坝基设置 2～3 排纵、横排水廊道，但在设计中常不计算它们的排水减压作用，仅作为安全储备。

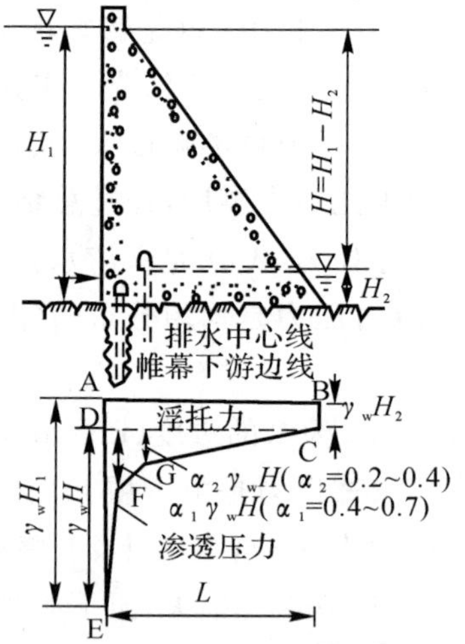

图 13.17　有防渗、排水设施的坝底扬压力分布示意图

4) 淤砂压力。在多泥砂的河流中筑坝，坝前淤积较快，须考虑淤砂压力。

5) 地震荷载。主要是地震时由建筑物自重引起的地震惯性力，在抗震计算时一般只考虑水平方向地震力。

6) 风浪压力。

以上是坝所受到的作用力。至于坝基岩体抗滑力则应考虑以下各因素：

1) 滑移面的阻滑作用。滑移面的内摩擦角和黏聚力的大小是决定岩体抗滑能力的主要因素。但滑移面的试验抗剪强度不是决定抗滑力的唯一因素，即以滑移面本身而论也还应考虑其他因素。例如滑移面的物质组成是以碎屑为主还是以泥质为主；水库长期蓄水后，滑移面组成物质的可能变化，滑移面的起伏程度；有无层间褶皱、岩相变化、夹层尖灭，或为其他断层所错断等等。只有根据这些有利和不利因素，选择比较切合实际的抗剪数据，才能正确估计滑移面的阻滑作用。

2) 侧向切割面的阻滑作用。通常，坝基抗滑稳定性的计算均按平面问题考虑，侧向切割面的抗滑作用均被忽略，只作为安全储备。实际上，除非是顺河断层发育，坝基浅层滑移、宽河谷的中、低坝等情况，侧向阻滑作用不甚明显之外，一般情况下侧向阻滑力还是不小的，特别是断裂与河流流向交角较大，在狭窄的河谷修建高、中坝时，侧向阻滑作用是不能不考虑的。一些现场抗剪试验也证明有侧向岩体阻滑作用的抗剪总强度要比没有侧向阻滑作用的大得多。因此，根据工程地质条件，在有些情况下，应当考虑侧向阻滑作用。以顺河断层来说，在岩层软硬相间的横谷区断层只在脆性岩层中破碎明显，而塑性岩层则不甚明显，以致断层分布不均，贯穿性不强，还是具有较大的阻滑作用的。

3）坝下游抗力体的阻滑作用。坝下游能够起支撑作用，抵抗坝基滑移的岩体，称为抗力体。当可能滑移面倾向下游而无陡立临空面（图 13.18）或滑移面近水平时，坝下游岩体就能起到抵抗坝基岩体滑动的作用，成为抗力体。滑移面倾向上游，或下游有陡立临空面时，则坝下游岩体即失掉支撑力，而不具备抗力体结构。

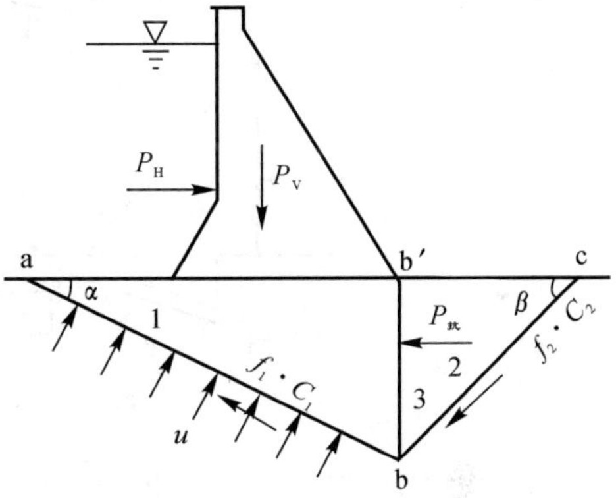

图 13.18　坝下游抗力体阻滑作用示意图

1— 滑移面；　2— 第一破裂面；　3— 第二破裂面

（3）坝基抗滑稳定性计算。坝基抗滑稳定计算方法有刚体极限平衡法、有限单元法和地质力学模型试验法等。这里仅介绍刚体极限平衡法。

对坝基表层滑移情况，主要核算坝体混凝土与坝基接触面的抗滑稳定性，计算公式为

$$K=\frac{f(\sum V-u)+cA}{\sum H} \tag{13.23}$$

式中，K 为抗滑稳定系数；$\sum H$ 为作用在滑移面上的各种水平力的总和；$\sum V$ 为作用在滑移面上的各种垂直力的总和；u 为作用在滑移面上的扬压力；A 为滑移面面积；f 为摩擦系数；c 为黏聚力。

对坝基浅部滑移情况：

根据其滑移特点分析，它主要是沿坝基下不深的水平软弱面或风化破碎岩体滑动，在性质上与表层滑移类似，所以可采用表层滑移稳定计算公式。抗剪强度数值利用软弱或破碎岩体的试验结果及经验值确定。

对坝基深部滑移情况：

深部抗滑稳定问题是一个空间块体的平衡问题，但在进行力学分析时一般都将条件简化为平面问题，以求得稳定系数。其方法是沿着水流方向切取单宽断面或选取一个坝段作为计算对象，而不考虑相邻断面（坝段）的影响，核算滑移控制面上的力学平衡条件。

这里介绍几种基本的滑移结构，即单斜滑移面倾向上游、单斜滑移面倾向下游和双斜滑移面的稳定计算。

1）对单斜滑移面倾向上游（图 13.19(a)），有

$$K=\frac{f(H\sin\alpha+V\cos\alpha-u)+cL}{H\cos\alpha-V\sin\alpha} \tag{13.24}$$

2）对单斜滑移面倾向下游（图 13.19(b)），有

$$K=\frac{f(V\cos\alpha-H\sin\alpha-u)+cL}{H\cos\alpha-V\sin\alpha} \tag{13.25}$$

上两式中，V 为单宽断面内各铅直力总和；H 为单宽断面内各水平力总和；u 为单宽断面内滑移面上的扬压力；L 为滑移面长度；α 为滑移面沿水流方向的倾角；f，c 分别为滑移面上的摩擦系数和黏聚力。

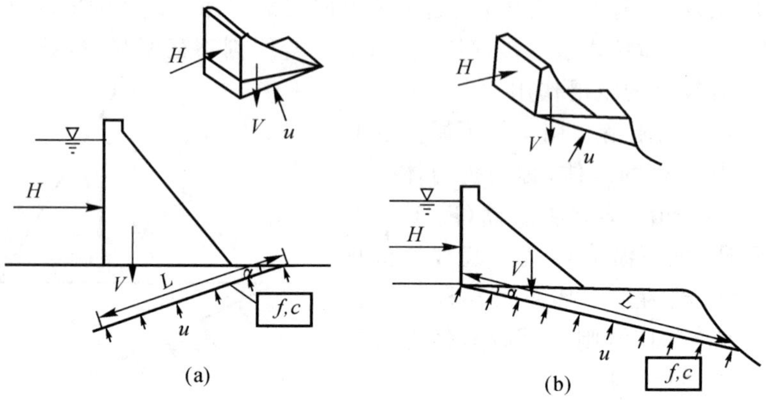

图 13.19　单斜滑移结构抗滑稳定计算

(a) 单斜滑移面倾向上游；(b) 单斜滑移面倾向下游

3) 对双斜滑移面，在坝基岩体中由两组结构面组成的滑移控制面，组合形式较多，这里仅讨论分别倾向上、下游的二滑移面及侧切面组成的棱柱形滑移体，且二滑移面交线恰好位于坝趾处垂直投影线上的情况(图 13.20)。其力学分析方法是先作垂直线 BD，将岩体分割为三角形的楔体 ABD(Ⅰ)和 BDC(Ⅱ)，楔体Ⅱ即为抗力体，它作用于楔体Ⅰ的抗力 R，倾角为 φ，楔体Ⅰ同样给楔体Ⅱ以反力 R，二者大小相等而方向相反。

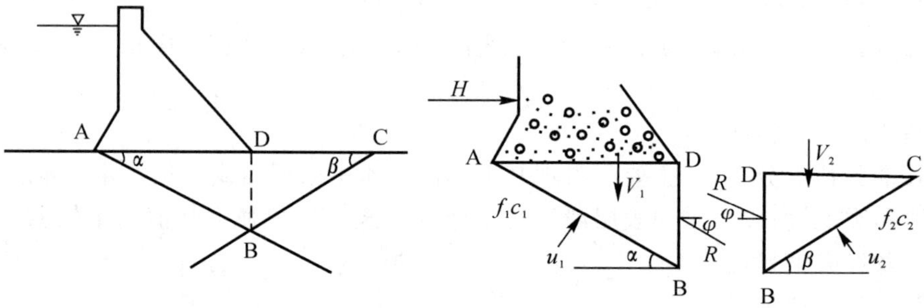

图 13.20　双斜滑移结构抗滑稳定计算

考虑楔体Ⅰ的平衡条件，作用在 AB 面上的滑动力是 $H\cos\alpha + V_1\sin\alpha$，抗滑力是 $f_1[V_1\cos\alpha - H\sin(\varphi-\alpha) - u_1] + c_1L_1$，$BD$ 面能提供的抗滑力是 $R\cos(\varphi-\alpha)$。

再考虑楔体Ⅱ的平衡条件，作用在 BC 面上的滑动力是 $R\cos(\varphi+\beta) - V_2\sin\beta$，抗滑力是 $f_2[R\sin(\varphi+\beta) + V_2\cos\beta - u_2] + c_2L_2$。

按常规方法推求深部抗滑稳定系数，是令楔体Ⅰ处于极限平衡状态，求得相应的抗力 R，再将 R 施加于块体Ⅱ上，求后者的稳定系数 K。即

$$R = \frac{(H\cos\alpha + V_1\sin\alpha) - f_1(V_1\cos\alpha - H\sin\alpha - u_1) - c_1L_1}{\cos(\varphi-\alpha) - f_1\sin(\varphi-\alpha)} \tag{13.26}$$

$$K=\frac{f_2[R\sin(\varphi+\beta)+V_2\cos\beta-u_2]+c_2L_2}{R\cos(\varphi+\beta)-V_2\sin\beta} \tag{13.27}$$

式中，H 为单宽断面内各种水平力的总和；V_1 为坝体和楔体 Ⅰ 的单宽重量；V_2 为楔体 Ⅱ（抗力体）的单宽重量；u_1，u_2 分别为作用在 AB，BC 面上的扬压力；f_1，f_2 分别为 AB，BC 面的摩擦系数；c_1，c_2，L_1，L_2 分别为 AB，BC 面的黏聚力和长度；α，β 分别为 AB，BC 面的倾角。

很显然，这种方法求得的只是 BC 面上的 K 值，实际上应写为 K_2。这样得到的 K 值偏大，在某些情况下会给出不合理结果（如 R 出现负值，或求出极大的 K 值）。有的学者提出了按等 K 法原理计算，给两个楔体以相同的安全度，似较合理。

等 K 法的具体作法如下：

分别列出楔体 Ⅰ、Ⅱ 的稳定系数 K_1 和 K_2 的计算式：

$$K_1=\frac{R[\cos(\varphi-\alpha)-f_1\sin(\varphi-\alpha)]+f_1[V_1\cos\alpha-H\sin\alpha-u_1]+c_1L_1}{H\cos\alpha+V_1\sin\alpha} \tag{13.28}$$

$$K_2=\frac{f_2[R\sin(\varphi+\beta)+V_2\cos\beta-u_2]+c_2L_2}{R\cos(\varphi+\beta)-V_2\sin\beta} \tag{13.29}$$

令 $K_1=K_2$，用试算法或迭代法联立解以上两式，可以求得 K，R 值。

某一双滑面滑移结构的重力坝，用常规法和等 K 法核算的 K 值分别为 1.69 和 1.20，说明这种计算方法所求得的稳定安全系数有相当大的差别。

由于将计算简化为平面问题，上述的抗滑稳定计算公式中都未考虑侧向切割面的阻滑作用。实际上，当坝基岩体处于临界失稳状态时，不仅底部的滑移控制面发挥了极限抗剪作用，而且侧向切割面也能提供一定的阻滑力，特别当地壳中存在着较大的水平向地应力、且最大主应力垂直于河谷时，更加强了侧切面的阻滑作用。有些工程按平面问题核算时，安全系数较低，而实际上坝体工作正常，这可能是侧向阻滑力起了很大作用的缘故。

据实践经验，下列情况侧向阻滑力可不予考虑而作为安全储备：① 河谷很宽的中、低坝；② 滑移控制面埋深浅，且产状稳定，延续贯通性好；③ 存在顺河向断裂带，其面较平直，抗剪强度较低。下列情况应考虑侧向阻滑力的作用，作空间问题核算稳定系数：① 河谷狭窄的中、高坝；② 滑移控制面走向与坝轴线交角较大；③ 顺河断裂不发育，或断裂、裂隙延续贯通性差，或各部位力学性质差异甚大，或与河流斜交。

进行空间问题核算时，应切取一段坝体作整体分析。首先确定侧切面上的抗剪指标 f_0，c_0 值及其面积 A_0；考虑到该面上的法向压力 N 较难确定；且 Nf 值往往远小于 cA 值，所以在计入侧向阻滑力时，一般均按抗剪公式核算。如当单斜滑移面倾向上游时的计算公式为

$$K=\frac{f(\sum H\sin\alpha-u)+cA+c_0\sum A_0}{\sum H\cos\alpha-\sum V\sin\alpha} \tag{13.30}$$

坝基深部抗滑稳定系数的要求数值在《水利水电工程地质勘察规范》（GB 50287—99）中未明确规定，在实际核算时应根据具体情况，由地质、试验、设计人员共同研究确定。

提高坝基抗滑稳定性的措施有：清基开挖（清除不稳定体）、岩体加固（固结灌浆、锚固等）、防渗排水（帷幕灌浆、排水孔）、改变建筑物结构（增大坝底面积、建基面阶梯开挖、改变坝型等）和其他措施（预留岩体保护层、覆盖开挖面等）5 类。

5. *坝肩抗滑稳定问题*

不同的坝型对坝肩稳定性要求不同。土石坝和重力坝只要求将坝肩嵌入到岩体内一定深

度，以满足防渗要求和一定的联结能力，不要求核算坝肩的抗滑稳定性。拱坝的工作条件与土石坝、重力坝有本质的区别，在库水推力作用下，坝体内将产生复杂的空间应力分布，而且主要以轴向压力的方式将荷载传递到河谷两岸的岩体上。拱端对坝肩岩体将产生法向推力 P_H、切向剪力 P_V 和力矩 M（图 13.21）。当拱端岩体具有足够的强度和刚度时，则给拱圈以相应的反力来保持坝体稳定。若拱端岩体软弱破碎，尤其当存在与拱端推力方向一致的软弱结构面时，将对拱坝的稳定性带来威胁。因此，对拱坝需进行坝肩岩体抗滑稳定分析。

(1) 拱坝坝肩岩体稳定性的边界条件。拱坝的结构和受力后的传递特点，决定了坝基抗滑稳定性问题比重力坝为小。但是两岸岩体在拱端的推力作用下则易于发生滑动，并对坝体造成威胁，成为拱坝突出的工程地质问题。而岸坡又是一个天然的倾斜临空面，下游常有或大或小的沟谷切割，使拱端岩体变得单薄。在地质营力的长期作用下，岸坡受到风化剥蚀，适于修建拱坝的陡坡河岸，往往发育有卸荷裂隙，以及岩体中固有的各种结构面，其中有些性质软弱，延续性较强。在某些结构面组合下，形成对拱坝坝肩岩体稳定性不利的边界条件。结构面组合的分析，首先应确定岩体内可能出现的分离体，再了解分离体的各边界面，应特别注意找出可能的滑动面，并根据其物质成分、延续性等特点，分析分离体沿之滑动的可能性。岩体中倾角平缓的结构面和走向与河流近平行的结构面组合，对坝肩稳定是不利的（图 13.22）。如果这些结构面性质软弱，充填有泥质物，则具备了滑移面的条件。在临空面方面，平直的岸坡足以满足滑移的要求，下游横切沟谷则成为类似坝基滑移的陡立临空面，使条件更为恶化。大型的横河断裂同样可成为潜在临空面，如图 13.23 所示。

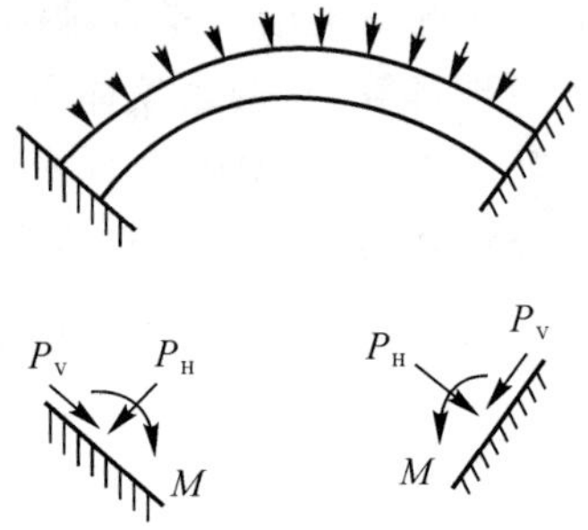

图 13.21　拱端受力状况

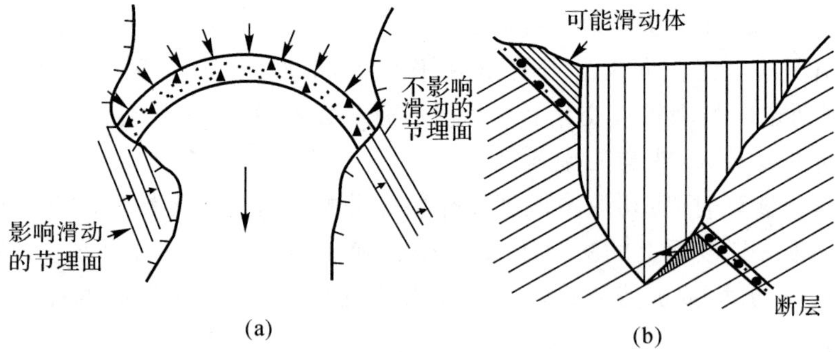

图 13.22　不利于拱坝坝肩稳定的断层节理

(a) 水平切面；(b) 下游剖视

坝肩岩体的滑动方向，如图 13.24 所示。图中的 ab 线，为坝轴线的切线方向，ac 是 ab 线的垂线方向。坝肩岩体的滑动方向即限于 ab 和 ac 二线之间的范围内，走向在此范围内的陡倾角结构面可能成为坝肩岩体滑移的侧向滑移面。而且其走向愈近拱端推力方向，滑动的危险性愈大。

(2) 坝肩岩体稳定计算。坝肩岩体稳定性受滑动力与抗滑力的控制，由于临空面的影响，其滑动比较复杂，往往具有三维特征。但计算的基本原理与重力坝坝基抗滑稳定计算类似。

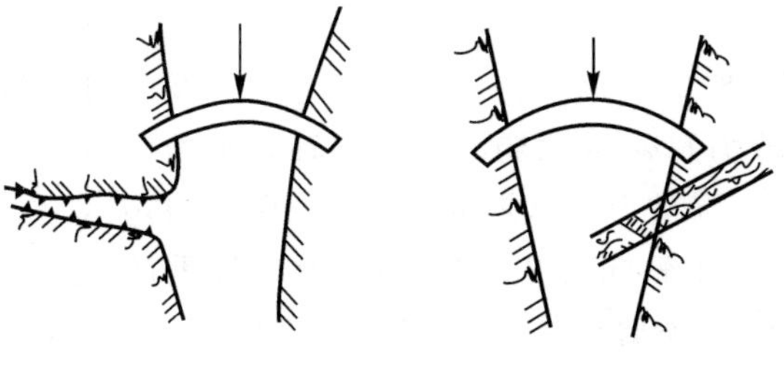

(a)　(b)

图 13.23　坝下游横向临空面对坝肩稳定的影响

(a) 下游冲沟横切；

(b) 断层破碎带的影响

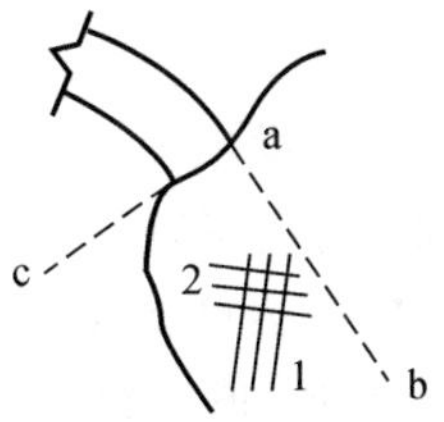

图 13.24　拱坝坝肩岩体滑动方向分析(水平切面)

1— 可能成为滑移面的陡倾角结构面；

2— 不可能成为滑移面的陡倾角结构面

有两种计算方法:① 计算单位坝高某层的稳定。一般取 1m 高的拱圈及相应的岸边岩体作为独立计算对象,并假定上、下层互不联系(由于拱坝是个整体,实际上各拱圈是互相连着的),在拱端推力作用下,验算该层坝肩的抗滑稳定性。一般不需一层一层都验算,而只是验算几个典型拱圈,即受力较大岩体稳定性较低的部位。"U"形谷拱坝的最大应力层多在坝底;"V"形和梯形谷多在 1/3 坝高处。若这些部位是稳定的,则整个坝高范围坝肩岩体也是稳定的。验算时可用平切面将典型拱圈分出即可。② 计算整个坝肩岩体稳定性。计算时应先分析岸坡岩体结构,确定滑移面,然后算出该面上的滑动力和抗滑力。如图 13.25 所示,岩体内有平行岸边的铅直软弱面 1 和水平软弱面 2,它们割切出分离岩体,该分离体滑移的滑动力(S)是由拱圈所受推力 P 分解的轴向力(H)和剪力(V)在软弱面 1 上的分力(图 13.25(c),(d))。

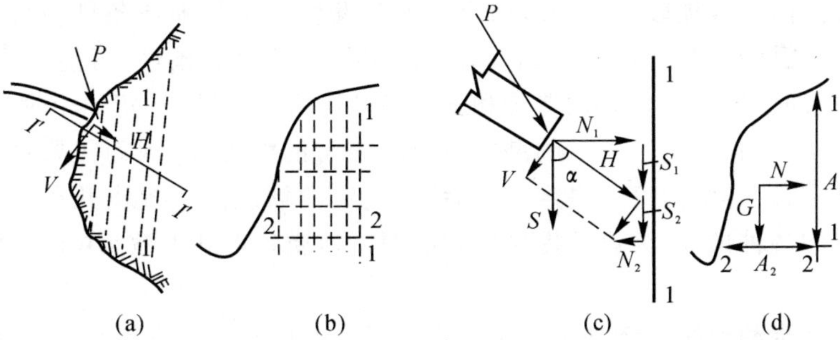

(a)　(b)　(c)　(d)

图 13.25　坝肩岩体受力分析图

(a) 平面图；(b) 剖面图；(c) 平面图上力的分解；(d) 剖面图上软弱面所受法向力

P,H,V— 拱圈推力、轴向力、剪力(P 是 H,V 的合力)；N,N_1,N_2— 软弱面 1 上的法向力($N=N_1-N_2$)；

S,S_1,S_2— 软弱面 1 的滑动力($S=S_1+S_2$)；G— 软弱面 2 上的法向力(即分离岩体的重量)；

α— 软弱面 1 与坝轴线夹角；1— 铅直软弱面；2— 水平软弱面

据此可求出该面上的滑动力与抗滑力。

滑动力为

$$S=S_1+S_2=H\cos\alpha+V\sin\alpha$$

抗滑力为

$$T=T_1+T_2=[f_1(N_1-N_2)+c_1A_1]+(f_2G+c_2A_2)=$$
$$(f_1N_1+c_1A_1)+(f_2G+c_2A_2)$$

稳定系数为

$$K_c = T/S \tag{13.31}$$

式中，H，V 分别为拱坝坝肩轴向力和剪力（P 的分力）；α_1 为软弱面 1 与坝轴线夹角；f_1，c_1，A_1 分别为软弱面1的内摩擦角、黏聚力和面积；N 为拱圈推力在软弱面1上的法向分力；f_2，c_2，A_2 分别为软弱面 2 的内摩擦角、黏聚力和面积；G 为水平软弱面 2 上的法向力（岩体重量）。

由此求出的 K_c 值，设计上要求不小于 5，才认为坝肩岩体是稳定的。拱坝坝肩的轴向力和剪力系考虑到水压力和温度应力等叠加后的不利组合情况。

提高坝肩岩体稳定性的措施：固结灌浆、排水减压、坝肩嵌固、处理软弱结构面（开挖回填、支撑加固、修建传力墙）、改变建筑物结构等。

13.2.3　坝址选择的工程地质论证

选择坝址是水利水电建设中一项具有战略意义的工作。它直接关系到水工建筑物的安全、经济和正常使用。工程地质条件在选坝中占有极其重要的地位，选择一个地质条件优良的坝址，并据此合理配置水利枢纽的各个建筑物，以便充分利用有利的地质因素、避开或改造不利的地质因素。

坝址的概念应该包括整个水利枢纽各种建筑的场地。所以在坝址选择时除了考虑主体建筑物拦水坝的地质条件外，还应研究包括溢洪、引水、电厂、航闸等建筑物的地质条件，为规划、设计和施工提供可靠依据。

坝址选择，一般按照“面中求点，逐级比较”的方法进行。即首先了解整个流域的工程地质条件，选择出若干个可能建坝的河段，经过地质和经济技术条件的比较，制定出梯级开发方案，并确定首期开发的河段或坝段。进一步研究首期开发段的工程地质条件，提出几个供比选的坝址，经过工程地质勘察和概略设计之后，对各比选坝址的地质条件、可能出现的工程地质问题、各建筑物配置的合理性、工作量、造价和施工条件等进行论证，选定一个坝址。坝址比选是一项十分重要的工作，它决定了以后的勘察、设计、施工的总方针，因而需要地质、水工设计及施工等人员相互配合、详细讨论后决定。然后，在选定的坝址区再提出几条供比选的坝轴线，进行详细的勘察和各种试验，为设计提供各种必要的地质资料和参数，并主要由地质条件确定施工的坝线。

我国长江三峡水利枢纽的选坝工作是严格按以上的原则和步骤进行的。该枢纽在建国初曾提出了南津关和美人沱两个供比选的坝段，经过多年勘察，认识到南津关坝段虽河谷狭窄，但碳酸盐岩的岩溶发育，处理措施复杂，美人沱坝段虽工程量较大，结晶岩风化壳也较厚，但处理较有把握。在 1959 年的第一次选坝会议上经过充分研讨后，选定了美人沱坝段。之后，在该坝段提出了太平溪、三斗坪和黄陵庙三个可能坝址，通过 20 年详细的工程地质勘察，经全面比较各坝址的各项条件后，认为施工条件优越的三斗坪坝址较为理想，于是在 1979 年的第二次选坝会议上选定了该坝址。

在自然界中，地质条件完美的坝址很少，尤其是大型的水利枢纽，对地质条件的要求很高，更不能完全满足建筑物的要求。所谓“最优方案”是比较而言的，最优坝址在地质上也会存在缺陷。所以在坝址选择时，也应当考虑不同方案为改善不良地质条件的处理措施。因此，地质条件较差，预计处理困难，投资高昂的方案，应首先被否定。

坝址选择时，工程地质论证的主要内容包括区域稳定性、地形地貌、岩土性质、地质构造、水文地质条件和物理地质作用以及建筑材料等，还要预计到可能产生的工程地质问题和处理这些问题的难易程度，工作量大小等，下面分别论述。

1. 区域稳定性

区域稳定性问题的研究在水利水电建设中具有特别重要的意义。围绕坝址或要开发的河段，对区域地壳稳定性和区域场地稳定性进行深入研究是一项战略任务。特别是地震的影响直接关系着坝址和坝型的选择，一般情况下，地震烈度由地震部门提供，但对于重大的水利枢纽工程要进行地震危险性分析和地震安全性评价。因此，对于大型水电工程，在可行性研究阶段，应组织专门力量解决区域稳定性评价。

2. 地形地貌

地形地貌条件是确定坝型的主要依据之一，同时，它对工程布置和施工条件有制约作用。

狭窄、完整的基岩"V"型谷适合修建拱坝，宽高比大于 2 的"U"型基岩河谷区宜修建混凝土重力坝或砌石坝。宽敞河谷地区岩石风化较深或有较厚的松散沉积层，一般适于修建土坝。

不同地貌单元，其岩性、结构有其自身的特点，如河谷开阔地段，其阶地发育，二元结构和多元结构往往存在渗漏和渗透变形问题。古河道往往控制着渗漏途径和渗漏量等。因此，在坝址比选时要充分考虑地形、地貌条件。

3. 岩土性质

岩土性质对建筑物的稳定来说十分重要，对坝址的比选具有决定性意义。因此，在坝址比选时，首先要考虑岩土性质。修建高坝，特别是混凝土坝，应选择坚硬、完整、新鲜均匀、透水性差而抗水性强的岩石作为坝址。我国已建和正在施工的 70 余座高坝中，有半数建于强度较高的岩浆岩地基上，其余的绝大多数建于片麻岩、石英岩和砂岩上，而建于可溶性碳酸盐岩、强度低易变形的页岩、千枚岩上的极少。

在世界坝工建设史上，由于坝基强度不够，而改变设计，增加投资，甚至发生严重事故者不乏其例。例如，美国圣 · 佛兰西斯(St. Francis)坝是一座高 62.6m 的混凝土重力坝，坝址岩石为云母片岩和红色砾岩，二者在右岸斜坡上呈断层接触。砾岩泥质胶结，并穿插有石膏细脉，强度低且易饱水软化崩解。水库于 1926 年初开始蓄水，至 1928 年初突然垮坝，右翼首先被水冲溃；继之左翼也坍垮，仅残留河床中部 23m 长的一个坝段(图 13.26)。后经查明，垮坝的原因是右岸红色砾岩中石膏脉的溶解和岩石软化崩解以及左岸云母片岩顺片理滑动。我国黄河干流上的八盘峡水利枢纽坝基岩石系白垩纪红色砂页岩，岩性软弱，由于勘察和选坝工作粗糙，未查清坝基地质条件就施工，第一期基坑开挖后才发现由两条顺河大断层切割坝基岩体，在进一步勘察过程中又查明了坝基内顺层的缓倾角软弱泥化夹层分布广，抗剪强度低，对坝基抗滑稳定影响极大。此外，断层带及软弱泥化夹层有发生渗透变形的可能。经计算，原设计断面已不能满足稳定的需要。为改善地基条件被迫炸毁三段导墙，将坝线上移 103m，使开挖量和混凝土浇筑量加大，工期延长。

下面将不同成因类型岩土的建坝适宜性及其主要问题作简要概述。

侵入的块状结晶岩体，一般致密坚硬、均一、完整、强度大、抗水性强、渗透性弱，是修建高混凝土坝最理想的地基，其中尤以花岗岩类为最佳。这类岩石需注意它们与围岩以及不同侵入期的边缘接触面，平缓的原生节理，风化壳和风化夹层的分布，选坝时避开这些不利因素。

喷出岩类强度较高、抗水性强，也是较理想的坝基。我国东南沿海、华北和东北有不少大坝坐落在这类岩石上。喷出岩的喷发间断面往往是弱面，存在风化夹层、夹泥层及松散的砂砾石层，还有凝灰岩的泥化和软化等，对坝基抗滑稳定性的影响不可忽视。此外，玄武岩中的柱状节理，透水性很强，在选坝时也须注意研究。桑干河干流上的山西省册田水库大坝坝基为新生代的玄武岩，柱状节理极发育，坝基及绕坝渗漏严重，影响着水库效益。

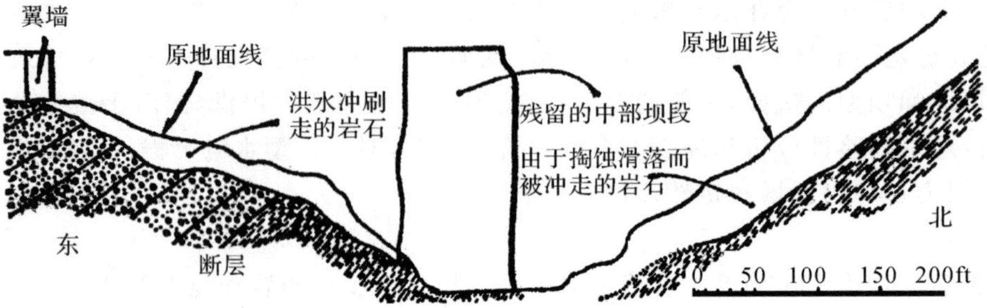

图 13.26 由于坝基岩石选择不良而致垮坝的美国圣·佛兰西斯坝

深变质的片麻岩、变粒岩、混合岩、石英岩等，强度高、抗水性强、渗透性差，也是较理想的坝基。但是在这类岩体中选坝址，必须注意片理面的各向异性及软弱夹层的存在，选坝时，应避开软弱矿物富集的片岩(如云母片岩、石墨片岩、绿泥石片岩、滑石片岩)。在浅变质岩的板岩、千枚岩区，应特别注意岩石的软化和泥化问题。

沉积岩中，以厚层的砂岩和碳酸盐岩为较好的坝基。这类岩石坝基较岩浆岩、变质岩的条件复杂。这是因为在厚层硬岩层中常夹有软弱岩层，这些夹层力学强度低，抗水能力差，易构成滑移控制面。碎屑岩类如砾岩、砂岩等，强度与胶结物类型有关，一些胶结物在水的作用下可能产生溶解、软化、崩解、膨胀等。在构造变动下往往发生层间错动，经过次生作用易于发生泥化。在坝址比选时必须十分注意这一问题。此外，碳酸盐岩的岩溶洞穴和裂隙的发育，可能会产生严重的渗漏。

另外，在坝址比选中，河床松散覆盖层具有重要意义。修建高混凝土坝，坝体必须座落在基岩之上，若河床覆盖层过厚，就会增加坝基的开挖工程量，使施工条件复杂化。所以当其他条件大致相同时，应将坝址选择在覆盖层较薄的地段。有的河段因覆盖层过厚，只得采用土石坝型。比选松散土体坝基的坝址时，须研究渗漏、渗透变形和振动液化等问题，而且应避开如淤泥类土等软弱、易变形土层。

4. 地质构造

地质构造在坝址选择中同样占有重要地位，对变形较为敏感的刚性坝来说更为重要。

在地震强烈活动或活动性断裂发育的地区，选坝时应尽量避开或远离活断层，而位于区域稳定条件相对较好的地块上。在选坝前的可行性研究时，应进行区域地质研究，查明区域构造格局，尤其要查明目前仍持续活动或可能活动断裂的分布、类型、规模和错动速率，并预测发生水库诱发地震的可能及震级。国外有些水坝就因横跨活断层而坝体被错开或致垮坝。例如，美国西部位于圣·安德烈斯大断裂上的晶泉坝和老圣安德烈斯坝，在 1906 年旧金山大地震时分别被错开 2.5m 和 2m。1963 年洛杉矶附近鲍尔德温山水库大坝的溃决，则是因通过库区和坝下的断层活动，水沿断层渗流使坝基中粉、细砂层发生渗透变形所致(图 13.27)。经研究，断层的最大错距达 150mm。我国新丰江水库 1962 年 3 月 6.1 级诱发地震发生后，更重视了选坝中对区域稳定条件的研究。

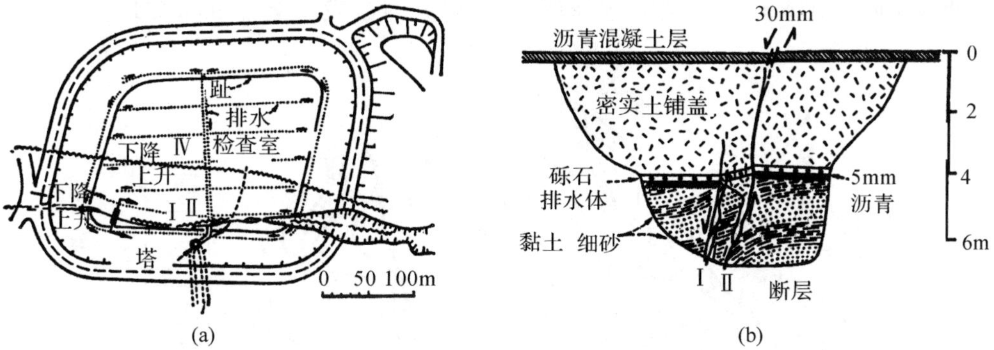

图 13.27　沿活断层错动引起管涌造成溃坝的鲍尔德温坝(据 D・H・斯泰普莱顿,1976 年)
(a)平面图；(b)剖面图

地质构造也经常控制坝基、坝肩岩体的稳定。在层状岩体分布地区,倾向上游或下游的缓倾岩层中存在层间错动带时,在后期次生作用下往往演化为泥化夹层,若有其他构造结构面切割的话,对坝基抗滑稳定极为不利,在选坝时应特别注意。因为缓倾岩层的构造变动一般较轻微,容易被忽视。陡倾甚至倒转岩层,由于构造形变强烈,岩石完整性受到强烈破坏,在选坝时更要特别注意查清坝基内缓倾角的压性断裂。总之,要尽可能选择岩体完整性较好的构造部位作坝址,避开断裂、裂隙强烈发育的地段。

5.水文地质条件

在以渗漏问题为主的岩溶区和深厚河床覆盖层上选坝时,水文地质条件应作为主要考虑的因素。

从防渗角度出发,岩溶区的坝址应尽量选在有隔水层的横谷、且陡倾岩层倾向上游的河段上。同时还要考虑水库有否严重的渗漏问题,库区最好是强透水层底部有隔水岩层的纵谷,且两岸的地下分水岭较高。

乌江渡水电站原来有上、中、下三个比较坝址。上坝址由寒武纪白云质灰岩组成,临近断层带,岩溶发育,无可资利用的隔水岩层,因而存在严重的渗漏问题,难以处理。中坝址由二叠纪灰岩组成,岩溶很发育,也缺乏隔水层,渗漏问题也较严重。下坝址为三叠纪灰岩夹页岩,岩层倒转,倾向上游,倾角为 50°～75°,属横向谷,厚为 26～44m 的页岩层可利用作隔水层,因而被选定为坝址。这是在岩溶地区成功地选定高坝位址的实例。

当岩溶区无隔水层可以利用的情况下,坝址应尽可能选在弱岩溶化地段。这就要求仔细分析研究岩层结构、地质构造和地貌条件。贵州猫跳河梯级开发中,三级电站和四级电站的坝址渗漏问题形成鲜明对照。三级电站坝址为中、上寒武世厚层白云岩夹泥质白云岩,岩溶发育微弱,透水性较差,构造上属背斜的翼部,地下水位较高,岸边泉水多高于设计蓄水位,河谷为强烈下切峡谷。水库蓄水后,坝区和库区均未渗漏(图 13.28)。四级电站坝址为寒武纪及二叠纪碳酸盐岩和砂页岩,但因断裂构造复杂,岩溶十分发育,左右岸地下水位均低于河水位 14～18m。构造断裂作用的结果,虽有隔水岩层,但被破坏而失去隔水作用,在左岸,由于岩溶管道的发育,在 700 余米防渗线上出现了 7 个地下水洼槽。1970 年水库蓄水后,左岸库首及绕坝渗漏严重,渗漏量随库水位升高而加大,最大渗漏量为 $20m^3/s$,占河流多年平均流量的 36%,发电引水流量的 20%,致使一台机组不能运行。此渗漏问题至今未能解决。从上述实例中，清楚地说明了在碳酸盐岩地区选择坝址时，研究岩溶发育规律和水文地质条件的重要意义。

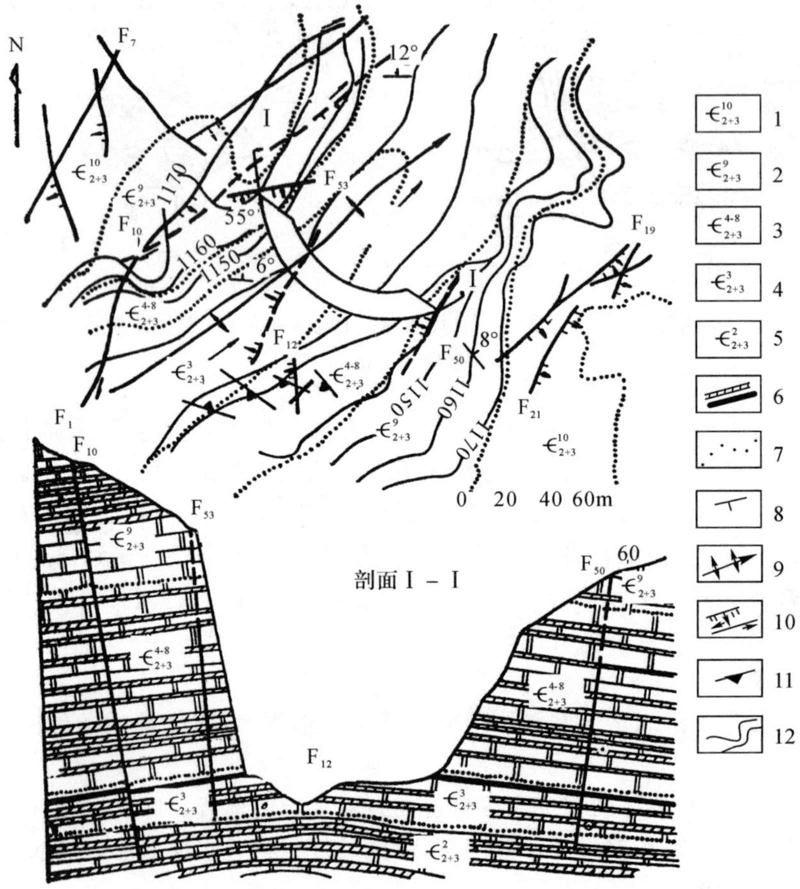

图 13.28 贵州猫跳河三级水电站坝址地质示意图(据水电部原第九工程局)

1—中晚寒武世中厚层夹薄层白云岩；2—中晚寒武世中厚层、厚层白云岩；3—中晚寒武世白云岩夹泥质砂质白云岩；4—中晚寒武世厚层、中厚层夹薄层砂质微粒白云岩；5—中晚寒武世白云岩夹砂质白云岩；6—软弱夹层；7—岩层界线；8—岩层产状；9—背斜轴；10—正断层①及平移断层②；11—节理；12—右岸坝下游冲沟地形

6. *物理地质作用*

影响地址选择的物理地质作用较多，诸如岩石风化、岩溶、滑坡、崩塌、泥石流等，但从一些水库失事实例来看，滑坡对选择坝址的影响较大。

在河谷狭窄的河段上建坝可节省工程量和投资，所以选择坝址时总希望找最窄的峡谷地段。但是，峡谷地段往往存在岸坡稳定问题，一定要慎重研究。如法国罗曼什河上游一坝址，地形上系狭窄河段，河谷左岸由花岗岩和三叠纪砂岩及石灰岩构成。右岸是里亚斯页岩，表面上看来岩体较完整，，后经钻探发现页岩下面为古河床相的砂砾石层，表明了页岩是古滑坡体物质，滑坡作用将河槽向左岸推移了 70m(图 13.29)。因而只得放弃该坝址而另选新址。我国江西某水电站勘察中也遇到类似的情况，原拟在下游的茶子山河段上建坝，经勘查发现由花岗岩及变质砂岩组成的右岸高陡岸坡岩体已发生变形移位，危岩耸立。于是，不得不放弃该坝址而在上游另选罗湾坝址进行勘探。

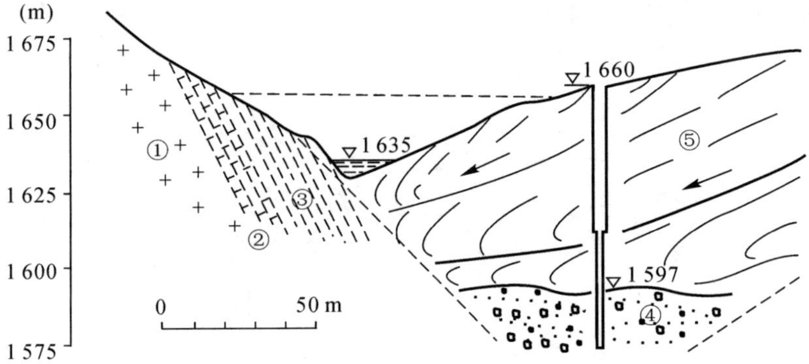

图 13.29　罗曼什河上滑坡体形成的峡谷段地质剖面图

(Gignoux and Barbier, 1955 年)

①—花岗岩；　②—石灰岩；　③—砂岩；　④—老河谷砂砾石层；　⑤—滑坡体

7. 天然建筑材料

天然建筑材料也是坝址选择的一个重要因素。坝体施工常常需要当地材料，坝址附近是否有质量合乎要求，储量满足建坝需要的建材，如砂石、黏土等，是坝址选择应考虑的。

天然建筑材料的种类、数量、质量及开采条件及运输条件对工程的质量、投资影响很大，在选择坝址时应进行勘察。

13.3　水库工程地质

水库蓄水以后，水文条件发生剧烈变化，库周的水文地质条件也发生很大变化，将影响库区及邻近地段的地质环境。当存在某些不利因素时，就会产生工程地质问题。一般地说，水库工程地质问题有水库渗漏、库岸稳定、库周浸没、水库淤积和诱发地震等 5 个方面。其中水库诱发地震在有关文献中已有论述，下面讨论前四个方面问题。

13.3.1　水库渗漏问题

一般地说，渗漏问题是水库最主要的工程地质问题。但在自然条件下，要求水库“滴水不漏”是不可能的，问题在于渗漏所造成的水量损失是否会影响水库修建的目的，或产生其他严重的工程地质问题。所以，应当从水库水量平衡的观点来研究这一问题。

由于大量渗漏而影响水库蓄水效益，甚至完全丧失效益，在国内外是不乏其例的。如修建在强烈岩溶化灰岩地区的西班牙高 83.5m 的蒙特热克水库，由于严重渗漏而成“干库”。我国北京的十三陵水库，由于库水顺库右侧一古河道大量渗漏而长期未能正常发挥效益。

1. 水库渗漏形式

可分暂时性渗漏和永久性渗漏两种形式。暂时性渗漏是水库蓄水过程中，用来饱和库盆包气带岩土体的空隙所需的水量。其特点是水量不渗漏到库外，而且经过一定时间后就会停止。此种形式的渗漏除干旱地区外，一般采说研究意义不大。永久性渗漏是库水通过某渗漏通道向库外的渗漏。这种渗漏是长期持续的，对水库蓄水效益有影响。

永久性渗漏的途径大致可分为三种情况：

(1)通过分水岭向邻谷渗漏(图 13.30(a));

(2)通过河湾向河谷下游渗漏(图 13.30(b))

(3)通过库盆底部向远处低洼排泄区渗漏(图 13.30(c))。

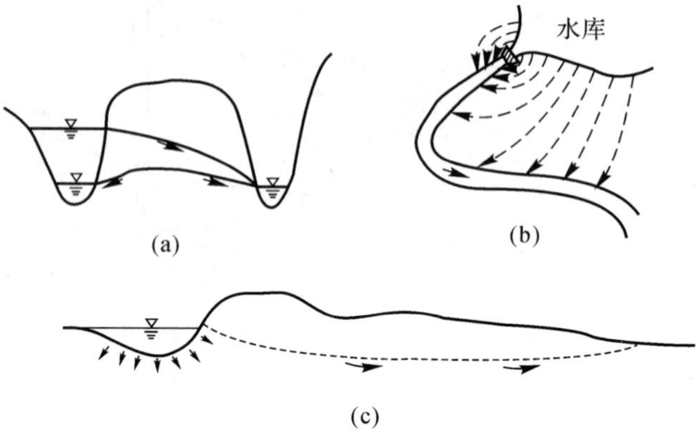

图 13.30 永久性渗漏的三种途径

2.水库渗漏条件分析

对水库渗漏条件的分析,是进行水库渗漏工程地质研究的基础工作,主要包括地形地貌、岩性、地质结构和水文地质条件等方面。

(1)地形地貌条件。水库附近沟谷的切割深度和密度,对水库渗漏至关重要。当相邻沟谷切割很深,低于库水位,且与水库间的分水岭比较单薄时,由于渗透途径短,水力梯度大,有利于库水渗漏。特别是在库周水文网切割密度和深度大的山区,容易产生水库渗漏。当分水岭很宽、邻谷高于库水位时,则不会产生库水向邻谷的渗漏。有时分水岭较宽,但由于水库迴水范围内河流支流(沟谷)发育,将某段分水岭切割得比较单薄,亦可能形成渗漏地段。

山区或平原河流均可形成急剧转弯的河曲,若在河湾地段筑坝,就会在库区与坝下游河流之间形成单薄的河间地块,此时上下游之间水力梯度大,应特别注意库水向下游河道的渗漏问题。

河流多次改道变迁形成的古河道若通向库外时,库水就会沿着古河床堆积物向库外渗漏。如果古河道与邻谷或坝下游河道相连,则库水将沿之漏失。

(2)岩性及地质结构条件。库区地层的岩土性质和地质结构,决定了渗透介质的透水性能。渗透性强烈的岩土体和构造破碎带,构成水库的渗漏通道。

就岩土性质来说,对水库渗漏有重大意义的是碳酸盐岩和未胶结的砂卵(砾)石层。

碳酸盐岩的岩溶洞穴和暗河若与库外相通,能形成集中迳流带或管道流带,这是最严重的渗漏通道。前述的猫跳河四级电站水库左岸即为典型的实例。当水库区强岩溶化的碳酸盐岩底部无隔水层分布,或虽有隔水层存在,但其埋藏很深或封闭条件很差时,就有可能通过分水岭向邻谷、向河谷下游或向远处低洼排泄区等多种途径发生渗漏。当然,强岩溶化地区不一定都会发生严重的渗漏,要做具体的分析,其关键是研究河谷地段的岩溶化程度。如果近期地壳强烈上升,河床以下岩溶化反而较弱,则有利于建库。在岩溶化强烈的地区建库,应充分利用相对隔水尽的隔水作用。

砂卵(砾)石层往往是冲积形成的,当其厚度大且透水性强烈时,能组成强渗漏通道。在山区河流分水岭的局部低洼地段或丘陵、平原河流的河间地段,常常有古河道分布,所以研究砂卵(砾)石层的渗漏通道需结合河谷发育历史来考虑。

地质结构对水库渗漏的影响也是重大的。当宽大而胶结较差的断层破碎带切过分水岭通向邻谷时,就有可能形成集中渗漏通道,使库水向邻谷渗漏。若河谷地段有强岩溶化地层与隔水层分布时,不同的构造条件对水库渗漏的作用不同。纵向河谷向斜构造,一般不会发生水库渗漏(图 13.31(a))。而纵谷背斜构造,库水则有可能向邻谷渗漏(图 13.31(b))。当岩层倾角较大时,无论向斜谷或背斜谷,水库渗漏的可能性均会减小(图 13.31(c))。当纵谷断层切断渗漏通道时,往往对防渗有利(图 13.31(d))。当横向河谷透水层的一端在库区内出露时,库水将会向下游或远处排泄区渗漏(图 13.31(e))。

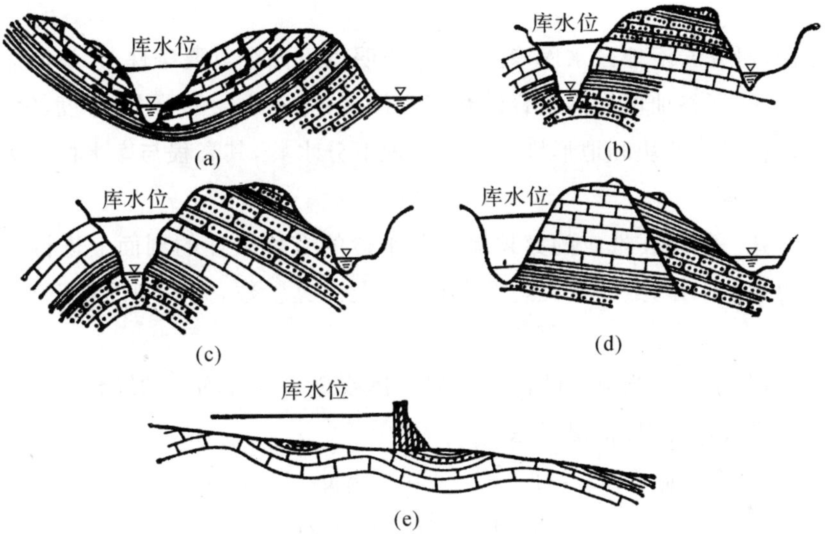

图 13.31　地质构造对水库渗漏影响的几种情况

(3)水文地质条件。上述的地形地貌、岩性及地质结构条件,是决定水库渗漏的必要条件而不是充分条件。判定水库是否会产生永久性渗漏,还必须研究水文地质条件。在预测水库是否会发生渗漏时,查清库周有否地下分水岭以及分水岭的高程与库水位的关系最为重要。如果地表分水岭的两侧均有潜水补给的泉时,必定存在地下分水岭。非岩溶地区的河间地块一般都存地下分水岭,而且与地表分水岭的位置经常是一致的;但是岩溶地区的地下分水岭则经常不与地表分水岭相一致,甚至根本就不存在地下分水岭。

根据有无地下分水岭以及地下分水岭的高程与水库正常高水位之间的关系,可大致判断库水向邻谷渗漏的可能性:

1)地下分水岭高于水库高水位,不会发生渗漏(图 13.32(a));

2)地下分水岭低于水库正常高水位,有可能发生渗漏(图 13.32(b));

3)无地下分水岭,且蓄水前河谷水流就向邻谷排泄,蓄水后严重渗漏(图 13.32(c));

4)无地下分水岭,但蓄水前,邻谷水流向库区河流排泄,但水库正常高水位高于邻谷水位,蓄水后仍有可能发生渗漏(图 13.32(d));若邻谷水位高于水库正常高水位,则蓄水后不会发生渗漏(图 13.32(e))。

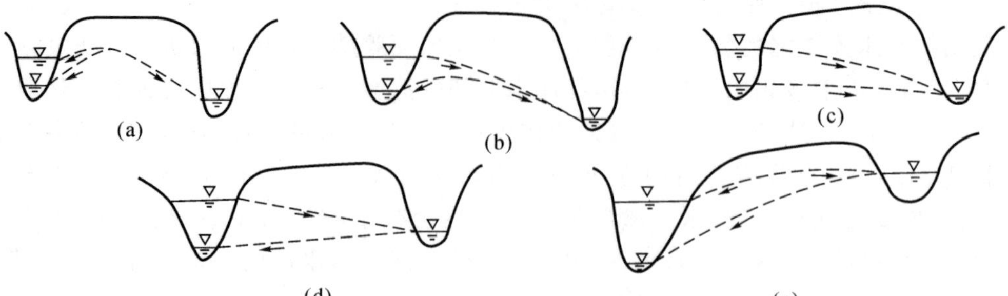

图 13.32　水库水位与邻谷水位对渗漏的影响示意图

归纳以上分析，研究岩溶地区水库渗漏，必须查明以下四个重要条件：①渗漏途径和通道，尤其是集中迳流带；②河谷地段岩溶发育的强度和深度；③隔水层的分布、厚度、完整性及埋藏深度；④地表分水岭，河间地块和地形垭口处有无地下分水岭，其高程与库水位的关系等。

3. 水库渗漏量计算

水库渗漏量计算一般是在选定的穿越地表分水岭的有代表性的剖面上进行的。计算前，应通过认真细致的勘察工作，查明渗漏边界条件，确定计算参数，然后利用地下水动力学公式估算。

(1)单层岩土体分水岭。当分水岭由单层岩土体或透水性较均一的综合岩土体组成，隔水底板水平且埋藏较浅时，分两种情况考虑。

1)两岸无坡积层(图 13.33(a))，有

$$q = K\frac{H_1 - H_2}{L}\frac{H_1 + H_2}{2} \tag{13.32}$$

$$Q = qB \tag{13.33}$$

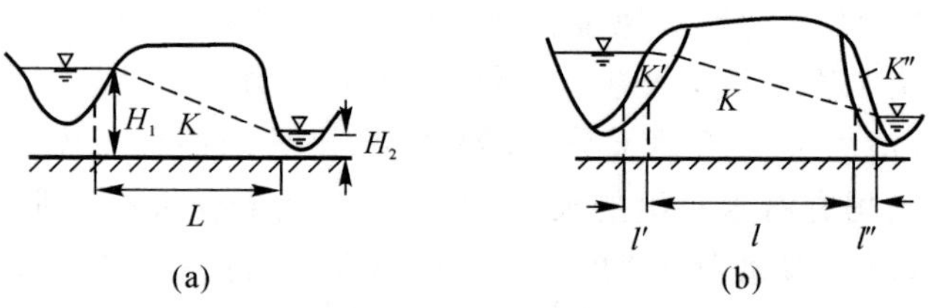

图 13.33　岩层岩土体分水岭渗漏计算剖面图

(a) 无坡积层；(b) 有坡积层

2) 两岸有坡积层(图 13.33(b))，有

$$q = K_{cr}\frac{H_1 - H_2}{l' + l'' + l}\frac{H_1 + H_2}{2} \tag{13.34}$$

$$K_{cr} = \frac{l' + l'' + l}{\dfrac{l'}{K'} + \dfrac{l''}{K''} + \dfrac{l}{K}} \tag{13.35}$$

$$Q = qB \tag{13.36}$$

式中，q 为分水岭单宽断面的渗漏量；K，K'，K'' 分别为分水岭岩土体及其两侧坡积层的渗透系数；l，l'，l'' 分别为坡积层之间岩土体厚度及两侧坡积层过水部分的厚度；H_1，H_2 分别为库水位及邻谷水位；L 为分水岭过水部分的平均渗径长度；B 为分水岭漏水段总宽度；K_{cr} 为渗透系数的平均值；Q 为分水岭总渗漏量。

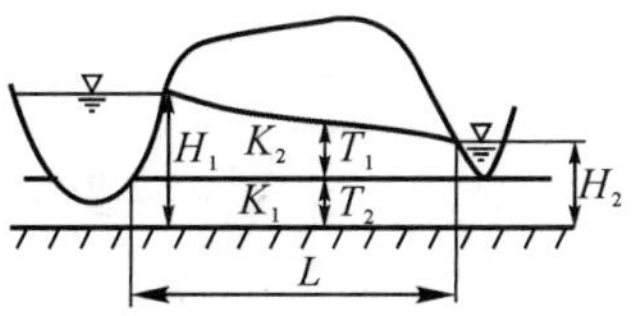

图 13.34　双层透水层分水岭渗漏计算剖面图

(2) 双层透水层分水岭(图 13.34)。

$$q = K_{cr} \cdot \frac{H_1 - H_2}{L} \cdot (T_1 + T_2) \tag{13.37}$$

$$K_{cr} = \frac{K_1 T_1 + K_2 T_2}{T_1 + T_2} \tag{13.38}$$

$$T_2 = \frac{H_1 - T_1}{2} + \frac{H_2 - T_2}{2} \tag{13.39}$$

$$Q = qB \tag{13.40}$$

式中，T_1 为下层透水层的厚度；T_2 为上层透水层过水部分的平均厚度；其他符号意义同前。

水库渗漏的防治措施包括灌浆、铺盖、堵塞、截水墙、隔水墙和排水减压等。

13.3.2　库岸稳定问题

水库蓄水后，库岸的自然条件发生急剧变化，使之处于新环境和外营力作用之下。主要表现为：① 原来处于干燥状态下的岩土体，在库水位变化范围的部分因浸湿而经常处于饱和状态，岩土工程地质性质恶化，c，φ 值降低；② 岸坡遭到库水波浪的冲刷、淘蚀作用，形成陡坡凹进，稳定性降低；③ 库水位经常变化，当水位快速下降时，原来被顶托而壅高的地下水来不及泄出，因而增加了岸坡岩土体的动水压力和自重压力，使得原来处于平衡状态的岸坡失去稳定。

库岸的变形破坏可危及滨库地带居民点和建筑物安全，使滨库地带的农田遭到破坏；库岸的破坏物质又成为水库的淤积物，减小库容。近坝库岸的大型滑坡会产生涌浪，危及大坝安全，并可能给坝下游带来灾难性后果。

1. 库岸破坏的形式

库岸破坏的形式主要有塌岸、滑坡、崩塌等。因库水和地下水的长期作用，使得岸坡不断后退，最终形成浅滩而达到稳定。

塌岸：是指库岸岩土体在波浪和水位变化等作用下发生坍塌，岸线逐渐后移的现象。水库塌岸的过程与海湖边岸形成过程基本相同，但是水库水位变化频繁，时升时降，整个过程显得更复杂一些。塌岸作用一般在水库蓄水的最初几年内最强烈，随着时间的推移，水下浅滩逐步形成而慢慢减弱。同时，库岸线随之后移，直至达到稳定的平衡岸坡为止。根据对土质库岸塌岸过程的研究，大致有如图 13.35 所示的几个阶段。

滑坡：与通常所说的滑坡灾害相同，只是发生位置不同。按库岸滑坡发生的位置，可分为水上滑坡和水下滑坡，以及近坝滑坡和远坝滑坡。近坝的水上高速滑坡危害尤大。如意大利瓦依昂(Vaiont) 水库滑坡、我国湖南拓溪水库滑坡等。

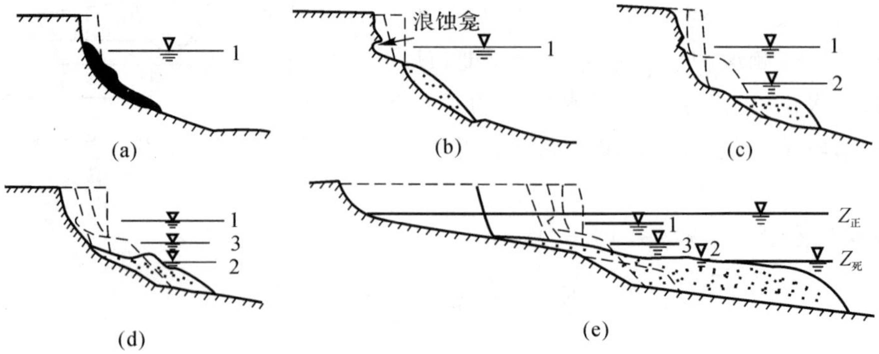

图 13.35　水库塌岸过程示意图

(a) 水库岸壁的初期破坏；(b) 浪蚀龛及浅滩的形成；(c) 库水位下降时的塌岸作用；(d) 库水位上升时的塌岸作用；(e) 最后岸坡的形成

滑坡是库岸破坏的主要形式之一，是非常复杂的课题，需进行专门研究。目前国内外一般采用模型试验和计算两种方法来求得库岸滑坡的涌浪高度。影响涌浪高度的最主要因素是滑坡的滑速，而滑速计算是按质量定律或能量守恒和转化原理来进行的。

崩塌：包括了小规模块石的坠落和大规模的山(岩)崩，岩崩是峡谷型水库岩质库岸常见的破坏形式，它常发生在由坚硬岩体组成的高陡库岸地段。水库蓄水后，由于坡脚岩层软化或下部库岸的变形破坏，而引起上部库岸的岩体崩塌。

2. 水库塌岸的预测

定量地估计水库建成蓄水后塌岸的范围，某一库岸地段塌岸宽度和速度，某一期限内和最终的塌岸宽度，以及形成最终塌岸宽度所需的年限，以便给防治措施提供依据，这就是预测水库塌岸的目的。

塌岸宽度的预测方法较多，有计算法、作图法、工程地质类比法和试验法等，它们都属于半理论、半经验性质的，各具特点，都不能作为通用的方法。

塌岸预测分短期预测和长期预测两种。短期预测的期限，由刚蓄水时至预定的最高水位为止，一般 2 ～ 3 年。该期限内水库未进入正常运行阶段，水位升降变化无规律，库岸因初次湿化而大量坍塌。在短期预测的基础上进行长期预测，以确定最终塌岸范围。在水库运行期间，应对预测结果进行观测和检验，并据以修改长期预测的结果。我国在黄土地区修建的一些水库，进行了一定的塌岸预测工作。

松软土库岸预测的计算法，采用较多的是 E. Г. 卡秋金在 1949 年提出的库岸最终塌岸宽度计算公式，即

$$S = N[(A + h_p + h_B)\cot\alpha + (h_s - h_B)\cot\beta - (B + h_p)\cot\gamma] \tag{13.41}$$

式中，S 为最终塌岸宽度；N 为与土的类型有关的系数，黏土为 1，冰积亚黏土为 0.8，黄土为 0.6，砂土为 0.5；A 为保证率 10% ～ 20% 的最高水位与非结冰期间最低水位之差；B 为正常高水位与非结冰期间最低水位之差；h_p 为波浪影响深度，相当于 1 ～ 2 倍波高，或用专门的半经验公式计算；h_B 为波浪爬升高度，大致为 0.1 ～ 0.8 倍波高，细粒土小，粗粒土大；h_s 为保证率 10% ～ 20% 的最高水位以上的岸壁高；α 为浅滩被冲刷后水下稳定坡角，其值与波高及土的性

质有关(图 13.36)；β 为水上岸坡的稳定坡角，与土的性质及眉峰高度有关(表 13.2)；γ 为原岸坡的坡角。

式(13.41) 可用图 13.37 说明。

表 13.2　水上岸坡稳定坡角

土的名称	眉峰高度 /m	β/(°)
粗　砂　土	0.7	35 ～ 45
中　砂　土	1.5	32 ～ 40
细　砂　土	2.5	30 ～ 35
黄　　　土	5.0 ～ 7.0	20 ～ 35
亚　黏　土	3.0 ～ 7.0	25 ～ 42
黏　　　土	2.0 ～ 10.0	10(5) ～ 30
含砾亚黏土		38

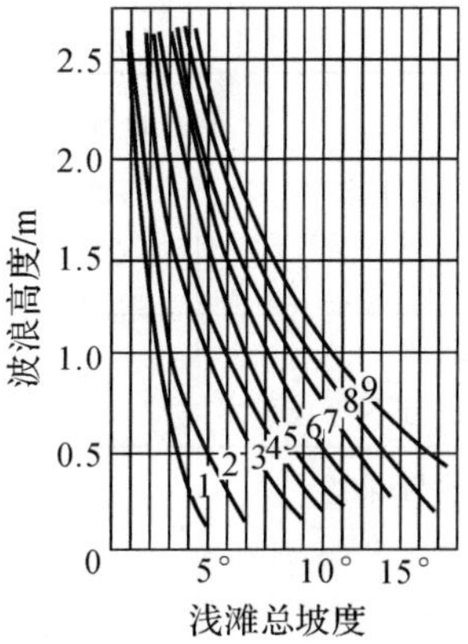

图 13.36　不同坡高情况下几种土的 α 值(°)

1— 黏土；2— 黄土；3— 亚黏土；4— 细砂；5— 中砂；6— 含漂砾的亚黏土；7— 粗砂；8— 细砾石；9— 卵石

卡秋金法对于均质土岸的中小型水库及由黄土、砂土、砂质黏土及黏土等组成的库岸，所得结果甚为准确。对于大型水库，则适用于其中、上游地带。

短期预测的计算公式与上式大致相同，但某些计算参数的取用不同，如 A 应取用蓄水初期最高水位与原河流最高洪水位之差。

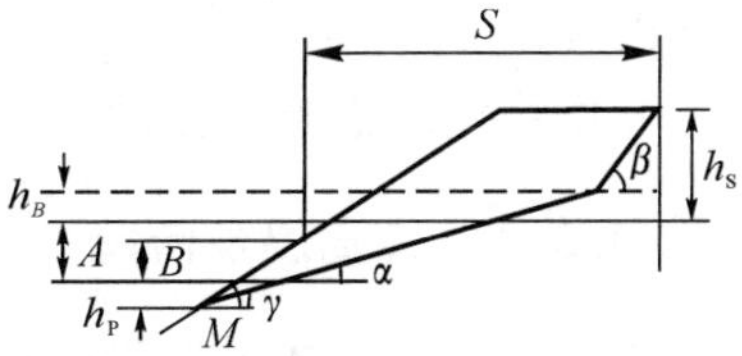

图 13.37　卡秋金公式图解

计算结果的准确程度，主要取决于各项计算参数的选用。由于参数较多地选自经验值，所以在实际预测时必须进行观测，以补不足，才能取得较可靠的成果。

松软土库岸塌岸预测的作图法，是由 Г. С. 佐洛塔廖夫提出的，适用于大型水库的中、下游地段。

佐氏认为，水库中、下游的水文情况与上游不同，水深较大，水面宽广，波高增加，对库岸的破坏，波浪作用是主要的，与上游部分以水流冲刷作用为主的情况大不相同。水库塌岸后的剖面外形结构可分为浅滩外缘陡坡、堆积浅滩、冲蚀浅滩、波浪爬升带斜坡及水上岸坡 5 个带。各带所遭受的地质作用是不相同的，前两个带为堆积作用，后三个带为冲蚀作用。各带的稳定坡角不同(表 13.3)，作图时应加以区别。

塌岸后稳定剖面的形状和位置，可利用堆积系数 K_a 加以确定，即

$$K_a = \frac{F_1}{F_2} \times 100\% \tag{13.42}$$

式中，F_1 为堆积部分中不能为波浪搬运走的粗粒物质所占体积；F_2 为冲蚀部分体积。

堆积系数的大小随岩土类型而变，其值如表 13.3 所列。

表 13.3　用于绘制水库塌岸剖面时的坡度值
（据 Γ·C·佐洛塔廖夫，Д·H·拉沙）

岩土名称	堆积浅滩斜坡坡度 $\alpha_1(\beta_1)$/(°)	堆积浅滩及冲蚀浅滩表面的坡度/(°)		波浪爬升带坡度/(°)		堆积系数 K_a/(%)
		10 年期 α_2 α_3	最终期 β_2 β_3	10 年期 α_4	最终期 β_4	
粉细砂 中砂与不等粒砂	＜10～12	1.5 3	1 2	5 6	3 4	5～10 10～15
粗砂与砾砂 卵石与块石夹砂 充填黏土的卵石和块石	＜18～20	5 10～12 8～10	3 8～10 6～8	10 18～20 15～18	6 15～18 14～16	15～20 20～35 20～25
亚黏土 亚黏土 黏　土 黄　土	＜8～10	1.5 1.5 2 1.5	1 1 1.5 1	4 4 6 4	3 2～3 8 2	3～5 ＜3 0＜3

佐氏根据上述原理，用作图法预测水库塌岸的方法分为最终预测和水库建成后前10年内预测两种。

库岸稳定的措施包括抛石、护坡、护岸、丁坝、防波堤等。

13.3.3　库周浸没问题

水库蓄水后水位抬高，引起水库周围地下水壅高。当库岸比较低平，地面高程与水库正常高水位相差不大时，地下水位可能接近，甚至高出地表，产生种种不良后果，称之为浸没。

浸没对滨库地区工农业生产和居民生活会造成危害，它使农田沼泽化和盐渍化；建筑物强度降低甚至破坏，影响其稳定和正常使用；附近居民无法居住，或采取排水措施，或迁移它处（图 13.38）；浸没区还会造成附近矿坑充水，使采矿条件恶化。因此，浸没问题常常影响到水库正常高水位的选择，甚至影响到坝址选择。

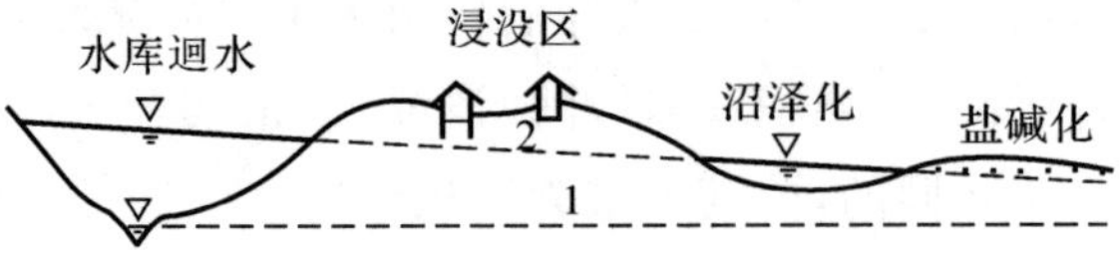

图 13.38　水库迴水及浸没示意图

低矮的丘陵、山间盆地和平原地区的水库，由于周围地势低平多最易形成浸没，且其影响范围也较大。如山东东平湖水库系一围堤而成的平原水库，蓄水后堤外地下水壅高，使滨库地带的大片农田严重沼泽化和次生盐渍化，因地基条件恶化房屋毁坏，村镇居民无法居住而被迫迁往它处。

1. 浸没产生的条件

浸没现象的产生，是各种因素综合作用的结果，包括地形、地质、水文气象、水库运行和人类活动等。依据地形、地质因素而言，可能产生浸没的条件如下：

(1) 受库水渗漏影响的邻谷和洼地，平原水库的坝下游和围堤外侧，特别是地形标高接近或低于原来河床的库岸地段，容易产生浸没。高陡的库岸不可能发生浸没。

(2) 岩土应具有一定的透水性能。基岩分布地区不易发生浸没。第四纪松散堆积物中的黏性土和粉砂质土，由于毛细作用较强，易发生浸没，特别是胀缩性土和黄土类土，浸没的影响更为严重。如果库岸由不透水的岩土体组成或研究地段与库岸之间有不透水岩层阻隔时，不可能发生浸没。

(3) 地下水埋深较小。地表水和地下水排泄不畅，补给量大于排泄量的库岸地带或沼泽地带的边缘，容易产生浸没。地下水埋深较大，在水库正常高水位以上的库岸有经常性水流（河沟、泉），且排泄条件良好的地段，一般不会发生浸没。

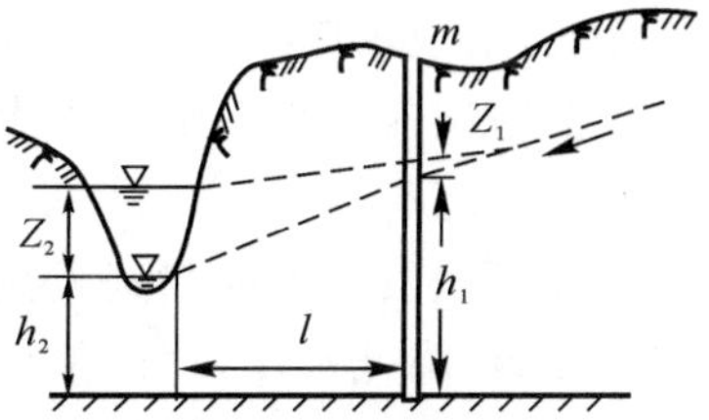

图 13.39　地下水壅高计算剖面

2. 浸没的预测

主要包括水库蓄水后地下水壅高值计算和确定地下水临界深度两方面。

(1) 地下水壅高值计算。如图 13.39 所示，假定下伏隔水层为水平产出，透水层为均一土层，预测 m 点地下水的壅高值 Z_1。

壅水前后通过断面 m 的地下水单宽流量各为 q_1 和 q_2，即

$$q_1 = K\frac{h_1 - h_2}{l} \times \frac{h_1 + h_2}{2} \tag{13.43}$$

$$q_2 = K\frac{(h_1 + Z_1) - (h_2 + Z_2)}{l} \times \frac{(h_1 + Z_1) + (h_2 + Z_2)}{2} \tag{13.44}$$

壅水前后地下水补给量不变，即 $q_1 = q_2$，故解上二式，得

$$Z_1 = \sqrt{h_1^2 - h_2^2 + (h_2 + Z_2)^2} - h_1 \tag{13.45}$$

式中，h_1，h_2 分别为水库蓄水前 m 点的地下水位及河水位（平水期水位）；Z_2 为水库正常高水位与河水位的高差；l 为 m 点与水库（河流）岸边的水平距离；K 为透水层的渗透系数。

在实际工作中，常根据预测地段的重要性，对 Z_1 乘以安全系数 α（应大于 1））得 Z_1' 值，即

$$Z_1' = \alpha Z_1 \tag{13.46}$$

地下水壅高值，除了用上述公式计算外，还可通过工程地质类比法加以确定。

(2) 地下水临界深度 h_{cr} 的确定。地下水临界深度是用以判定是否会发生浸没的标准，它的确定方法视具体对象而异。

农田地下水临界深度的确定，与当地的气候、土质、地下水矿化度、作物种类、耕作方法及排灌水措施等因素有关。在干旱、半干旱地区种植旱地作物时，h_{cr} 应大于该土壤的毛细饱和带高度 H_K，以防止产生土壤盐渍化。而在潮湿气候条件下的水田作物，此值可减小。

城镇、工矿企业建筑物及居民聚居区地下水临界深度，应根据地基土类型、建筑物规模和设防情况（包括地下室）等来确定。一般地基土的 h_{cr} 应小于饱和带高度 H_K 和基础（或地下室）砌置深度 h_c 之和（$h_{cr} \geqslant H_K + h_c$）。

湿陷性黄土地区的地下水临界深度，应在建筑物地基土有效持力层（不允许发生湿陷的地基土持力层）以下。

通过计算地下水壅高后所得实际地下水埋深值(h)与地下水临界深度相比较,即可圈定出浸没的范围,凡是 $h_{cr} > h$ 者会发生浸没,反之不发生浸没。

水库周围有大片农田和重要城镇、工矿企业的低平地带,都需要作浸没预测工作。

浸没的防治措施包括:工程措施(疏、排地下水)、农业措施(改变作物种类、耕作方法)。

13.3.4 水库淤积问题

水库形成后,河水流入水库后流速锐减,水流搬运能力下降,所挟带的泥砂就会沉积下来,堆于库底,形成水库淤积。淤积的粗粒部分堆于上游,细粒部分堆于下游,随着时间的推移,淤积物逐渐向坝前推移。修建水库的河流若含有大量泥砂,则淤积问题将成为该水库的主要工程地质问题之一。

水库淤积虽然可以起到天然铺盖以防止水库渗漏的作用,但是大量淤积物堆于库底,将减小有效库容,降低水库效益;使水深变浅,妨碍航运和渔业,影响发电设备的运转等。严重的淤积,将使水库在不长的时间内失去有效库容,缩短使用寿命。例如,美国科罗拉多河上的一座大型水库,建成 13 年后便有 95% 的库容被泥砂充填。日本有 256 座水库平均使用寿命仅 53 年,其中 56 座已淤库容的 50%,26 座已淤库容的 80%。山西、陕西黄土高原上有一些小水库,建成 1 年后库容竟全部被泥砂淤满。

河水中所携带的泥砂亦称固体径流,包括悬移质、跃移质和推移质。一般河流的年平均含沙量是 5 ~ 100N/m^3;但我国流经或发源于黄土高原的河流含沙量大大超出上述数字,如黄河的年均含沙量 313N/m^3,最大含沙量 2.86kN/m^3,每年携砂量 16 亿吨,居世界大河的首位。它的某些支流含砂量更高,如无定河、泾河、渭河最高含砂量分别为 15.18,9.78 和 6.9kN/m^3。

造成水库淤积的固体物质来源是与流域内的岩性、地貌、水土流失以及动力地质作用密切相关的。应考虑研究如下内容:流入库区河流所挟带的泥砂;水库汇水区内泥石流的发生规模和数量;库岸塌岸的范围及数量以及库周的水土流失情况等。

防治水库淤积的措施包括:水保措施(整治沟谷、植树造林)和工程措施(加固库岸、修建拦砂库、清淤等)。

13.4 引水建筑工程地质

引水建筑物是一种线型的水工建筑物,它本身可由渠道、输水隧道、渡槽、倒虹吸管道、闸门、跌水与泄槽等一系列结构物组成。渠道是最主要的引水建筑物,它一般是开敞式的,就通过的地形条件可将其划分为挖方的、填方的和半挖半填方的三种(图 13.40)。

引水建筑物的工程地质问题复杂多样,如渠道的渗漏和边坡稳定、渠系的淤积和冲刷、输水隧洞的围岩稳定和施工涌水、渡槽墩基和闸基的强度和变形等。本节将着重分析渠道的工程地质问题。

13.4.1 渠道渗漏问题

渠道一般位于地下水埋深较大的地段,渠道的渗漏很难避免,如果渗漏量过大,影响渠道的效益,同时由于渗漏会造成渠道附近地下水位抬升,条件适宜时将引起沼泽化、盐渍化,在黄土区则会引起湿陷变形,山区渗漏还会导致斜坡滑动等。

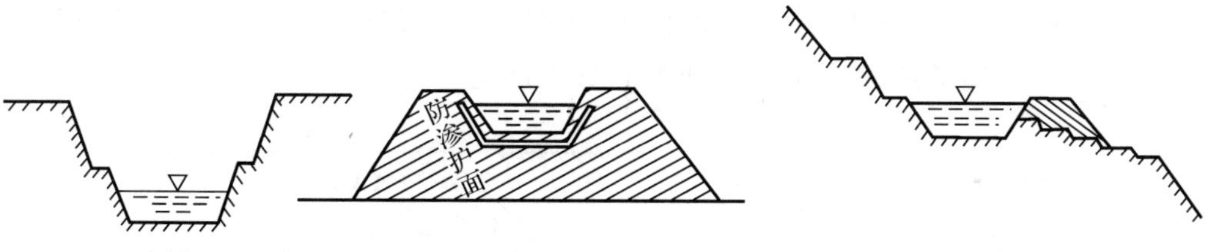

图 13.40　渠道横断面形状

(a) 挖方的；(b) 填方的；(c) 半挖方半填方的

1. 渠道渗漏的地质条件分析

基岩地区渠道渗漏一般不严重。渗漏的主要条件取决于基岩的破碎程度和渗漏通道特征。渗漏通道包括透水岩层、断层破碎带、节理密集带、岩溶发育带和强烈风化带等。要在勘察中根据地质条件确定各种通道的渗漏作用大小及其特征，并提出相应的防渗措施。

在第四纪松散堆积层地区，渠道渗漏取决于松散土体的透水性质，而透水性强弱又与其成因类型和岩性及物质组成有关。在山前地带多为坡积物和残积物，坡积物一般上部颗粒粗，坡脚处颗粒细，通过粗颗粒时则易渗漏。残积物一般颗粒粗大，透水性好，应同时考虑垂向渗漏和侧向渗漏。洪积物透水性变异很大，大型洪积扇上部，一般为粗大颗粒，透水性强，而中、前部颗粒逐渐变小，透水性也相应变弱。平原地区一般在顶部为细小的黏土颗粒，可以找到相对稳定的黏性土作为相对隔水层。但由细粒物质组成的黄土类土，具大孔隙和垂直节理，透水性较强，故黄土地区的渠道渗漏也较严重。修建于河谷中的渠道应尽量将渠道开挖于二元结构上层的黏性土中，而避开渗漏性很强的下层砂卵石层。

渠道渗漏还受地下水位控制，当地下水位高于渠水水位时不会发生渗漏。地下水位越低，渗漏越严重。

在松散堆积层上修筑渠道，主要应查明各类土的空间分布范围，并进行渗水试验，以确定渠道线路和渠道的工程设计。

2. 渠道渗漏过程及渗漏阶段

渠道渗漏特点，可由其渗漏过程来表示。渠道过水初期，由于要浸入干燥的岩土体，入渗强度较大，随着时间延续而逐渐减少，到一定时间后，便达到相对稳定状态。根据渠道的这种渗漏特点，对其渗漏过程做如下的分析。

假定透水层均匀，地下水埋藏较深，则渠道的渗漏过程大体是：渠道过水初期，渗透水流在重力和毛细力作用下，渗漏以垂直渗漏为主，并有部分侧渗(图 13.41)。当下渗水流到达地下水面后，转向两侧渗流。若两侧渗出的水量(Q_φ) 大于渗流排走的水量(Q_c) 时，渠底下的地下水位逐渐上升，形成地下水峰；地下水峰逐渐升高，直至与渠水连成统一水面。当 $Q_\varphi = Q_c$，且为一常数时，该地下水面不再上升而趋于稳定(图 13.42)。此后渠道以侧向渗漏为主。

由此，可将渠道渗漏过程分为三个阶段：

(1) 垂向渗漏阶段，即出现地下水峰之前阶段。

(2) 迴水渗漏阶段，即地下水峰开始出现至水峰逐渐升高与渠水连成统一水面之前阶段。

(3) 侧向渗漏阶段，即地下水与渠水连成统一水位以后阶段。

垂向渗漏和迴水渗漏阶段的渗漏量不稳定，$Q_\varphi > Q_c$；侧向渗漏阶段的渗漏量稳定，$Q_\varphi =$

Q_c。据陕西省水利科学研究所的试验，渠水初渗值约为稳定值的 1 ～ 5 倍。一般大型渠道放水历时 10 ～ 15d 渗漏量接近稳定，而小型渠道数天即达稳定。

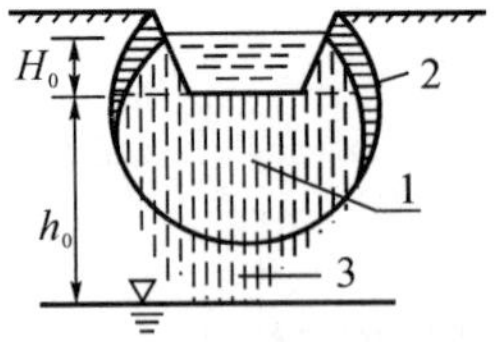

图 13.41　垂向渗漏示意图

1— 重力水运动； 2— 毛细水运动；

3— 重力水毛细水运动

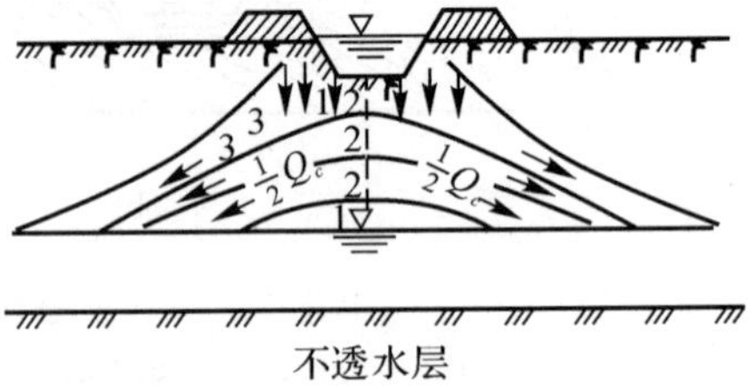

图 13.42　回水渗漏示意图

1— 原地下水位； 2— 地下水峰； 3— 水流向

当地下水埋藏较浅，土层渗透性弱或侧向排水条件较差时，渗水很快由垂向渗漏转为回水渗漏及侧向渗漏。反之，当地下水埋藏很深，土层渗透性很强，或非常年过水的间歇性水流渠道，则可能仅处于垂向渗漏阶段。

3. 渠道渗漏量计算

渠道渗漏所处的阶段不同，其渗漏边界条件有差别，因此，不同渗漏阶段就应采用相应的渗漏量计算公式。

(1) 垂向渗漏阶段。多采用半经验半理论计算公式。当均质透水层厚度很大，透水性较强，且地下水埋深相当大时，自渠道中渗出的水流似一垂线（图 13.43），它的水力梯度接近于 1。此时稳定渗漏量计算公式为

$$q = K(B + H_0 C_1) \tag{13.47}$$

式中，q 为渠道单位长度渗漏量（$m^3/(d \cdot m)$）；K 为岩土渗透系数（m/d）；B 为渠道水面宽度（m）；H_0 为渠水深度（m）；C_1 为与 B/H_0 比值有关的系数，由图 13.44 确定，也可查表 13.4 获得。

图 13.43　均质土层中渠道垂向渗漏示意图

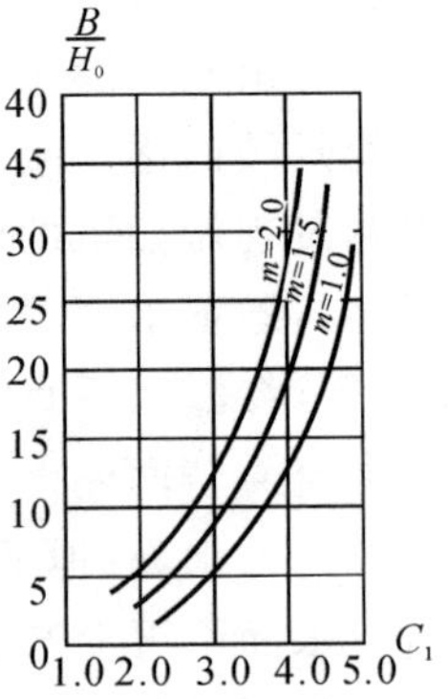

图 13.44　C_1 与 B/H_0 关系曲线

在上述条件下，还可用下式计算渗漏量：

$$Q = 0.011\,6K(b + 2\alpha H_0 \sqrt{1 + m^2}) \tag{13.48}$$

式中，Q 为渠道每千米长度的渗漏量（$m^3/(d \cdot km)$）；b 为渠底宽度（m）；α 为考虑到侧渗所加的

修正系数，$\alpha = 1.1 \sim 1.4$；m 为渠道边坡系数，即边坡角的余切；其他符号意义同前。

当距渠道深为 T 处有强透水层，且其中有埋藏不深的地下水时，该强透水层成为良好的排水通道(图 13.45)。其稳定渗漏量计算公式为

$$q = K(B + H_0 C_2) \tag{13.49}$$

式中，C_2 为与 B/H_0 和 T/H_0 有关的系数，按图 13.46 确定；其他符号意义同前。

另外，还可采用实测流量和其他计算方法，工作时可根据具体条件选用不同的计算方法。

表 13.4　C_1 值与水面宽度、水深及渠坡关系表

B/H_0	C_1			B/H_0	C_1		
	$m=1.0$	$m=1.5$	$m=2.0$		$m=1.0$	$m=1.5$	$m=2.0$
2	2.0			8	3.4	3.0	2.7
3	2.4	1.9		10	3.7	3.2	2.9
4	2.7	2.2	1.8	15	4.0	3.6	3.3
5	3.0	2.5	2.1	20	4.2	3.9	3.6
6	3.2	2.7	2.3				

注：① 表中 m 为边坡系数，$m = \cot\alpha$（α 为边坡角）；② 实用时，中间值可内插。

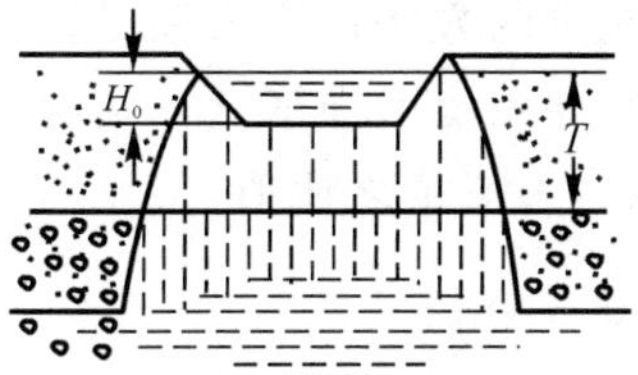

图 13.45　下部有强透水层情况下渠道渗漏

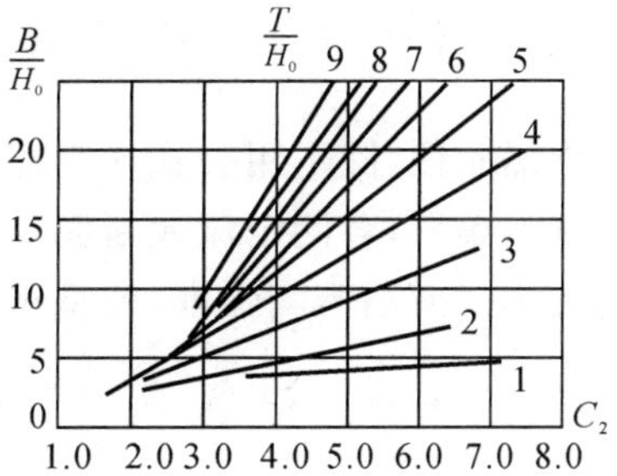

图 13.46　C_2 与 B/H_0 及 T/H_0 的关系曲线

(2) 迴水渗漏阶段。当出现地下水峰后，即可按下式计算：

$$Q_h = \beta Q_j \tag{13.50}$$

式中，Q_h 为迴水稳定阶段每千米长度的渗漏量($m^3/(d \cdot km)$)；Q_j 为垂向渗漏稳定时的渗漏量($m^3/(d \cdot km)$)；β 为校正系数，与渠道流量及地下水埋深有关，按表 13.5 确定。

表 13.5　迴水渗漏阶段渗漏量校正系数 β 值

渠道流量 /($m^3 \cdot s^{-1}$)	地下水埋藏深度 /m				
	<3.0	3.0	5.0	7.5	10.0
1.0	0.63	0.79			
3.0	0.50	0.63	0.82		
10.0	0.44	0.50	0.65	0.79	0.91
20.0	0.36	0.45	0.57	0.71	0.82
30.0	0.35	0.42	0.54	0.66	0.77
50.0	0.32	0.37	0.49	0.60	0.69
100.0	0.28	0.33	0.42	0.52	0.58

注：使用时中间值可内插。

(3) 侧向渗漏阶段。一般采用地下水动力学公式计算。有两种情况：

1) 在斜坡地段，当隔水层顶板低于河水位时(图 13.47)，有

$$q = K\left(\frac{h_1 + h_2}{2}\right)\left(\frac{H_1 - H_2}{L}\right) \tag{13.51}$$

式中，q 为渠道单位长度渗漏量($m^3/(d \cdot m)$)；h_1，h_2 分别为渠道及排水点处潜水含水层厚度(m)；H_1，H_2 分别为渠道及排水点处潜水位(m)；L 为渠道至排水点的水平距离(m)；K 为岩土渗透系数(m/d)。

2) 在斜坡地段，当排水点隔水层顶板高于河水位时(图 13.48)，有

$$q = K \cdot \frac{h_1}{2} \cdot \frac{H_1}{L} \tag{13.52}$$

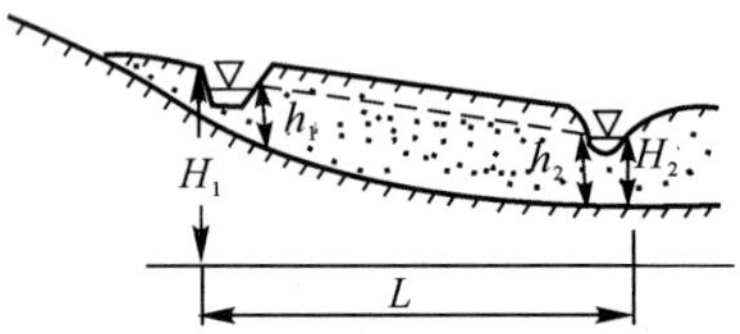

图 13.47 隔水层顶板低于排水点河水位时渠道渗漏计算图解

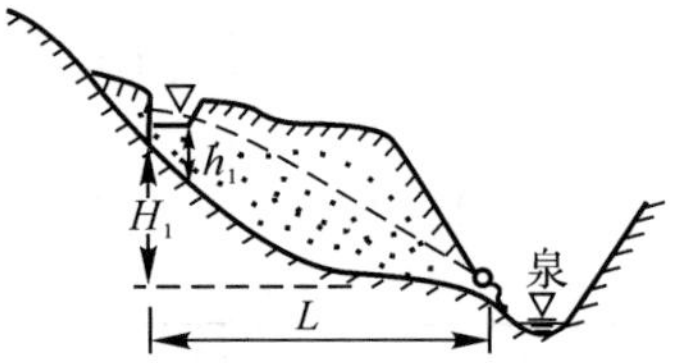

图 13.48 渠道隔水层顶板高于排水点河水位时渠道渗漏计算图解

上述各渗漏阶段，除了用公式计算外，还可采用实测流量的方法计算渗漏量。此法即是对某一计算长度的渠段，各测定流入断面及流出断面的流量，并用渗漏强度这一指标来表征该测段渗漏量的大小。所谓渗漏强度，即是年公里的流量损耗与入流量之比值：

$$\delta_1 = \frac{1}{l} \cdot \frac{Q_{入} - Q_{出}}{Q_{入}} \times 100\% \tag{13.53}$$

式中，δ_1 为渠道渗流强度(%)；l 为渠段长度(km)；$Q_{入}$ 为流入断面的渠道流量(m^3/s)；$Q_{出}$ 为流出断面的渠道流量(m^3/s)。

测定计算工作应在一定时间内不同的季节多次进行，且划分为不同的渠段。计算结果可对比多段的渗漏强度。

为了确切地评价渠道所发挥的效益，引入“渠系有效利用系数”这一指标，其含义即是渠尾流量与渠道设计流量之比值，以百分数表为

$$\delta = \frac{Q_{尾}}{Q_{设}} \times 100\% \tag{13.54}$$

此值也可用渗漏强度计算得到。如一干渠长 89.5km，渠道设计流量为 $50m^3/s$，渗漏强度为 0.4%，则计算所得每公里渠水漏失的流量为 $50 \times 0.4\% = 0.2m^3/(s \cdot km)$，总漏失流量为 $0.2 \times 89.5 = 17.9m^3/s$，则

$$\delta = \frac{50 - 17.9}{50} \times 100\% \tag{13.55}$$

此例中，$\delta = 64.2\%$。δ 值过小，则说明渠道渗漏严重，有效利用率低。陕西关中地区的渠道多位于黄土上，δ 值有的只有 35% ～ 40%。这种情况下，必须采取专门的有效防渗措施，以降低渗漏量。

渠道渗漏的防治措施包括绕避、防渗(设置防渗材料)、土质改良(灌浆、强夯、硅化加固)等。

13.4.2　渠道稳定问题

渠道稳定问题包括渠边坡和渠底稳定以及山坡渠道的斜坡稳定问题。关于边坡的一般地质分析和稳定性计算方法已在有关文献中论述过，这里仅就渠道的工作条件进行分析。

渠道是一种引水建筑物，故校核渠道边坡稳定时必须考虑水的因素。渠道过水后，水面以下的边坡为水所饱和，由于自重增加及岩土体抗剪强度降低，水下部分的边坡角一定要采用小于水上干燥边坡角。各种岩土的水上及水下稳定坡角值见表 13.6。

表 13.6　各种岩土的水上及水下稳定边坡角

渠道边坡岩土类型	边坡余切值(cotβ)	
	水　下	水　上
细砂土	3.0 ～ 3.5	2.5
亚砂土，较疏松的冲积黏土	2.5 ～ 3.0	2.0
紧密的亚砂土，轻亚黏土	1.5 ～ 2.0	1.5
黄土，中亚黏土	1.5	0.5 ～ 1.0
紧密的黄土，重亚黏土	1.0 ～ 1.5	0.5 ～ 0.75
紧密的重亚黏土	1.0	0.25 ～ 0.5
砂及砂砾土	1.5	1.0
卵石	1.25	1.0
风化岩石及软弱岩石	0.25 ～ 0.5	0.25
未风化的坚硬岩石	0.1 ～ 0.25	0

注：此表适用于边坡高度小于 10m 的条件下。

对于水位变化较大的干渠，由于水面急剧下降引起动水压力加大，产生对边坡的渗透变形因素，在校核边坡稳定时也要考虑。

此外，渠水对边坡和渠底的冲刷，可引起水下边坡角加大和淘空现象，也降低了边坡的稳定性，因而土质边坡渠道，应根据土的类型和性质限制渠水的流速。现将黏性土及无黏性土的允许(不产生冲刷)平均流速值列于表 13.7 及表 13.8 中。

表 13.7　黏性土的允许(不冲刷)平均流速表

土的名称	ε:1.2 ～ 0.9 γ:11.8kN/m^3				ε:0.9 ～ 0.6 γ:11.8 ～ 16.3kN/m^3				ε:0.6 ～ 0.3 γ:16.3 ～ 20kN/m^3				ε:0.3 ～ 0.2 γ:20 ～ 21kN/m^3			
	水流平均深度 /m															
	0.4	1	2	3	0.4	1	2	3	0.4	1	2	3	0.4	1	2	3
	允许(不冲刷)平均流速 /(m·s^{-1})															
黏土，亚黏土	0.35	0.40	0.45	0.50	0.70	0.85	0.95	1.10	1.00	1.20	1.40	1.50	1.40	1.70	1.90	2.10
轻亚黏土，亚砂土	0.35	0.40	0.45	0.50	0.65	0.80	0.90	1.00	0.95	1.20	1.40	1.50	1.40	1.70	1.90	2.10
黄　　土					0.60	0.70	0.80	0.85	0.80	1.00	1.20	1.30	1.10	1.30	1.50	1.70

注：① 表中流速值不可内插，可采用近似值；② 当水深大于 3m 时，允许流速采用水深 3m 时的数值。

表 13.8　无黏性土的允许(不冲刷)平均流速表

土的名称	水流平均深度 /m					
	0.4	1	2	3	5	≥10
	允许(不冲刷)平均流速 /($m \cdot s^{-1}$)					
粉砂土,细砂土	0.15～0.35	0.20～0.45	0.25～0.55	0.30～0.60	0.40～0.70	0.45～0.80
中砂土,粗砂土	0.35～0.65	0.45～0.75	0.55～0.80	0.60～0.90	0.70～1.00	0.80～1.20
小、中砾石土	0.65～0.90	0.75～1.05	0.80～1.15	0.90～1.30	1.00～1.45	1.20～1.75
大砾石土	0.90～1.25	1.05～1.45	1.15～1.65	1.30～1.85	1.45～2.00	1.75～2.30
大、中卵石土	1.25～2.00	1.45～2.40	1.65～2.75	1.85～3.10	2.00～3.30	2.30～3.60
大卵石土	2.00～3.50	2.40～3.80	2.75～4.30	3.10～4.65	3.30～5.00	3.60～5.40
小漂石土	3.50～3.85	3.80～4.75	4.30～4.90	4.65～5.30	5.00～5.60	5.40～6.00
中、大漂石土			4.95～5.35	5.30～5.50	5.60～6.00	6.00～6.20

注:表中流速值不可内插,可采用近似值。

修建于山坡上的盘山、傍山渠道和山前地带的渠道,常以挖方或半挖方半填方的形式通过。对于这种斜坡型的渠道,首先要评价斜坡本身的稳定性,在此基础上再研究开挖渠道通水后渠道连同斜坡的稳定性评价问题。尤其当斜坡的坡度较陡,坡积层很厚,或斜坡上基岩风化较严重的情况下,由于渠水渗漏使附近的岩土体饱水,增加了斜坡自重,并降低其抗剪强度,致使斜坡稳定性大为下降,而发生斜坡连同其上渠道的整体滑动(图 13.49)。此种现象在我国西北的引洮、引渭工程中都曾发生过。为灌溉和供水目的而修建的渠道,其干渠常位于地形位置较高的山坡或山前斜坡地段,因而此类问题较为突出。

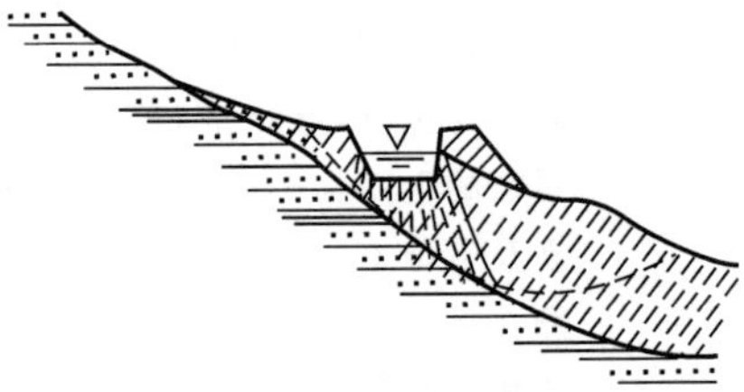

图 13.49　斜坡连同渠道整体滑动示意图

13.4.3　黄土区渠道工程的湿陷变形问题

黄土分布区气候比较干旱,为满足城市及工农业用水,常修建一些引水工程,这些工程为当地工农业生产和人民生活用水的需要,发挥了很大效益。但是,在湿陷性黄土分布地区的渠系工程,除了同样会产生渠道的渗漏和稳定问题外,还会产生湿陷变形这一特殊工程地质问题。

由国内外一些观测资料可知,黄土地区运河、渠道的湿陷变形特点是在放水以后不久(有时在一二日以内),即在河渠两侧产生许多裂缝,其延长方向与河渠平行,每一条裂缝的长度不等,由数米至数百米,裂缝的宽度由数厘米至一米左右。最后形成以渠道线为中心、向两侧逐级抬升的阶梯状湿陷台阶,每级台阶高 0.1～2.5m 不等,台阶可多达十余级(图 13.50)。说明渠道中心线附近饱水土层厚度最大,因此湿陷变形最为强烈。湿陷裂缝的深度一般 5～15m 左右,两岸湿陷台阶的宽度可达 80m。这种湿陷变形现象可延续几年之久,而后逐渐消失。但当渠道水文动态发生改变,或渠道加深、加宽时,这种现象仍可重新发生。

由于地质条件和黄土湿陷特性的差异,可划分出四种湿陷变形的形态类型:

(1)对称湿陷变形:在平原、高原、盆地中心、平坦的分水岭台地或宽广阶地的黄土地区,由于黄土层厚度较大,且岩性均匀而形成。

(2)不对称湿陷变形：在山坡、山前斜坡地段、阶地和高原的边缘坡地的黄土地区，由于黄土层厚度不一，岩性比较复杂以及渠道两岸地形起伏不平而形成。

(3)不规则湿陷变形：由于渠水渗到地下后，产生了潜蚀作用，并在黄土层内形成洞穴，之后造成地面塌陷。它实际上是一种黄土"喀斯特"现象。

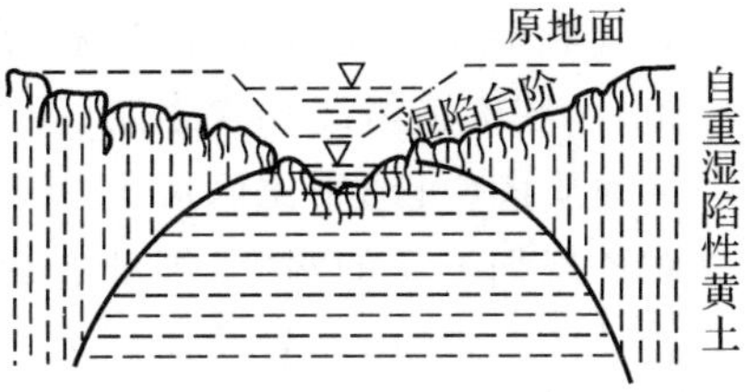

图 13.50　黄土区渠道湿陷变形示意图

(4)局部湿陷变形：由于局部地质因素或人为因素形成的碟状湿陷洼地。

对称湿陷变形只造成渠床高程的改变，对渠坡稳定性影响不大，故渠道仍可继续使用。而不对称及不规则湿陷变形则往往引起渠坡及其他渠系工程较大的变形破坏，终致废弃。此外，渠道湿陷变形还可能加剧渠道渗漏。

黄土区渠道工程湿陷变形的防治措施除各种防渗措施外，还可以采用预浸水法、强夯法和土垫层法等。

由以上讨论可知，湿陷变形对黄土区的渠系工程稳定性和正常运行影响极大，故在黄土区修建渠系工程时，应对黄土的地质成因、土体结构、厚度及湿陷性特征等进行研究，并进行湿陷等级的小区域划分，预测湿陷变形量，为工程设计和防治措施提供依据。

13.5　水利水电工程地质勘察要点

工程地质勘察是水利水电工程建设的基础工作，其主要任务是：查明建设地区的工程地质条件，分析有关的工程地质问题并做出确切的结论，为规划、设计及施工提供可靠的地质依据，以便充分地利用有利的地质因素，避开或改造不利的地质因素。

与其他类型工程建筑的勘察工作一样，水利水电工程地质勘察也是分阶段进行的，且应与设计阶段相适应。

我国在 20 世纪 60 年代中期以前，水利水电工程地质勘察阶段基本上袭用苏联的规定，划分为流域规划、初步设计、技术设计和施工设计四个阶段。70 年代中期，在总结 20 多年勘察实践经验的基础上，制定了 1978 年水利电力部颁发的《水利水电工程地质勘察规范》(SDJ14—78，试行)，将勘察阶段划分为规划选点、初步设计和施工图设计等三个阶段，并把初步设计阶段再分为一、二两期。现行强制性规范《水利水电工程地质勘察规范》(GB 50287—99)将勘察阶段划分为规划、可行性研究、初步设计和技施设计等四个阶段。下面分述各个阶段工程地质勘察的任务和勘察要点。

13.5.1　规划阶段的工程地质勘察

此阶段的任务是了解规划河流或河段的区域地质和地震概况，了解各梯级水库、坝址、长引水线路(大于 2km 的隧道或渠道)的工程地质条件和工程地质问题，分析建库、建坝等的可能性，掌握天然建筑材料的赋存情况，对河流开发方案和水利水电近期开发工程选择进行地质论证，提供所需工程地质资料。并提出选定的近期开发工程可行性研究阶段工程地质勘察的方案或意见。

勘察工作的深度要求如下：

对区域地质和地震，应搜集和分析已有各类最新地质资料，查明区域地形地貌、岩组特点和分布、区域构造情况和含水层、隔水层情况，编绘满足规划方案需要的规划河流或河段的区域综合地质图(可选用比例尺 1∶500 000～1∶100 000)。

对各规划方案的水库、坝址、长引水线路，应搜集和了解地层岩性及岩土工程地质性质、地质构造及区域地震、地貌及物理地质作用、岩土的透水性及相对隔水层分布等资料。根据所掌握的资料，对区域稳定性、环境工程地质、坝基(肩)稳定、地下洞室围岩稳定等主要工程地质问题进行初步分析、评价。

对勘察方法而言，以工程地质测绘为主，辅以物探和轻型勘探工程。对可能近期开发或控制性工程的坝段，可适当布置钻孔，并做少量压水和抽水试验，实验室工作量不大。

在工程地质测绘中，应充分搜集和利用卫片、航片和陆摄照片，进行地质解译，并应重视对已有区域和有关地质资料的研究。各梯级坝址区、库区及引水线路区，需进行工程地质测绘，测绘范围及比例尺列于表 13.9 中。

表 13.9　规划阶段工程地质测绘范围及比例尺要求

测绘地区	测绘范围	比例尺
水库区	水库及分水岭地段，有时还包括邻谷地区	一般情况：1∶100 000～1∶50 000；可溶岩地区：1∶50 000～1∶25 000
坝址区	包括各比较坝址、绕坝渗漏的岸坡地段	峡谷区：1∶10 000～1∶5 000；丘陵平原区：1∶25 000～1∶10 000；
引水线路区	线路两侧各 1km 地带	1∶5 000～1∶10 000

在选作近期开发或控制性工程地段的勘探工作是比较重要的，应以钻探为主，并辅以坑探。在各梯级坝址地段上一般布置一条垂直河谷的勘探剖面，布置 1～3 个钻孔，近期开发工程坝址勘探剖面上可布置 3～5 个钻孔，其中河床部位宜为 1～3 个钻孔，两岸各不少于 1 个钻孔或平硐。覆盖层厚度，岩体风化深度和滑动带深度等可利用地面物探方法勘查，且配合以少量钻孔验证。应作少量钻孔压水(或抽水)试验及室内岩土物理力学性质试验和水质简分析。

此阶段应进行各类天然建筑材料的普查工作。

13.5.2　可行性研究阶段的工程地质勘察

可行性研究阶段的勘察，是在规划阶段选定的近期开发工程地段进行，其任务是进行区域构造稳定性研究，对工程场地构造稳定性和地震危险性做出评价，查明与库区、坝址、坝型和其他主要建筑物方案有关的工程地质条件和问题，并做出初步评价，为合理选定坝址、初选基本坝型、工程规模和枢纽布置方式、引水线路方案等进行工程地质论证，提供工程地质资料，进行天然建筑材料初查。并提出初步设计阶段工程地质勘察方案或意见。

此阶段勘察工作的深度要求如下：

对区域构造稳定性研究，应搜集分析坝址周围 300km 范围内的地层岩性、表层和深部构造、区域性活断层、现代构造应力场、重磁异常及地震活动性等资料，进行Ⅰ，Ⅱ级大地构造单元和地震区划分，并分析其稳定性；调查坝址周围 20～40km 范围内的区域性断裂及其活动性；进行坝址周围 8km 范围内的坝区专门性构造地质测绘，判定对坝址有影响的活断层，构造地质测绘比例尺宜选用 1∶100 000～1∶25 000；并进行地震危险性分析及水库诱发地震危险性预测。

对水库区，在查明库区工程地质条件的基础上，对水库的渗漏、浸没、库岸稳定，淤积来源以及诱发地震等问题，进行论证和预测。要特别注意查明近坝地段大坍滑体的分布和大致规模，在岩溶区要分析可能渗漏地段的范围、渗漏形式和主要的渗漏通道，估算渗漏量。在地质构造复杂、新构造活动较明显或地震活动频繁的地区，应配合地震部门，调查活动性断裂的性状和近期活动情况，分析水库诱发地震的可能性。

对坝址区，应查明各比较坝址的工程地质条件，分析主要的工程地质问题，进行比较评价，为坝址的选定提供地质依据。特别要注意软弱夹层的存在，研究它的分布、厚度、产状及工程地质性质，分析其对坝基(肩)或边坡稳定性的可能影响。要查明贯穿坝址区的断裂及软弱结构面，分析它们的组合形式以及对工程的影响。研究河床第四系覆盖层的厚度、成层组合关系及性质；基岩风化层的厚度、分带和风化囊的分布情况。研究岩土体的透水性，相对隔水层的埋深、厚度及延续性；分析坝基和绕坝渗漏条件。在岩溶区，应注意坝基和坝肩范围内岩溶发育的深度，主要岩溶形态的分布、连通和充填情况，分析其对坝基及坝肩稳定、渗漏等的影响。

对引水线路，应对各比较线路方案的工程地质条件和问题进行全面的研究和比较，并选出最优的线路、工程型式和各建筑物的布置方案。要初步查明盘山和傍山渠道的边坡稳定条件，注意强透水层和自重湿陷性黄土的分布。初步评价输水隧洞的围岩稳定性及隧洞进出口的洞脸边坡稳定，对施工涌水进行初步预测。对交叉工程地段的地质条件及岩土的承载力和变形性质，进行初步研究。

本阶段的勘察方法，工程地质测绘仍占有重要地位，勘探、试验工作占有一定的比重。简述如下：

(1)工程地质测绘范围应包括各比较方案。水库区可选用比例尺为 1∶50 000～1∶10 000；对可能威胁工程安全的滑坡和潜在不稳定岸坡可采用更大的比例尺，测绘范围除应包括整个库盆外并应包括：①喀斯特区可能存在渗漏通道的河间地块邻谷和坝下游地段；②盆地或平原型水库应测到水库正常蓄水位以上可能浸没区所在阶地后缘或相邻地貌单元的前缘；③峡谷型水库应测到两岸坡顶并包括两岸及坝址上下游附近的塌滑体泥石流沟和潜在不稳定岸坡分布地段。坝址区测绘比例尺 1∶10 000～1∶2 000，测绘范围应包括：①各比较坝址(导流工程和副坝、溢洪道等有关枢纽建筑布置地段)；②邻近及与阐明各比较坝址地质条件有关的地段(坝下游危及工程安全运行的可能失稳岸坡)；③当比较坝址相距在 2km 及以上时，可分别单独测绘成图；引水线路区的测绘比例尺，隧洞及渠道线路可选 1∶25 000～1∶5 000，建筑物场地(如溢洪道)为 1∶5 000～1∶1 000，测绘范围应包括隧洞或渠道各比较线及其两侧各 300～1 000m 地带。

(2)各比较坝址应布置适量勘探剖面，其他主要建筑物也应布置必要的勘探工作。库区内影响较大的不稳定岸坡、重点的坍岸和浸没地段，应布置勘探剖面。勘探手段以钻孔为主。在主要勘探剖面线上勘探点间距不应大于 100m，并应注意特殊部位，如河床、坝肩、重大工程地质问题地段等。

(3)枢纽区钻孔基岩段全部做压水试验，大部分钻孔应作综合测井。覆盖层的渗透系数应以单孔抽水试验资料为基础。粉细砂、亚砂土等可能振动液化地基须做标准贯入试验。

(4)系统采取岩土样,测定其物理力学性质指标。重要的软弱夹层必要时应做野外现场试验,软基应做触探试验。河水和地下水应做水质分析与评价。

(5)选择有代表性的泉和钻孔进行地下水动态观测,对不稳定岸坡应进行监测。

(6)进行天然建筑材料的初查,初查储量不宜小于设计需要量的3倍。

13.5.3 初步设计阶段的工程地质勘察

本阶段的勘察最为关键和重要,它是在可行性研究阶段选定的坝址、引水线路等工程场地上进行的,其主要任务是全面查明水库及建筑物区的工程地质条件,进行选定坝型、枢纽布置和其他主要建筑物的轴线、型式、规模及有关的工程处理方案的工程地质论证,预测蓄水后变化,进行天然建筑材料详查,进行地下水动态观测和岩土体稳定性监测,提供建筑物设计所需的各项工程地质资料、数据和建议。

勘察工作的深度要求如下:

水库区,应深入查清所存在的渗漏、浸没、坍岸、不稳定岸坡、水库诱发地震等主要工程地质问题,并做出确切结论。具体要求如下:

(1)查明不稳定斜坡的边界条件,尤其要分析近坝大滑坡体在水库蓄水后的稳定问题,滑坡激起的涌浪对枢纽建筑物和坝下游的影响,采取的防范措施。

(2)正常高水位条件下,浸没和塌岸区范围的预测,防抬措施。

(3)查明岩溶渗漏地段的渗漏途径和通道,估计渗漏量,确定防渗处理的范围和深度。

(4)对构造复杂、有活动性断裂的地区,或地震基本烈度大于7的地区,是否可能产生水库诱发地震的条件做出初步评价,必要时应开始建立和进行断裂活动性或地震的监测。

坝址区,应为最后确定坝轴线、坝型、枢纽总体布置,为初步论证施工方法和工程处理措施,提供地质资料和数据。具体要求主要如下:

(1)覆盖层、岩体各风化带、卸荷带的分布、物理力学性质和抗水性等特征,提出坝基开挖深度和有关的处理措施。

(2)地基岩土的工程地质性质,分层给出各岩土层的变形模量、压缩系数、允许渗透梯度等参数;粉细砂、亚砂土等的振动液化条件。

(3)对工程有影响的断裂破碎带位置、产状、宽度、性质、构造岩和影响带的物理力学性质、透水性和产生管涌的临界条件,提出处理措施。

(4)岩土体的水文地质结构,各层的渗透系数,集中渗漏带的位置,以及它们对抗滑稳定和管涌、液化等的影响。预测坝基及绕坝渗漏量及基坑涌水量。防渗处理的范围和深度。

(5)对混凝土坝或砌石坝,应分段提出岩体的物理力学性质指标。当重力坝或拱坝坝基(肩)存在有软弱夹层或其他软弱结构面时,应进一步查清其层次、分布、范围、延续性、厚度、起伏差、填充物性状、力学参数及其与其他结构面的组合关系,对坝基(肩)岩体稳定性做出定量评价。

对引水线路,在继续查明工程地质条件的基础上,进行工程地质分段,对主要的工程地质问题进行确切的分析评价,提出渠道各段的开挖边坡值及隧洞各段的强度和变形参数,以及有关工程处理的建议。

当渠道通过不稳定斜坡地段时,应查明其分布范围和规模,预测稳定性。在岩溶区,应注意岩溶发育对渗漏的影响。对平原渠道,应特别注意粉细砂、软土、自重湿陷性黄土、强透水层